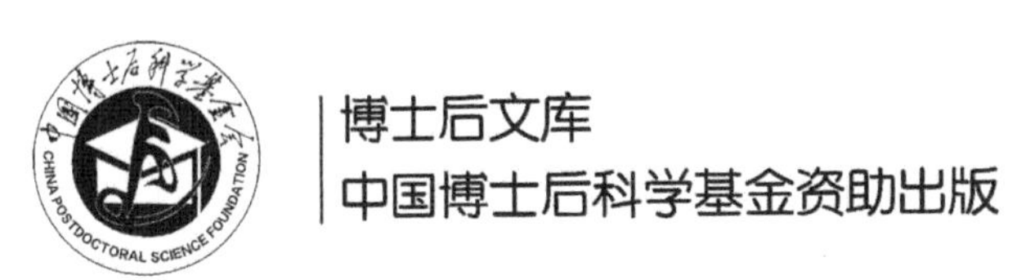

微电阻率扫描成像测井技术及其在地球科学领域的应用

年　涛　著

科 学 出 版 社
北　京

内 容 简 介

我国各大含油气盆地的不同类型岩石地层中已经积累了非常丰富的微电阻率扫描成像测井数据，充分挖掘该数据中蕴含的地质信息能够帮助地质学家和测井学家更加精准地认识地层的特征和分布规律。本书从微电阻率扫描成像测井技术的发展历程入手，介绍了电成像测井仪器的现状、结构、测量原理、测量方式、技术指标和资料处理的流程，阐述了常用的电成像测井解释评价的方法，介绍了基于大量研究实例总结的电成像测井图像中的假象及其成因，并提出了该方法在岩性岩相、井旁构造、天然裂缝、孔隙度和现今地应力评价的解释模型；阐述了与微电阻率扫描成像测井有关的基础理论的研究进展；以我国塔里木盆地库车拗陷下白垩统巴什基奇克组碎屑岩、塔里木盆地中上奥陶统碳酸盐岩、松辽盆地徐家围子断陷下白垩统营城组火山岩以及中国南海大洋钻探的钻孔为例详细论述了该技术在不同岩性地层条件下的使用情况。最后提出了未来电成像测井需要进一步发展的十个方向。

本书可供地质类和测井类科研人员、大中专院校地质类和测井类专业的师生参考。

图书在版编目(CIP)数据

微电阻率扫描成像测井技术及其在地球科学领域的应用/年涛著. —北京：科学出版社，2021. 10

（博士后文库）

ISBN 978-7-03-069916-9

Ⅰ. ①微… Ⅱ. ①年… Ⅲ. ①电测井-成像测井-电阻率测井 Ⅳ. ①P631. 8

中国版本图书馆 CIP 数据核字（2021）第 200545 号

责任编辑：焦 健 韩 鹏 李亚佩／责任校对：王 瑞

责任印制：吴兆东／封面设计：陈 静

科学出版社 出版

北京东黄城根北街 16 号

邮政编码：100717

http://www. sciencep. com

北京九州迅驰传媒文化有限公司印刷

科学出版社发行 各地新华书店经销

*

2021 年 10 月第 一 版 开本：720×1000 1/16

2025 年 2 月第三次印刷 印张：20 3/4

字数：416 000

定价：268. 00 元

（如有印装质量问题，我社负责调换）

《博士后文库》序言

1985年，在李政道先生的倡议和邓小平同志的亲自关怀下，我国建立了博士后制度，同时设立了博士后科学基金。30多年来，在党和国家的高度重视下，在社会各方面的关心和支持下，博士后制度为我国培养了一大批青年高层次创新人才。在这一过程中，博士后科学基金发挥了不可替代的独特作用。

博士后科学基金是中国特色博士后制度的重要组成部分，专门用于资助博士后研究人员开展创新探索。博士后科学基金的资助，对正处于独立科研生涯起步阶段的博士后研究人员来说，适逢其时，有利于培养他们独立的科研人格、在选题方面的竞争意识以及负责的精神，是他们独立从事科研工作的“第一桶金”。尽管博士后科学基金资助金额不大，但对博士后青年创新人才的培养和激励作用不可估量。四两拨千斤，博士后科学基金有效地推动了博士后研究人员迅速成长为高水平的研究人才，“小基金发挥了大作用”。

在博士后科学基金的资助下，博士后研究人员的优秀学术成果不断涌现。2013年，为提高博士后科学基金的资助效益，中国博士后科学基金会联合科学出版社开展了博士后优秀学术专著出版资助工作，通过专家评审遴选出优秀的博士后学术著作，收入《博士后文库》，由博士后科学基金资助、科学出版社出版。我们希望，借此打造专属于博士后学术创新的旗舰图书品牌，激励博士后研究人员潜心科研，扎实治学，提升博士后优秀学术成果的社会影响力。

2015年，国务院办公厅印发了《关于改革完善博士后制度的意见》（国办发〔2015〕87号），将“实施自然科学、人文社会科学优秀博士后论著出版支持计划”作为“十三五”期间博士后工作的重要内容和提升博士后研究人员培养质量的重要手段，这更加凸显了出版资助工作的意义。我相信，我们提供的这个出版资助平台将对博士后研究人员激发创新智慧、凝聚创新力量发挥独特的作用，促使博士后研究人员的创新成果更好地服务于创新驱动发展战略和创新型国家的建设。

祝愿广大博士后研究人员在博士后科学基金的资助下早日成长为栋梁之才，为实现中华民族伟大复兴的中国梦做出更大的贡献。

中国博士后科学基金会理事长

序　一

复杂油气勘探目标的优选和评价以及精细的油气储层开发都需要新的技术和理论作为支撑。20 世纪 80 年代末出现的微电阻率扫描成像测井为测井地质的解释评价带来了翻天覆地的变化，实现了不借助于岩心而能够连续“直观”地观察井下地层的地质特征，现今已经研发出了不同系列的电成像测井仪器。

《微电阻率扫描成像测井技术及其在地球科学领域的应用》一书在对微电阻率扫描成像测井技术理论和方法阐述的基础上，全面、系统地总结了目前该技术的理论进展及其在碎屑岩、碳酸盐岩、火山岩和大洋钻孔中的应用，提供了不同岩石类型岩性岩相的解释图版，阐述了如何应用该技术在不同地层中进行地质构造解释、缝洞解释、现今地应力评价和古风化壳解释等。相比较目前其他成像测井或电成像测井的专著，其是应用评价方面最为全面的一本书。

该书是作者在其测井地质学教学团队多年研究工作的结晶，全书紧密结合了地质标定测井这一核心思想，书中含有大量丰富美观而又实用的电成像测井图像，其出版将会更好地帮助相关领域的研究人员充分利用手中的这一资料，从而获取更多地下地层的信息。

2020 年 10 月 18 日

序　二

成像测井技术的出现使得测井解释由传统的“相面”形态解释向基于地层的“图像”解释转变。斯伦贝谢公司在20世纪末率先研发了FMS水基泥浆下的微电阻率扫描成像测井，由于该方法可以提供高分辨率的地层“电”图像，因此在地层划分、构造解释和岩相识别划分等诸多方面得到了广泛的应用，现今还发展了油基泥浆测井技术，在科探井以及国内外许多油气田的探井中都是必测的地球物理测井项目之一。同时，随着近年来电成像图像处理解释技术的不断更新，在今后的地层评价中该方法必然会占据更加重要的地位。

年涛博士基于这一领域多年的研究工作和取得的成果，详细总结了微电阻率扫描电成像测井的仪器现状、资料的处理过程和针对该技术的解释评价方法，并建立了一系列有关沉积、构造和裂缝等方面的解释模型，为相关电成像测井图像的解释提供了参考。同时，书中以我国重要含油气盆地的碎屑岩、碳酸盐岩和火山岩地层以及我国南海大洋钻孔为例，详细阐述了该技术在不同岩性地层下的应用。全书内容丰富、图文并茂，是电成像测井解释不可或缺的一本“图册”和论著。

《微电阻率扫描成像测井技术及其在地球科学领域的应用》一书总结了作者多年来在这一领域的研究成果，其中的内容将会在一定程度上推动电成像测井技术在未来的应用。

最后感谢作者邀请本人为该书作序，在此祝贺该书顺利出版！

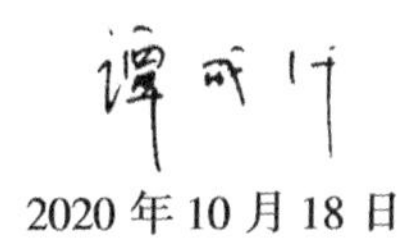

2020年10月18日

前　言

钻井取心和录井岩屑是井下地层唯一的实物表现形式，前者可以用于开展岩性岩相和裂缝的描述等，通过取样还可以进行多种地层分析测试，后者可以在一定程度上相对准确地确定地层的岩性岩相和开展矿物岩石学分析；测井数据是通过测井仪器的下放或上提连续记录地层的不同岩石物理属性。这两种类型的数据既有其优点又有其缺点，如前者可以直观地认知地层面貌但多数情况不够系统，后者仅能间接地推测地层的特征但连续性好，如何将岩心的地层观察和测井的连续数据记录有效结合起来是一直困扰地质学家和测井解释人员的一个问题，而井壁微电阻率扫描成像测井的问世在最大限度上弥补了上述不足，通过刻画地层岩石电阻率的微细变化最终以类似岩心图像的形式连续展现了钻孔井壁的地层面貌。目前该方法已经在世界各大油田和大洋钻探中得到了广泛的应用，涉及的地层岩石类型有碎屑岩、碳酸盐岩、火山岩及变质岩。测井解释人员通过这种“电取心”可以重建钻孔的地层剖面，为地质学家呈现地层的岩性、结构构造、岩相序列和天然破裂等，比较直观地观察测量层段的地层面貌。

本书包括绪论和8章，由年涛撰写并统稿。其中，绪论简述了测井技术、井壁成像测井技术和微电阻率扫描成像测井技术的发展历程。第一章详细介绍了微电阻率扫描成像测井仪器的现状、仪器结构、测量原理、测量方式、技术指标和资料处理的流程等，阐述了现今常用的电成像解释评价方法。第二章介绍了基于大量研究实例总结的电成像测井图像中的假象及其成因，介绍了沉积岩岩性岩相、井旁构造（褶皱、断层和不整合面）、天然裂缝、孔隙度和现今地应力等的解释模型。第三章详细介绍了与微电阻率扫描成像测井有关的基础理论的研究进展，包括不同电成像的变窗长处理对比试验、水基泥浆不同电成像测井的对比试验、油基泥浆的电成像对比试验以及裂缝和孔洞在电成像测井图像中的响应特征研究（岩心标定刻度、数值模拟和物理模拟）等。第四章以我国西部塔里木盆地库车拗陷克拉苏构造带下白垩统巴什基奇克组的碎屑岩为例阐述了微电阻率扫描成像测井在（陆相）碎屑岩地层中的应用，包括岩性和沉积构造识别、沉积微相类型划分、沉积古水流方位的确定、单井相分析、井旁构造解析、天然裂缝表征和现今地应力评价。第五章以我国西部塔里木盆地中上奥陶统的碳酸盐岩地层为例，阐述了该技术在碳酸盐岩地层中的应用，包括了岩性岩相识别、单井相分析、成岩作用识别、古岩溶构造解析、地层孔隙度计算和现今地应力评价。第六章以我国东部松辽盆地北部徐家围子断陷下白垩统营城组火山岩为例，阐述了该技术在火山岩地层中的应用，包括了岩性和结构构造识别、岩相和岩相序列划分、火山机构解析、火山岩风化壳解析、天然裂缝表征和现今地应力评价。第七章首先简单介绍了大洋钻探及 FMS 电成像测井在大洋钻探中的应用现状，然后以我国科学家主导的中国南海 ODP184、IODP349 及 IODP367/368 三个航次的大洋钻孔为例，阐述了 FMS 在各航次相应钻孔中的应用，主要包括岩性岩相的识别。第八章对前述的理论进展和应用实例进行了总结，并展望了未来井壁微电阻率扫描成像测井技术的十个发展方向。

本书是作者在中国石油大学（北京）王贵文教授测井地质学教学团队攻读硕士、博士学位阶段，在中国地质大学（北京）姜在兴教授沉积学团队从事博士后科研工作阶段取得的一系列成果，得到了西安石油大学优秀学术著作出版基金和中国博士后科学基金的资助，得到了中国石油塔里木油田公司、中国石油大庆油田公司和中国石油化工股份有限公司（以下简称中国石化）胜利油田分公司相关研究课题的资助。在本书完成过程中，得到了中国石油大学（北京）王贵文、付建伟教授，中国地质大学（北京）姜在兴教授，西安石油大学谭成仟、刘之的教授，中国石油塔里木油田公司肖承文、郭秀丽、信毅、周磊、杨宪章，中国石油大庆油田公司王春燕，中国石化胜利油田分公司王永诗、刘惠民、贾光华、巩建强、王春兰、张鹏飞、陈涛，中国石化江汉油田分公司孟志勇，中国石油长城钻探工程公司杨宁，中国石化科技部郝士博，中国石油勘探开发研究院杭州分院杨柳、于洲，中国石化华东油气分公司王凯，中国石油经济技术研究院范旭强，中国石油克拉玛依油田何文军、费李银，中国石油勘探开发研究院西北分院闫国亮，沙特阿美石油公司崔玉峰，中国石油大学（北京）刘鹏、苍丹、徐渤、李瑞杰、邓黎、王迪、孙艳慧、周正龙、王光合、贺智博、王松等，中国地质大学（北京）李扬、张建国、孟嘉轶、杨洋、杨叶芃、闫晓倩、郑玉岩、张照耀、魏晓亮、王力、朱晨光等的帮助，在此深表感谢。特别感谢我的家人在本书完成过程中给予的支持和理解。

最后感谢我的恩师王贵文教授和西安石油大学的谭成仟教授在百忙之中为本书作序。

由于作者水平有限，对于微电阻率扫描成像测井的理论、解释方法和应用的理解可能还存在一些认识不到位的地方，欢迎广大读者批评指正，以期在后续的研究中加以改正，“在知识面前我们都是学生”。

年　涛
2021 年 5 月 1 日于西安石油大学地科楼

目　　录

绪　　论

第一节　测井技术的发展历程

自 1927 年马科尔·斯伦贝谢和科纳德·斯伦贝谢兄弟发明第一支电阻率测井仪并在法国 Pechelbronn 油田完成第一次电阻率测井作业以来，伴随着测井方法的多样化和计算机技术的不断发展，以及油气等地质资源的发现难度不断增加，测井技术先后经历了四个主要的发展阶段，分别是模拟记录阶段、数字测井阶段、数控测井阶段和成像测井阶段。模拟记录阶段是从测井技术出现到 20 世纪 60 年代末，使用模拟记录测井仪器记录地层的物理属性（电阻率、声波等）随深度的变化过程。测井系列以电法测井为主（自然电位测井、感应测井、普通电阻率测井），同时使用自然伽马和声波（纵波）测井作为地层岩性的指示。通过人工定性解释照相纸或胶片上记录的曲线变化来完成储层含油气评价和地层对比。该方法的特点是采集的数据量小、传输速率低，且为单项测量，效率低。代表性仪器包括了国外的 51 型电测仪和我国自主研发的 JD581 型多线式电测仪。20 世纪 60 年代开始随着测井方法的增多以及大量数据处理的需要出现了数字测井仪器，将测井数据以数字磁带的方式记录好并用于后续的计算机处理。测井系列包括了常用的电测井、孔隙度测井和放射性测井（常九条），同时还出现了地层倾角测井。该方法的特点是操作复杂、数据量大。代表性测井系统有阿特拉斯的 3600 数字测井仪。70 年代末期随着测井新方法的不断出现、对测井参数实时监控的需求以及计算机技术的发展出现了数控测井，实现了以一台计算机为中心的遥控测量，各种井下仪器作为计算机的外载设备，通过电缆通信系统与地面的计算机相连，实现了计算机对井下仪器的实时控制。代表性测井系统有斯伦贝谢的 CSU 测井系统、阿特拉斯的 CLS3700 测井系统、吉尔哈特公司的 DDL-Ⅲ测井系统和胜利测井公司的 SL3000 测井系统。90 年代随着复杂油气藏勘探对测井解释的更高要求以及计算机技术的进一步发展，进入了成像测井阶段，这一时期的测井系统不仅兼容了传统的常规测井系列，还配备了新型的声电成像和其他特殊测井仪器（核磁共振等）。代表性的测井系统有斯伦贝谢的 Maxis500、阿特拉斯的 Eclips5700、哈里伯顿的 Excell2000 和胜利测井公司的 SL6000。

第二节 井壁成像测井技术的发展历程

按照物理属性的不同，井壁成像测井技术可划分为光学、声学、电学和密度成像测井，其中光学成像测井出现的时间最早，而密度成像测井出现得相对偏晚。钻井井眼中的地层成像试验始于1958年，美国Birdwell公司第一次使用16mm的照相镜头拍摄了井下岩石的模糊影像（Dempsey and Hickey，1958）。1964年井壁成像的研究转向了电视摄像，壳牌公司研究了井下黑白电视照相仪（Briggs，1964）。1968年美国莫比尔公司研发了第一套高频声波成像测井仪，其优势是扩展了井壁成像的应用范围，不受井眼流体透明度的限制，其缺点是对泥浆密度、井壁不规则程度和下井仪器的偏心程度较为敏感（Zemanek et al.，1969），更重要的是该方法较难清晰地刻画地层的层理等沉积特征。到1986年，斯伦贝谢公司率先研发了新一代的井壁成像测井仪FMS微电阻率扫描成像测井仪，它可以获得地层层理、裂缝和溶蚀孔洞等信息，但是其井壁覆盖率较低。为了获取更高的井壁覆盖率，斯伦贝谢公司于1991年又推出了新一代的微电阻率扫描成像测井仪，即全井眼地层微电阻率扫描成像测井仪（FMI）。另外，哈里伯顿和阿特拉斯公司也分别于1994年和1995年推出了相应的微电阻率扫描成像测井仪，以及井眼声波扫描成像测井仪，但是需要注意的是声波扫描成像测井仪在大多数情况下无法识别层理构造。而随着油气勘探难度的增大，为了降低钻井风险、提高钻井效率，许多含油气盆地的钻井使用了油基泥浆和合成泥浆，这一操作虽然对于声波扫描成像测井仪的数据采集没有太大的影响，但是对传统水基泥浆微电阻率扫描成像测井数据的准确获取产生了重要的干扰，为此，斯伦贝谢、阿特拉斯和哈里伯顿等公司又分别推出了相应的油基泥浆微电阻率扫描成像测井仪OBMI、EI和OMRI。另外，密度成像测井技术也可以提供层界面和构造产状等地层信息，但主要应用于随钻测井（Evans et al.，1995）。

第三节 微电阻率扫描成像测井技术的发展历程

微电阻率扫描成像测井技术的发展主要伴随了两个方面的技术需求：其一是要求测井仪器能够最大化地覆盖井壁地层，其二是要求测井仪器能够适应钻井液由低阻的水基泥浆向高阻的油基泥浆变化。最早出现的微电阻率扫描成像测井是20世纪80年代中期斯伦贝谢在倾角测井仪基础上研发的第一代FMS（Ekstrom et al.，1986；Lloyd et al.，1986），该型号的FMS只安装了两个成像极板（共54

个电极），在 8in[①] 井眼中的覆盖率仅有 20%。为了进一步提高 FMS 的井壁覆盖率，第二代 FMS 相继诞生（Boyeldieu and Jeffreys，1988），在四个成像极板中各安装了 16 个电极，由原来的 54 个电极的 FMS 发展成为四臂四极板 64 个电极的 FMS，使得仪器在 8in 井眼中井壁覆盖率达到 40%，但是这一覆盖率的提高是以降低仪器分辨率为代价的，第一代 FMS 的分辨率是 0.2in 而第二代的分辨率是 0.3in。尽管如此，FMS 对井壁的覆盖率仍然较低。因此斯伦贝谢在 FMS 的基础上又研发了四臂八极板 192 个电极的 FMI 全井眼地层微电阻率扫描成像测井仪，在 8in 井眼中该仪器的覆盖率可达 80%，且垂向和周向的分辨率都为 0.2in（Safinya et al.，1991）。其他测井公司微电阻率扫描成像测井仪的研发时间相对偏晚，其中哈里伯顿的 EMI 出现于 1994 年（Seiler et al.，1994），阿特拉斯的 STAR 出现于 1995 年（Tetzlaff and Paauwe，1997），二者的井壁覆盖率都较低。我国微电阻率扫描成像测井仪的推出始于 20 世纪末，现今已有一些得到了商业化的应用（如 MCI）。

微电阻率扫描成像测井仪的另一个发展是与钻井泥浆性质的转变息息相关的。FMS、FMI、EMI、STAR 和 MCI 等微电阻率扫描成像测井数据的采集都是基于钻井泥浆是导电的水基泥浆这一前提。然而，为了降低钻井风险和提高钻井效率，现今国内外的许多含油气盆地中都使用了油基泥浆和合成泥浆等非导电泥浆进行钻井，这种高阻的井眼环境使得水基泥浆微电阻率扫描成像测井仪失去了作用。为了能够在油基泥浆和合成泥浆中获得近似于水基泥浆的电成像测井图像，通过对成像极板进行设计，不同测井公司先后研发了非导电井眼的微电阻率扫描成像测井。斯伦贝谢在 1999 年对 OBMI 油基泥浆微电阻率扫描成像测井进行了现场测试（Cheung et al.，2001），之后为了扩大仪器对井壁的覆盖率，2004 年研发人员又在原有的基础上加装了一个 OBMI 探头（OBMI2），等于配置了两套成像测井仪，从而将仪器的井壁覆盖率扩大了一倍。但是，OBMI 的水平/垂直分辨率都约为 1.2in（约 3cm）且电极个数较少，因此只能分辨裂缝和层界面等宏观的地质体，多数油基泥浆微电阻率扫描成像仪都不能识别微细的地质特征（如纹层）。以沉积特征为例，油基泥浆电成像分辨率要比水基泥浆电成像分辨率小一个数量级（Bourke and Prosser，2010）。为了进一步提高油基泥浆微电阻率扫描成像测井仪的分辨率和覆盖率，2011 年和 2014 年斯伦贝谢又先后研发了 FMI-HD（Laronga et al.，2011）和 QuantaGeo（Bloemenkamp et al.，2014）。其中 QuantaGeo 是该公司最新一代的油基泥浆微电阻率扫描成像测井仪，不同于水基泥浆的电成像（千赫兹频段的工作频率），该仪器的纽扣电极以兆赫兹频段的频

---

① 1in=2.54cm。

率发射电流，从而与井壁地层形成电容连接。仪器的垂向分辨率可达 0.24in（6mm），水平分辨率为 0.12in（3mm）；在 8in 的井眼中井壁覆盖率可达 98%。目前 QuantaGeo 已经在中石油（新疆油田、塔里木油田和浙江油田等）进行了不同钻井井眼和不同岩性地层的数据采集。哈里伯顿和阿特拉斯等测井公司的油基泥浆成像测井仪出现得较晚，其中贝克休斯的 EI 出现于 2002 年（Lofts et al., 2002），而哈里伯顿于 2008 年研发了 OMRI 油基泥浆成像仪（Martin et al., 2008）。

第四节　微电阻率扫描成像测井的研究尺度及评价内容

现今地层岩石评价的方法主要包括了地震、常规测井、成像测井、露头、岩心和不同尺度的显微薄片等。这些方法具有不同的研究尺度，可以分辨几十米到微米、纳米级的地质体（图 0.1）。一般地，地震资料可以较好地识别几十米厚的地层，通过提取地震属性等方法可以勾勒地质体的空间形态，从而分析不同类型地质体（沉积体系、火山机构）的区域展布特征，但是地震资料较低的分辨率限制了其用于地质体内部精细结构的识别和划分。常规测井资料的分辨率主要在分米级，以自然伽马曲线为例，可以识别 0.3m 以上厚的地层，以曲线“相面”的形式较好地反映某一时期沉积岩地层垂向的韵律变化特征，但是无法进一步识别薄层以及岩层内部的结构构造特征。井壁微电阻率扫描成像测井的垂向分辨率为 5mm，既可以识别直径大于这一数值的单个孔洞和砾石等体状体，也可以识别小于这一数值的线状体（裂缝或纹层）。更为重要的是该方法可以以低于钻井取心成本的方式，直观地为地质学家呈现地下地层的图像特征，据此在长井段内连续观察碎屑岩、碳酸盐岩和火山岩地层的结构和构造。因此该方法虽然不能完全等同于岩心和露头对地层的刻画，但是其优点是其他方法所无法取代的。

井壁微电阻率扫描成像测井的评价内容主要包括了地层的划分（包括地层界面的识别）、井旁或过井眼构造解析、岩性岩相划分和沉积环境分析、古水流方向恢复、成岩作用分析、碳酸盐岩和火山岩风化壳的识别、火山机构解析、缝洞识别及参数计算、现今地应力分析等（图 0.2）。地层的划分是根据动、静态图像特征的突变或地层产状的突变等确定上下地层之间的分层界面，如静态图像由中低阻向上突变为高阻的图像背景，或动态图像由带状组合模式突变为斑状组合模式等都可能指示了重大的地层界面。在实际研究中可以先根据常规测井曲线或录井岩性剖面确定地层界面的大致深度，再根据高分辨率的微电阻率扫描成像测井图像确定具体的深度点。井旁构造解析是根据长井段内地层产状的变化来判断井点所在地区地下地层的空间构造分布形态等（褶皱、大尺度断层和不整合面

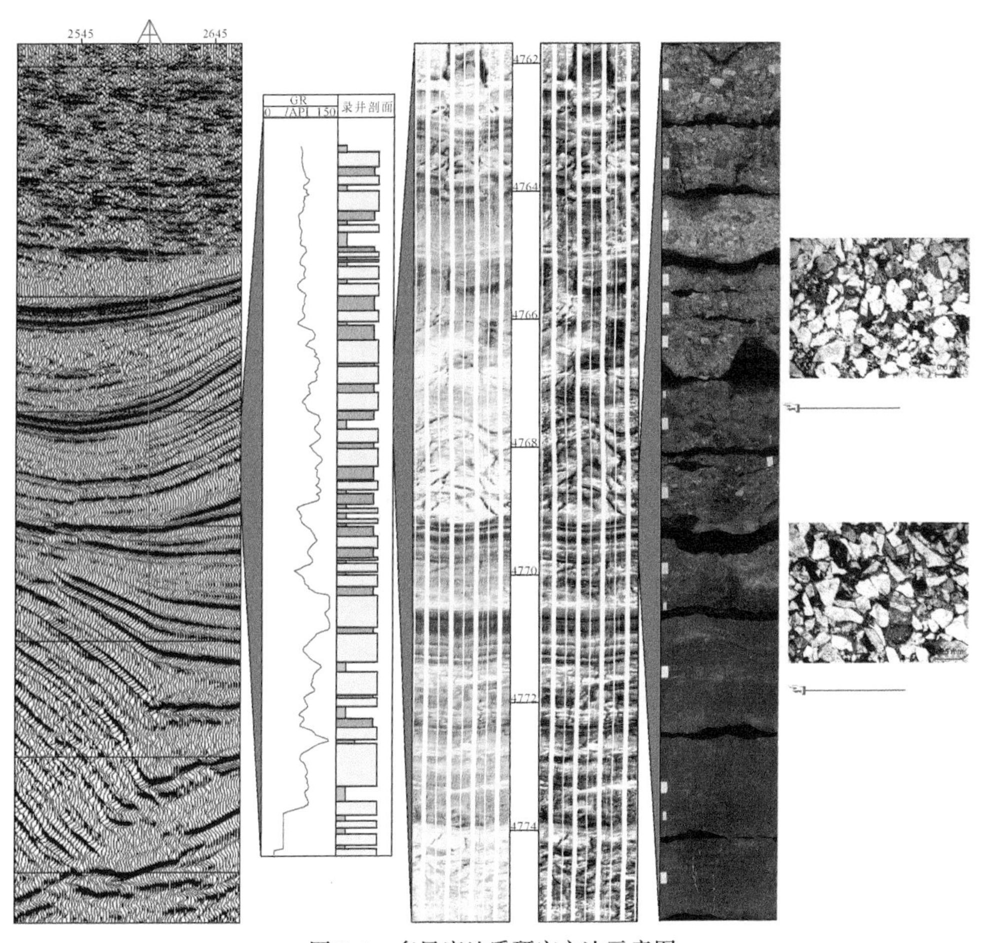

图 0.1　多尺度地质研究方法示意图

从地震、常规测井、微电阻率扫描成像测井、岩心到铸体薄片，各方法的分辨率不断提高，但研究视野不断减小

等），而过井眼构造解析除了可以利用局部地层产状的变化外，还可以通过观察图像确定小尺度的断层、判断断层的性质。岩性解释是综合静态图像反映的电阻率高低和动态图像反映的结构构造类型，而不同类型岩石的结构构造是根据小窗长增强处理的动态图像识别的，最终综合岩性岩相和结构构造等确定地层的岩相类型。沉积时的古水流方位是在图像中倾斜砂岩纹层和砾岩层识别基础上，根据构造倾角消除后的砂岩纹层的倾向或砾石定向排列的方位判断的。在成岩作用方面，由于微电阻率扫描成像测井无法刻画岩矿级别的地层特征，因此其在成岩作用的研究中应用较为有限，目前的研究局限于识别碳酸盐岩地层的岩溶作用、溶蚀作用和白云岩化作用。在解释古风化壳方面，主要是利用动态图像识别碳酸盐

岩或火山岩风化壳中的各类结构要素，再将各要素按照从顶到底的顺序进行组合，划分出风化壳内部的多层结构。火山喷发期次及火山机构的解析主要是根据

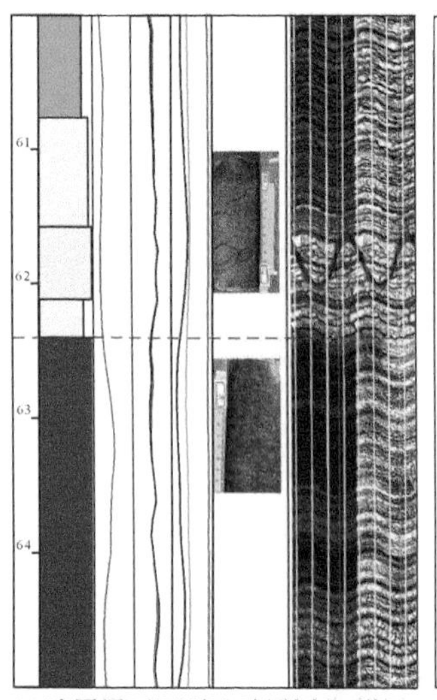

(a)地层界面识别及地层划分(塔里木盆地巴楚地区良里塔格组和吐木休克组分界)

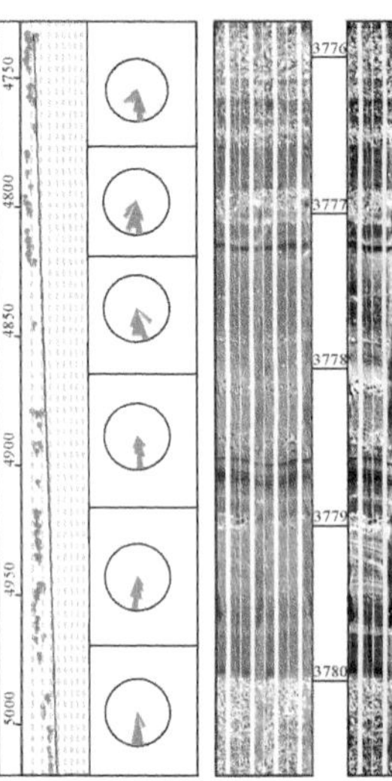

(b)井旁构造解析，自上而下地层倾向基本不变、倾角逐渐变大，指示了同沉积褶皱的出现

(c)岩性岩相识别，砾岩和砂泥岩频繁互层

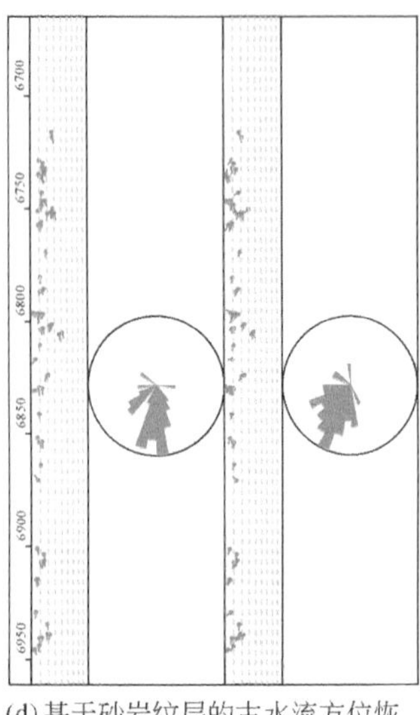

(d)基于砂岩纹层的古水流方位恢复，地层SSW倾，校正后的沉积产状近SW倾

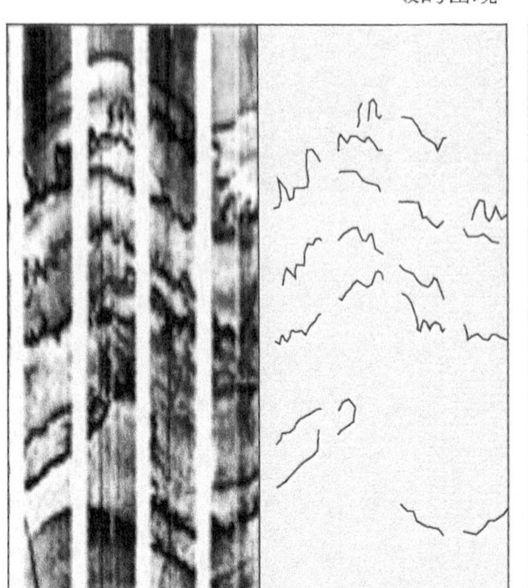

(e)碳酸盐岩地层压溶作用产生的顺层缝合线

(f)碳酸盐岩地层发育的古岩溶风化壳(杨柳等，2014；于靖波等，2016)

(g)火山岩序列，发育多段玄武岩和气孔玄武岩

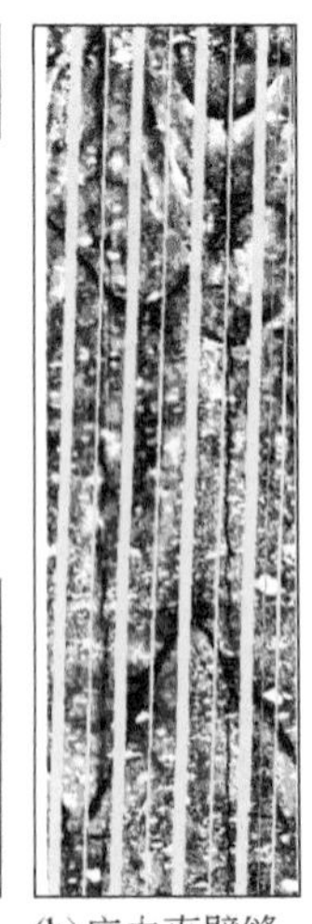

(h)应力直劈缝和不同产状的构造缝

图 0.2 井壁微电阻率扫描成像测井评价的内容

各类火山岩在现代或古代火山机构中的发育规律，通过动态图像解释出不同类型的火山岩及其结构构造，从而完成火山机构解析的过程。天然缝洞的识别是利用动态图像识别出天然裂缝（亮、暗正弦曲线）和溶蚀孔洞（亮、暗斑）的图像特征，在此基础上根据建立的公式计算缝洞的各类参数。现今地应力的评价依据是动、静态图像中显示的钻井过程中现今地应力导致的井壁垮塌、应力直劈缝和诱导缝，用于判断现今最大和最小水平主应力的方位和强度。

不管是上述哪种类型的地质评价，地质认识都应先于微电阻率扫描成像测井图像的解释，通过露头、岩心等获取的地质信息对微电阻率扫描成像测井图像进行反复刻度、解释，最大限度地减小图像解释的误差，而针对选定的研究区，最初的图像解释往往会忽略一些共性的图像特征，解释人员的经验是图像精确解释的又一重要保障。

第一章　微电阻率扫描成像测井理论与方法

第一节　微电阻率扫描成像测井仪现状

微电阻率扫描成像测井仪是在地层倾角仪的基础上发展而来的（Ekstrom et al.，1986；Seller et al.，1994），该技术的出现是电缆测井技术的一个重大进步。首先，该方法是一种微电阻率测井，属于电阻率测井的一种，即与普通电阻率测井的差异在于电极结构的微小和探测深度的微小（是冲洗带电阻率 R_{xo}，而不是地层电阻率 R_t）；其次，从数据的采集方式来说，根据采集方式的不同电成像测井包括了高分辨率成像测井（阵列感应、方位侧向成像测井）和扫描成像测井，该方法属于扫描成像测井的范畴。测井仪器通过极板上的纽扣电极向地层发射电流，而地层中的岩石组分、结构和流体性质等的差异会引起电流强度的变化，这种变化反映了井壁附近地层电阻率的变化，继而通过成像测井的动静态图像反映出来。由于微电阻率扫描成像测井能够以图像的形式直观、连续地反映地层特征，因此该技术问世以后很快得到了各大测井公司的青睐。目前国内外各主要的测井公司都拥有自主知识产权的井壁微电阻率扫描成像测井仪（表 1.1），常用的水基泥浆微电阻率成像测井仪有斯伦贝谢公司的全井眼地层微电阻率扫描成像测井仪（FMI）、哈里伯顿公司的井眼微电阻率扫描成像测井仪（EMI/XRMI）、阿特拉斯公司的井眼微电阻率扫描成像测井仪（STAR-Ⅱ）、中油测井的 MCI 等，油基泥浆的有斯伦贝谢公司的 OBMI 和 FMI-HD、阿特拉斯的 EI 等。

表 1.1　不同公司的井壁微电阻率扫描成像测井仪

测井公司	电成像测井系列		数据格式	处理平台
	水基	油基		
斯伦贝谢	FMS/FMI	OBMI/FMI-HD	dlis	GeoFrame/Techlog
哈里伯顿	EMI/XRMI	OMRI	cls/nti	DPP/LOGIQ
阿特拉斯	STAR-Ⅱ	EI	xtf	eXpress
威德福	CMI/HMI	OMI		
中油测井	MCI			LEAD

续表

测井公司	电成像测井系列		数据格式	处理平台
	水基	油基		
长城钻探		OBIT		CIFLog
中海油服	EMRI	OGIT		EGPS

注：中油测井为中国石油集团测井有限公司；长城钻探为中国石油长城钻探工程公司；中海油服为中海油田服务股份有限公司。

第二节　微电阻率扫描成像测井基础及资料处理

一、仪器结构

不同类型微电阻率扫描成像测井仪的结构具有相似性，都包括了测量电极、回路电极和仪器中部的绝缘接头，测量原理也基本相同，不同的是仪器极板和电极的个数以及对仪器井眼的覆盖率。以斯伦贝谢的 FMI 成像测井仪为例，从上到下主要包括了数字遥测电子线路、数字遥测适配器、三维加速度计、测量控制线路、柔性接头、绝缘体、磁性定位仪、数据采集电子线路和极板系统等九部分。数字遥测电子线路和数字遥测适配器组成遥测系统，用于将下井仪器测量的数据通过电缆输送到地面；三维加速度计用于记录测井过程中的三维加速度信号；测量控制线路确保仪器在最短的时间内采集所需的数据，并自动调节发射电压和放大器倍数，以确保测量线路始终保持在线性范围内工作；绝缘体用于将下部的极板部分与上部电子线路外壳绝缘隔离开，从而使两者有一定的电位差，确保极板上圆形电极所发射的电流经地层回流至上部仪器外壳；磁性定位仪用于测量井斜角、井斜方位角以及一号极板方位角；数据采集电子线路在采集 192 个电极电流信号的同时除去了测量信号中的直流成分，完成数字信号的数字滤波。

在极板和电极结构方面，第一代 FMS 的 1、2 号极板和地层倾角仪 SHDT 一样，每个极板上安装了两个测量电极和一个速度电极，而在两个相邻的 3、4 号极板上除了保留了两个测量电极外，还增加了阵列纽扣电极，且这两个极板每个有 4 排共 27 个纽扣电极，总共 54 个电极；4 排电极中，最上面的第一排有 6 个电极，下面的三排各有 7 个电极；两排电极中心的距离为 0.4in，且每排两相邻电极中心之间的间距也为 0.4in，上下两排电极相互错开，横向错动距离为 0.1in [图 1.1（a）]，使得上下电极之间有 50% 的重叠部分，其目的是保证阵列电极控制的范围内，所有的井壁地层都被扫描过。纽扣电极的直径都为 0.2in，与极板绝缘。第一代 FMS 的井壁覆盖率较低，以 8.5in 井眼为例，其覆盖率只有

20%，因此为了进一步提高 FMS 的井壁覆盖率，第二代 FMS 在四个极板上都安装了纽扣电极，每个极板包括 2 排电极，每排 8 个电极，共 16 个电极。4 个极板总共 64 个电极，使得相同尺寸的井眼，井壁覆盖率达到了 40%。

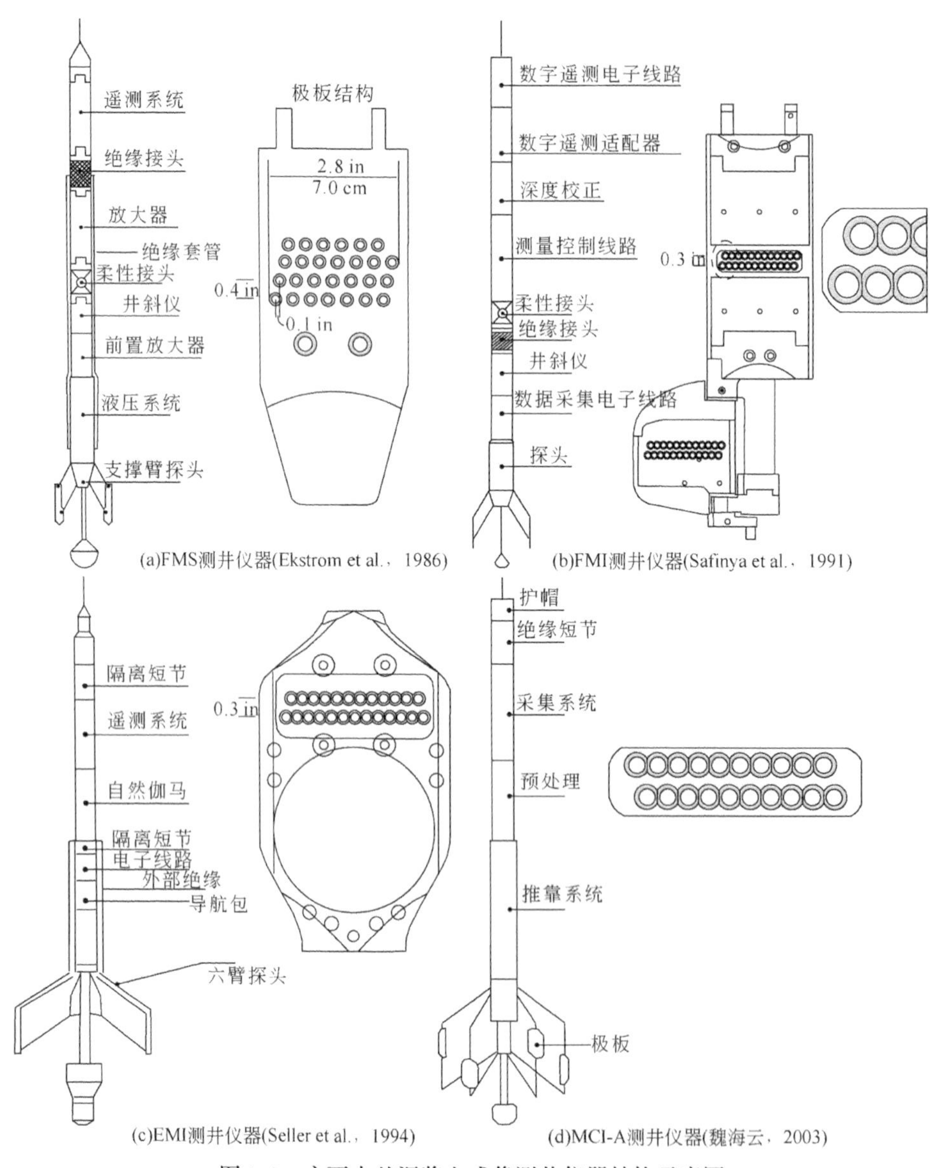

图 1.1　主要水基泥浆电成像测井仪器结构示意图

在 FMS 研发的基础上，斯伦贝谢公司又研发了新一代全井眼地层微电阻率扫描成像测井仪 FMI，使得在 8.5in 井眼中，仪器的井壁覆盖率可达 80%。FMI 除了拥有4个主极板外，在每个主极板的左下侧又安装了四个副极板（翼板），从而提高了仪器对井壁的覆盖率，减小了仪器的直径（关腿直径仅有5in），并可以满足不同的测井方式。每个极板有2排共24个纽扣电极，8个极板共计192个电极［图1.1（b）］。两排电极中心距离为0.3in，上下两排电极同样相互错开，横向错动距离为0.1in。纽扣电极的直径为0.16in，外缘被0.04in厚的绝缘环所包围。FMI-HD的仪器结构和FMI一样，不同的是全新的电子线路拓宽了泥浆电阻率的适用范围，在盐水泥浆、特定的油基泥浆和高阻地层中可以获得比FMI更清晰的图像。

EMI是在吉尔哈特公司在六电极倾角仪（SED）基础上发展而来的。仪器共有6臂6个极板，每个极板上有25个电极，共有150个电极［图1.1（c）］。每个极板包括两排电极，上排12个电极，下排13个电极，两排电极中心距离为0.3in，两排电极相错开，横向错动距离0.1in。电极直径同样为0.16in，外部被0.04in厚的绝缘环包围，有益于信号的聚焦。XRMI在极板结构方面和EMI没有区别，仅在其他方面进行了改进。在8.5in井眼中，二者对井壁的覆盖率为64%。

STAR-Ⅱ测井仪同样是6臂6极板，每个极板有两排24个纽扣电极，共有144个电极。电极的排布、间距、直径和绝缘环尺寸与EMI相同。在8in井眼中仪器对井壁的覆盖率为60%。

MCI-A和MCI-B测井仪都是由6臂6极板组成，不同的是A型仪器每个极板有两排20个纽扣电极，共计120个纽扣电极［图1.1（d）］，而B型仪器由每个极板24个纽扣电极，共144个纽扣电极组成。两排电极中心距离为0.3in，两排电极横向错开，纽扣电极的直径为0.2in。

上述仪器结构指的是水基泥浆微电阻率扫描成像测井仪，油基泥浆中为了消除极板和井壁之间存在的薄层高阻泥浆和泥饼，对极板结构有所改动。以斯伦贝谢的OBMI为例，仪器安置了四块角间距90°的极板，每个极板的上部和下部都安装有一个电极，上部为发射电极，下部为接收电极，两个电极中间又有上下两排纽扣电极，5对10个［图1.2（a）］，测量每对纽扣电极之间的电位差，然后根据测量的电位差、已知的电流强度和仪器的几何因子便可以推导出冲洗带的电阻率。相比较OBMI，QuantaGeo油基泥浆成像测井仪在信号发射方式及频率、反射和接收电极个数方面都有很大的改进，具有上下两组极板探头，每组探头安装有4块极板，仪器共有8块极板，每个极板都有一排共24个纽扣电极，纽扣电极周围是监督电极，阻止电流直接回流到仪器。回路电极位于纽扣电极的上下位置［图1.2（b）］。每组探头极板都以90°角位布置，上面一组极板和下面一组极板交错45°角组装在一起。仪器中每块极板都可以独立活动，靠弹簧臂启动。极板可以围绕轴线左右摆动15°，也可以前后角度活动。QuantaGeo极板主体部分采用弓形设计，因此仪器不仅可以像传统的成像测井仪一样通过向上提拉进行数据采集，还可以在仪器下放时开展测量。

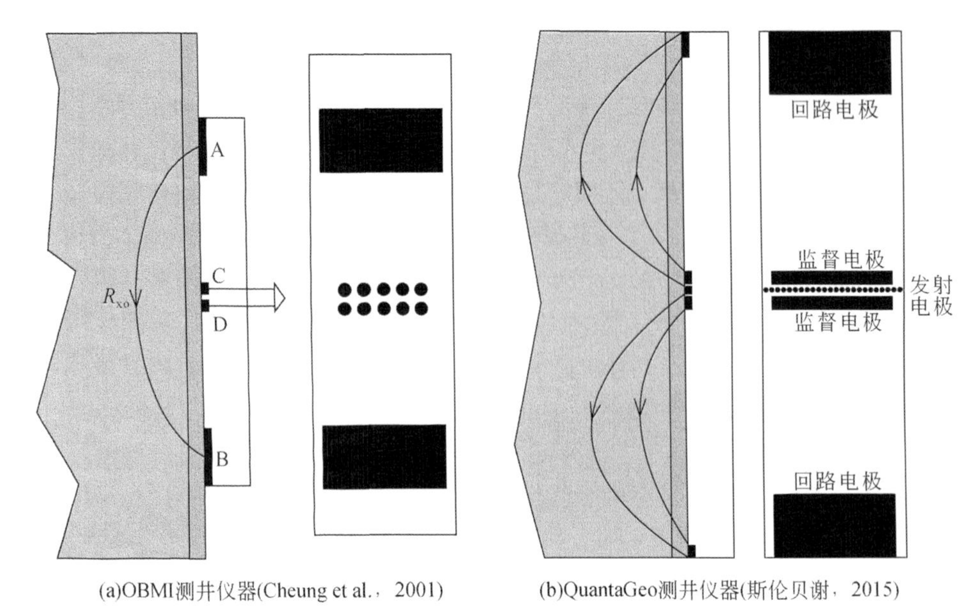

(a)OBMI测井仪器(Cheung et al.，2001)　(b)QuantaGeo测井仪器(斯伦贝谢，2015)

图 1.2　主要油基泥浆电成像测井仪器结构示意图

二、测量原理

以水基泥浆微电阻率扫描成像测井仪为例，测量时成像测井仪借助液压系统使极板紧贴井壁。电流发射采用了侧向测井的屏蔽原理，仪器的极板和电极均为导电体，且二者之间保持绝缘，测量时极板和纽扣电极向地层中发射相同极性的电流，二者的电位相等，这样纽扣电极发射的电流就会受到所赋极板发射电流的屏蔽，从而沿径向流入地层中，进而经过钻井液和地层组成的回路到达上部的回路电极。极板中纽扣电极的电位保持恒定，同时回路电极和供电电极相距较近，因此流入地层的电流强度变化主要反映了井壁附近地层电阻率的变化；当地层的电阻率较高时，电流强度变小，当地层的电阻率较小时，电流强度增大。将获取的电极电流转换为灰度或色度显示，不同的色度代表了不同的电流强度，这样便用不同色调的图像反映了地层电阻率的变化，据此可以分析地层结构构造等的变化。测量过程中极板推靠至井壁，阵列电极同时测量，每个电极可测得所在处井壁的视电阻率。用各纽扣电极的电阻率数据调节色标，即可获得井眼极板覆盖处微电阻率扫描图像。随着仪器上提可测得全井段的数据，经过一系列处理，即可获得测量井段纵向上的微电阻率扫描图像。

三、测量方式

微电阻率扫描成像测井（如FMS、FMI、EMI、XRMI和STAR-Ⅱ）有倾角和成像两种测井方式。以FMI为例，其成像测井方式又包括了全井眼和四极板两种，因此共分为全井眼、四极板和倾角三种工作方式。当全井眼工作时，仪器的8个极板在井中同时工作，测量192条视电阻率曲线，这种方式下单次下井获得的数据对井眼覆盖率最高，可获得高分辨率、高质量的井眼微电阻率扫描图像，如在8.5in的井眼中，对井壁的覆盖率可高达80%，因此这一测量方式适用于研究程度较低的地层，其缺点是测井速度较低，在8.5in井眼允许的最大测井速度为1800ft①/h。四极板方式只使用4个主极板，而关闭了4个副极板，相当于FMS的成像模式，共获取96条视电阻率曲线，对于一些较熟悉的地层，使用这种方式可以在保证地质认知的前提下提高测井速度，在8.5in井眼中的最大测井速度为3600ft/h，同时还降低了采样数据量和采集成本，但是对井壁覆盖率却降低了一半。倾角方式与斯伦贝谢SHDT地层倾角仪完全相同，每个极板只打开两个电极，4个极板共8个电极，测量结果为8条视电阻率曲线，测井速度可以进一步提高，在8.5in井眼中的最大测井速度为5400ft/h。

四、技术指标及适用条件

水基泥浆和油基泥浆条件下各仪器的主要技术指标及应用条件见表1.2和表1.3，其中井眼覆盖率是井眼尺寸的函数，以FMS为例，每个极板电极排列的总宽度为2.8in，在8.5in井眼中电极对井壁的覆盖范围为

$$\frac{2\times 2.8\text{in}}{\pi\times 8.5\text{in}}\times 100\% \approx 20\% \tag{1.1}$$

表1.2　常见的水基泥浆微电阻率扫描成像测井仪器技术指标对比

测井公司及仪器		斯伦贝谢			哈里伯顿		阿特拉斯	中油测井		威德福
		FMS	FMI	FMI-HD	EMI	XRMI	STAR-Ⅱ	MCI-A	MCI-B	CMI
仪器大小和性能	连接长度/in	372.00	315.75	25.43	288.95	290.16	370.08	—	326.77	223.62
	重量/kg	243.58	211.00	201	262.70	97.50	308.90	223	223	57.2
	关腿直径/in	5.00	5.00	5.00	5.00	5.00	5.50	5.00	5.00	4.16
	最小井眼尺寸/in	6.25	6.25	6.25	6.25	5.87	6.50	5.00	5.00	4.60

① $1\text{ft}=3.048\times 10^{-1}\text{m}$。

续表

测井公司及仪器		斯伦贝谢			哈里伯顿		阿特拉斯	中油测井		威德福
		FMS	FMI	FMI-HD	EMI	XRMI	STAR-Ⅱ	MCI-A	MCI-B	CMI
仪器大小和性能	最大井眼尺寸/in	21.00	21.00	21	21.00	21.00	21.00	21.26	21.26	12.25
	最大井斜/(°)	70	90	90	90	90	90	90	90	—
	最大压力/psi①	20000	20000	20000	20000	20000	20000	—	20305	—
	最大温度/°F②	350	350	350	350	350	350	350	350	257
	测量范围/(Ω·m)		0.2～10000	0.2～1000	0.2～5000	0.2～10000	1～3000	—	0.2～5000	—
井眼状况	井别	裸眼井	裸眼井	裸眼井	裸眼井	裸眼井	裸眼井	裸眼井	裸眼井	裸眼井
	泥浆类型	水基	水基	水基	水基	水基	水基	水基	水基	水基
	最大测井速度/(ft/h)	成像模式1600	全井眼模式1800	成像模式(无数据)	成像模式1800	成像模式1800	成像模式1800	成像模式(无数据)	成像模式(无数据)	成像模式(无数据)
	仪器是否居中	居中	居中	居中	居中	居中	居中	居中	居中	居中
硬件特征	采集系统	—	MAXIS-500	MAXIS-500	Excell-2000	INSITE	ECLIPS-5700	—	EILog	Compact
	遥测系统	—	DTS		D2TS、D4TG	D4TG、D4TG-X	3514	—	—	—
	传感器类型	微电阻率电极	微电阻率电极	微电阻率电极	微电阻率电极	微电阻率电极	微电阻率电极	微电阻率电极	微电阻率电极	微电阻率电极
	纽扣电极数	54(27/极板)	192(24/极板)	192(24/极板)	150(25/极板)	150(25/极板)	144(24/极板)	120(20/极板)	144(24/极板)	176(22/极板)
	垂直分辨率/in	0.2	0.2	0.2	0.2	0.2	0.2	0.2	0.2	0.2
	采样率(8.5in)	0.1	0.1	0.1	0.1	0.1	0.1	0.1	0.1	0.1
	井眼覆盖率/%	20(8.5in井眼)	80(8.5in井眼)	80 (8in井眼)	64(8.5in井眼)	64(8.5in井眼)	60(8.5in井眼)	—	60(8.0in井眼)	100 (6.0in井眼)

①1psi=6.89476×10³Pa；② $t°F=(t-32)\times\frac{5}{9}$℃。

表1.3　常见的油基泥浆电成像测井仪器技术指标对比

测井公司	斯伦贝谢		哈里伯顿	阿特拉斯	长城钻探
规格及技术指标	OBMI	QuantaGeo	OMRI	EI	OBIT
极板个数/个	4	8	6	6	6
极板电钮/个	40（10/极板）	192（24/极板）	72（12/极板）	48（8/极板）	—
井眼覆盖率（8 in 井眼）/%	32	98	55	64.9	—
采样间隔/in	0.2		0.1	0.1	0.1
分辨率/in	1.2	垂向0.24， 水平0.13	1	0.31	1.2
电阻率测量范围/(Ω·m)	0.2～10000	0.2～20000	0.2～10000	0.2～10000	—
耐温/°F	320	350	350	350	350
耐压/psi	20000	25000	20000	20000	20000
最大测速/(ft/h)	3600	3600	1800	600	3600
测量井眼尺寸/in	7～16	7.5～17	6.5～24	6～21	6～21

在实际测量中FMI可以和其他测井仪器进行组合测量，如阵列感应测井和方位侧向测井等，但是必须安装在仪器串的最底部；EMI不能与其他测井仪组合测井；XRMI可以和偶极横波组合测井；STAR-Ⅱ能和声波成像测井仪进行组合测井；FMI-HD可与大多数仪器组合测井，在水基泥浆中能够采集到比传统电成像仪更加清晰的图像，而只有对一些特定的油基泥浆环境才有效（Laronga et al., 2011）。

仪器分辨率指的是测量的微电阻率刻度井壁地层地质特征的能力（王贵文和郭荣坤，2000）。仪器的分辨率和极板中纽扣电极的尺寸具有密切的关系。对于FMS，其分辨率由纽扣电极的直径决定，而FMI、FMI-HD、EMI、XRMI、STAR-Ⅱ等仪器的分辨率是由电极的有效直径决定的（王贵文和郭荣坤，2000）。有效直径指的是同一排电极两相邻电极中心之间的距离。上述成像测井仪在轴向（测量深度方向）和周向的分辨率均为0.2in。理论分析还表明纽扣电极的尺寸越小，仪器的分辨率就越高，获得的图像就越清晰，但是电极越小，电极电流就越小，电极电流和聚焦电流的比值就越小，对仪器的灵敏度要求就越高，同时电极越小，电极和井壁之间的泥饼厚度对分辨率的影响就越大。另外，电极外侧绝缘环带的宽度对于测量过程中的信噪比也有重要的影响；一般地，绝缘环带越宽，噪声越低，信噪比越大。

根据奈奎斯特采样定理，仪器采集数据时要求在等效于仪器分辨率的间隔内至少有两个采样点，因此各成像测井仪在深度上的采样间隔多为0.1in。考虑测井速度是采样间距和遥测总线频率的乘积，因此在频率一定的前提下，采样密度越高，测井速度就越低。

各微电阻率扫描成像测井仪的径向探测深度为2in，与微侧向的探测深度相当。

五、资料处理

高密度的数据采集必然导致微电阻率扫描成像测井具有较大的资料数据量，相当于常规测井单条曲线数据的1000倍，仅在300ft的测量段就占据了10MB的数据空间。同时，电成像仪器结构和原始数据采集的特殊性，使得数据的处理过程也不同于其他测井方法，考虑微电阻率扫描成像测井的解释评价需要保证图像清晰度，因此还需要有一些针对性的图像处理技术。目前，大型的测井公司都有自主研发的成像测井数据处理和解释的平台及模块，如斯伦贝谢公司的GeoFrame综合处理解释平台、哈里伯顿的DPP处理解释平台、阿特拉斯的eXpress以及中油测井的LEAD解释平台等。一些专业的测井软件，如斯伦贝谢的Techlog、帕拉代姆的Geolog、石油大学（北京）数据中心的Forward、中国石油勘探开发研究院的CIFLog等也能提供微电阻率扫描成像的数据处理和解释。各软件平台或测井软件对于该类数据的处理过程基本一致，主要包括了深度及速度校正、数据归一化、发射电压校正、死电极校正、数据刻度和图像生成等，各处理环节依次介绍如下。

（一）深度及速度校正

深度及速度校正是微电阻率扫描成像测井数据处理涉及的一个重要步骤。假定测井时仪器在恒定的速度下被向上提拉，通过对仪器极板中各行纽扣电极进行常值深度移动便可以将所有的数据校准。然而在实际操作时成像测井仪在井眼中多为非匀速运动，当井况较差导致仪器在井中遇卡时，仪器会在井眼中处于“短暂停歇”或“非均速窜动”的状态，而电缆却依旧呈匀速运动；对于高分辨率数据的采集，即使是仪器在移动过程中发生微小的抖动，也可能会对成像质量产生影响。这些操作会导致测井仪记录的真实深度和测深系统的视深度之间出现偏差，使得真实深度和采样数据之间不具有较好的对应关系，速度校正的目的便是确定每个电极及其采样数据的实际深度，消除测井仪的非匀速运动导致的曲线畸变和最终的图像错位，以便于在规则深度区间对数据进行重采样，获得未受干扰的图像（Safinya et al., 1991）。而在这种情况下，若采用简单的常数移动要么会导致校正过量，要么会导致校正不足，在图像上出现不规则的锯齿状。

具体操作时首先使用三分量加速度计获得的测量信息将电极电流的时间域数据信息转换为深度域数据信息，即确定每个测点的深度，具体的校正方法与地层倾角测井中的加速度校正方法一致。其次利用加速度数据信息和三分量磁通量数据信息确定每个纽扣电极相对于磁北极的方位角。另外，还需要对每个电极测量的信息（或曲线）进行“深度对齐”，消除仪器结构导致的电极深度的错位，如在FMI的同一主极板上两排纽扣电极的纵向距离为0.3in，那么其深度的校正值就为0.3in，对应主极板下方的翼板上两排纽扣电极的校正深度则分别为5.7in和6in。“深度对齐”用相关对比的方法完成。仪器测量时，由于极板上不同排纽扣电极之间存在深度差，因此各电极通过同一地层界面的时间是不同的，当不对测量数据进行深度对齐处理时，各排电极测量数据处理的图像具有深度偏移。图1.3是不同深度校正措施导致的前后电极显示，图1.4是同一深度段深度校正前后的图像显示。

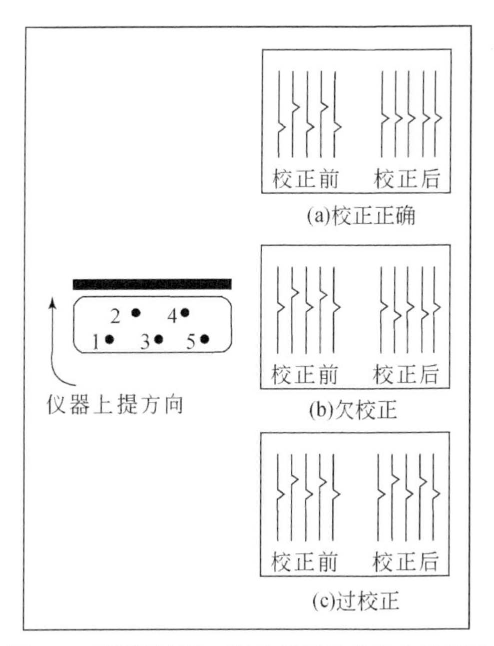

图1.3 不同深度校正措施导致的前后电极显示

（二）数据归一化

成像测井仪在上提的过程中，各个极板与井壁的接触情况通常是不同的；对

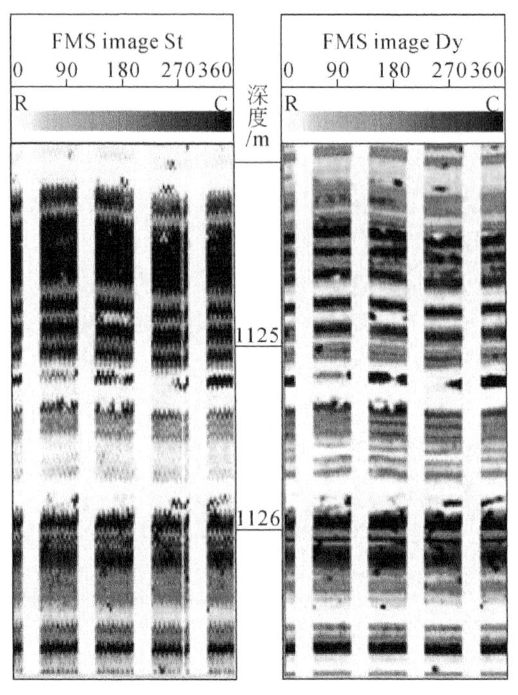

图 1.4　深度校正对比图

于同一极板上的各纽扣电极，其对应的电极系数也不可能完全相同，同时不同电极与井壁的接触情况通常也不同；另外，各纽扣电极表面还可能黏附了油膜或泥浆膜等污染物，这些随机因素在测量过程中也在不断发生着变化。上述这些因素使得每个纽扣电极对同一阻值地层的测井响应可能存在着不同程度的差异，进而使得图像上各电极之间不具有相同的背景色，这一缺点在仪器设计上是无法避免的，需要在数据处理中加以克服。事实上，对于某一特定的测量井段，各电极的测量值应基本相同，即应具有一定的数学期望，同时，测量值的分布应基本服从正态分布。这一认知让使用数学方法去改善微电阻率扫描图像成为可能。归一化处理就是通过偏移和均衡化处理使所有的电极在较长的深度范围内具有基本一致的平均响应（图 1.5），目前进行数据归一化的方法包括了数据标准化、数据正规化、均值规格化、极大值规格化、标准归一化等。斯伦贝谢公司采用了限制统计的数据标准化方法进行归一化处理，处理过程中采用了窗口技术。采用这一方法能够有效消除电极测量过程中某些因素导致的异常低阻或高阻对统计结果的影响，以确保统计结果能够真正反映地层的特性。

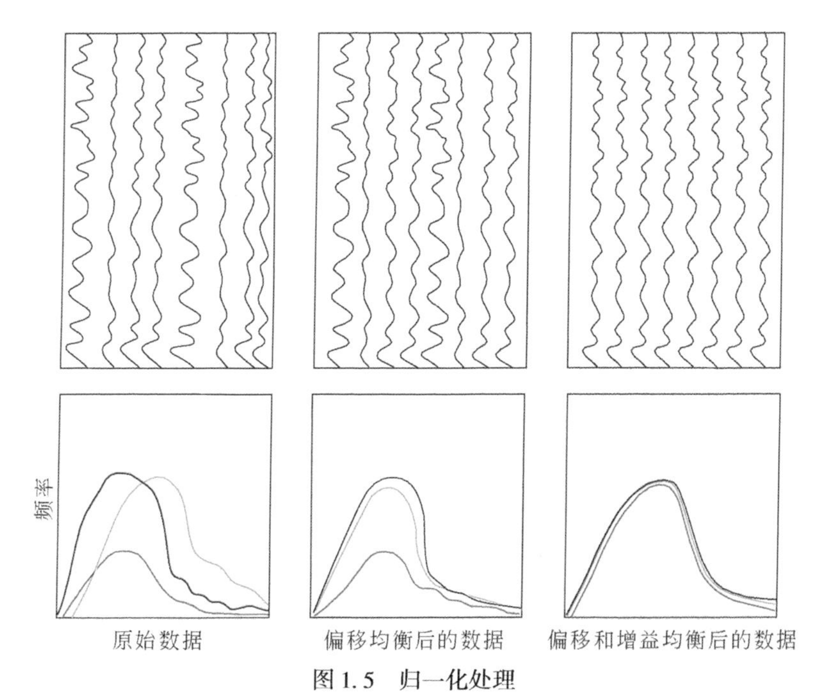

图 1.5　归一化处理

上图为传导率曲线，下图为数据分布图，从左到右，随着偏移和均衡化处理，原始数据变得更加一致

（三）发射电压校正（自动增益校正）

发射电压校正是为了消除测量过程中发射电流的变化导致的图像失真。在测井过程中，要不断地调整电极电压，以使在电阻率差异较大的情况下，电流的强度也能处于最佳的操作范围；在高阻的地方发射电流加大，使足够的电流流入地层，在低阻的地方发射电流减小，避免电压饱和。上述处理过程必然会导致不同深度段内具有相同导电性质的地层在测量曲线上显示为不同数值；反之，具有相同测量曲线数值的地层在不同井段内可能代表了不同的导电特性。

（四）死电极校正

死电极指仪器极板上无法正常工作的电极，电极可能出现了短路或断路等，从而没有采集测量数据或测量的数据不能客观地反映地层电导率的变化。死电极数据通常具有两种表现形式：一种是曲线过于光滑平缓，数据方差小于某一门槛值，另一种是曲线变化剧烈，数据方差大于某一门槛值。因此合理地设置数据的门槛值可以有效地识别死电极产生的数据。其不能正常工作的原因较多，测量结果是在图像上引起垂直的黑色或白色条带等干扰和假象（图 1.6）。成像前需要将死电极剔除，具体的操作方法是在选定的窗口内分析各电极电流的分布直方图，去除那些电流不随地层发生变化的电极信息，利用相邻电极对应测量点的数值内差填补失效电极的信息。插值的方法有很多，通常采用相邻电极的线性内差即可很好解决问题。

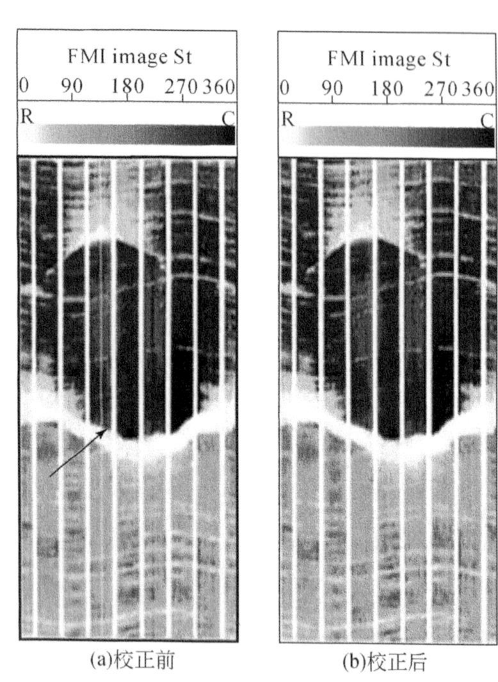

(a)校正前　　(b)校正后

图 1.6　死电极校正效果图

黑色箭头为死电极对应的图像区域，表现为一条竖直的细线

（五）数据刻度

微电阻率扫描成像测井具有其他测井项目无法比拟的分辨率，用其图像可以很好地识别过井眼的天然裂缝，并拾取对应裂缝的产状信息。另外，解释人员还可以利用电成像测井数据对裂缝进行定量评价，这一评价过程则需要使用微电阻率曲线。虽然经过发射电压的校正，电极的测量值已具有微电阻率曲线的特征，但其仍不是视电阻率曲线，这些曲线能够反映地层剖面微电阻率的相对变化大小，但不是所测地层剖面的微电阻率值。在实际研究时，浅侧向或微球聚焦测井具有和微电阻率扫描成像测井基本一致的探测深度，其值代表了井眼中地层剖面的电阻率平均值，是一种低频信号；微电阻率扫描成像测井电极测量的是井眼剖面各部分的微电阻率变化值，是一种高频信号。从信号分析的角度，把两种信号相加就可以得到反映井眼剖面电阻率值的微电阻率曲线。这一过程就是电阻率刻

度。具体而言，假定某一测量井段某个测量点的井眼剖面电导率值的平均电流为 I_{aj}，则这一数值可表示为

$$I_{aj} = \frac{1}{n}\sum_{i=1}^{n} I_{i,j} \tag{1.2}$$

式中：I_{aj}为井中第 j 个测量点的平均电流；$I_{i,j}$为第 j 个测量点第 i 个电极的测量电流。

利用浅侧向测井的数值可以得到反映该测量点电导率值的电流，即理论电流 I_j，表示为

$$I_j = K\,C_j \tag{1.3}$$

式中：I_j为第 j 个测量点的理论电流；K 为微侧向测井仪的电极系数；C_j为第 j 个测量点处微侧向的电导率响应。

通过对两组数据进行深度匹配，进一步基于数理统计的方式分段线性拟合，建立刻度系数，便可得到全井段I_j和I_{aj}之间的统计关系，表示为

$$I_j = a + b\,I_{aj} \tag{1.4}$$

根据这一统计关系式，可以计算各个电极的刻度值：

$$\mathrm{II}_{i,j} = a + b\,I_{i,j} \tag{1.5}$$

式中：$\mathrm{II}_{i,j}$为第 j 个测量点第 i 个测量电极的刻度值；a，b 为刻度系数。

（六）图像生成及增强显示

微电阻率扫描成像测井采集的原始数据和最终生成的图像之间基本没有什么相似之处，动静态图像的生成就是要把采集到的微电阻率数据转化为不同色彩或灰度的图像。这一转化过程需要对测量的微电阻率值进行量化分级，其目的是使每一级能够对应一定的色标。如果对电阻率值进行线性分级，那么有限的色标就有可能多用于较小范围分布的低阻或高阻异常尖峰点，而多数数据则使用了较少部分的色标刻度，这样处理的结果是大多数数据在图像中处于同一色标阶层，整个图像的对比度较差。为了规避上述问题，现有的图像增强一般采用窗口直方图归一化法，保证每个数据分级范围内具有相同的测量点数，大大加强了图像的对比度。

按照处理窗长的大小，窗口直方图归一化图像加强技术又包括了静态加强和动态加强两种。静态加强作为一种特殊的动态加强，其处理的窗长为整个目标地层，在全井段对仪器的响应进行归一化。成果图像的背景颜色在整个目标层段具有可对比性，即在一个深度处的某种色彩和另一深度处的相同色彩具有一样的电阻率值。这种归一化处理可以在长井段中通过灰度或颜色的比较来对比电阻率的大小，帮助解释人员认识和了解地层是高阻层还是高导层。其缺点是无法分辨小

范围内微电阻率的变化，无法刻画地层的微细结构（图 1.7）。

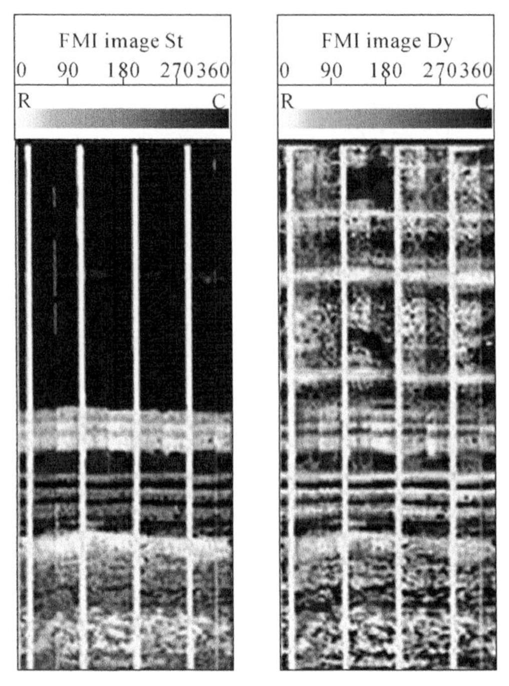

图 1.7　动静态图像对比示意图

动态加强时用户可以自定义窗长值。处理过程中在窗长范围内所有电极的测量值都参加直方图分级处理，并输出分级数据，而后窗口向上移动整个窗口长的25%，再对相邻窗内的数据重新进行直方图分级处理，输出新的分级数据。窗口连续向上滑动，直至整个目标层段处理完毕为止。在短窗长范围内对数据进行重新刻度能够获得更加明显的对比度，从而刻画电成像测井图像细微之处（图 1.7）。处理时设定的窗长越短，增强的效果通常越明显，但会显著增加处理时间。动态增强处理由静态图像的全井段统一配色改为在每个动态窗长内重新配色，从而充分体现了微电阻率扫描成像测井高分辨率的优势。动态图像常用于识别地层中各种尺度的层理、裂缝、结核、砾石颗粒和断层等。由于是按窗长进行配色，某一种颜色在不同深度段可能反映了不同的电阻率值和岩性特征，因此动态图像无法用于大范围的岩性对比。

生成的动静态图像是二维的，纵坐标为深度，在解释动态图像时，一般选用1∶20 或1∶10 的深度比例；横坐标是电极的方位，自左向右依次为 0°—90°—180°—270°—360°，对应北—东—南—西—北。任何一个和井眼相交的平面，如裂缝或平直的层界面，其相交面是一个椭圆，对应的展开图就显示为一个正弦曲线［图1.8（a）］。在直井中曲线的波谷所处的方位就是这个平面的倾向，平面倾角的正切值等于正弦波的幅度除以井眼直径。水平井中各地质特征的显示、拾取与直井相似，不同的是电成像展开图像中0°—90°—180°—270°—360°依次表示为相对钻井井眼的上—右—左—下的空间方位（采用Top of Hole模式展示）。

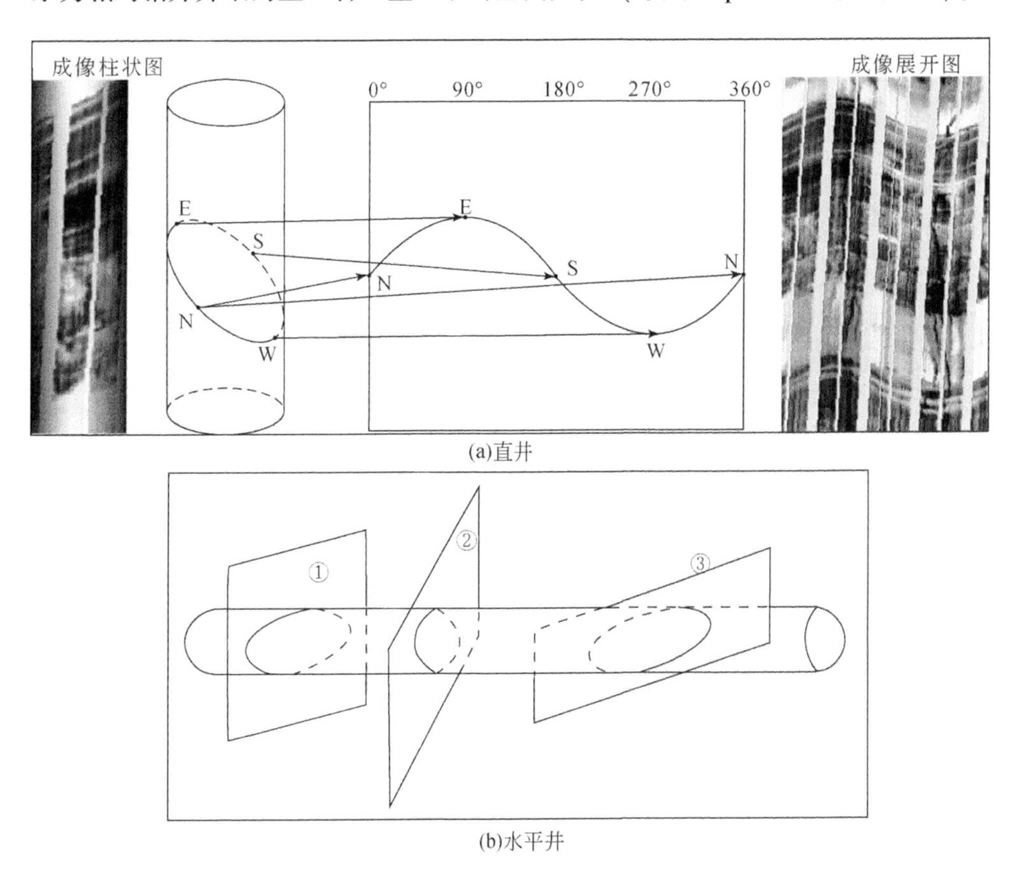

图1.8　井壁电成像测井图像展开示意图

（a）直井，最左侧是卷曲三维图像的某一面，卷曲图像可实时、定时三维旋转，最右侧是对应的平面展开图。（b）水平井，①视倾角高，真倾角高；②视倾角低，真倾角高；③视倾角高，真倾角低

（七）图像的显示处理

由于采集方式和仪器结构等的限制，电成像测井仪器单趟下井采集的数据无法100%地覆盖井壁地层，而这种“数据缺失”对于层界面的解释影响不大，但会使诸如裂缝特征的自动拾取等过程复杂化。各极板之间的间隙只有通过对同一深度段进行多次不同方位数据的采集才能加以消除，而要达到理想的100%覆盖率还需要使不同趟次采集的数据在方位上完美耦合，这一操作较难且大大提高了

测量成本。通过对单趟采集的数据进行处理和图像重构可以获得“100%覆盖率”的井壁地层图像。斯伦贝谢公司成像测井高级处理与解释新技术版块下的全井壁图像技术（Full Image Computation）便是基于多点统计学的方法并结合了线性特征的重构算法，对极板间隙周围的地层图像特征进行了模拟，完成了电成像的全井眼图像覆盖（图1.9），可以为解释人员提供更加直观的图像特征显示。

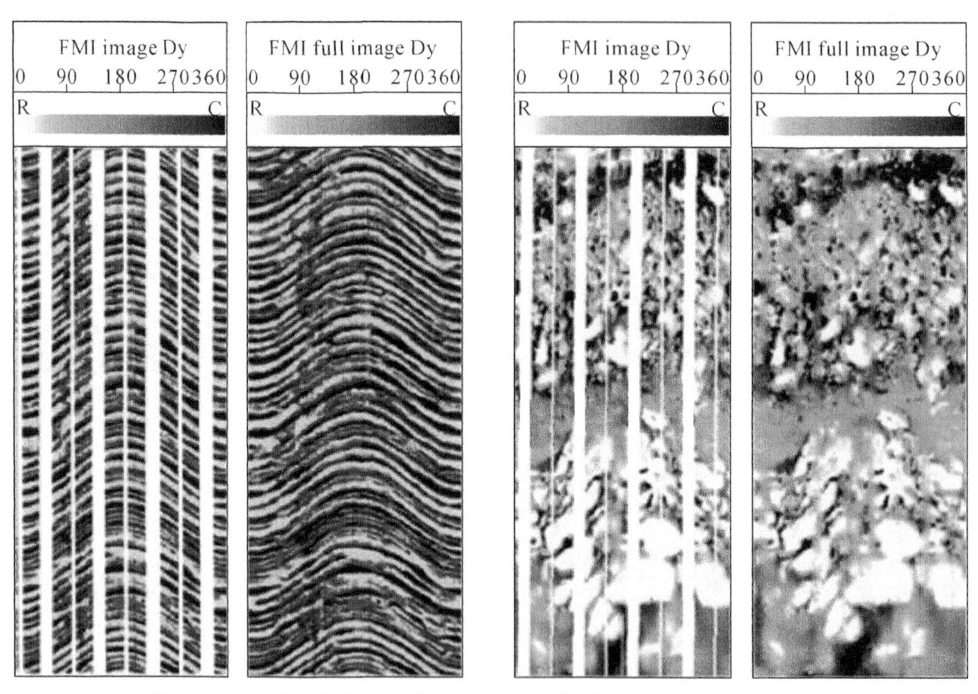

图1.9　FMI动态图像重构前和重构后对比图（Schlumberger，2016a）

获取的电成像测井图像通常为0°～360°刻度的二维展开图像，为了能够像岩心一样对图像进行三维观察，可以利用岩心扫描图像三维重建技术（庄双勇等，2006），对处理的动态图像进行三维重建，使电成像测井图像也可以按照既定的角度和时间进行三维旋转。同时，也可以利用斯伦贝谢的Slab Computation垂向切片图像技术将环井壁的电成像测井图像按照给定的方位投影到过井筒圆心的垂向剖面上（图1.10）（Schlumberger，2016b），这样处理可以直观地显示一些复杂的沉积构造类型，减小因为观察角度导致的视觉误差。岩心外表面存在的一些非地质因素导致的假象会误导利用岩心资料进行地质描述及岩心和成像测井的地质归位，劈分完好的岩心纵剖面图像可以弥补上述缺陷，由于垂向切片图像和岩心纵剖面图像具有相似的显示特征，因此当有岩心纵剖面图像资料或CT切面扫描图时，可以利用电成像的垂向切片图像进一步开展精细的岩心归位和对比分析。

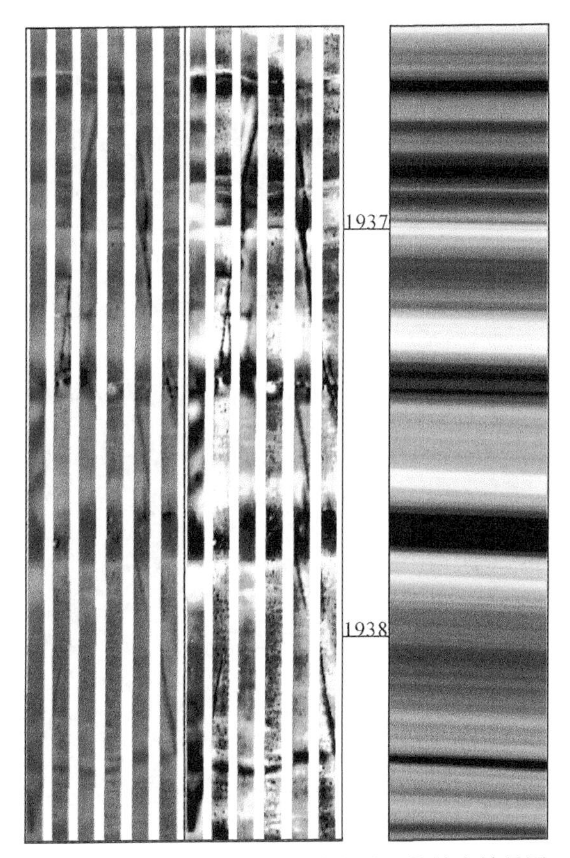

图 1.10　Slab Computation 垂向切片图像技术效果图
图中第一道到第三道分别为静态图像、动态图像和某一方位的切片图像

第三节　微电阻率扫描成像测井特征及解释评价方法

一、微电阻率扫描成像测井特征

相比较其他井眼信息采集的方法，微电阻率扫描成像测井具有其特有的方法特征。相比较其他常规或新测井方法，其成果图件具有类似岩心图像的特征显示，可以让地质工作者直观地观察到井眼中地层的各类地质现象；相比较旋转钻井取心获取的岩心资料，其具有连续性和方位性，通过电成像仪的不断上提可以系统地采集全井段的电成像测井数据，通过对采集的数据进行处理可以确定井下地层和天然裂缝等在空间的分布方位，克服了岩心深度归位误差和方位缺失带来的不足；相比较常规测井和录井资料，其具有较高的分辨率，可以准确识别

0. 2in 的体状体和小于 0. 2in 的线状体。以图 1. 11 为例，在 2m 长的井段内自然伽马（GR）测井曲线反映了两个向上变粗和变细的沉积旋回，成像测井除了反映沉积旋回的变化，还清晰地显示出该段地层至少包括了五个单砂体，各砂体在空间中的对应地层方位分别为 160°、180°、210°、160°和 180°，且分别发育了槽状交错层理、平行层理、槽状交错层理和平行层理，暗示古水动力在较短的时期发生了频繁变化。

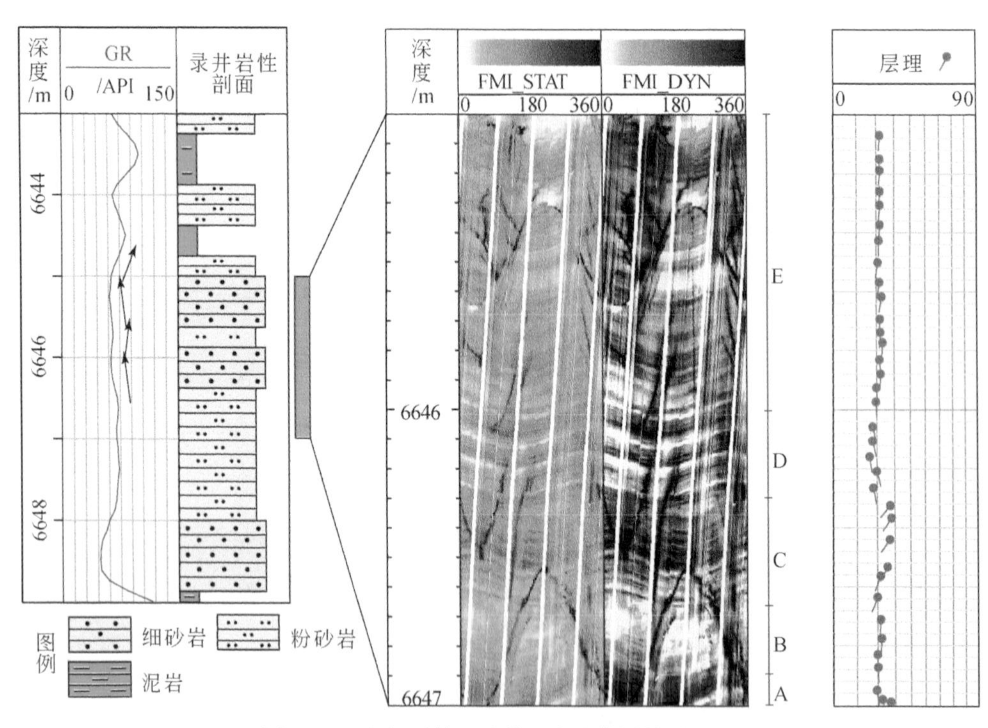

图 1. 11 常规测井、录井和电成像测井对比图

二、多层次的成像测井图像解释评价方法

将测量的阵列电流信息转换为电成像测井动静态图像以后，便需要从这些图像中提取地层中的各类地质信息，即开展电成像测井图像的地质解释。在对大量电成像测井图像解释的基础上总结出电成像测井的图像解释的四个层次，根据资料基础和研究需要的不同，从浅到深分别包括图像的直接解释、常规测井约束的图像解释、岩心和录井资料约束的图像解释以及电成像测井图像的综合解释。

层次一：直接利用处理的高分辨率井壁电成像测井图像开展沉积和结构构造等地质特征的解释。然而，虽然电成像测井提供的成果图具有类似岩心图像的显示特征，但是二者存在本质的区别，不能完全等同对待。因此这种基于图像的解释有两个必需的前提条件，一是采集的数据品质高、处理的图像质量能够满足解释的需求，二是解释人员要有较为丰富的解释经验和专业技能。解释的地质信息通常包括了不同充填特征的天然裂缝；过井眼的断层、褶皱、不整合面，以及主要的构造层等构造信息；层序界面、不同级次的层序单元等地层信息；层组和层界面、纹层和纹层界面、沉积间断面或侵蚀冲刷面、层理构造类型、砾石的形状和大小以及空间组合排列、沉积旋回等沉积信息；压溶缝合线等成岩信息；火山岩的结构构造等。单靠电成像测井图像进行地质解释多解性较强，一般是在常规测井和岩心等资料匮乏的层段，或者资料的初步解释时进行，如有可能需要进一步结合其他测井和地质信息对解释结果进行标定。

层次二：虽然常规测井在分辨率以及提供的地质信息方面远不如电成像测井高，但是不可否定其在地层划分、岩性识别以及地层流体判别方面具有一些优势，可以为电成像测井图像的解释提供宏观的地层框架，而在这一地层框架的约束下，利用电成像测井资料可以更加精细地划分小尺度的地层单元，识别纹层单元（接近岩心的精度）。此外，对于一些电响应特征基本一致、在电成像测井图像中具有相同或相似图像特征的地质现象，也可以进一步给出相对明确的解释，或缩小其解释范围，如堆积的复成分砾石与同生泥砾的区别，钙质和硫酸盐等胶结物斑块、煤层及富炭屑层的区别，泥砾段和孔洞发育带的区别，向上变粗或变细的相序（或准层序）等。

层次三：在岩心可用的情况下，需要先利用深度和方位归位过的岩心对电成像测井图像进行标定，借此明确研究层段各种地质现象在电成像测井图像上的响应特征，建立二者之间的响应关系。再利用这些电成像测井图像外推到未取心井(段)，从而完成整个目的层的构造、沉积和成岩现象的精细解释与描述。

层次四：这一层次是在前三个层次解释的基础上，进一步结合目标区的区域地质背景以及有关的构造、沉积、成岩和储层等方面的知识库，对解释目的层段的构造、沉积、储层特征做出综合描述与评价。其中，构造解释方面的内容包括构造层划分、区域构造应力场分析、构造裂缝的分布、断层和褶皱等局部构造分析等；地层学及沉积学解释方面的内容包括层序划分、沉积相分析与环境解释等；储层方面的内容包括储集空间类型研究（包括裂缝和溶洞的形状、大小和分布，以及缝洞的定量表征参数及连通性）、储层非均质性研究［包括单井中裂缝和溶洞的发育带及渗透层（带）分布、非渗透隔层或夹层的分布、多井对比中渗透层和非渗透层的分布］等。

具体的解释步骤又分为：①解释前的准备工作，包括收集研究区区域构造、地层和沉积背景等方面的有关资料，以及成像测井资料处理（包括数据加载、数据刻度、深度匹配、图像增强等）。②电成像测井资料质量评估及假象图像剔除：

结合井径等资料，在全井段图像浏览的基础上，了解图像质量，剔除可能存在的非地质因素引起的资料假象，如椭圆井眼、不规则或粗糙井眼、钻具或取样测试器具在井壁留下的痕迹、仪器遇卡引起的“锯齿状”图像，钻井诱导裂缝、电极表面被泥浆或重油污染等引起的图像。③电成像测井图像初步解释（解释层次一），了解地层倾角的分布特征、可能的岩性和结构构造类型、垂向岩相序列的整体变化等。④常规测井资料约束下电成像测井资料的解释（解释层次二），将深度归位（与电成像测井的深度匹配）后的常规测井曲线如 GR、电阻率测井、岩性和孔隙度测井等加载到图像道附近作为图像解释的约束条件，用以提供相对较大尺度范围内的地层划分及岩性岩相序列解释方面的框架，在此基础上对图像进行系统解释。⑤岩心观察和精细描述，其目的是检验已有的解释结果并对常规测井资料约束下的电成像测井解释过程中存在的多解性问题进行标定。⑥岩心约束下的电成像测井资料解释（解释层次三），解释各种地质现象在成像资料上的响应特征，建立岩心标定下的成像测井解释模式。⑦成像测井资料的综合解释（解释层次四）（依据研究目的可对具体内容进行取舍），对构造、沉积、储层等多种特征进行详细的解释描述，为矿产资源的勘探开发提供技术支持。

三、岩心与电成像测井标定刻度方法

（一）深度归位

岩心破碎等导致单筒钻井取心的收获率小于 100%，取心地层出现了缺失；井壁地层的脱落或取心筒残留的岩块等可能导致取心收获率大于 100%（Fontana et al., 2010）。因此钻井岩心记录的深度可能存在误差。同时在单筒岩心内部由于岩心的破碎和缺失也需要对各岩心块进行深度归位。另外，在利用岩心资料对电成像测井的图像特征进行标定刻度时，岩心及其分析数据的深度来自钻井深度，而电成像测井显示的深度为测井深度，导致了同一沉积构造、裂缝或溶蚀孔洞等地质体在岩心和电成像测井图像上具有不同的显示深度。因此，首先需要对岩心进行系统的深度归位处理。

现今岩心深度归位的方法有较多，如数学概率模型法（Agrinier and Agrinier, 1994）、岩心-常规测井刻度法（Bartetzko et al., 2001；Gilbert and Burke, 2008；Tominaga et al., 2009）、岩心-成像测井刻度法（MacLeod et al., 1994；Haggas et al., 2001；Paulsen et al., 2002；Tartarotti et al., 2006；Fontana et al., 2010；Tao et al., 2016；Fernández-Ibáñez et al., 2017）。笔者在利用微电阻率扫描成像测井对岩心进行深度归位时分别利用伽马曲线标定法和图像对比刻度法对每一块岩心进行深度的精细归位（图 1.12）。伽马曲线标定是通过对取至地面的岩心进

行岩心的地面伽马数据采集，在此基础上通过对比岩心伽马和成像测井仪器自带的伽马曲线形态来完成岩心的深度归位。在碎屑岩地层中各取心井的岩心深度归位值一般小于5m，很少超过10m。在岩心地面伽马归位的基础上，通过成像测井图像和岩心扫描图像（或岩心照片）的交互刻度完成单块岩心的深度归位。其基本原理是裂缝和层理等线状体在二者图像中的可对比性。以图1.12为例，首先利用岩心地面伽马进行岩心深度归位，确定岩心在地层中的具体位置，进一步利用井壁电成像测井图像对每一块岩心进行深度归位，以此可以确定岩心中每条未充填裂缝的方位及其和地层的空间组合形式。从图1.12中可以看出该段地层南倾，两组共轭形态的剪裂缝分别为北倾和南倾，可能为高角度的剖面剪裂缝。

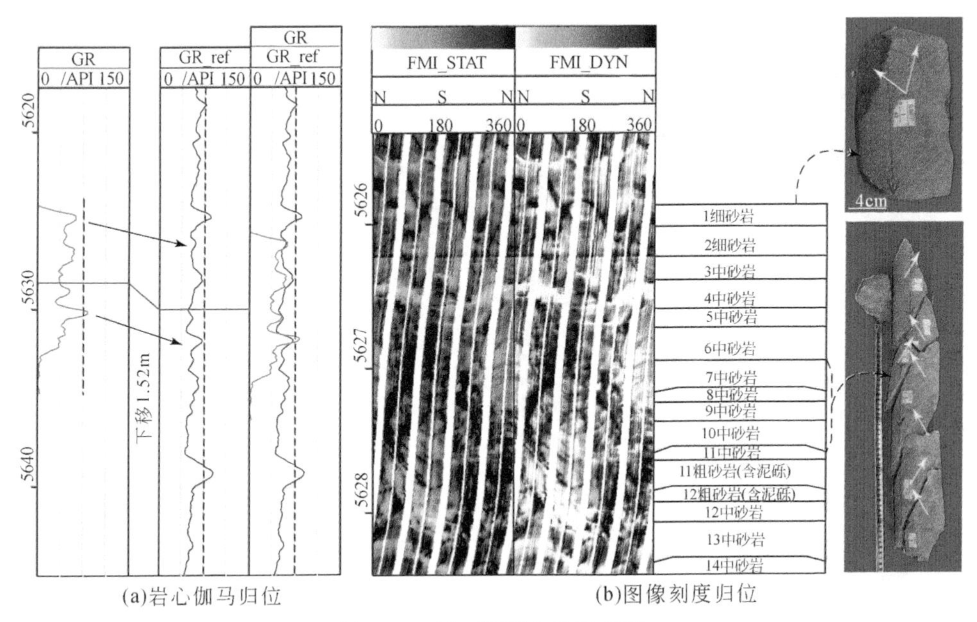

(a)岩心伽马归位　(b)图像刻度归位

图1.12　岩石深度归位示意图

(a) 两组数据的曲线形态基本一致；(b) 数字代表岩心块号

（二）方位归位

常规钻取的岩心在取至地表时已经失去了其在地层中的空间方位（不包括定向取心），因此通常地面岩心观察仅仅是针对岩心中的沉积构造、结构、垂相沉积序列的变化以及裂缝密度和倾角等，而不能通过层理倾向的变化去推测沉积时期古水流的方向，也不能通过天然裂缝的倾向和走向去推测古构造应力的方位，在获取这些信息时需要对岩心进行方位归位处理。

现今岩心方位归位的方法较多，如古地磁法（Cannat and Pariso，1991；Allerton et al.，1995；MacLeod et al.，1995）、岩心-成像测井刻度法（MacLeod et al.，1994；Haggas et al.，2001；Paulsen et al.，2002；Tartarotti et al.，2006；Fontana et al.，2010；Tao et al.，2016）。在岩心深度归位的基础上，通过岩心和成像测井的标定刻度，可以使岩心具有方位意义。层理、冲刷面、裂缝、火山岩流纹界面以及一些定向排列的砾石和塑性浆屑等都可以用于方位指示，是利用电成像测井进行岩心方位归位的主要参考物。以图 1.13 为例，该井钻遇逆冲背斜，

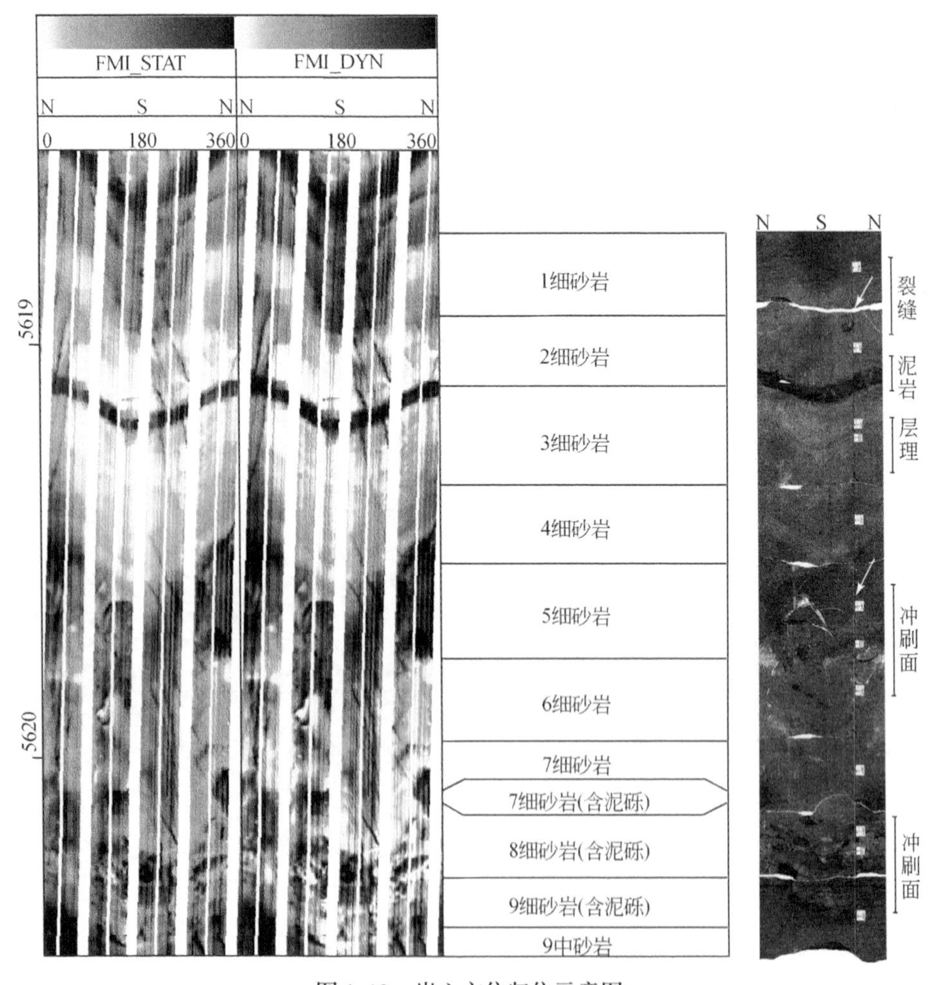

图 1.13　岩心方位归位示意图

深度归位下移 1.55m，数字代表深度归位后的岩心块次。岩心刻度表明致密砂岩地层中方解石充填的裂缝多在电成像测井中没有显示，但是可以在岩心地层和未充填裂缝方位归位的基础上去外推充填缝的空间方位。图像中上部的低阻暗色条带代表了泥质条带面并非层界面

图中对应深度段的地层南倾，虽然岩心中的充填缝没有对应的电成像测井图像特征显示，但是岩心方位归位后首先确定了地层的产状，基于地层的构造背景、地层和充填缝的空间组合关系暗示这些充填缝为近北倾和南倾的剖面剪裂缝，且以北倾裂缝为主，两组裂缝纵向叠置出现，裂缝倾角基本一致，推测可能为逆冲背斜中平行枢纽剖面的共轭剪裂缝，因此方位归位在井眼天然裂缝构造解析中极为重要，在此基础上可以还原岩心中未充填缝和充填缝的空间方位，为裂缝的地质成因分析提供依据。同样，岩心方位归位对于地层产状的确定和古水流方位的恢复也起着至关重要的作用。

（三）归位原则

由于深度归位是将岩心标定在电成像测井图像上，因此以电成像测井深度为标准深度，以钻井深度为参考深度。需要注意的是油气储层的测井评价多基于常规测井展开，在利用电成像测井去标定常规测井时，则以常规测井的深度为标准深度。在岩心标定成像时，以深度区间范围内最为典型的地质现象（裂缝、沉积构造、岩性岩相等）作为深度归位的参考标志，以单筒取心进尺作为单筒岩心深度归位的长度范围，即假设单筒取心进尺 2.5m，在深度归位之后取心进尺也应该是 2.5m，防止以不同的参考标志进行归位时人为造成进尺误差（如果单筒岩心收获率 100%，该筒岩心存在 2 个参考标志分别在岩心的不同部位，若按照某一个标志将岩心下移一定深度的话，另一个标志归位时也只可能是下移相应的深度，不会出现上移或不移动的情况）。

方位归位必须以具有方位意义的地质现象（裂缝、层理等）为参考。另外，由于电成像测井的成果图反映的是地层的微电阻率变化特征，图像特征在一定程度上可以间接反映地层结构的变化，但是它并不是真正的岩心图像，因此电成像测井图像与岩心图像反映的地质现象不具有完全的一一对应关系，只有具有电阻率差异的地质体才能在电成像测井图像上具有明显的特征显示，而对于电阻率相同或接近的不同地质体其在电成像测井图像上是较难区分的，在方位及深度归位时，需要对这一现实予以考虑。

四、电成像测井交互式变窗长处理对比方法

电成像测井数据处理一般可以提供三种图像：静态图像、标定到浅侧向的静态图像和动态图像。由资料处理一节的介绍可知，动态图像是在用户选定的滑动深度窗口内对数据进行颜色刻度。然而，井眼穿过的地层电阻率变化范围可能会很大，在单个井眼中使用同一个滑动窗长或长窗长动态加强处理都可能会忽略一些微细的地层信息，鉴于此在精细的图像处理中需要结合岩心和常规测井资料，

采用交互式变窗长精细处理成像测井资料，对于同一套地层的不同深度段，按照电阻率变化特征选择适当的滑动窗长，以获得更加精细的动态加强图像，达到有效识别小尺度沉积和成岩等方面的详细信息，拾取微细的层系界面，增强对目的层段的地质认识。

实际研究中在选取滑动窗长之前，先利用浅侧向测井或者微球聚焦测井等接近成像测井探测深度的常规电阻率测井方法对研究层段不同深度段的电阻率数值的变化趋势进行标定刻度。因为实际地层电阻率的变化范围在不同的深度段可能具有不同的变化趋势，某一深度窗长内电阻率可能只能几十欧姆米的区间变化，数值变化不大，在同一套地层的其他深度窗长可能会出现几百欧姆米，甚至上千欧姆米的连续变化（如一些碳酸盐岩储层）。这种情况下，对同一套地层采用一个滑动窗长进行动态加强，在电阻率数值连续变化的层段对于微细地层特征的刻画不清楚。变窗长处理使得在电阻率区间变化较小的深度段，选取较大的窗长就可以获得大部分的地层信息，规避了小窗长处理产生的大数据体；而对于电阻率变化范围较大的深度段，选取较小的窗长可以从大量的数据中尽可能多地获取地层的信息。

五、电成像测井倾角解释模式及意义

电成像测井是在地层倾角仪的基础上发展而来的，因此继承了倾角测井解释的所有优点，尤其是倾角测井解释模式所蕴含的丰富的构造和沉积方面的地质信息。通过长相关对比处理获得的结果可用于大尺度的地质现象的解释，如褶皱或断层的解释；短相关对比结果或图像模式则主要用于沉积学的研究中。通过对研究实例的总结，倾角解释模式主要包括了红模式、蓝模式、绿模式和白模式四种类型（图 1.14）。红模式的特征表现为倾向基本一致，倾角随深度而逐渐增大的一组蝌蚪矢量，该模式可以指示差异沉降背景下的盆地边缘沉积体、同沉积褶皱、河道砂体或断层等；蓝模式表现为倾向基本一致，倾角随深度而逐渐减小的一组蝌蚪矢量，该模式可以指示不整合面或前积层等；绿模式表现为倾向基本一致，倾角基本不随深度改变的一组蝌蚪矢量，该模式一般指示构造倾斜的水平或平行层理等；白模式表现为倾角变化范围大，随深度蝌蚪矢量杂乱分布，该模式常用于指示断裂带或风化面等。

在小尺度范围内各模式的变化界面是重要的沉积变换面，指示层理类型发生了变化或冲刷面的出现等；在大尺度范围内，倾角模式的变化往往对应了一些重要的构造事件。

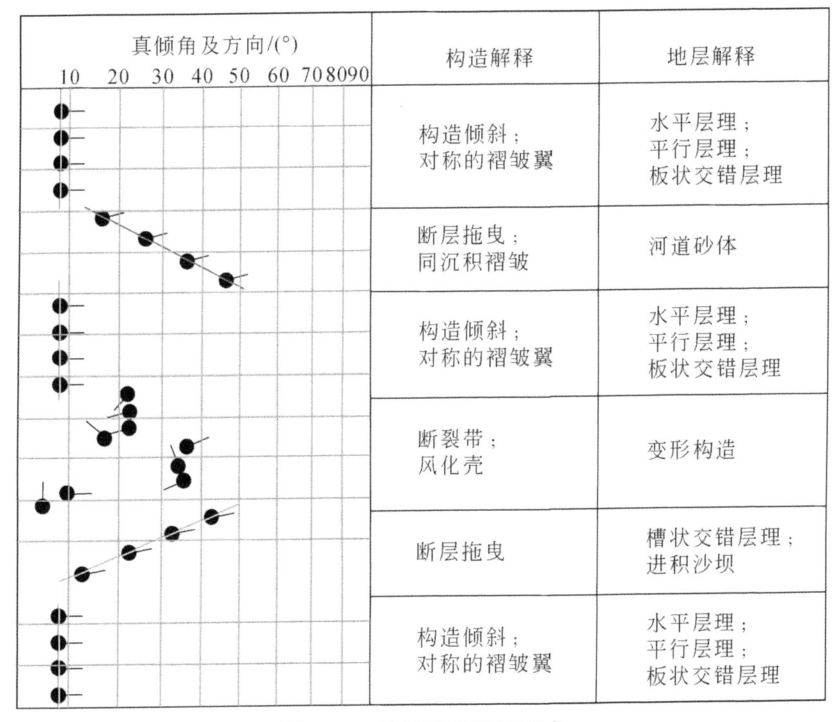

图 1.14　地层倾角解释模式

六、电成像测井图像解释模式及意义

电成像测井图像解释或电成像测井解释模型的最终建立都需要首先对处理的动静态图像进行详细的描述。目前使用较多的描述方法包括了电成像测井相（Zhong et al.，2009）和电成像测井模式（王贵文和郭荣坤，2000；尤征等，2000；耿会聚等，2002）两种。而测井相的概念是20世纪70年代首次在文献中出现（Serra，1972），指的是利用测井响应特征去表征地层的沉积相（Serra and Abbott，1982）。由于电成像测井技术出现的时间较晚（Ekstrom et al.，1986），因此测井相的最初表述只针对了不同类型的常规测井曲线，为了测井相概念的统一，利用电成像测井相去描述电成像测井图像更为合适，然而，在实际的图像解释过程中会出现一些和沉积相完全无关的图像特征，如空白显示或一些异常的图像等。测井模式在此类图像特征的描述中不受限制，考虑笔者前期的研究多使用模式这一术语，因此本书中涉及的图像描述统一采用这一术语。

基于电成像测井模式对图像进行描述时可以有色调分类、形态分类、地球物理意义分类、地质意义分类和综合分类等不同的方案（尤征等，2000）。其中，综合分类是现今最具有代表性的模式分类方案。该方案以图像的形态分类为主，以明确图像对应的地质含义为核心，进而综合表述图像特征及对应的地球物理和地质意义，按照“色调–形态–（地球物理意义）–地质意义”的顺序对不同的模式类型进行命名，如“亮色块状砂岩层”，在色调不容易表述时也可以略去色调，在没有地质意义时，只用形态来表示或用前缀表述造成这一现象的原因，如

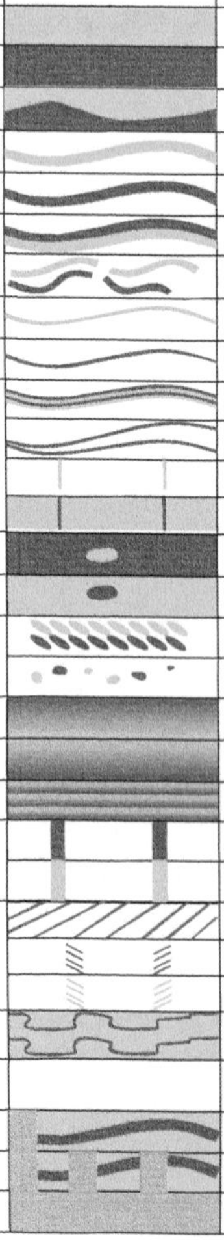

图像特征模式分类				图像显示特征	图像解释分析	编号
形态分类			色调分类			
类	亚类					
块状模式			亮块模式		大套高阻砂岩层、钙质砂岩、火成岩、碳酸盐岩	1
			暗块模式		大套低阻泥岩	2
			亮暗块截切		不整合面、断层、岩性突变等	3
带状模式	单一条带		亮色条带		相对厚层的高阻砂岩层、钙质砂岩、火成岩、碳酸盐岩	4
			暗色条带		相对厚层的低阻泥岩	5
	组合条带	规则组合	亮暗条带		相对厚层的高阻砂岩和低阻泥岩频繁互层，且分布稳定	6
		不规则组合			相对厚层的高阻砂岩和低阻泥岩频繁互层，分布不稳定	7
线状模式	单一线状		单一亮线		高阻物质充填的裂缝，泥岩中的砂质纹层等	8
			单一暗线		泥浆充填的天然裂缝、纹层界面等	9
	组合线状	规则组合	亮暗线		薄纹层或成组的纹层界面、流纹构造等	10
		不规则组合			不同组系的裂缝等	11
		对称竖线			油基泥浆中的直劈缝或钻井压裂缝等	12
					水基泥浆中的直劈缝或钻井压裂缝等	13
斑状模式	单一斑状		单一亮斑		单个高阻的砾石、结核、高阻物质充填的孔洞等	14
			单一暗斑		单个泥砾、结核、溶蚀孔洞等	15
	组合斑状	规则组合	亮暗斑		顺层溶蚀的孔洞或定向排列的砾石等	16
		不规则组合			不规则分布的孔洞、结核、砾石等	17
递变模式	单一连续递变		下亮上暗正递变		正粒序层理	18
			上亮下暗反递变		反粒序层理	19
	复合递变		亮暗递变反复		复合粒序层理	20
对称槽状模式			亮暗槽状		水基泥浆井壁垮塌	21
					油基泥浆井壁垮塌	22
条纹模式	规则组合		亮暗条纹		牙轮在钻井过程中刮削井壁形成的螺纹	23
					水基泥浆中的雁列诱导缝	24
					油基泥浆中的雁列诱导缝	25
杂乱模式					变形层理、礁灰岩地层等	26
空白模式					仪器提拉异常	27
异常图像模式	局部异常		单极板异常		单极板异常	28
			多极板异常		多极板异常	29
	全部异常		全极板异常		全极板异常	30

图 1.15　井壁电成像测井图像特征模式分类及其含义

块状、带状和线状模式本质反映了地层的厚度大小（部分线状模式反映的是纹层界面），目前仅依据肉眼观察来定性判断

单极板异常模式。在大量研究实例的基础上前人已经系统总结了一套图像模式的描述体系并列举了各模式可能的地质或工程含义（耿会聚等，2002），具体的分类方案见图1.15。

第二章 微电阻率扫描成像测井地质解释模型

地层宏观或微观结构、纹理等的变化主要体现在物质成分、颜色或粒度等特征上的变化。物质颜色的变化无法通过井壁电成像测井反映，但是成分和粒度的变化有可能被高密度的电流束所记录，不同成分的物质往往对应不同的电阻率，这也是电成像测井解释的根本依据。微电阻率扫描成像测井的地质解释模型是基于地质知识库，建立在大量、反复的“地质刻度测井”基础之上的，且要经得起现场和模拟实验的验证，因此地质认识是图像精细解释的基础。在不断的实践中，总结出了针对不同地质对象的成像测井地质解释模型，主要包括沉积岩的岩性和沉积构造、古水流方位恢复、过井眼的地质构造、天然裂缝、孔隙度和现今地应力等的解释模型。在后续的章节中也提及了很多碳酸盐岩和火山岩的岩相图版，但由于研究案例偏少，尚未经过反复对比刻度，因此并未划归电成像测井图像的地质解释模型。

第一节 电成像测井图像假象（非地质因素）

在对电成像测井图像进行地质解释时经常会遇到一些非地质因素产生的图像特征，这些图像因为和任何地质现象都没有关系，因此困扰了解释人员对图像的解释。在对电成像测井数据采集、处理和解释的基础上，Lofts 等人将这些假象总结为四种主要的类型，分别为测井采集假象、井壁假象、处理假象和测量衍生假象（Lofts and Bourke，1999）。因为不同因素都会导致假象的出现，因此对于这些成像假象的准确剔除需要解释人员充分了解电成像测井仪的测量原理、井况以及电成像数据的处理过程等。

测井采集假象又分为钻井相关假象和测井相关假象两种，前者主要包括了钻头旋转、侧钻、钻头稳定器、通井和扩井等产生的假象；后者主要为仪器测量故障产生的假象，包括了仪器未居中测量、泥浆涂抹效应（泥浆涂抹在电极上使得电极失去了作用）、死电极或死极板、仪器过度旋转、较低的信噪比以及仪器遇卡等导致的测速变化。井壁假象是钻井在井壁留下的“痕迹”被电成像测井记录，包括了冲蚀、键槽、泥饼效应、工具痕、钻井诱导破裂等。处理假象是数据处理到成像过程中产生的图像假象，包括了标准化参数的错误使用、错误的速度校正和颜色刻度等。测量衍生假象是测量仪器的物理属性与地质体相互作用产生的，是电流在地层中流动的复杂过程导致的，包括晕圈、胶结杂斑以及未和井壁接触等。这些不同类型的假象都具有特有的图像特征（图 2.1）。成像假象的出现对于图像的地质解释影响可能较大，如发育螺纹的井壁图像。另外，电成像测井图像中的假象类型虽然较多，但是在图像中并非经常出现；同时在剔除图像中的假象时，有些假象容易识别，如木纹图像，然而有些假象也容易和一些正常的地质现象相混淆，如低阻斑块周围出现的高阻晕轮效应和周围残存方解石充填物的碳酸盐孔洞具有几乎相同的图像特征。在图像解释时需要根据可用的岩心和岩屑资料对这些图像特征加以甄别。

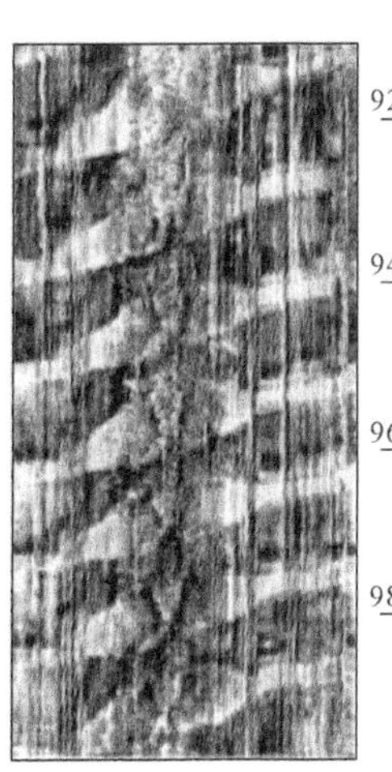

(a)钻头刚蹭产生的螺纹井壁

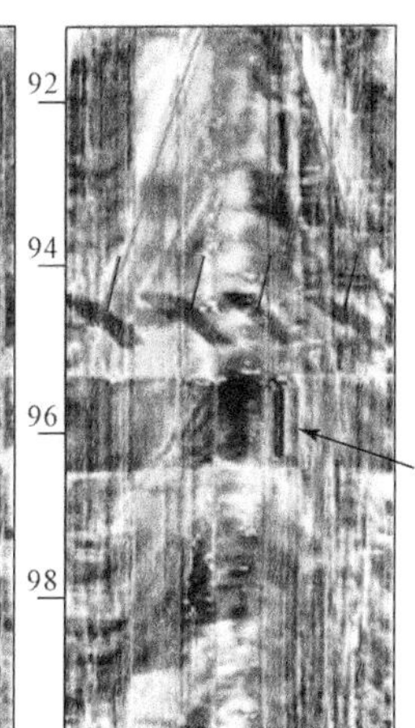

(b)钻头一稳定器产生的假象(96ft位置的暗色横排条带为钻头所在位置，95ft位置的一组暗色斜列短条带为稳定器位置)

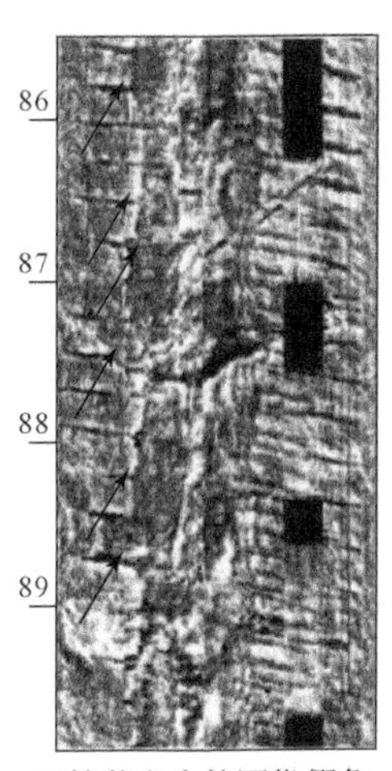

(c)扩井产生的图像假象，图中显示了一组半平行一倾斜规则组合的暗线，代表了扩井产生的刮痕，右侧还显示一个极板出现了故障

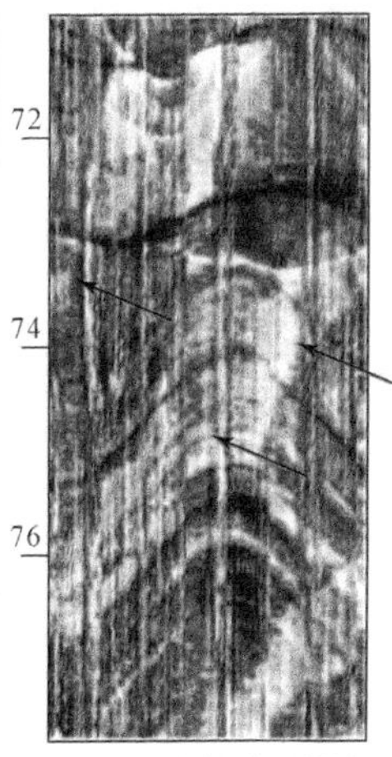

(d)FMI电极被泥浆涂抹从而产生了几个垂向的异常细条带

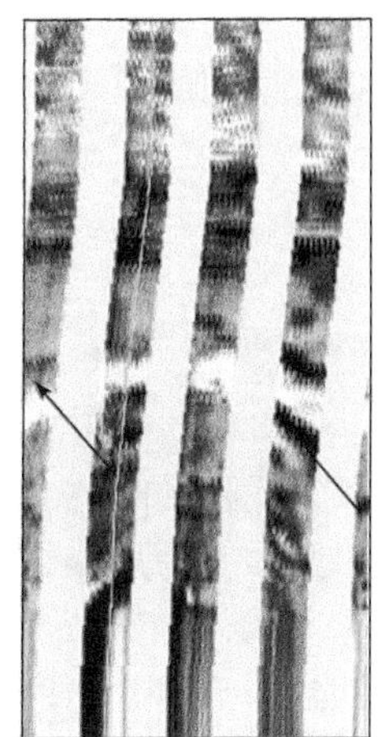

(e)测井仪器速度不均衡产生的锯齿状假象

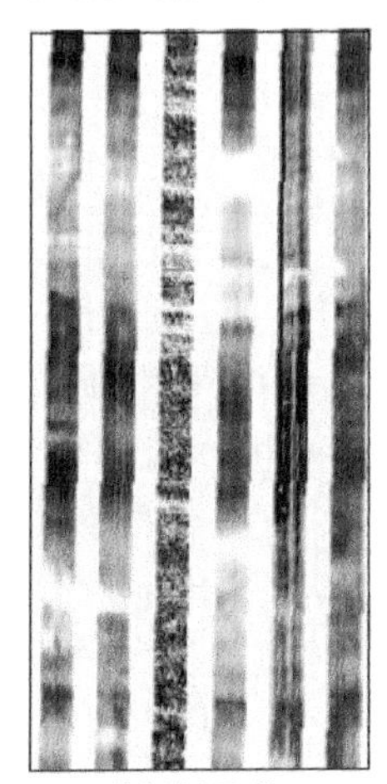

(f)单极板异常

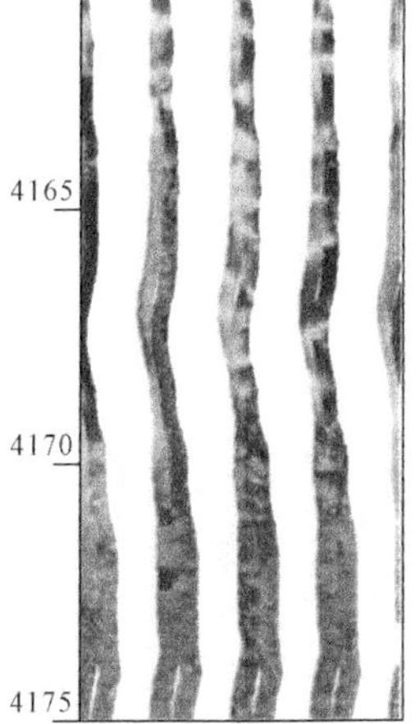

(g)4170m以上为冲蚀产生的假象

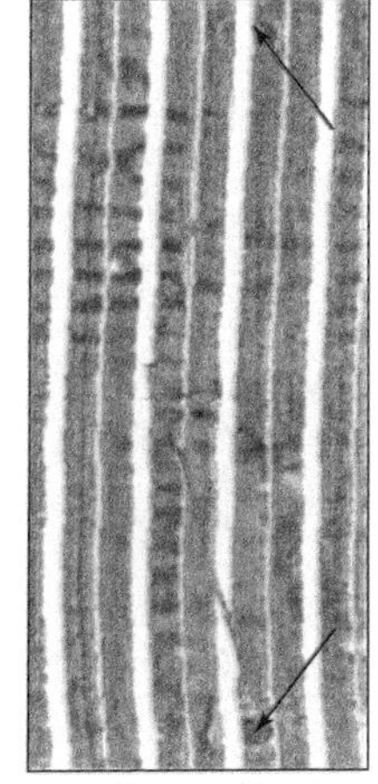

(h)封隔器或井壁侧钻孔假象

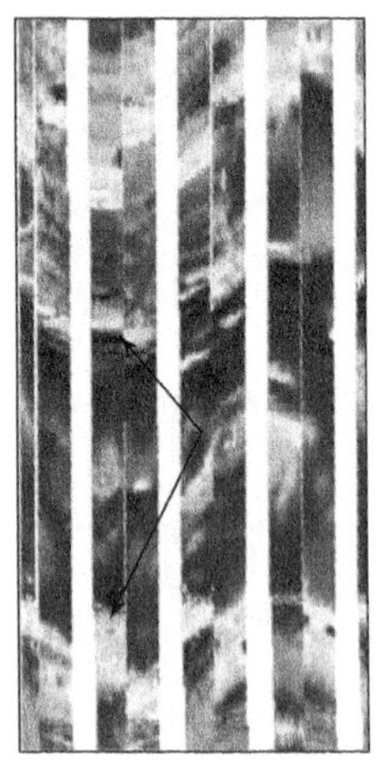
(i)极板错位产生的假象

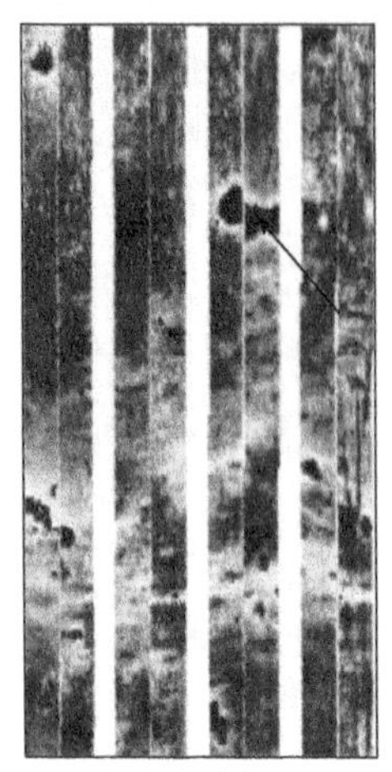
(j)电流流动时向低阻方向聚集产生的假象，表现为暗斑的高阻边缘或亮斑的低阻边缘

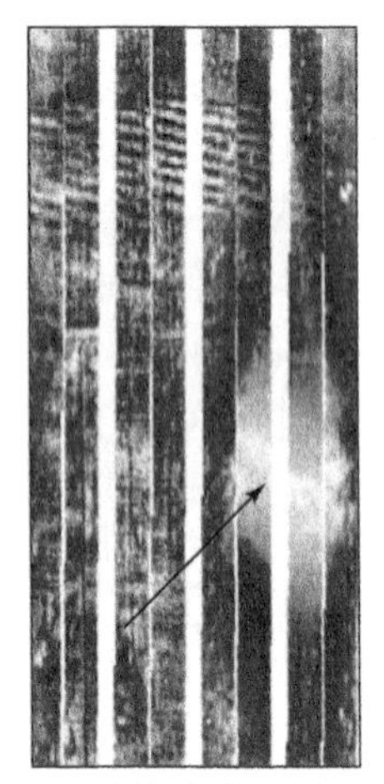
(k)电流流动时向低阻方向聚集产生的假象，表现为暗斑的高阻边缘或亮斑的低阻边缘

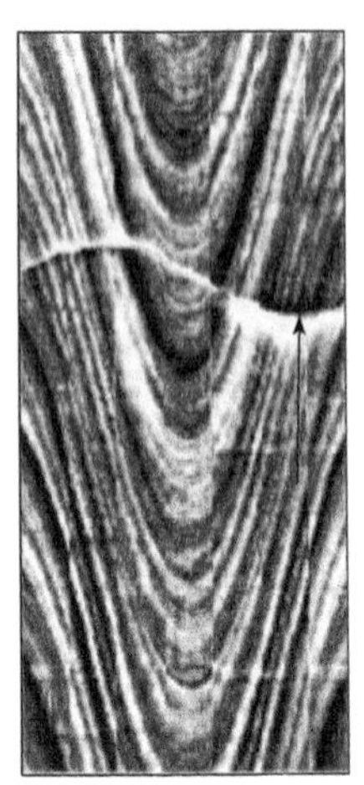
(l)邻近效应产生的假象，高阻缝边缘出现异常高阻环边

图 2.1　电成像测井图像中常见的图像假象（Lofts and Bourke，1999）

应力相关的裂缝和井壁垮塌未列出，泥饼产生的假象可信度不高，在此并未列出

第二节　电成像测井沉积岩解释模型

一、地质相标志

地质相标志是确定沉积相类型的标志物，包括了岩石颜色、岩性、沉积构造、结构以及古生物等，而并非所有的地质相标志都可以在电成像测井图像中显示出来，只有诸如岩性、沉积构造以及一些古生物特征才有可能被处理的成果图像所反映。

（一）岩性

电成像测井可以相对准确地识别出泥岩、砂岩和砾岩等沉积岩类型，而单纯利用电成像测井图像较难对不同亚类的砂岩（细砂岩和粗砂岩）和粉砂岩进行细分。泥岩在地层中通常具有较低的电阻率，在静态图像上显示为低阻的暗色背景。岩心观察为块状层理的泥岩段，在动态加强的电成像测井图像中多为规则带状或线状组合特征，因此电成像测井泥岩段的判断必须结合静态图像进行确定，必要时还需要辅以录井岩性或常规测井的岩性曲线（如 GR），在目的层泥岩段 GR 值明确的基础上进行综合判断。泥岩电成像测井图像多被描述为暗色带状或线状泥岩模式（图2.2），也可见暗色块状模式。需要注意的是，有些层段由于井壁垮塌等原因在动静态图像中都表现为暗色低阻特征，还需要结合井径和自然伽马曲线加以剔除。泥岩暗色图像背景中显示的亮线暗示泥岩的内部组分并不均一，还存在一些较薄的季节性发育的高阻砂质纹层或纹层界面。砂岩在静态图像中常显示为中高阻的亮色背景，按照单砂体的厚度，可将电成像测井图像中的砂岩描述为亮色带状砂岩模式或亮块砂岩模式（图2.2）。砂岩亮色背景中常可见平行分布的暗色细线，代表了砂岩纹层之间的低阻纹层界面。而对于砾岩，静态图像多显示为高阻的亮色背景，图像通常被描述为不规则组合亮斑模式（图2.3），不同尺寸的亮斑代表不同粒径的砾石或小于电成像测井分辨率的砾石组合。电成像测井图像不仅可以反映砾石的分选和磨圆情况，还可以展示砾石的排列。

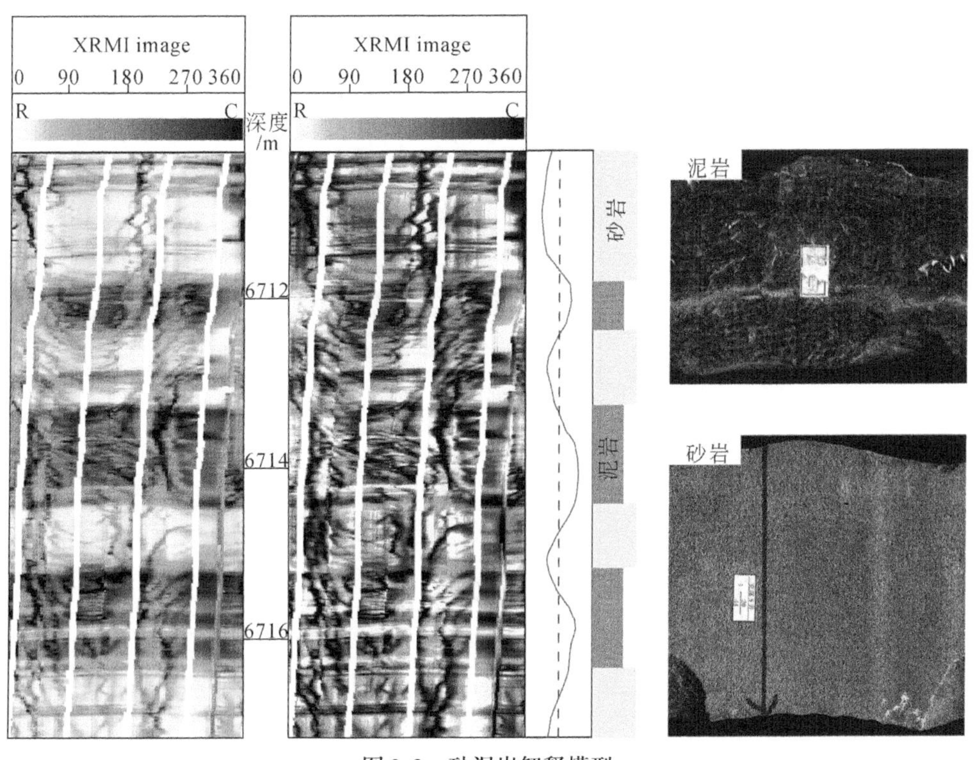

图2.2 砂泥岩解释模型

（二）沉积构造

电成像测井可以识别的沉积构造包括层理、变形构造、不整合面和结核等。其理论依据是各沉积构造中物质成分在某一方向的非均质性变化导致的电阻率差异或沉积构造本身与围岩存在的电阻率差异。

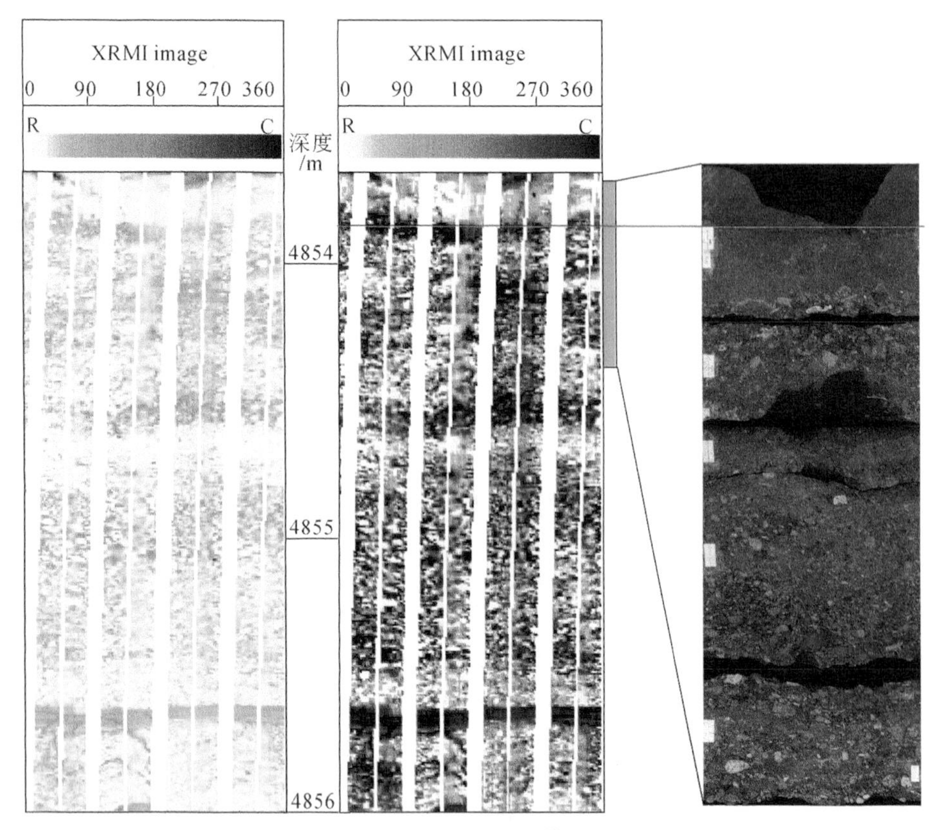

图 2.3　砾岩解释模型

1. 层理

层理的基本沉积单元是纹层，在纹层内部没有其他肉眼可见的层。层理是多个纹层叠置的结果，在纹层界面处矿物的成分、结构和颜色等发生了突变，而不同的矿物以及结构特征所反映的电阻率往往不同。因此可以通过电成像测井将不同物质之间的电阻率差异以色素刻度和图像特征显示出来，进而识别出各种层理类型，包括水平层理、平行层理、交错层理、复合层理、递变层理、韵律层理和均质层理等。

水平层理的特点是岩心或露头中纹层之间呈直线状排列，且和层面平行，其多形成于静水环境，物质从介质中沉降出来，层理的显现是物质成分或粒度在垂向上发生了周期性的变化，常见的沉积环境包括了半深海—深海、半深湖—深湖、牛轭湖、潟湖以及河流的河漫湖泊和河漫沼泽等。与沉积面貌相对应，水平层理在静态图像中多对应低阻的暗色背景（泥岩段），在动态图像中纹层的倾向和倾角一致，迹线表现为规则的正弦曲线特征（发生过构造倾斜）或近于直线，常表现为规则组合带状或线状模式（图2.4）。

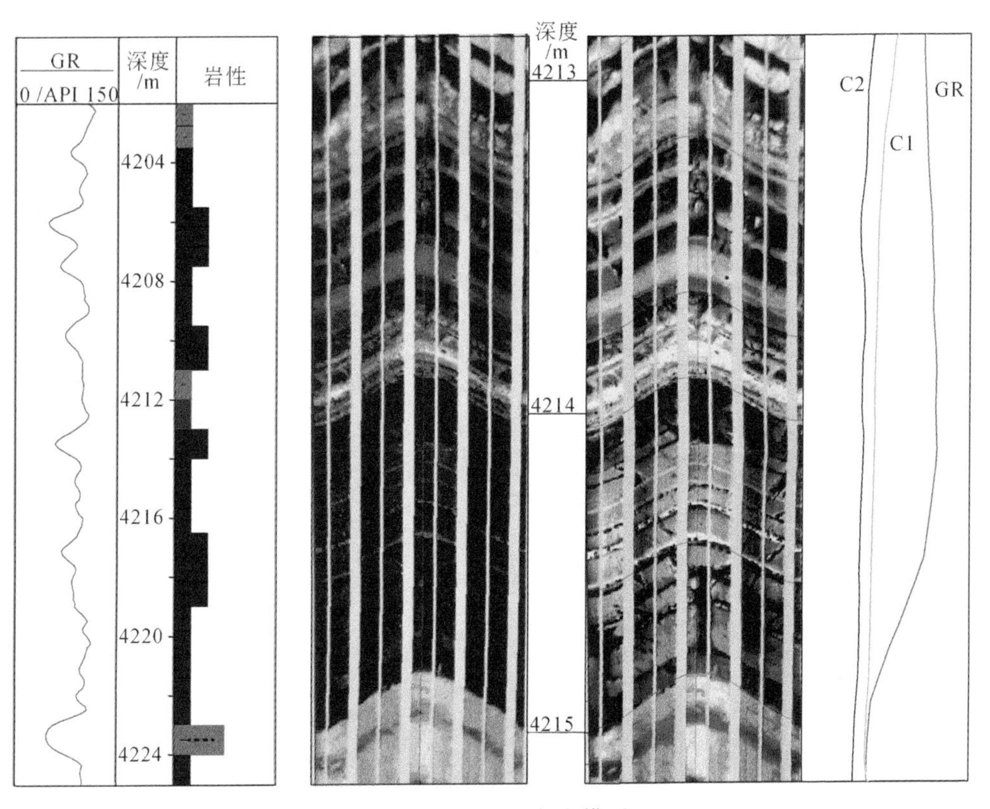

图2.4　水平层理解释模型

平行层理和水平层理在外观上相似，但其主要由砂质沉积物组成，反映了较强的水动力作用，因此常出现在河道、滨浅湖或滨浅海等沉积环境。电成像静态图像中对应中高阻的亮色背景，动态图像中主要为规则组合带状模式（图2.5），亮色条带代表了砂质纹层，而暗色细线多为纹层界面。地层沉积厚度和图像亮色条带反映的地层厚度一致。

交错层理按照层系和上下层界面的交切关系、纹层的几何形状等可分为板状交错层理、楔状交错层理、槽状交错层理等。板状交错层理层系界面彼此平层，层系顶界可见直脊波纹，顶部发育有冲刷面，内部纹层顺水流方向倾斜，单个纹层内部常见下粗上细的粒度变化。电成像测井图像中板状交错层理段显示为规则组合带状模式（图2.6），由于纹层密集排列、间距小于5mm，因此图像中的每条细线代表了多个纹层的组合。楔状交错层理各层系之间的界面虽然为平面，但是彼此不平行，层系厚度在侧向上呈楔状变化，单个层系厚度在几厘米到几十厘米之间，多小于1m。不同层系中的纹层倾向可以不同，单个层系内的纹层倾向一

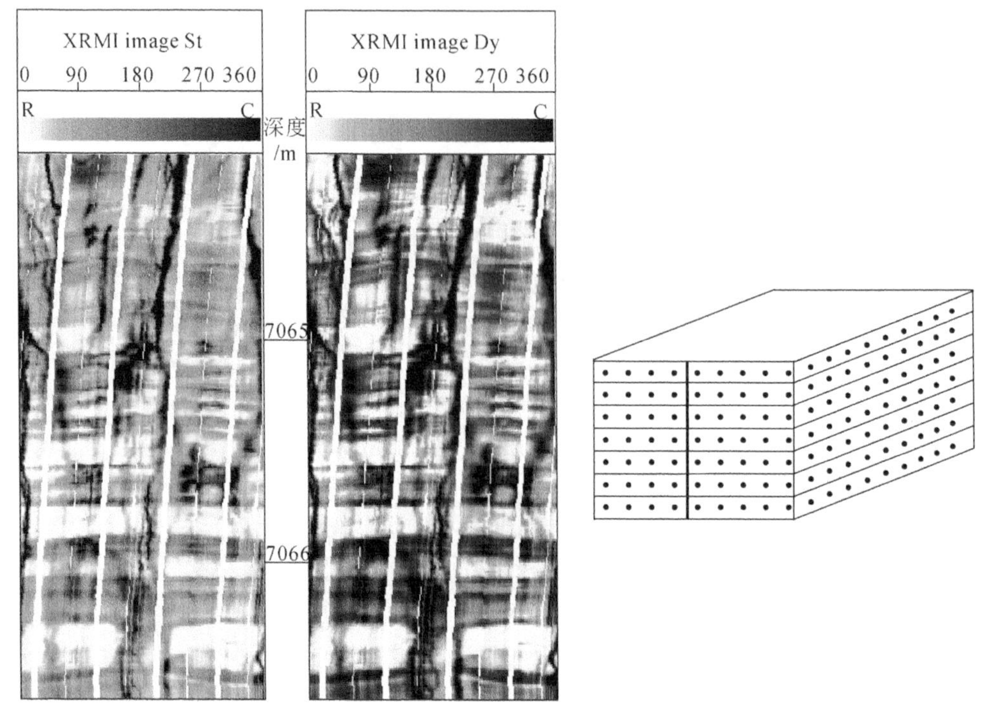

图2.5　平行层理解释模型

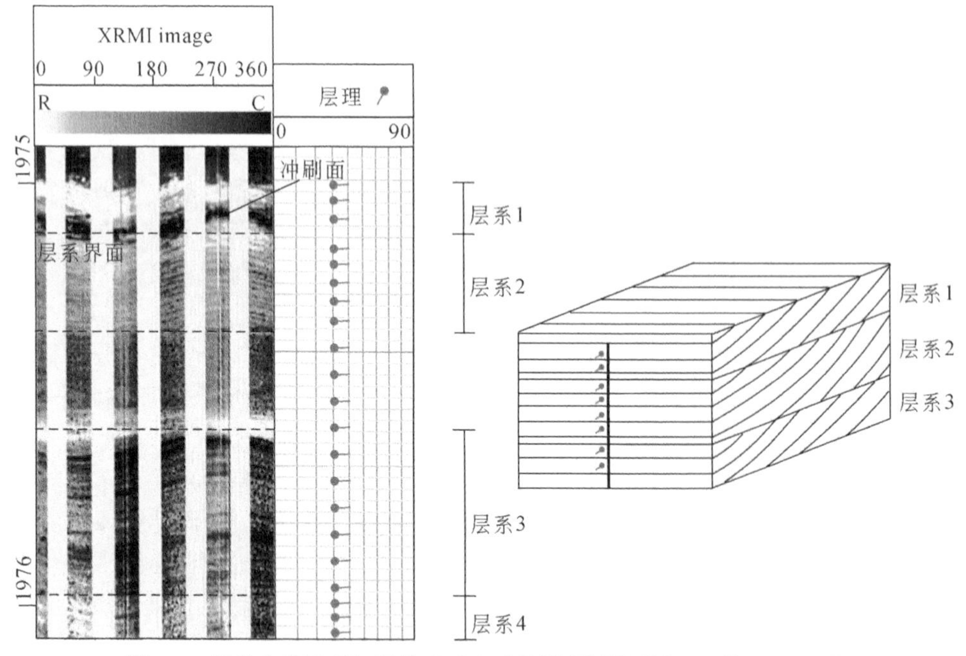

图2.6　板状交错层理解释模型［电成像测井图像引自 Lai 等（2017）］

致，反映了介质的流动方向，纹层倾角的大小可以反映搬运介质的性质，一般在浅海沉积区倾角多小于20°，河流沉积区在20°～30°，而风成的倾角可达40°以上。电成像测井图像中楔状交错层段表现为规则组合带状模式，代表不同组系的图像段地层产状不同，三维包卷的动态图像中相邻层系的亮色条带呈交切状（图2.7）。槽状交错层理层系底界为槽形冲刷面，在横切面上，层系界面和纹层都是槽形，在顺水流剖面上，层系界面呈弧形，纹层向下倾方向收敛并与之斜交，长轴方向指示了古水流方位。电成像测井图像中槽状交错层理一般表现为规则组合带状模式，在层系底界可见顺层排列的暗斑，反映了冲刷面附近的泥砾。井眼尺寸较小使得楔状交错层理和槽状交错层理在电成像测井图像中一般较难直观区分。

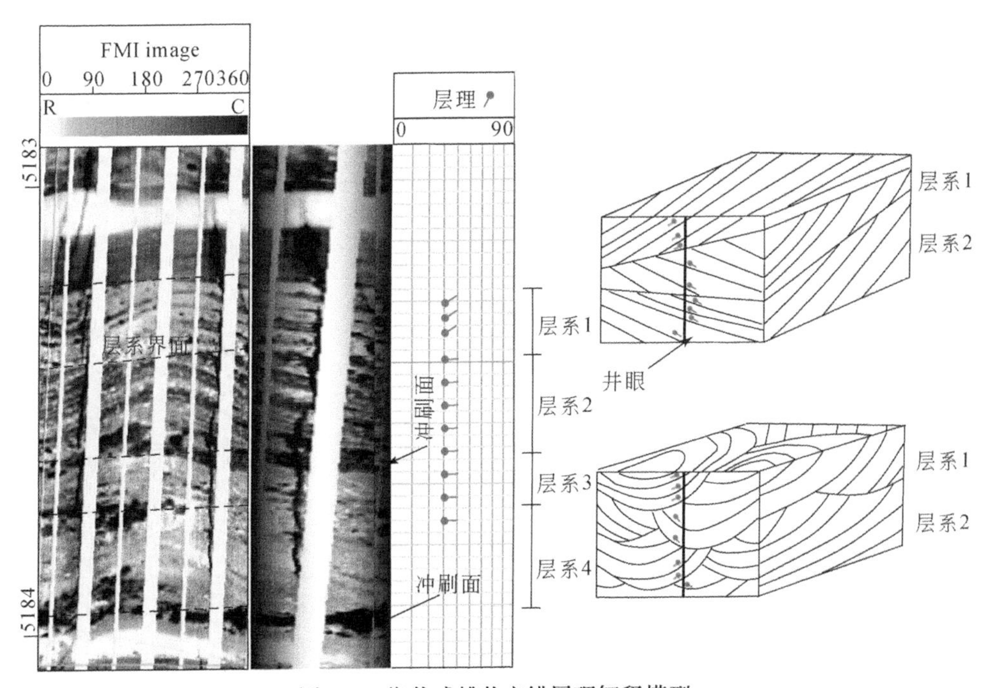

图2.7　楔状或槽状交错层理解释模型

复合层理按照水流活动的强弱和砂泥叠置的规律又可分为脉状层理、波状层理和透镜状层理三种，主要发育在有砂、泥供应的环境中。这些层理的发育反映了静水期和动荡水流期的交替出现。当动荡水流持续的时间较长而静水期次要时，砂质沉积物比泥质沉积物更有利于沉积和保存，形成脉状层理；当静水期持续的时间较长而动荡水流次要时，泥质沉积物比砂质沉积物更有利于保存下来，形成透镜状层理；当砂质和泥质沉积物交互沉积时，则主要形成波状层理。过去认为复合层理主要发育在潮汐沉积环境中的潮下带和潮间带，事实上在陆相河流沉积环境中也可以见到此类沉积构造（Martin，2000）。电成像测井图像中复合层理表现为不规则组合带状模式，条带边缘凹凸接触，部分条带侧向连续性差，亮色不规则条带代表了动荡水流期发育的砂质沉积，暗色不规则条带代表了静水期的泥质沉积（图2.8）。

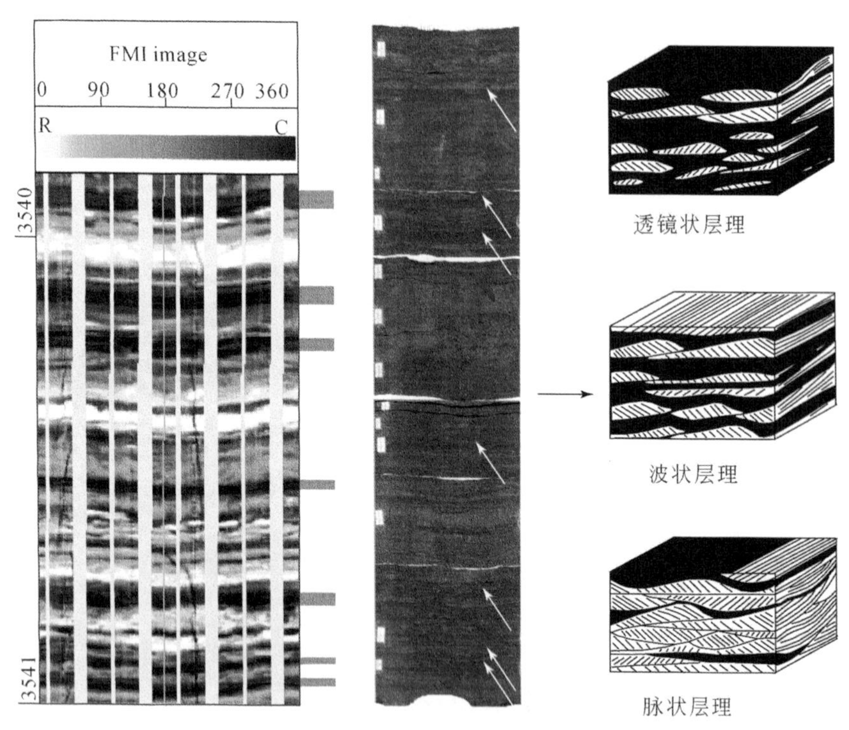

图2.8　复合层理解释模型

递变层理是粒度随深度递变的一种层理类型，内部除了粒度变化外，没有任何纹层特征。按照单个递变层内部的结构差异，又可分为两类，一类是颗粒由下至上逐渐变细，且底部不含有细粒物质，另一类除了粒度的递变外，细粒物质在整个递变层都有分布。前者是水流流速或强度逐渐降低的结果，属于牵引流沉积，后者主要是浊流沉积。另外，除了正递变外，在沉积地层中偶尔也可见反向递变，表现为粒度由下至上逐渐变粗。电成像测井图像中单个递变层内部没有任何明显的层状特征显示，正递变层理由下至上图像亮度逐渐减弱（图2.9），暗示在水动力减弱的过程中由早期的砂质沉积转变为晚期的细粒泥质沉积。反递变层理对应的图像特征与之相反（图2.9）。同时，从已有的研究看正递变出现的频率远大于反递变。

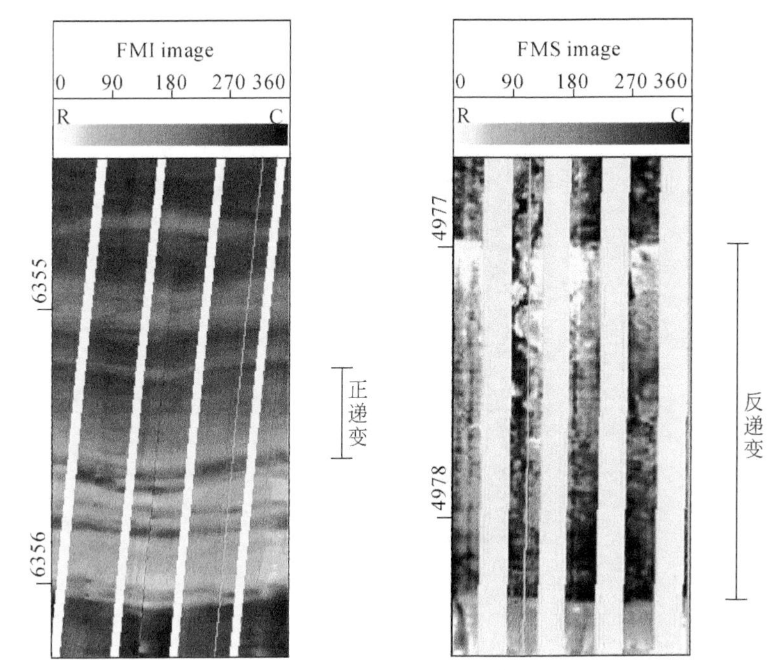

图 2.9　递变层理解释模型

韵律层理的本质是不同成分或结构的纹层随时间推移而做重复、有规律的变化。由于物质成分发生了变化，不同韵律纹层对应的电阻率可能不同，反映在电成像测井图像中为亮暗组合带状模式，亮色条带代表高阻物质，如砂质纹层，暗色条带代表低阻物质，如泥质纹层（图 2.10）。图像中亮色条带之间为暗色条带，其宽度大于平行层理或交错层理中亮色条带之间的暗色细线，后者多为纹层界面。

均质层理，即块状层理，表现为单个岩层内没有组分和结构的分异现象，一般是悬浮物质在短时期内快速沉积的产物，如洪水或泥石流沉积等。电成像测井图像中单个块状层内部没有任何颜色或结构的规律性变化，图像结构相对均一，暗示其成分相对均一；块状砾岩段为亮斑堆叠图像，砂泥岩段为块状模式(图 2.11)。

2. 变形构造（球枕构造、包卷层理和滑塌构造）

球枕构造是上覆砂岩层由于地震等因素陷入泥岩中从而形成稀疏分布或紧密排列的椭球体或枕状体。椭球体内部可见细纹层或没有内部结构。电成像测井图像中球枕构造一般表现为暗色背景下的亮色斑块，斑块可以是相对规则的同心圆或不规则的团块［图 2.12（a）］。包卷层理是沉积纹层在一个岩层内发生揉皱卷曲的现象，常表现为连续分布的小型或微型褶皱，其所在的变形层夹持在上下未变

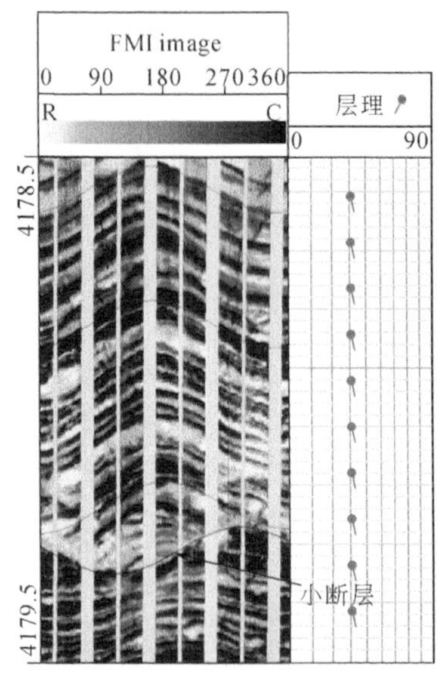

图 2.10　韵律层理解释模型

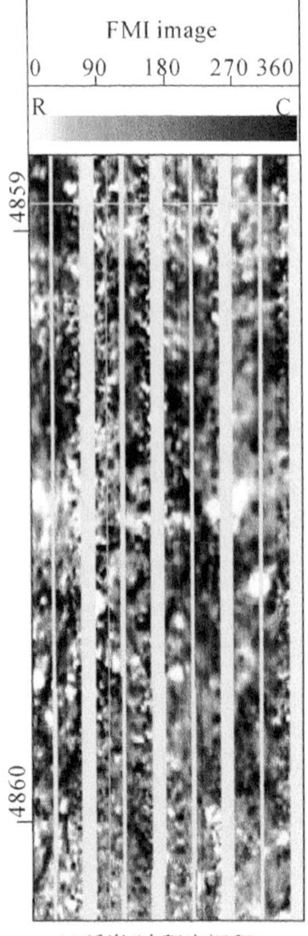

(a)砾岩(冲积扇沉积)

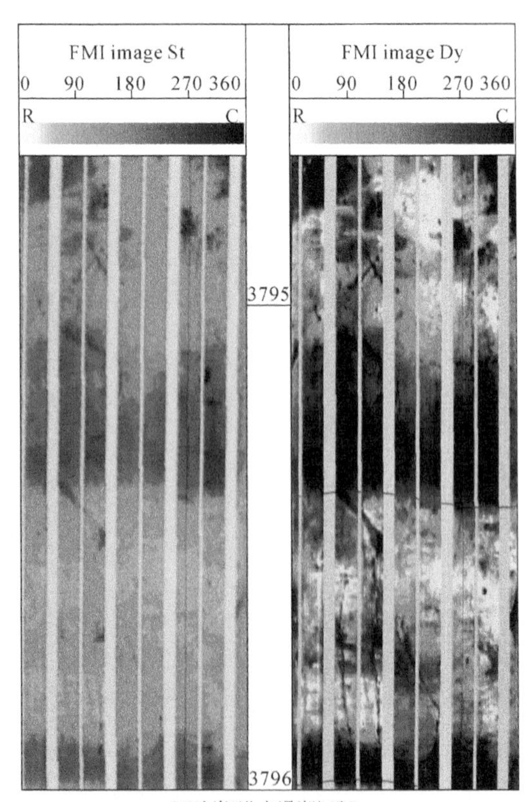

(b)砂岩(洪水漫湖沉积)

图 2.11　块状层理解释模型

形层之间，且可能多与未变形层渐变接触，代表了一种层内变形现象，多是沉积物在沉积的同时或固结成岩之前形成的，其最初的纹层结构在变形过程中可能未被完全破坏，从而为电成像测井识别包卷层理提供了一定的依据，包卷层理对应的层段可见不规则弯曲的亮暗线组合［图2.12（b）］。滑塌变形是斜坡上未固结的沉积物在重力作用下发生了滑动从而形成了层内的变形和揉皱，其所在的变形层和上下未变形层之间突变接触，底面为滑脱面。受滑动剪切的影响，在滑塌层的顶部可能出现正断层或铲式断层，在滑塌层底部可能出现逆断层。同包卷层理一样，电成像测井图像中最初的纹层结构在滑塌过程中可能未被完全破坏，因此对应的层段表现为弯曲的亮暗线组合，发育规模多大于包卷层理［图2.12（c）］。

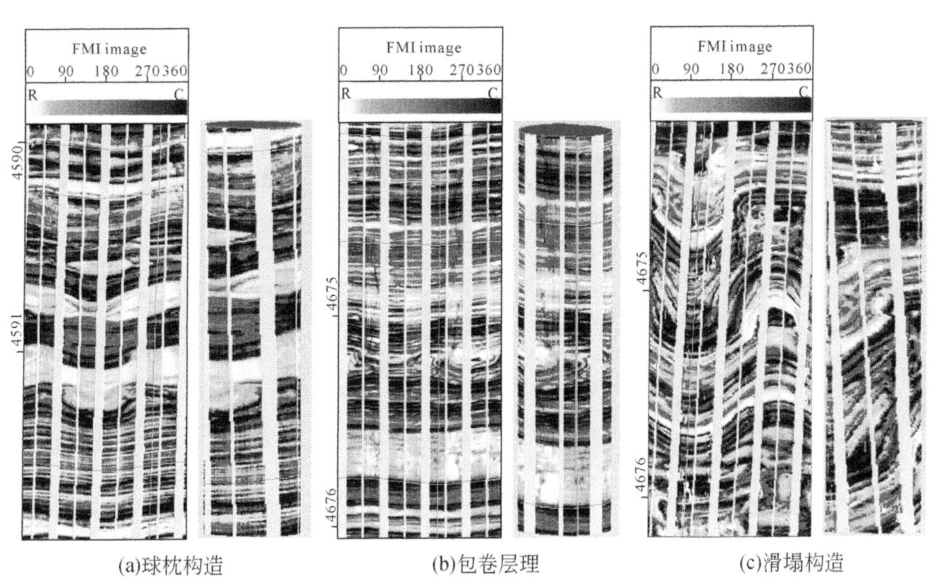

(a)球枕构造 (b)包卷层理 (c)滑塌构造

图2.12 变形构造解释模型

3. 冲刷面

冲刷面是指流水对固结或半固结的沉积物进行冲刷而形成的具有明显凹凸起伏的一类层界面。流水中的悬浮物质在冲刷的同时发生沉积便可能会裹挟被冲刷的下伏地层的碎块，从而成为地层中识别冲刷面的一种典型特征，规模较大者可形成具有一定厚度的冲刷带。电成像测井图像中当流水对下伏沉积物冲刷不够彻底时，冲刷面上下图像色调会发生突变，其下为暗色的低阻图像，反映了泥质沉积，在界面之上为亮色带状砂岩层［图2.13（a）］，其间有时可见（定向）暗色斑块，代表了（顺层分布的）泥砾；当流水将下伏沉积物冲刷殆尽时，上下地层的图像色调可能变化不大，在上覆地层中可见暗色斑块［图2.13（b）、（c）］。

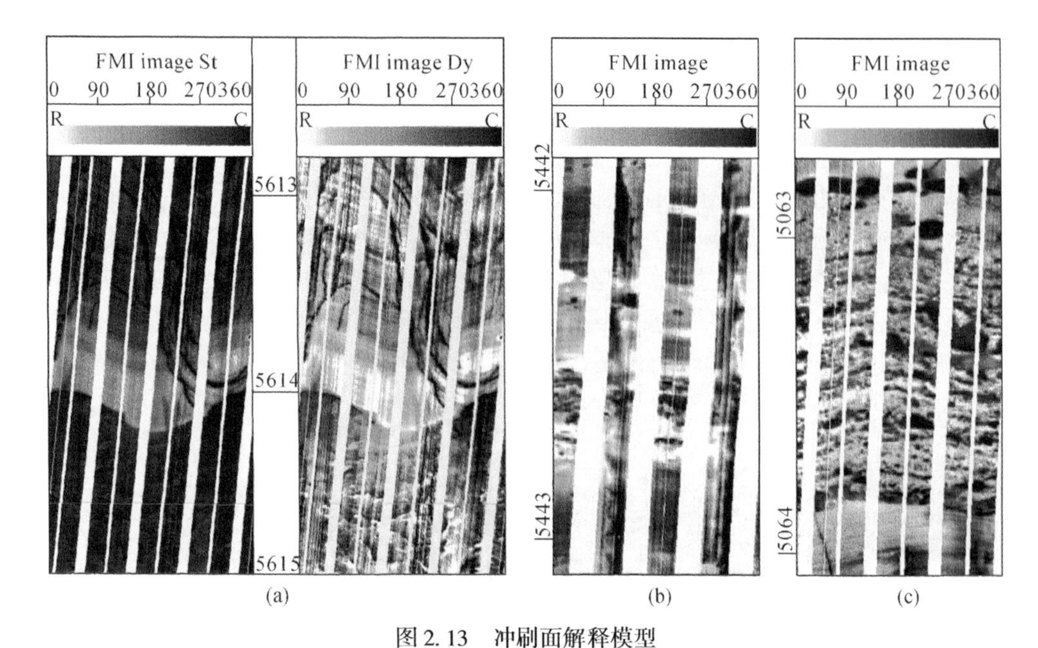

图 2.13　冲刷面解释模型

(a) 单一的冲刷界面，界面之上泥质含量偏高，静态图像显示为暗色低阻，动态图像可见清晰的层理特征；(b)、(c) 具有不同厚度的定向泥砾发育段

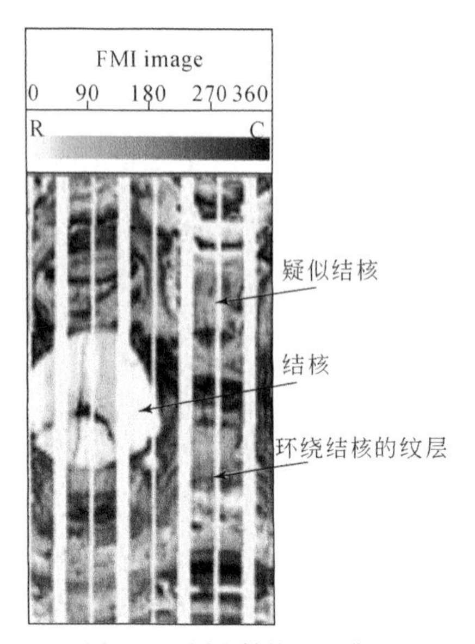

图 2.14　同生结核解释模型

沉积纹层围绕结核发育，因此判断为同生的

4. 结核

结核是沉积岩中与围岩性质截然不同的矿物集合体，按照成因可分为同生的、成岩的和后生的三种，常根据结核和围岩层理之间的截切关系来判断。其成分可以是钙质、硅质、磷质和铁质等，因此结核必然和围岩具有不同的电阻率特征，从而为电成像测井识别结核提供理论依据。结核的形态可呈球状、椭球状、透镜状以及其他的不规则形状，对应了其在电成像测井图像上的形态(图 2.14)。

5. 生物潜穴

生物潜穴是生物在向底层活动中挖掘的各类洞穴被随后的沉积物填埋而产生的痕迹。其发育会破坏原始的沉积层理。电成像测井图像中为带状（或线状）

模式下出现的斜交或垂直条带的亮色“管状”图像（图2.15），“管状体”轮廓多不规则，在某一深度点终止，暗示与围岩存在显著的结构或成分的差异。

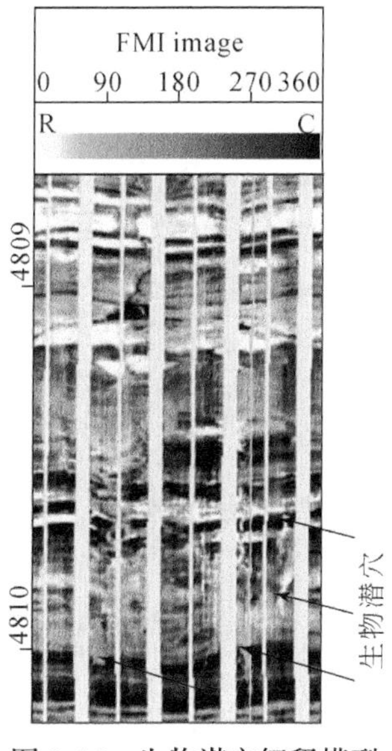

图2.15　生物潜穴解释模型

（三）古生物

古生物是存在于地质历史时期的生物类型，其死亡后在特定的地层条件下可以被保存下来，从而被用于生命演化、古气候和古环境的恢复等研究。利用露头和岩心可以直观地观察古生物的形态、结构和群落组合等。传统的研究多认为微电阻率扫描成像测井无法识别地层中的古生物。事实上，虽然电成像测井无法像露头和手标本一样精细地描述古生物的微细结构，但当古生物个体或群落在沉积地层中被完好地保存时，在高质量的电成像测井图像中完全可以观察到单个古生物个体的基本轮廓或生物群落的堆叠方式等（图2.16）。其本质是生物自生结构使得古生物化石内部、个体之间及其与围岩之间存在物质成分或结构的差异，进而被高分辨率的电成像测井曲线所记录，最终反映在动态图像中。在碳酸盐岩生物礁发育的层段，在图像中常可见古生物特征显示，图像整体表现为“特征性”的杂乱反射模式，不同形态的亮色斑块可能是单个生物骨架或多个生物骨架的集合体，在垂向上无序堆叠。

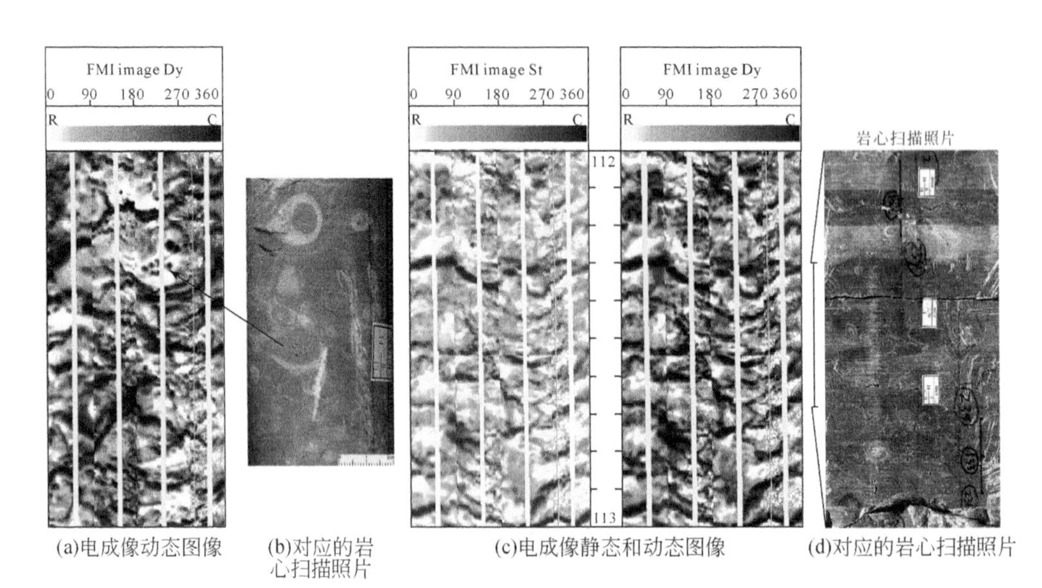

(a)电成像动态图像　(b)对应的岩心扫描照片　(c)电成像静态和动态图像　(d)对应的岩心扫描照片

图 2.16　碳酸盐岩礁体古生物解释模型

(b) 岩心图像中单个生物骨架在 (a) 中较好的特征显示；(d) 中的瓶筐石等生物骨架杂乱堆叠，反映在同深度段的电成像测井图像中为杂乱亮斑组合模式。生物礁电成像测井图像特征经过多井验证，因此可以作为标准的解释模型

二、沉积微相类型

沉积微相是具有特定沉积序列的、最小的沉积相单元，表现在岩性、岩石结构和沉积构造与相邻的微相单元具有显著差异，是同一亚环境不同部位发育的沉积体。因此，类似通过露头和岩心分析微相类型的方法，针对具体研究层，对电成像测井反映的岩性、沉积构造以及沉积序列等信息进行综合分析，可以达到识别沉积微相单元的目的（图 2.17）。

三、古水流方位

利用电成像测井资料进行古水流方位的判定，其本质是通过交错层理的沉积产状来确定古水流的方位。交错层理（板状交错层理、楔状交错层理、槽状交错层理等）中的前积纹层倾向和水流的流向一致，因此指示了水流流动的方位。然而，沉积地层在沉积之后受不同地质历史时期构造运动的影响，通常会发生不同程度的构造变形，使得原始沉积时形成的层理产状发生了变化，显然用这种变形后的层理（地层）产状进行古水流方位的分析是不合适的。对于我国西部逆冲挤压背景下的地层，这种影响尤其明显，如原始沉积的地层倾角可能较小，且南倾，在强烈挤压变形之后地层的倾向和倾角都可能会发生剧烈的变化；对于拉张

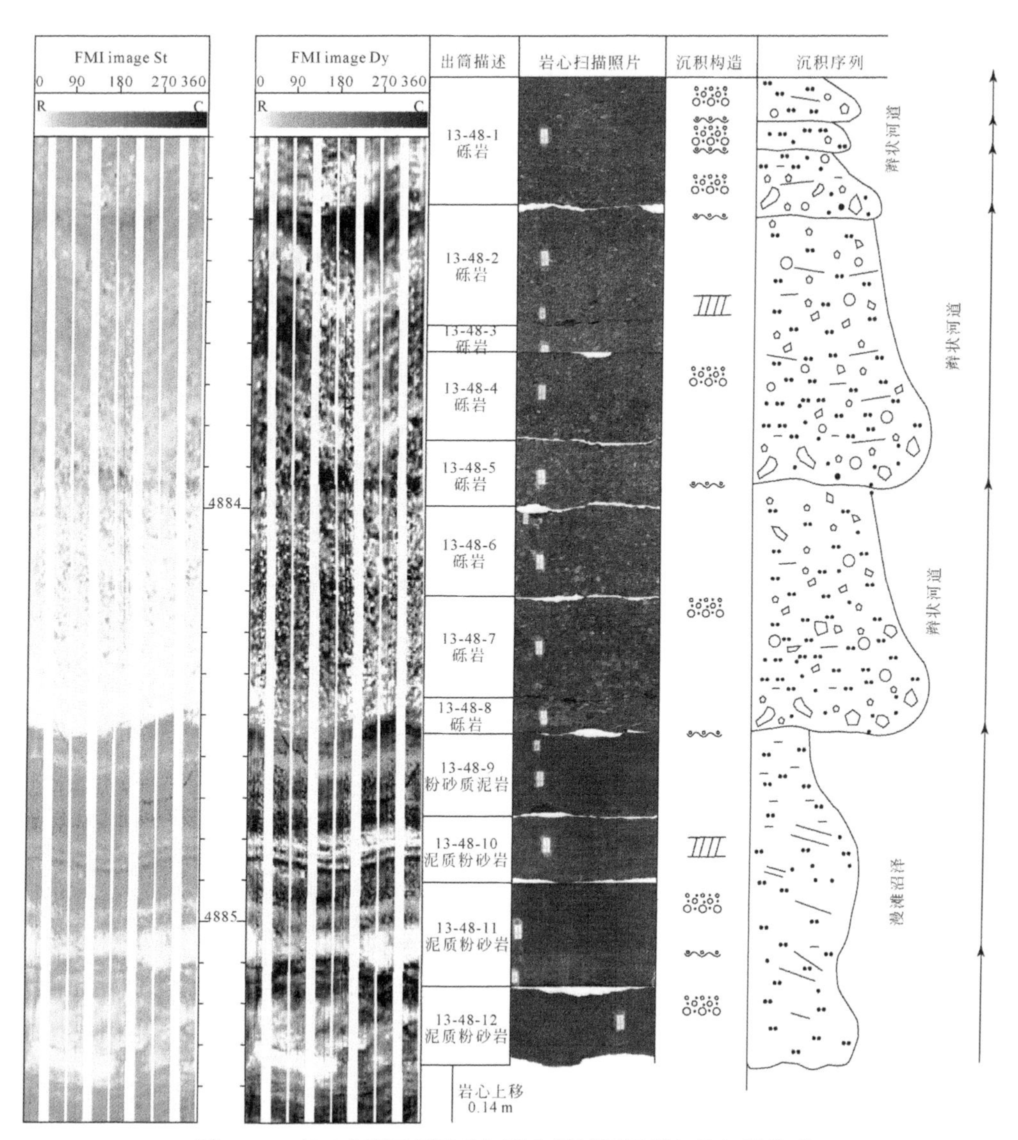

图 2.17　扇三角洲平原辫状河道和漫滩沼泽微相的解释模型

环境，这种影响可能较弱。

上述分析表明利用电成像测井图像直接拾取的层理产状仅仅是现今的地层产状，无法直接用来判断沉积时的古水流方位，而需要通过对这些地层产状进行构造倾角校正，恢复砂岩纹层的沉积产状。地层的构造倾角一般由紧邻砂体下部的泥岩段地层倾角来确定，多数情况下表现为绿模式，当其倾角相对杂乱时，可以通过统计的方法来确定。其理由是泥岩层通常认为是静水沉积的产物，原始沉积的泥岩层发育水平层理，当受到构造变形影响时泥岩层会发生构造掀斜，从而记录下构造变形的信息（图 2.18），因此在实际研究中需要分别获取砂岩纹层和相邻的下伏泥岩段的地层产状。已有的研究表明当构造倾角小于5°时，可以忽略构造倾角校正，即由电成像测井直接读取的地层产状便可以近似代表原始的沉积产状；但是当砂岩层理的倾角较低时，通过构造倾角校正可以得到更为准确的古水流方位。

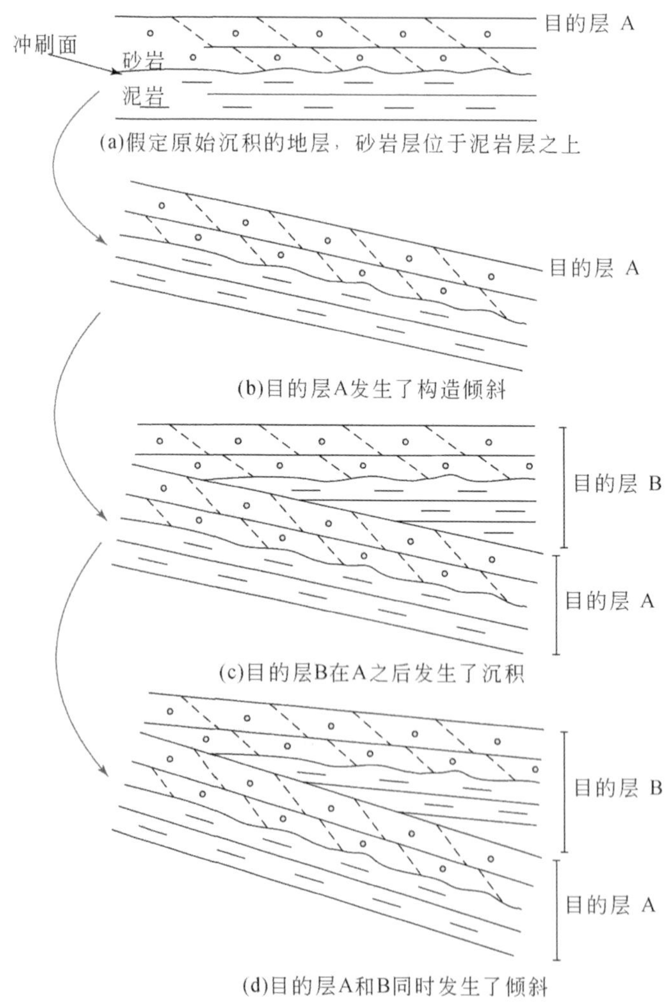

图 2.18　地层构造变形示意图

根据构造变形背景的不同，泥岩段在沉积之后通常会出现三种变形方式。第一种变形方式较为简单，即泥岩层在沉积之后仅发生了一次变形，因此在整个研究层段使用一个统一的构造产状数据即可。这种地层沉积在较为稳定的构造环境，在其沉积之后发生了一次统一的构造变形［图 2.19（a)］。第二种变形是地层在沉积的同时发生着连续的构造变形，构造倾角随着埋深逐渐变化［图 2.19（b)］。在进行构造倾角校正时，一般先确定目的层底部和顶部的构造产状，然后进行连续内插即可。这种地层主要发育在不整合面之上（超覆沉积）、生长断层的下降盘或同沉积褶皱的翼部等。第三种变形较为复杂，在研究层沉积的整个过程中发生了多期次的构造变形，因此存在多组构造倾角数据［图 2.19（c)］，研究时需要将目的层划分为多个目标单元，然后分别对每个单元进行构造倾角校正。

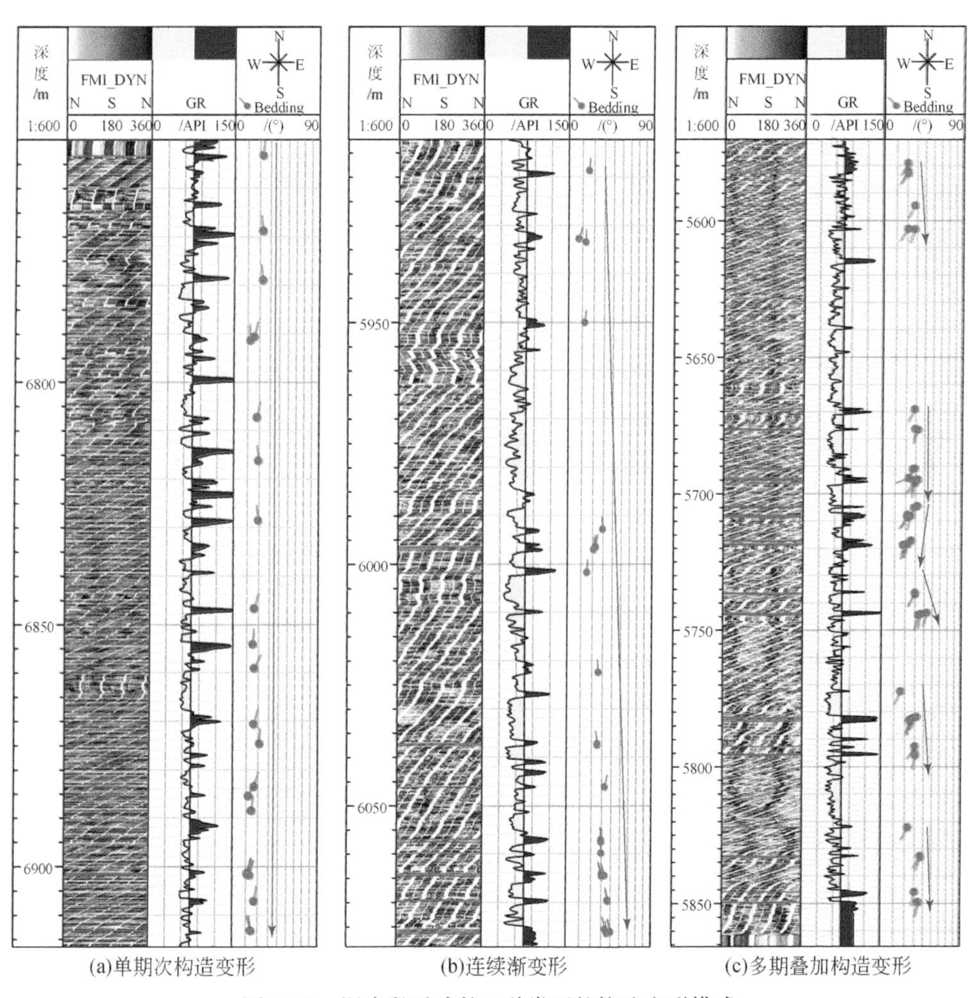

(a)单期次构造变形 (b)连续渐变形 (c)多期叠加构造变形

图 2.19 泥岩段反映的三种类型的构造变形模式

另外，电成像测井图像可以清晰地刻画砾岩层中砾石的空间分布，表现为不同尺寸的亮色斑块呈有序或无序堆积，因此当砾岩层对应的动态图像中砾石长轴顺层定向分布时，即在三维空间中砾石颗粒呈定向的叠瓦状排列，可以利用构造倾角校正后的砾石排列方向指示其搬运时的古水流方向，砾石的倾向和古水流运动的方向相反。当图像中的砾石亮斑不具有定向排列特征时，则无法利用这一方法进行古水流方位的判断，如一些泥石流沉积层。

第三节　电成像测井构造解释模型

地质构造是地壳地层在内、外地质作用下发生的变形变位，表现为断层、褶皱、节理以及其他的各类面状或线状构造。电成像测井的地质构造解释是针对过井眼地质构造类型的解释，如断层、褶皱和不整合面等（裂缝在第四节阐述），主要是根据地层产状和直观的图像特征来判断。理想状态下没有发生构造变形的地层都是水平的或近于水平的。当发生构造运动时，水平地层发生了挠曲变形或断裂等构造变形，使得水平地层具有一定的产状。这些变形后的地层产状在井眼中的空间组合使得每一类地质构造都具有特定的倾角矢量模式；而每一个倾角矢量模式可能对应了多种地质解释结论。当钻井钻遇某一构造时，在该构造作用过的地层中，随着深度的增加地层产状可能会表现为有规律的变化，从而为利用地层倾角解释地质构造提供了可能。另外，电成像测井图像直观地显示了井壁的地质特征，可以用来观察过井眼的小尺度地质构造，如小型的褶皱、断裂或不整合面等。

一、褶皱解释模型

褶皱是岩层受力后发生的弯曲变形，根据形态包括背斜和向斜。褶皱的分类方式较多，按照轴面和两翼地层的产状特征，可分为直立褶皱、斜歪褶皱、倒转褶皱、平卧褶皱和翻卷褶皱等（图 2. 20）。在井眼范围内，小尺度（岩心尺度）的褶皱可以通过电成像测井图像进行直观的观察；对于大尺度的褶皱构造则需要利用褶皱的构造倾角矢量模型进行分析，不同的褶皱类型具有不同的解释模型，以背斜为例分述如下。

（一）直立背斜

直立背斜轴面近于直立，两翼地层左右对称，倾向相反，倾角在两翼的对称部位近于相等。当钻井接近背斜的轴部时，地层倾角一般较小，倾向可能相对杂乱；当钻井位于翼部时，倾角矢量图中主要表现为绿模式，即随深度的增加地层

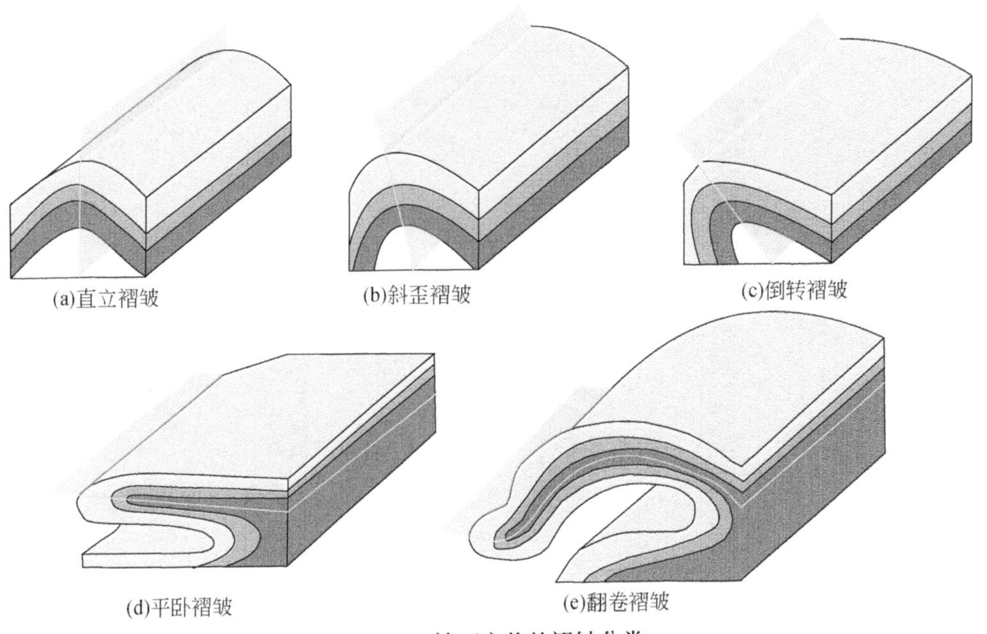

图 2.20　轴面产状的褶皱分类

的倾向和倾角没有发生明显的变化；同时，当两口井钻遇在两翼相等的构造部位时，地层的倾角基本相等，但倾向相反（图2.21）。直立背斜是塔里木盆地库车拗陷克拉苏—依奇克里克构造带常见的一种褶皱类型。

（二）斜歪背斜

斜歪背斜轴面倾斜，两翼地层左右不对称，倾向相反，倾角在左右两侧的对等部位不相等。当钻井接近背斜的脊面（同一褶皱面，横剖面上背斜最高点连线为脊线，脊线连成的面叫脊面）时，地层倾角一般较小，倾向可能相对杂乱；当钻井位于翼部时，倾角矢量图中仍然主要表现为绿模式，即随深度的增加地层的倾向和倾角没有发生明显的变化。另外，当钻井从上到下分别钻遇了斜歪背斜的缓翼、脊面和陡翼时，地层倾角的蝌蚪矢量会依次表现为：①绿模式，缓翼，地层倾角和倾向基本一致；②蓝模式，由缓翼接近构造脊面时，随深度的增加地层倾角逐渐减小；③红模式，由背斜脊面接近轴面时，随深度的增加地层倾角逐渐增大，但是地层倾向与缓翼地层相反；④绿模式，背斜陡翼地层，地层倾角大于缓翼地层，倾向与缓翼地层相反（图2.22）。

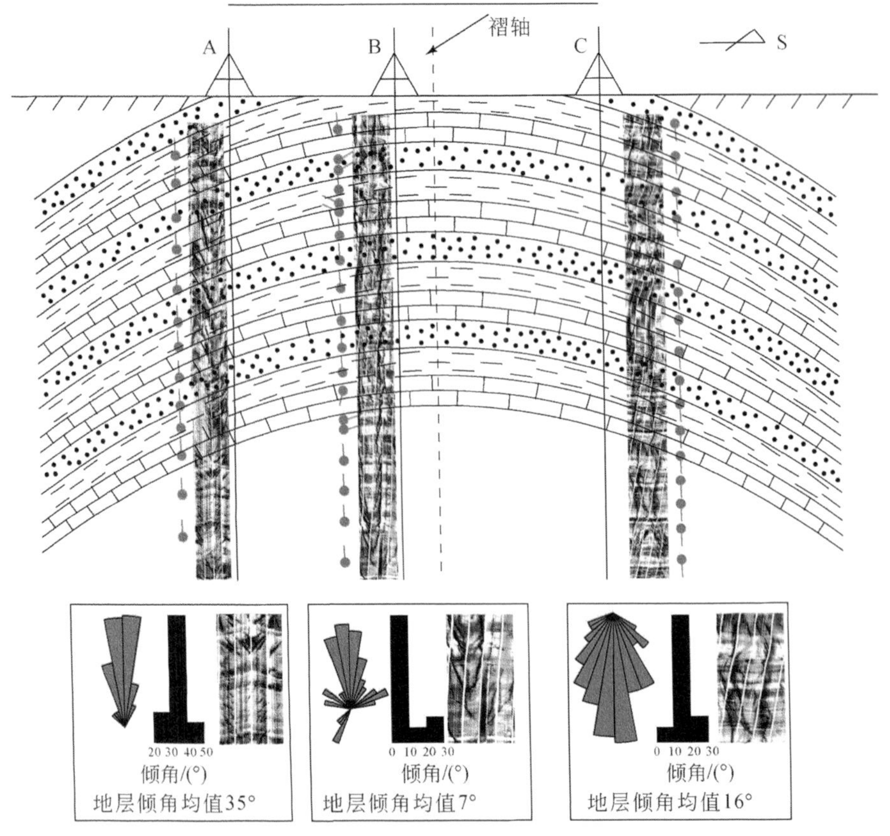

图2.21　直立背斜解释模型

B井位于褶轴附近，C井距离轴部最远

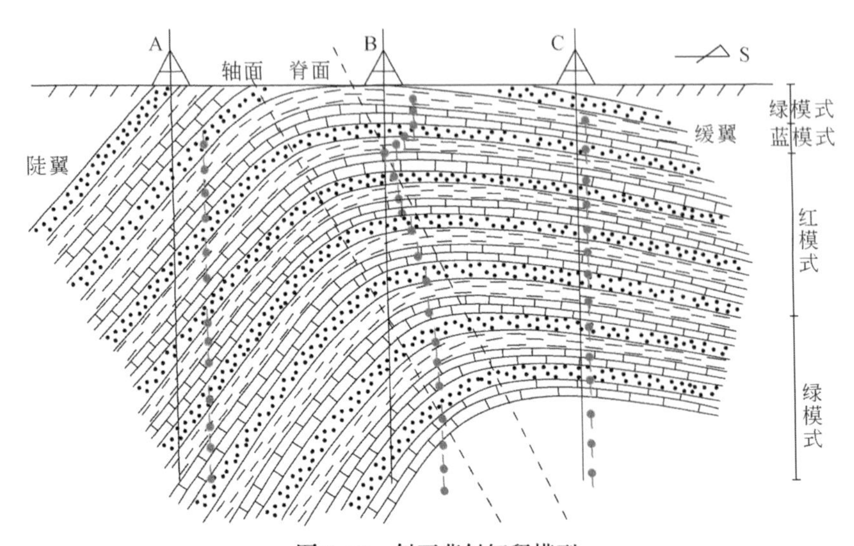

图2.22　斜歪背斜解释模型

（三）倒转背斜

倒转背斜同样轴面倾斜，但两翼地层向同一方向倾斜，一翼（下翼）地层发生倒转，下翼的地层倾角可能大于上翼。当钻井钻遇倒转背斜时，地层倾角的蝌蚪矢量由上至下表现为：①绿模式，上翼地层倾角和倾向基本一致；②蓝模式，由上翼接近构造脊面时，随深度的增加地层倾角逐渐减小；③红模式，由背斜脊面接近轴面时，随深度的增加地层倾角逐渐增大，地层倾向与缓翼地层相反；④绿模式，背斜下翼地层，地层倾角大于缓翼地层，倾向与缓翼地层相同（图2.23）。我国川东温泉井构造便属于典型的倒转背斜。

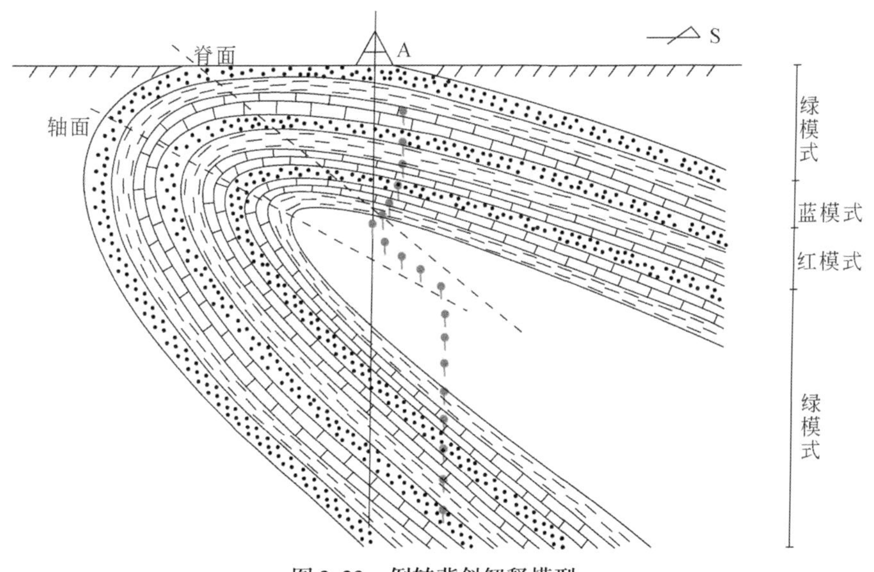

图2.23　倒转背斜解释模型

平卧褶皱和翻卷褶皱的解释模型可能相对简单，在此不做具体叙述。虽然不同类型褶皱的解释模型存在差异，但是由于地下褶皱无法像露头一样通过肉眼进行观察，因此实际研究中需要紧密结合相应的地质模型仔细分析褶皱在地下的形态特征，从而做出正确的判断。需要注意的是，相对于大尺度的褶皱构造，钻井井眼的尺寸极为有限，相当于一个点数据，因此在利用倾角矢量或电成像测井图像分析褶皱变形时需要尽可能地结合区域地质、地震等资料进行综合分析、相互验证。

二、断层解释模型

断层是地层发生破裂并产生明显位移的构造。理论上，断层是一个面状构造，而实际上，断层往往不是一个单一的破裂面，而是由一系列断裂面和次一级断层组成的断裂带，其内部还夹杂了破碎的岩块等。在断裂滑动的同时断层两盘的地层还常会出现拖曳现象，在断层两侧形成牵引构造。断层的分类也比较多样，按照断层两盘的相对运动方向，可分为正断层、逆断层和平移断层，也包括了一些中间的过渡类型。

对于过井眼的小尺度断层可以根据电成像测井图像直接确定。一般过井眼的小型断层不存在较大规模的断裂破碎带及拖曳现象，滑动位移较小，与层理面或裂缝面的显示特征相似，断层面在展开的环井周的图像中表现为一个正弦曲线特征（图 2. 24），但是曲线两侧的亮暗条带或细线发生了错位，代表破裂面两侧的

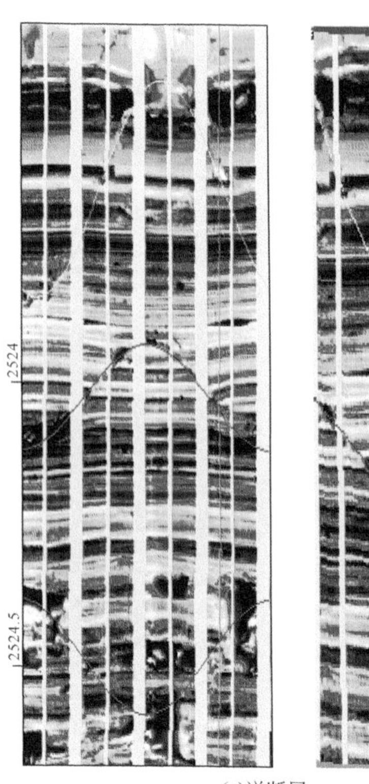

(a)逆断层

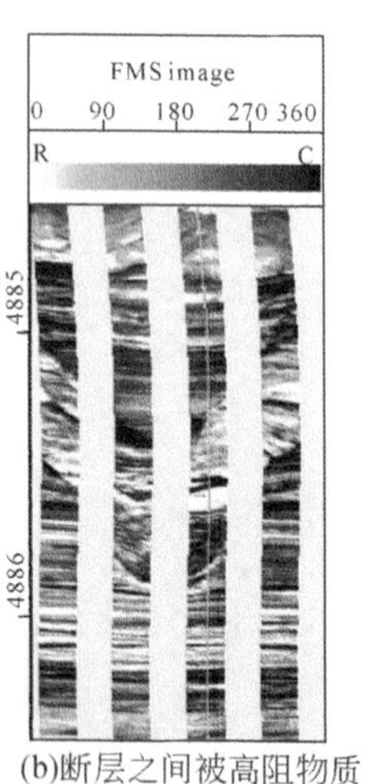

(b)断层之间被高阻物质充填，缺乏标志层，断层性质未知

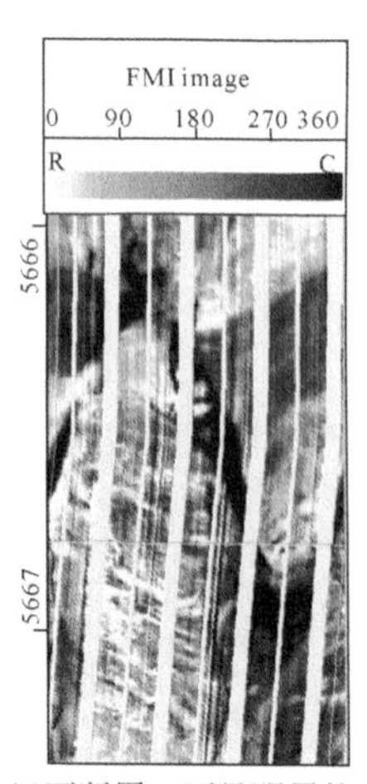

(c)正断层，可见明显的地层错动，断层之间含破碎岩块

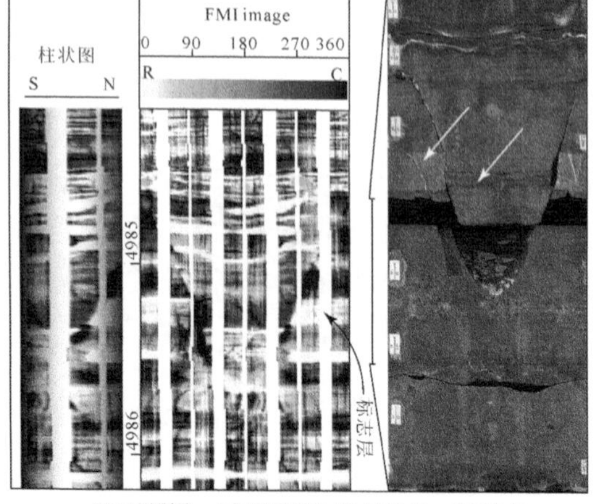

(d)正断层，可见明显的地层错动，断层南倾(波谷对应的方位)，倾角约60°

图 2. 24　过井眼断层特征

地层发生了错动，进而指示了断层的存在。在判断断层性质时，通常将展开图恢复为柱状图，从而可以看到断层的倾向以及地层的滑动方向，进而确定断层的性质。在电成像测井 1∶10 或 1∶20 的大尺度图像视域内较难观察到大断层的发育模式，因此大尺度的断层需要利用电成像解释的倾角矢量模式进行判断。

（一）正断层

正断层是断层的上盘沿断层面相对向下滑动，而下盘沿断层面相对向上滑动的一类断层。当断层面没有发生明显的变形构造，且不具有破碎带时，单纯依靠地层倾角矢量模式较难做出正断层发育的判识［图 2.25（a）］。当断层两盘之间具有破碎带时，破碎带内部地层方位不具有定向性，因此倾角模式自上盘到下盘为绿模式—白模式—绿模式［图 2.25（b）］。当正断层两盘地层产生拖曳现象时，即上盘地层沿断层面下滑产生小向斜，下盘地层沿断层面向上产生小背斜，按照断层和地层的倾向差异又可分为两种情形：①断层和地层的倾向相同时［图 2.25（c）］，上盘未受干扰的地层为绿模式，进入上盘拖曳区地层倾角逐渐增大，在断面处达到最大，在下盘拖曳区倾角又逐渐减小到零（蓝模式），到下盘未干扰区地层产状又表现为绿模式；②断层和地层的倾向相反时［图 2.25（d）］，上盘未受干扰的地层为绿模式，进入上盘拖曳区地层倾角逐渐减小，在断面处达到最小，在下盘拖曳区倾角又逐渐增大（红模式），到下盘未干扰区地层产状又表现为绿模式。

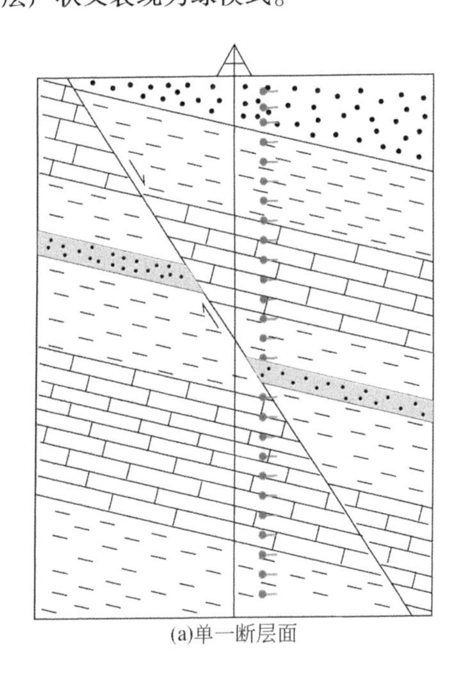

(a)单一断层面

(b)断面之间发育断层破裂带

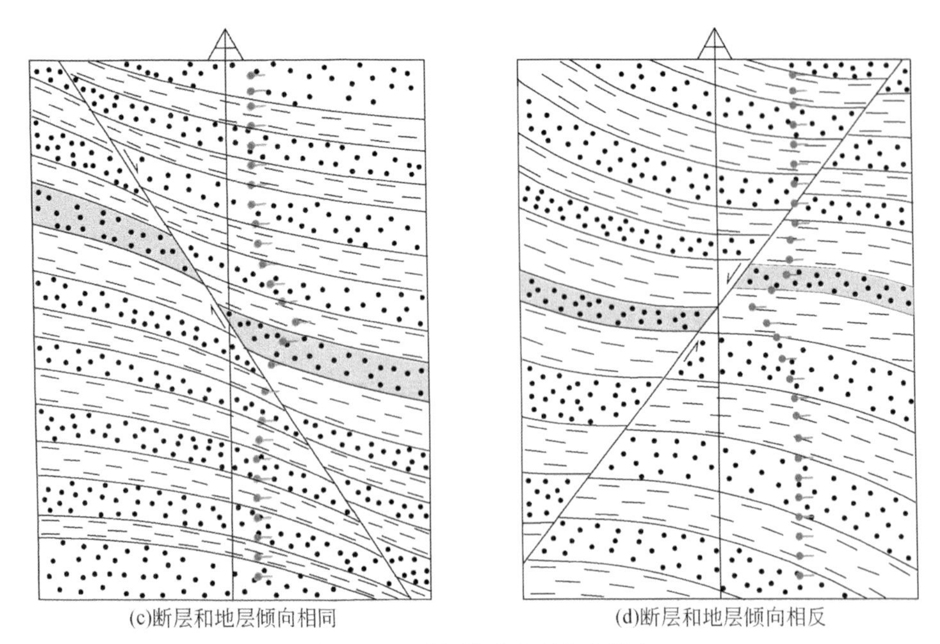

图 2.25　正断层倾角矢量解释模式

（二）逆断层

逆断层是断层的上盘沿断层面相对向上滑动，而下盘沿断层面相对向下滑动的一类断层。当断层面没有发生明显的变形构造，且不具有破碎带时，单纯依靠地层倾角矢量模式同样较难做出逆断层发育的判识。当逆断层两盘之间具有破碎带时，破碎带内部地层方位不具有定向性，因此倾角模式自上盘到下盘为绿模式—白模式—绿模式。当逆断层两盘地层产生明显拖曳现象，即上盘地层沿断层面上滑产生小背斜，下盘地层沿断层面向下产生小向斜时，按照断层和地层的倾向差异同样可分为两种情形：①断层和地层的倾向相同时［图 2.26（a）］，上盘未受干扰的地层为绿模式，进入上盘拖曳区地层倾角先随深度的增加逐渐减小（蓝模式），然后地层倾向发生反转，且随深度的增加地层倾角逐渐增大，在断面处达到最大，在下盘拖曳区倾角又逐渐减小到零（蓝模式），而后地层倾角发生反转，随深度的增加倾角逐渐增大，到下盘未干扰区地层产状又表现为绿模式；②断层和地层的倾向相反时［图 2.26（b）］，上盘未受干扰的地层为绿模式，进入上盘拖曳区随深度的增加地层倾角逐渐增大，在断面处达到最大，在下盘拖曳区倾角又随深度的增加逐渐减小，到下盘未干扰区地层产状又表现为绿模式。

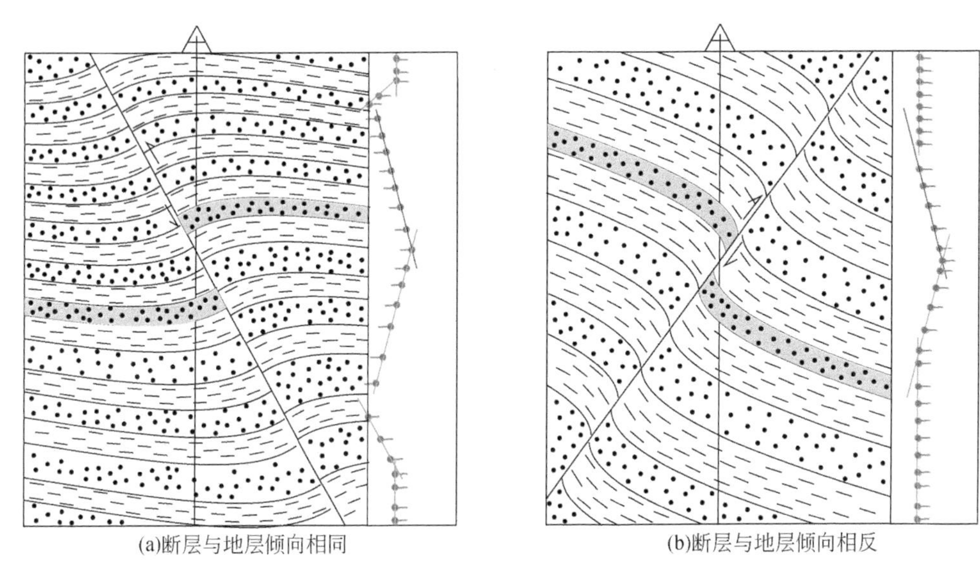

图 2.26　逆断层倾角矢量解释模式

三、不整合面解释模型

不整合面是沉积地层早期遭受抬升剥蚀，后期再次发生沉降沉积时，在两套地层中间形成的一类地层不连续界面。根据造成不整合面的构造运动特征以及不整合面上、下地层产状的差异，又可将不整合面分为平行不整合和角度不整合两类。二者都可以被电成像测井图像和相应的倾角矢量反映。

（一）平行不整合

平行不整合，即假整合，是地层在沉积以后整体抬升遭受剥蚀，之后又下降接受沉积形成的。因此该类不整合界面上、下地层产状基本一致。电成像测井图像中，不整合界面处可能存在明显的凹凸接触，上、下图像特征（如条带厚度等）多发生了明显的变化，代表了沉积环境、沉积物或沉积速率等的突变。在理想情况下，当侵蚀面厚度较薄、无明显的侵蚀风化带，且界面上、下地层产状没有变化时，仅根据倾角矢量的变化可能不易识别平行不整合面；当不整合面存在一定规模的风化带时，在不整合面附近会出现杂乱的白模式，代表了杂乱堆积的风化残余物质［图 2.27（a）］。

（二）角度不整合

角度不整合面是地层沉积之后在侧向挤压作用下发生了褶皱、断裂等，地层在褶皱的同时或之后又发生了垂向的抬升，使得地层不断遭受剥蚀，之后盆地再次下降接受沉积，从而产生了一个区域性的不整合面。角度不整合的最典型标志是上、下地层的产状明显不同。电成像测井图像除了图像模式的变化，对应的倾角矢量中不整合面上、下的地层产状发生了突变［图2.27（b）］，且多数情况是不整合界面下部地层倾角大，上部地层倾角小。与断裂导致的局部地层产状的突变不同，这种地层产状的突变在区域上具有可对比性。

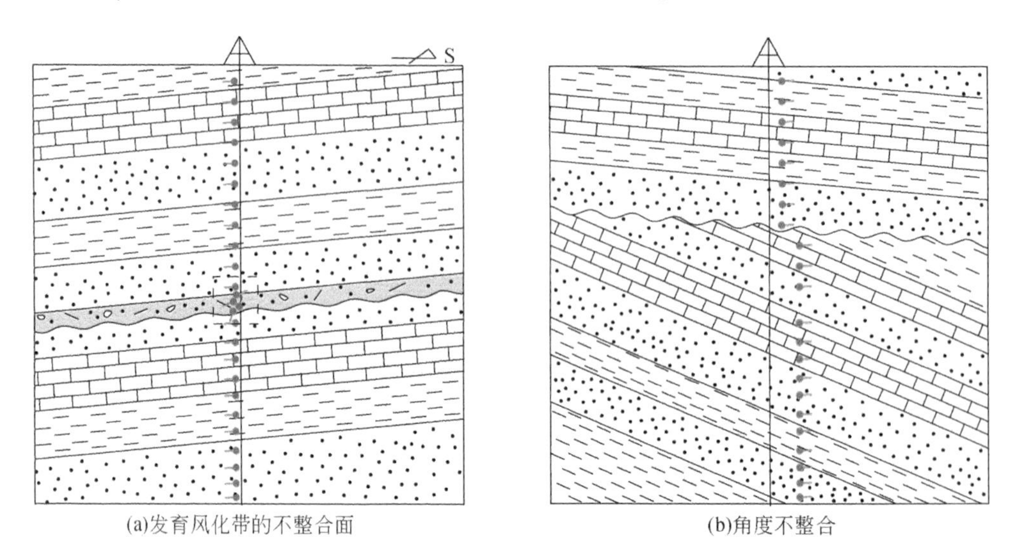

(a)发育风化带的不整合面 (b)角度不整合

图2.27 不整合面倾角矢量解释模式

第四节 电成像测井天然裂缝解释模型

天然裂缝是岩石因破裂而失去结合力的一种地质现象（Jaeger et al.，1979），其研究对于地热和油气等地质资源的勘探和开发具有较为重要的作用。露头的裂缝研究成果需要基于一定的地质认识进行外推才能应用于地层条件下（Olson et al.，2009），且二者之间的可对比性尚存在争议，即露头裂缝发育的裂缝组系、方位、充填特征等是否和井下具有一致性。钻井岩心可以作为地层条件下裂缝的载体，但是取心资料通常过于昂贵，使得取心资料通常有限且过于离散，无法满足对于裂缝的系统研究，而且岩心多只能研究裂缝发育的组系、倾角和充填特征等，无法获取天然裂缝在空间的分布方位。薄片资料多用来研究肉眼无法分辨的微裂缝，随机性较强，更无法用来分析宏观裂缝的地质属性。地震资料通过裂缝对声波传播的影响来获取裂缝的各类属性信息，但是无法精细表征天然裂缝（Sayers，2007）。常规测井资料虽然连续性好，但是该方法是在统计基础上，建立天然裂缝和不同系列常规测井曲线之间的对应关系从而达到裂缝识别和预测的目的，多解性较强。因此，虽然基于钻井获取的资料尚存在一些缺点，如尚不足以获取准确的裂缝长度信息等（Wu and Pollard，2002），或者当地层倾角较小且裂缝间距较大时有限的井孔可能会钻失裂缝从而产生和露头研究完全相反的认识（如鄂尔多斯盆地延长组），但是相比较其他方法，井壁微电阻率扫描成像测井在井下裂缝研究中具有不可替代的作用。以井壁声电成像测井为主的成像测井是井眼裂缝识别最为有效的测井方法。事实上，成像测井最初的发展也主要是针对裂缝展开的（Stephen，1999）。

一、裂缝的识别

平直的天然裂缝与钻井井壁的交线为一个椭圆，因此将电成像测井图像沿着正北方向展开，裂缝在电成像测井图像上表现为一个正弦曲线。裂缝的倾向对应曲线的波谷，倾角等于正弦波振幅除以井眼直径的反正切。当裂缝被水基泥浆或泥质等低阻物质充填时，图像特征为暗色的正弦曲线［图2.28（a）］；当裂缝被油基泥浆、方解石和石英等高阻物质充填时，图像特征为亮色的正弦曲线［图2.28（b）~（d）］。当钻井采用了油基泥浆时，在裂缝解释识别时需要结合岩心分析裂缝的充填特征，对裂缝的充填性做出合理的判断。

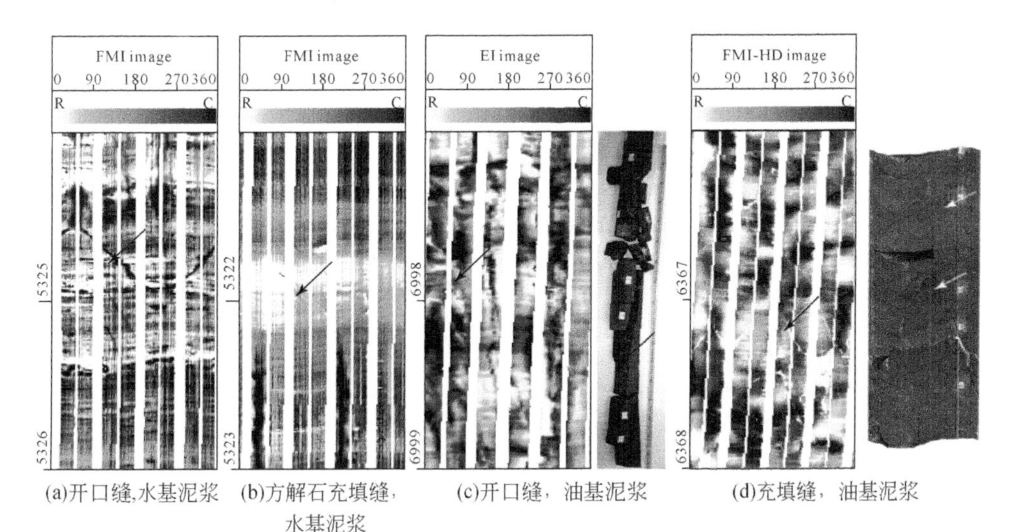

(a)开口缝,水基泥浆　(b)方解石充填缝，水基泥浆　(c)开口缝，油基泥浆　(d)充填缝，油基泥浆

图2.28　电成像测井天然裂缝识别

另外，在对图像裂缝特征进行识别时，需要注意两个关键问题，即井壁电成像测井对裂缝的响应下限及其分辨率。第一个关键问题是虽然裂缝在图像上常见的特征为规则的正弦曲线，但是也存在部分裂缝在图像上表现为不完全的正弦曲

线，这种图像特征也是裂缝存在的反映，其主要原因是电成像测井对于裂缝宽度具有一定的响应下限。已有的研究成果认为井壁电成像测井可以识别宽度大于10μm或者更窄的裂缝（Luthi and Souhaite，1990）。第二个关键问题是图像上显示的正弦曲线特征并不一定仅仅代表某一条单一的裂缝，也可能是多条裂缝的叠加结果，而目前研究认为当两条裂缝间距大于5mm时，正弦曲线的条数和裂缝具有一一响应关系，而当两条裂缝间距小于5mm时，单条正弦曲线反映的是多条裂缝的叠合效果。

电成像测井常可见一些和天然裂缝具有相似或相同响应特征的图像，分别代表了小断层、泥质条带、纹层界面、缝合线和诱导缝等，从而影响了对天然裂缝的精确解释。因此在利用电成像测井进行天然裂缝的识别时，需要首先排除这些因素的干扰。

小断层：如前所述，常存在一些过井眼的小尺度断层，其和天然裂缝都属于构造变形的产物，这些断层在电成像测井图像中显示两盘的地层存在不同程度的错动［图2.29（a）］，而天然裂缝的两侧没有地层的错动现象。二者在图像中很容易识别。

泥质条带：泥质条带是沉积作用的产物。相比较图像中的单一高导天然裂缝，电成像测井图像中的单条泥质条带通常顺层分布，显示的厚度大，且可能具有不规则的轮廓特征。当泥质条带发育的层位存在差异压实或泥质条带发育在潮汐等沉积环境时，泥质条带多表现为不规则组合的带状组合特征［图2.29（b）］；当没有差异压实或泥质条带发育在湖泊等沉积环境时，泥质条带和相邻的砂质纹层共同表现为规则组合带状模式［图2.29（c）］。

纹层界面：纹层界面是识别两个相邻沉积纹层的标志，反映了周而复始的水动力作用，因此纹层界面通常是成组出现的。电成像测井图像中在相对较长的井段内纹层界面表现为较细的、规则暗色线状组合特征。当天然裂缝以切穿纹层的形式出现时，二者很容易识别；当天然裂缝顺纹层界面发育时（层理缝），二者则较难区别，甚至无法区分。

缝合线：缝合线是碳酸盐岩地层中常见的一种构造现象，多数研究认为其是在压力-溶解作用下形成的，缝合面表现为参差不平凹凸起伏的面，因此，电成像测井图像中表现为锯齿状的曲线特征。当缝合线沿层界面发育时，除了延伸方向和地层延伸方向一致，曲线还存在不同幅度的上下起伏特征［图2.29（d）］；当缝合线和层面斜交时，曲线除具有不同幅度的上下起伏特征，整体的延伸方向和地层斜交。

诱导缝：诱导缝是在钻井操作过程中产生的非天然裂缝。产生这类裂缝的局部应力场的力源包含了钻井过程产生的其他应力（Aadnoy and Bell，1998），如

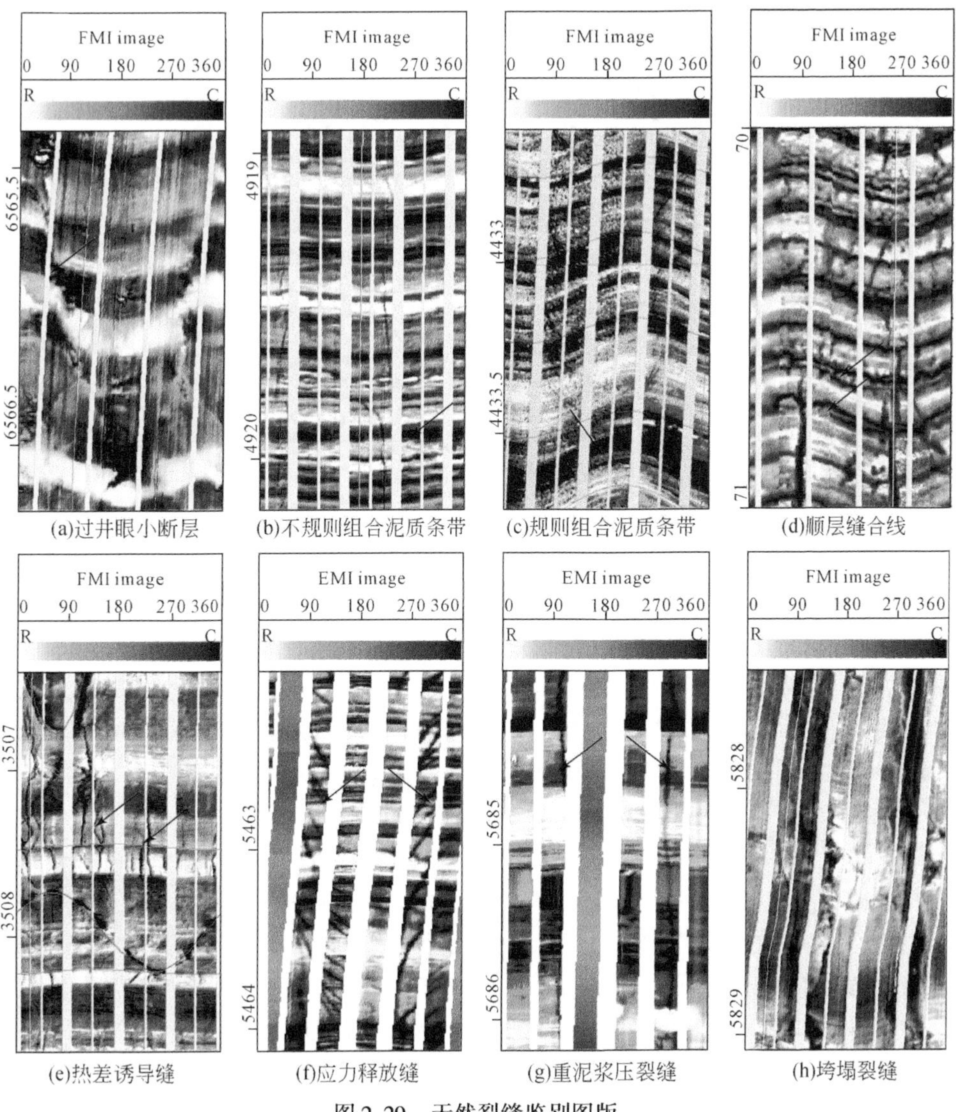

(a)过井眼小断层　(b)不规则组合泥质条带　(c)规则组合泥质条带　(d)顺层缝合线

(e)热差诱导缝　(f)应力释放缝　(g)重泥浆压裂缝　(h)垮塌裂缝

图 2.29　天然裂缝鉴别图版

钻头持重、重泥浆、钻头旋转、应力卸载和泥浆温度等。电成像测井图像中常见的钻井诱导缝的表现形式主要包括热差诱导缝、应力释放缝、重泥浆压裂缝和井壁崩落产生的垮塌裂缝等。热差诱导缝是由于钻井液温度低于地层温度，使地层因冷却收缩而产生的细微裂隙和裂纹，这种现象在高温的山前构造表现更加突出。电成像测井图像中该类裂缝分布规律性较差，常表现为不规则的折线，纵横向延伸距离较短，无法形成正弦曲线特征［图 2.29（e）］。应力释放缝指地层被钻穿时，由于地应力的释放产生的一组近平行的裂缝，电成像测井图像中表现为一组雁列排布的倒“八”字或“八”字形对称分布的裂缝［图 2. 29（f）］。诱导缝的倾角和地应力的分布有关，当垂直主应力为最小主应力时，诱导缝的倾角较小，当垂向主应力为中间或最大主应力时，诱导缝倾角较大，甚至直立。重泥浆压裂缝是由于钻井液密度过大产生的近平行井眼的一组张裂缝，其原理与水力压裂相同，裂缝的张开度和径向延伸都可能很大。电成像测井图像中该类裂缝成对出现，呈 180°对称分布，纵向延伸较长，可切穿多套地层出现［图 2. 29（g）］。井壁崩落产生的裂缝是受水平主应力不平衡的影响在最小主应力方位产生的井壁岩石的崩落。电成像测井图像中该类垮塌裂缝同样成对出现，180°对称分布，但是垮塌裂缝在图像上的宽度明显大于压裂缝［图 2. 29（h）］。在上述诱导缝中，压裂缝、应力释放缝及井壁崩落产生的椭圆井眼是现今地应力方向分析的有效手段，将在后续章节予以详述。

二、裂缝的分类

天然裂缝的分类依据较多，如力学性质（张裂缝、剪裂缝和张剪缝等）和地质成因（构造缝、水力破裂缝、成岩缝、区域裂缝）等。电成像测井主要依据裂缝的导电特性和倾角对天然裂缝进行分类（王贵文和郭荣坤，2000）。按照导电特性可分为高阻缝和低阻缝；按照倾角可分为高角度缝（≥75°）、斜交缝（≥30°且<75°）、低角度缝（≥5°且<30°）和水平缝（<5°）等。

三、裂缝参数的计算

电成像测井可以提供多种未充填和充填裂缝的参数，具体的表现形式包括：①单条裂缝的参数；②以滑动窗长的形式提供单个窗长范围计算的裂缝参数。各裂缝参数名称、英文标识、物理意义、表现形式如表 2. 1 所示。在研究中首先需要对裂缝进行拾取，目前除了传统的人工拾取外，还可以采用数学形态学理论自动追踪图像中的天然裂缝迹线，过滤掉奇异值和采集假象等非裂缝迹线特征，从而相对准确地实现沿迹线的裂缝自动拾取，获取裂缝的各类参数。

表 2. 1　微电阻率扫描成像测井裂缝参数

序号	名称	英文标识	物理意义	表现形式
1	裂缝过井眼高度	DIP_HEIGHT	裂缝面与井眼相交的高度	单条
2	视倾向	DPAA_NAZ	相对正北方向的视倾向	单条
3	视倾向	DPAA_TOH	相对井口的视倾向	单条
4	视倾角	DPAP	视倾角	单条

续表

序号	名称	英文标识	物理意义	表现形式
5	真倾向	DPAZ	真倾向	单条
6	真倾角	DPTR	真倾角	单条
7	倾角质量因子	QUAF	倾角质量因子	单条
8	平均宽度	FVA	沿裂缝迹线计算的单条裂缝的平均宽度	单条
9	平均水动力宽度	FVAH	沿裂缝迹线计算的单条裂缝的水动力宽度	单条
10	平均宽度	FVA	在给定窗长内沿裂缝迹线计算的裂缝平均宽度	滑动窗长
11	平均水动力宽度	FVAH	在给定窗长内沿裂缝迹线计算的裂缝水动力宽度	滑动窗长
12	累计平均水动力宽度	FCAH	沿井轴方向累计的平均水动力宽度	滑动窗长
13	累计平均宽度	FCAP	沿井轴方向累计的平均宽度	滑动窗长
14	累计裂缝条数	FCNB	沿井轴方向累计的裂缝条数	滑动窗长
15	视密度	FVDA	在给定窗长内沿井轴单位长度内裂缝的条数	滑动窗长
16	校正密度	FVDC	在给定窗长内垂直裂缝面方向单位长度内裂缝的条数	滑动窗长
17	裂缝面密度	FVTL(P21)	在给定窗长内单位井壁面积内累计裂缝迹线长度	滑动窗长
18	裂缝体密度	P32	在给定窗长内单位体积内裂缝面面积	滑动窗长
19	裂缝视孔隙度	FVPA	在给定窗长内裂缝的视面积和井壁面积的比值	滑动窗长
20	裂缝孔隙度	P33	在给定窗长内单位井眼体积内裂缝的体积	滑动窗长

注：F 开头标识代表 GeoFrame 计算的裂缝参数；P 开头标识代表 Techlog 计算的裂缝参数。

上述裂缝参数中使用频率较高的有裂缝的倾向、倾角、宽度、长度、密度和孔隙度等，下面对其中一些参数的含义进一步表述。

（一）裂缝宽度

裂缝宽度指的是裂缝两壁之间的距离，即裂缝的几何宽度，这一数值是确定裂缝孔隙度和渗透率及评价裂缝对裂缝性油气藏开发效果影响的关键参数之一。微电阻率扫描成像测井计算的裂缝宽度并非裂缝的实际几何宽度，而是基于数值模拟计算的理论宽度。其基本原理是将仪器探测深度范围内（电成像探测深度短，近似于冲洗带）的地层电阻率假设为 R_{xo}，且在井壁上存在一条宽度为 W 的过井眼裂缝，同时该条裂缝被电阻率为 R_m 的钻井液所充填，$R_m \ll R_{xo}$。当仪器的纽扣电极（测量电极）靠近该条裂缝时，由于裂缝内钻井液的电阻率异常低，将引起纽扣电极电流的增大，这种电流异常增大的现象直到该纽扣电极远离裂缝而不受其影响为止。因此，较窄的裂缝在电成像测井图像中的宽度可能为裂缝实际宽度的好几倍甚至几十倍（图2.30）。一些基于电成像测井图像中正弦曲线的轮廓来直接计算裂缝宽度的做法就显得不是十分合适。电成像测井计算的裂缝宽度一般在10～100μm，当然也可能更小（Luthi and Souhaite，1990）。Luthi和Souhaite（1990）利用三维有限元模型推导了裂缝宽度和泥浆电阻率及浅层电阻率的响应关系，得到如下关系式：

$$W = c \cdot A \cdot R_{m}^{b} \cdot R_{xo}^{1-b} \tag{2.1}$$

式中：W为计算的裂缝宽度；R_m为钻井液电阻率；b和c为仪器常数，不同公司的仪器该值不同；R_{xo}为纽扣电极探测范围内地层的电阻率；A为裂缝引起的附加电流，其值可由式（2.2）计算：

$$A = \frac{1}{V_{e}} \int_{h_0}^{h_n} [I_{b}(h) - I_{bm}] \mathrm{d}h \tag{2.2}$$

式中：V_e为测量的纽扣电极和上部回路电极之间的电位差，V；$I_b(h)$为裂缝响应的深度区间内深度h处纽扣电极的测量值，μA；I_{bm}为天然裂缝处的电流测量值，μA；h_0为裂缝对纽扣电极测量的数值有影响的起始深度，m；h_n为裂缝对纽扣电极测量的数值有影响的终止深度，m。

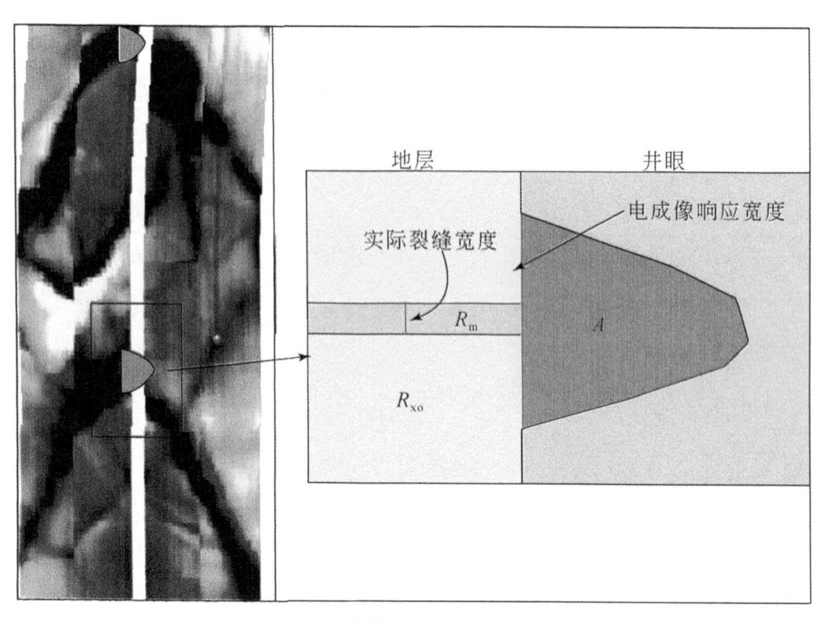

图2.30　电成像测井裂缝探测示意图

一般地，裂缝宽度在井壁的不同位置上是不同的，因此，单条裂缝宽度通常取平均值来表示。井壁电成像测井计算的裂缝宽度一般用加权算术的平均宽度（FVA）和加权算术的平均水动力宽度（FVAH）两种方式来表示。各计算公式表达如下：

$$\mathrm{FVA}=\frac{\sum_{i=1}^{n}L_iW_i}{\sum_{i=1}^{n}L_i} \tag{2.3}$$

式中：W_i 为图像中某一条裂缝第 i 段的宽度，由式（2.1）得来，mm；L_i 为图像中某一裂缝第 i 段的长度，mm。

$$\mathrm{FVAH}=\sqrt[3]{\frac{\sum_{i=1}^{n}L_iW_i^3}{\sum_{i=1}^{n}L_i}} \tag{2.4}$$

FVA 是裂缝宽度的算术平均值；FVAH 则考虑了裂缝尺寸对流体流动特性的影响，可以指示裂缝的渗透能力的强弱，因为一般认为，一条裂缝的水力传导性与其张开度的三次方有关（Gangi，1978）。同时，从裂缝宽度的计算公式也可以看出冲洗带电阻率 R_{xo} 对于裂缝宽度的计算具有重要的影响，因此需要对井壁电成像测井数据进行准确的电阻率刻度。同时最新的数值模拟研究表明电成像测井裂缝识别及宽度的准确计算受裂缝实际宽度、R_{xo}/R_m 值、裂缝倾角以及裂缝径向延伸长度等参数的影响。目前井壁电成像测井计算的裂缝理论宽度为 10μm，甚至更低。

理想情况下，当天然裂缝穿过井眼，且裂缝轨迹上的每一个点都具有能被电成像测井检测到的足够宽度时，单条裂缝在电成像测井图像上为一条完整的正弦曲线［图 2.31（a）］；排除电极异常显示，当过井眼的裂缝迹线局部宽度小于电成像测井的分辨率或裂缝只有部分穿过井壁地层时，单条裂缝在电成像测井图像上表现为一条局部缺失的正弦曲线［图 2.31（b）］。在第二种情况下，需要使用局部正弦曲线模式对图像中单条裂缝进行拾取，进一步计算裂缝宽度。

如前所述，电成像测井是基于数值模拟方程计算井下天然裂缝的宽度，其结果只能定性表征裂缝的宽度，而无法精确定量天然裂缝的具体宽度值。在求取地层条件下的裂缝宽度时，需要进一步基于岩心、覆压测试等方法对电成像测井裂缝宽度进行校正。然而考虑地下裂缝开度的求取目前仍然是裂缝研究的一个难点，尚没有方法能够准确获取裂缝在地下的几何宽度，尤其对于没有遭受成岩改造的裂缝。但是不可否认，电成像测井计算的裂缝宽度对于地层流体在裂缝中的渗流研究仍具有重要的参考价值，尤其是对于宽度大于 0.1mm 的裂缝，其实际宽度值和电成像测井计算的宽度值基本相等。

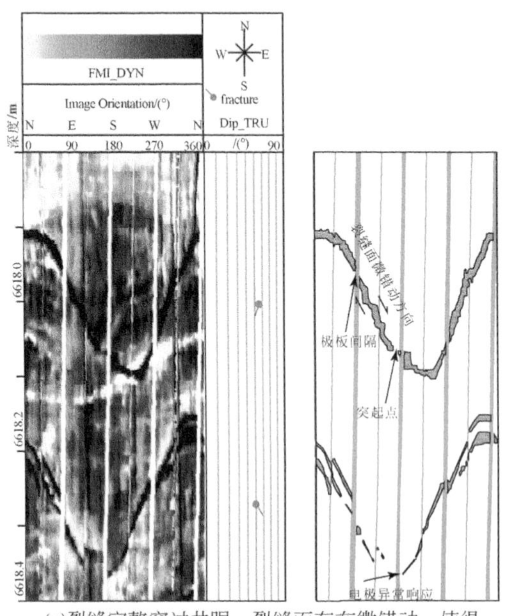

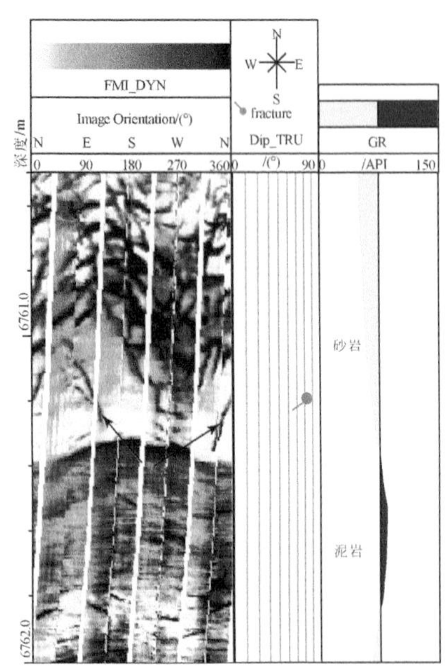

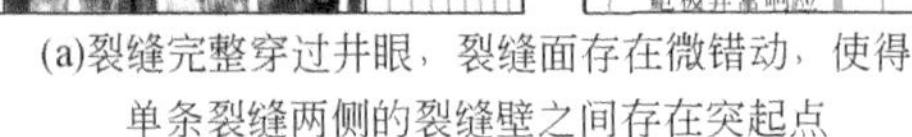
(a)裂缝完整穿过井眼，裂缝面存在微错动，使得单条裂缝两侧的裂缝壁之间存在突起点

(b)受泥岩层的限制，裂缝部分穿过井眼

图 2.31　裂缝在电成像测井图像上的表现特征

（二）裂缝长度

电成像测井计算的裂缝长度即为裂缝的面密度（FVTL 或 P21），是单位面积（每平方米或每平方英尺）井壁所见到的裂缝长度之和，单位为 m/m^2，具体表述为

$$F_{\mathrm{L}} = \frac{1}{2\pi rhC}\sum_{i=1}^{n} L_i \tag{2.5}$$

式中：F_{L}为井段内单位面积内裂缝的累计长度，m；L_i为井段内第 i 条裂缝的长度，m；r 为井眼半径，m；h 为统计井段的长度，m；C 为电成像测井的井壁覆盖率，随井眼直径增大而减小，无量纲。

另外，除了提供上述裂缝长度外，电成像测井还可以提供单条裂缝环井周的长度，即裂缝面和井眼相交的椭圆周长，该值与裂缝倾角有关，将在后续章节详述。

（三）裂缝密度

电成像提供的裂缝密度包括了裂缝的线密度、面密度和体密度。线密度是沿井轴方向或裂缝面的法线方向统计的单位长度（每米）内的裂缝条数［图 2.32

(a)]。面密度是单位井壁面积内裂缝的总长度，即前述的第一类裂缝长度[图 2.32 (b)]。体密度是单位岩石体积内裂缝的总表面积 [图 2.32 (c)]。线密度表述为

$$F_{dx}=\frac{n}{h} \tag{2.6}$$

式中：F_{dx}为线密度，条/m；h 为统计井段的长度，m；n 为统计井段内的裂缝总条数。在井斜较大时，需要对计算的线密度进行井斜校正：

$$F_{dxc}=\sum_{i=1}^{n}\frac{1}{h\,|\cos\theta_i|+2r\,|\sin\theta_i|} \tag{2.7}$$

式中：θ_i为第 i 条裂缝的视倾角。体密度用公式表述为

$$F_{dt}=\frac{1}{\pi r^2 h}\sum_{i=1}^{n}\int f(x_i) \tag{2.8}$$

式中：F_{dt}为裂缝的体密度，m^2/m^3；r 为井眼半径，m；h 为统计井段的长度，m；$\int f(x_i)$ 为统计井段内第 i 个裂缝面的面积。

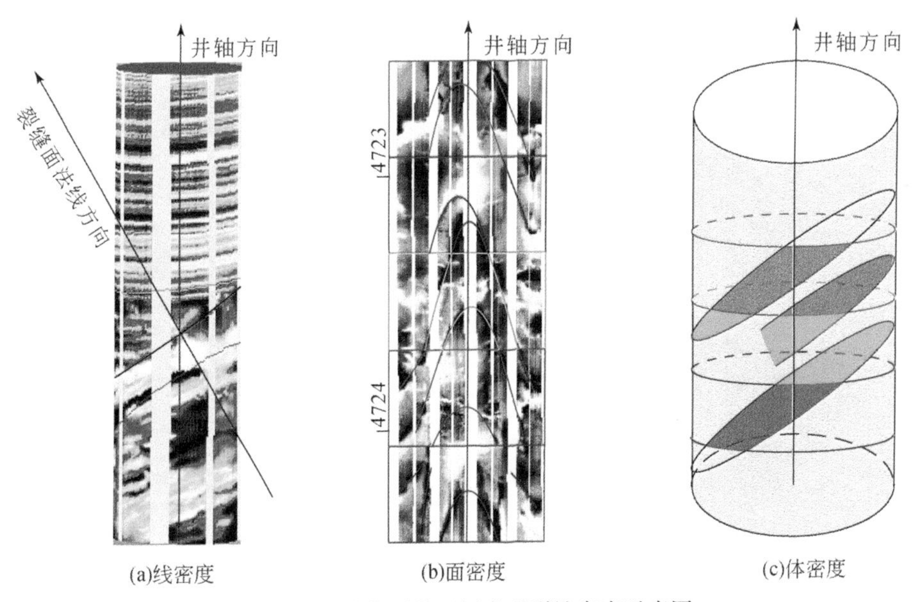

图 2.32 电成像测井不同类型裂缝密度示意图

(四) 裂缝孔隙度

电成像测井计算的孔隙度包括了裂缝的视孔隙度和裂缝孔隙度两类。视孔隙度指的是统计井段内的裂缝视开口面积和统计井段井壁面积的比值 [图 2.33

(a)]。裂缝孔隙度指的是统计井段裂缝体积和统计井段井眼体积的比值，即单位井眼体积内的裂缝体积［图 2.33（b）］。两个参数分别表述为

$$\phi_{\mathrm{fs}} = \frac{1}{2\pi rhC}\sum_{i=1}^{n} L_i W_i \tag{2.9}$$

$$\phi_{\mathrm{f}} = \frac{1}{\pi r^2 h}\sum_{i=1}^{n} \iint f(x_i) \tag{2.10}$$

式中：ϕ_{fs}为裂缝视孔隙度，无量纲；ϕ_{f}为裂缝孔隙度，无量纲；r 为井眼半径，m；h 为统计井段的长度，m；L_i为井段内第 i 条裂缝的长度，m；W_i为井段内第 i 条裂缝的宽度，m；C 为电成像测井的井壁覆盖率，随井眼直径增大而减小，无量纲；$\iint f(x_i)$ 为统计井段内第 i 个裂缝体的体积。

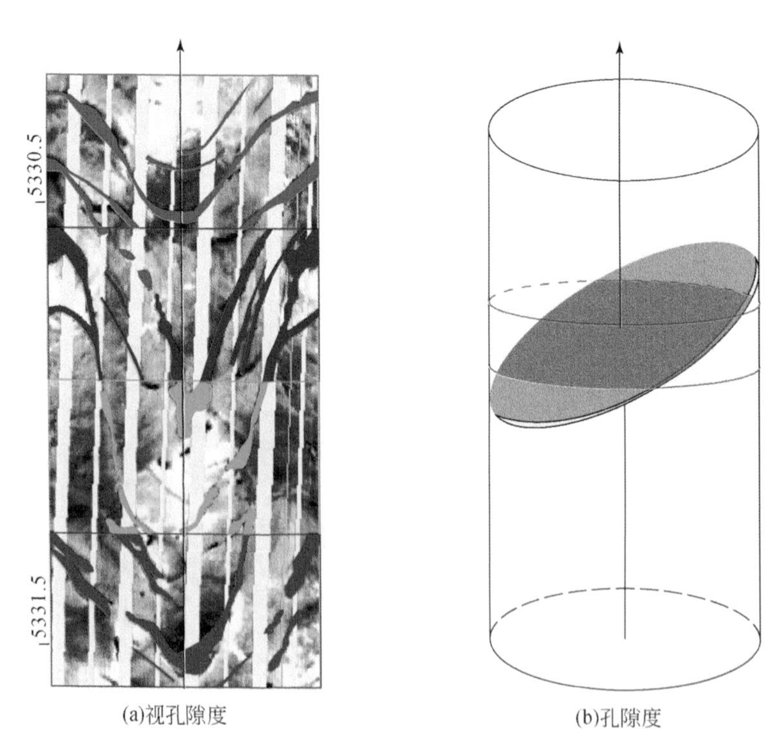

(a)视孔隙度　　(b)孔隙度

图 2.33　电成像测井裂缝视孔隙度和孔隙度示意图

四、裂缝的构造解析

构造裂缝可能是地壳岩石中最为重要的一种裂缝类型，系指那些按照方向、分布和形态等可以划归为局部（褶皱、断裂）或区域（板块运动）构造事件的裂缝。由于区域构造事件形成的裂缝通常分布较广，与局部地层在方位等方面不

存在任何特征性的空间组合特征，因此很难利用单井资料系统研究；除非有足够的地质证据显示研究区裂缝主要为区域构造事件形成。按照力学性质，构造裂缝可进一步分为张裂缝和剪裂缝。两种类型的裂缝在露头和岩心上的特征不同，张裂缝一般侧向延伸短，裂缝宽度大，裂缝面粗糙，无擦痕；剪裂缝侧向延伸较长，裂缝宽度小，裂缝面比较平直光滑，常有擦痕。这些特征在电成像测井图像中无法获取，因此不能在图像中利用上述特征去判断裂缝的成因。

然而，局部构造变形产生的裂缝与这些构造在空间上的分布形态具有特定的组合关系，如地层在弯曲过程中形成的裂缝。电成像测井能够准确确定钻井所在位置的井下地层和裂缝的空间方位及其二者的几何分布关系，这为利用该资料进行裂缝的构造解析奠定了基础。电成像测井可以提供岩心的方位信息，进而在岩心空间归位的基础上可以确定岩心中单条裂缝（充填或未充填）与地层的空间组合形式。在岩心单条裂缝的力学成因和形态特征分析的基础上，对取心段所有的岩心裂缝进行归类组合，进一步确定岩心发育的裂缝组系以及不同组系裂缝的地质类型。在取心段岩心和电成像测井交互刻度分析的基础上，按照同一组裂缝方位具有相似性的原则，对未取心段电成像测井图像中的裂缝进行地质类型外推，从而完成全井段范围内的裂缝构造解析。常见的局部构造变形，如褶皱和断裂，能够分别产生褶皱相关的裂缝和断层相关的裂缝。因此以地质模型为切入点，分别对二者的电成像测井裂缝解释模型进行表述。

（一）背斜相关裂缝的解释模型

背斜相关裂缝的形成，如纵弯褶皱、横弯褶皱以及背斜发育的不同阶段和不同构造部位的裂缝不仅与地层弯曲中的应力应变有关（Lemiszki et al.，1994；Frehner，2011），还可能受控于上覆地层压力、黏度、孔隙压力和边界条件等（Eckert et al.，2014；Liu et al.，2016）。这里重点论述与纵弯褶皱有关的裂缝类型。Stearns 在对美国蒙大拿州提顿背斜（Teton anticline）观测基础上对该类背斜相关裂缝的几何特征进行了较为全面的描述（Stearns，1968a；Stearns，1968b；Stearns and Friedman，1972）。该模型主要包括两组平面共轭剪裂缝和与之相伴生的扩张裂缝［图 2.34（a）中裂缝组 1］，且中间主应力总是垂直于地层，而最小主应力和最大主应力位于地层内。Price 和 Leroy 的裂缝模型和 Stearns 类似，并进一步引入了纵张裂缝的概念（Leroy，1976；Price，1981）。地层弯曲过程中的应力分布特征表明上述模型中裂缝组 1 和裂缝组 3［图 2.34（a）］易于发育，同时也是野外露头观测（Stearns，1964；Stearns，1968a；Stearns，1968b；Stearns and Friedman，1972；Hennings et al.，2000；Wennberg et al.，2007；Ghosh and Mitra，2009；苏楠，2013；Javier et al.，2015；Ukar et al.，2016）和物理模拟实验（Cloos，1955；Bazalgette and Petit，2007）中较为常见的裂缝类型。裂缝组 2［图 2. 34（a）］、裂缝组 4［图 2. 34（a）］和裂缝组 5［图 2. 34（b）］一般较难根据背斜演化过程应力的分布进行解释。虽然 Stearns 和 Price 的模型中都提及了上述两种类型的裂缝，但是 Stearns 认为该组裂缝在背斜形成过程中主要起调节作用。Cooper 在对美国怀俄明州 Teapot Dome 观测的基础上提出了另一种背斜相关裂缝的概念模型［图 2. 34（b）］，并认为被 Stearns 所忽视的剖面共轭剪裂缝（平行或垂直背斜枢纽）是基底卷入背斜中主要的背斜相关裂缝类型。通过对比提顿背斜和 Teapot Dome 中的裂缝特征，进一步认为背斜相关裂缝的分布和背斜的类型紧密相关，提顿背斜主要是在顺层滑脱作用下形成的，沉积层在顺层挤压的作用下发生弯曲，多发育裂缝组 1 和裂缝组 3；而 Teapot Dome 是基底卷入型逆冲过程形成的拖曳背斜，因此，多数共轭剪裂缝的锐夹角垂直于地层，

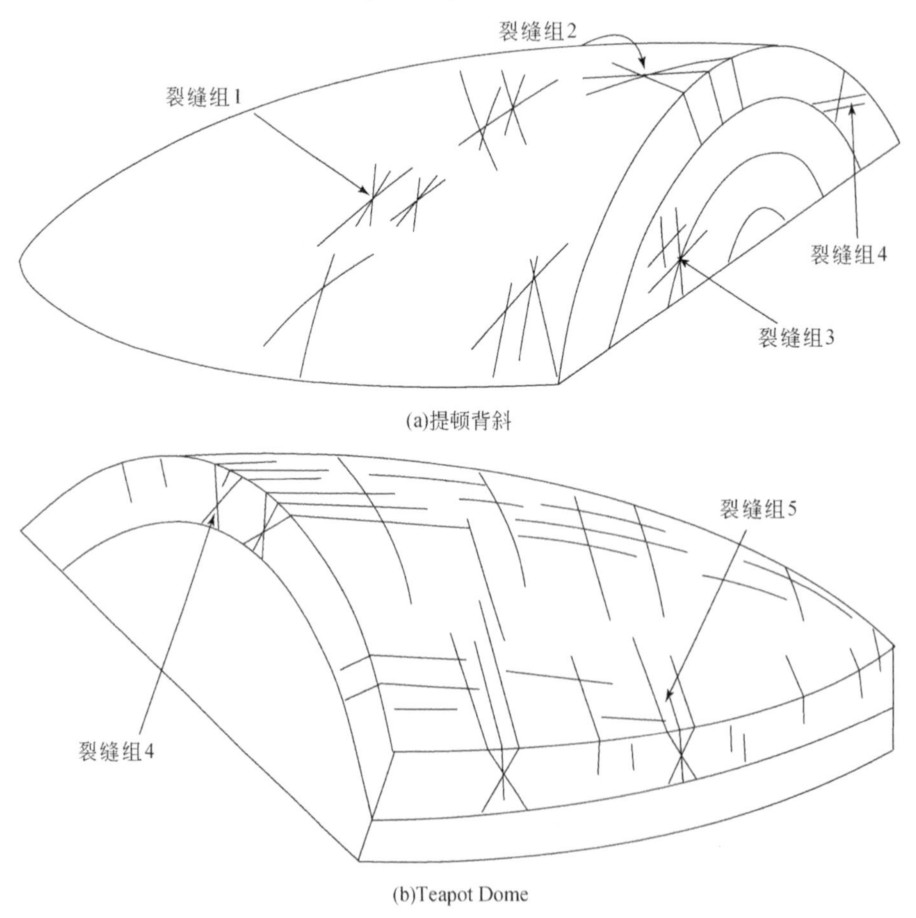

图 2. 34　背斜相关裂缝的露头模型

裂缝组 4 和裂缝组 5（平行或垂直背斜枢纽）是基底卷入背斜中主要的背斜相关裂缝类型。

钻井井眼直径小（一般为 6.5in 或 8in），相对于整个背斜来说，井眼在背斜上覆盖的范围极其有限，类似背斜中的一个个小尺寸的采样点。如前所述，露头地质模型表明各背斜相关裂缝在背斜中都具有特定的空间分布特征，即裂缝方位具有可预测性；背斜相关裂缝的类型不同，对应的裂缝方位和分布特征往往也不同。当钻井在背斜某一构造点钻穿研究层时，对应井眼中的裂缝分布解释模型可能存在差异（图 2.35）。考虑同一类型背斜相关裂缝的产状也会随构造部位的变化而发生改变。因此，在具体分析时一般需要先确定研究井位所处的背斜构造部位。

平面共轭剪裂缝，即图 2.34 中的裂缝组 1 和裂缝组 2，其锐夹角平分线呈水平或倾斜分布。当裂缝发育在两翼时，其和枢纽垂直或以大角度相交，当裂缝发育在转折端时，其和枢纽平行或小角度相交。当钻井恰好钻至两组裂缝面的交线时，电成像测井图像中表现为共轭相交的两组裂缝，而多数情况下则表现为一定深度的井段内上、下叠置。两组裂缝走向以锐角相交，倾向多变，但往往分别位于玫瑰图中两个不同的象限［图 2.35（a）］。在倾角直方图中，裂缝组 1 以中高角度或垂直缝为主；裂缝组 2 的倾角变化范围可能较广，且从枢纽向两翼倾角具有逐渐减小的趋势。裂缝和地层在空间上的几何关系不太明显。另外，两组裂缝在岩心外表面的一侧呈假共轭特征；在垂直方向的另一侧，一组裂缝的顶点和另一组裂缝轨迹中的某一点（非最低点）相对。

低角度剖面共轭剪裂缝，即图 2.34 中的裂缝组 3，常位于背斜中和面之下。当裂缝距离转折端近时，电成像测井图像中表现为两组倾向相反的裂缝在垂向上叠置出现，裂缝以中、低角度为主［图 2.35（c）］，向两翼裂缝倾角的范围变化较大。

剖面共轭剪裂缝，即图 2.34 中的裂缝组 4 和裂缝组 5，共轭裂缝的交线和枢纽的走向近平行（裂缝组 4）或近垂直（裂缝组 5）。当裂缝距离转折端近时，其锐夹角平分线可能和井轴平行或小角度相交，电成像测井图像中则表现为两组倾向相反的裂缝在垂向上叠置出现，且以中、高角度裂缝为主［图 2.35（b）］，向两翼裂缝倾角的范围变化较大。另外，在岩心外表面一侧两组裂缝表现为共轭特征，在另一侧其中一组裂缝的顶点和另一组裂缝的最低点相对出现。

纵张裂缝是地层在弯曲过程中形成的，因此裂缝面垂直于层界面，裂缝倾向和地层倾向相反［图 2.35（d）］。单条裂缝宽度可能会随深度增加而减小。当裂缝以裂缝组的形式出现时，各裂缝产状基本一致。电成像测井图像中裂缝和地层的倾向相反，且二者近于垂直；倾角从背斜转折端向两翼逐渐减小。

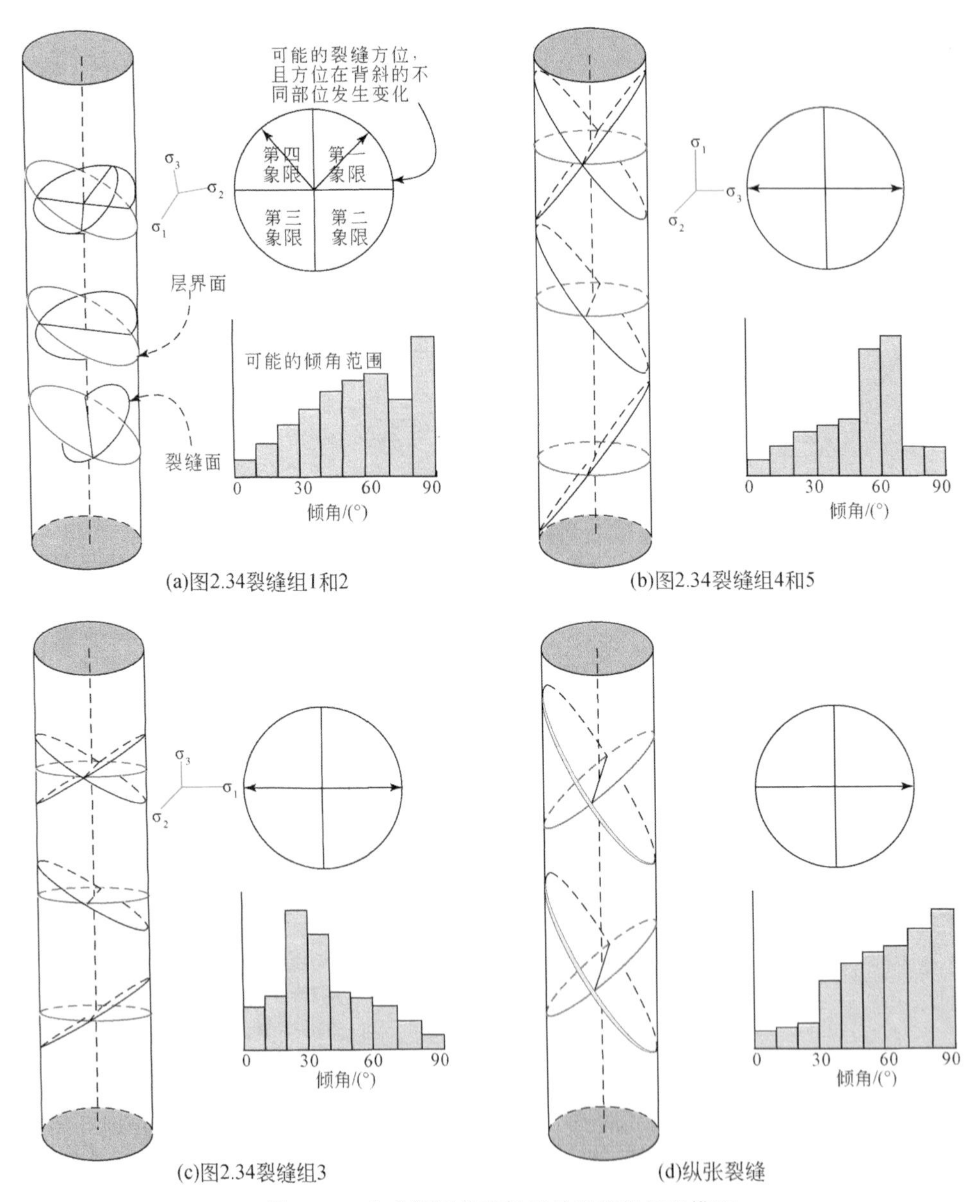

图 2.35　电成像测井背斜相关裂缝的解释模型

上述背斜中的裂缝是在地层弯曲过程的不同阶段形成的，且背斜不同构造部位的应力应变存在差异，因此在实际分析时，在电成像测井天然裂缝识别的基础上，需要尽可能结合研究区的构造演化史、背斜的空间分布形态以及地层产状等信息，对井眼中背斜相关裂缝的类型做出合理的判断。

(二) 断层相关裂缝的解释模型

断层在形成过程中会在断层附近形成派生的应力场，当派生的应力达到岩石破裂所需的应力强度时，会在断层附近产生一系列与断层有关的裂缝，这些裂缝与断层具有特定的空间组合形态。当钻井井眼钻遇这些裂缝时，会在电成像测井图像上产生对应的裂缝组合形式（图 2.36），为电成像测井断层相关裂缝的构造解析奠定了理论基础。

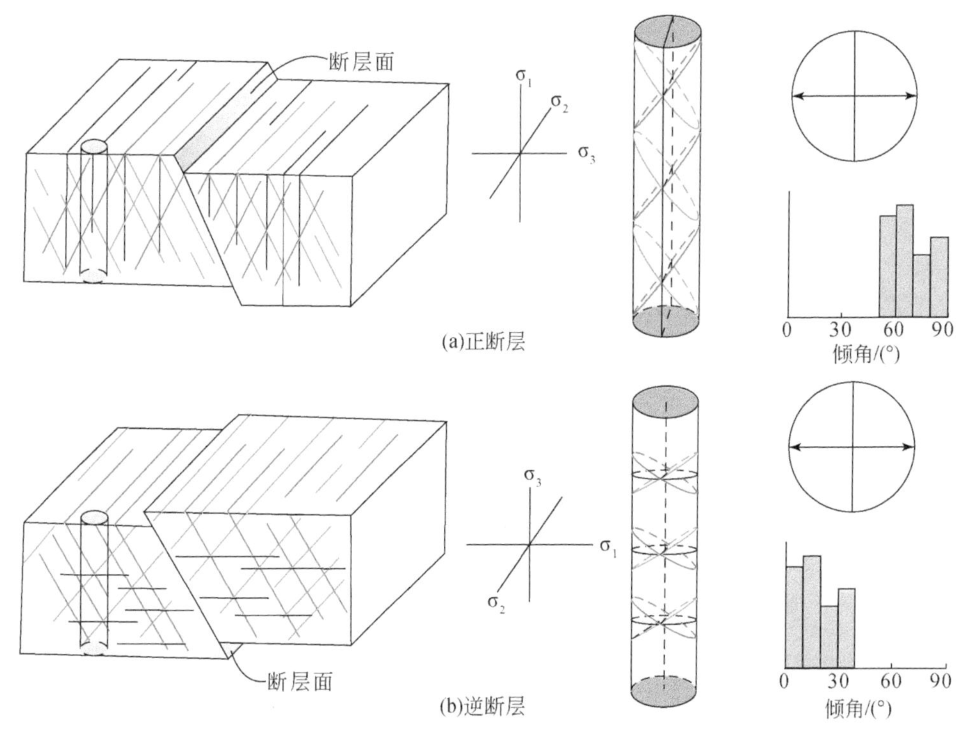

图 2.36　电成像测井断层相关裂缝的解释模型

共轭剪裂缝：一组与断层面平行，另一组与断层面相交。当钻井钻遇该类裂缝时，电成像测井图像中表现为两组倾角基本一致、倾向相反的共轭裂缝。正断层时两组裂缝表现为高角度缝，逆断层时两组裂缝表现为低角度缝。

张裂缝：与共轭剪裂缝相伴生，正断层时，电成像测井图像中该裂缝表现为高角度缝或直立缝；逆断层时表现为低角度缝或水平缝。在前一种情形下，当钻井位于两组张裂缝之间时（裂缝间距大于井眼尺寸），该组裂缝会发生漏失，因此在具体分析时需要结合断层性质及裂缝的空间组合，对断层相关的裂缝做出合理的判断。

第五节 电成像测井孔隙度解释模型

碳酸盐岩等非均质地层通常表现为双孔隙系统，即存在不同比例的原生和次生孔隙，传统的方法是用各孔隙度测井（声波、中子和密度测井）数据计算地层的孔隙度。研究表明电成像测井也可以用于地层孔隙度的计算（Newberry et al.，1996；Schlumberger，1998；Akbar et al.，2000）。由于电成像测井高密度环井周采样，因此在一个深度可以计算多个数据点。该方法仅适用于水基泥浆，其计算孔隙度的本质是基于阿尔齐公式进行的，即在选定的滑动窗长范围内，用冲洗带的阿尔奇公式计算电成像测井每个像素点（电极）的孔隙度大小，颜色较深的（暗色）对应的电阻率低，计算的孔隙度大，颜色浅的（亮色）对应的电阻率高，计算的孔隙度小，统计该窗长内不同孔隙度区间的频数，绘制孔隙度的统计分布图，从而分析该窗长内地层的孔隙度分布特征。分布谱图中各孔隙度峰值的大小反映了对应孔径的孔隙在地层孔隙中的比例大小，宽窄反映了各孔径的孔隙在地层中分布的均一度，即地层孔隙大小分布不均时，分布较宽；分布均匀时，则较窄。具体的推导过程如下。已知阿尔奇公式为

$$S_w = \sqrt[n]{\frac{ab\,R_w}{\phi^m R_t}} \tag{2.11}$$

式中：S_w 为地层含水饱和度；a 为与岩性有关的岩性系数；b 为与岩性有关的常数；m 为胶结指数；n 为饱和度指数；R_w 为地层水电阻率；R_t 为地层电阻率；ϕ 为孔隙度。对于标定后的电成像测井反映的是地层冲洗带的电阻率（电导率）的相对大小，则冲洗带阿尔奇公式表述为

$$S_{xo} = \sqrt[n]{\frac{ab\,R_{mf}}{\phi^m R_{xo}}} \tag{2.12}$$

式中：S_{xo}为冲洗带对应的地层含水饱和度；R_{mf}为泥浆滤液电阻率，类似冲洗带的地层水电阻率；R_{xo}为冲洗带的地层电阻率。由于是冲洗带，因此如果假定 $S_{xo}=1$，$a=b=1$，$m=n=2$，上述公式变为（Newberry et al.，1996）

$$\phi = \sqrt{\frac{R_{mf}}{R_{xo}}} \tag{2.13}$$

R_{mf}通常可知，因此根据标定的电成像测井获取的 R_{xo} 便可以计算各极板电极对应的孔隙度。

然而在含油深度段，冲洗带一般还存在残留的石油导致 S_{xo}小于 1；同时在含水层需要对泥浆滤液电阻率进行刻度。为了消除这些地层流体对计算结果的影响，进一步修正为（Schlumberger，1998；Akbar et al.，2000）

$$\phi_i=\phi_{\log}(R_{\mathrm{LLS}}C_i)^{1/m} \tag{2.14}$$

式中：ϕ_i为选定窗长（如1.2in）内第i个像素点（电极）的孔隙度；$\phi_{\log}$为测井孔隙度；R_{LLS}为浅侧向电阻率，Ω·m；C_i为电成像电极电导率，mS；m为阿尔奇公式中的胶结指数，由三孔隙度模型计算。

相比较传统的常规测井孔隙度计算方法，上述方法在计算孔隙度方面具有如下几个优势：①可以对地层次生孔隙度进行连续定量表征，结合电成像裂缝孔隙度的计算，可以给定原生孔隙度、次生溶蚀孔洞孔隙度和裂缝孔隙度（图2.37）；②在均质地层中，常规测井和电成像测井计算的地层孔隙度类比性均较好，主要是因为均质地层中孔隙度在井周不同方位近似相同，但是在非均质地层中（尤其是碳酸盐岩地层），地层孔隙度在井周不同方位存在变化，而密度或中子测井仅是对地层一个深度点的某一个方向的孔隙度进行评价，会导致对地层孔隙度大小评价失真，而电成像测井考虑了井周不同方位上孔隙度的变化，可以客观有效地评价非均质地层的孔隙度大小；③高分辨率的数据采集使得孔隙度计算的精度更高。当地层中存在高导矿物或泥页岩等时，该方法的应用也受到了限制（Newberry et al., 1996）。

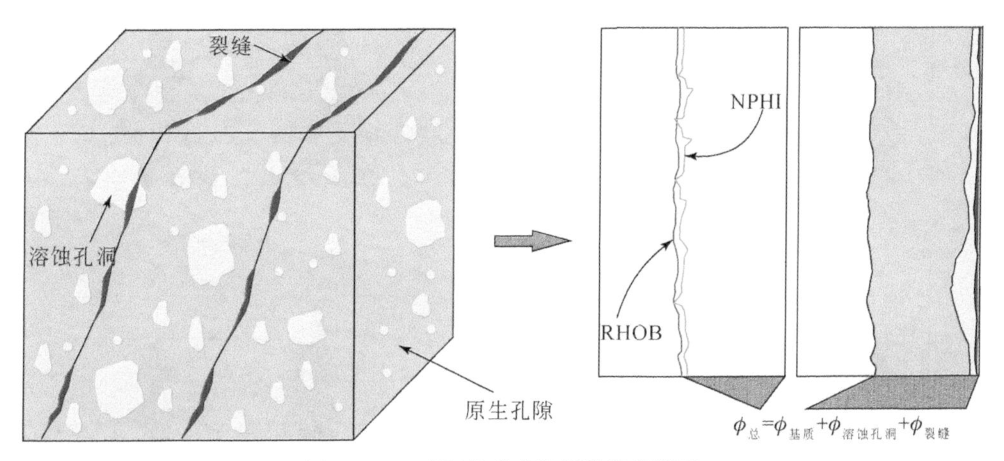

图2.37　理想的碳酸盐岩孔隙度模型

次生孔隙包括了裂缝和溶蚀孔洞（Akbar et al., 2000）；RHOB为侵入带电阻率曲线；NPHI为中子孔隙度曲线

获得的孔隙度频率谱通常具有单峰、双峰和多峰等，其形态主要和孔隙类型、孔径分布的均匀性及其在总孔隙中所占的比例有关。当地层孔隙度整体较低时，分布谱表现为偏左的单峰［图2.38（a）］；当次生孔隙度分布均匀，且原生孔隙较少时，分布谱表现为后移的单峰［图2.38（b）］；当原生孔和次生孔都发育，且分布都比较均匀时，表现为窄的双峰［图2.38（c）］；当原生孔和次生孔都发育，且孔径连续变化时，表现为宽缓的两峰或多峰［图2.38（d）］；当原生

孔和次生孔都发育，且以次生孔为主时，表现为一低一高的双峰［图 2.38 (e)］；当原生孔和次生孔都发育，且以原生孔为主时，表现为一高一低的双峰［图2.38 (f)］。实际研究中孔隙度分布谱的形态一般更为复杂，但总体上都可以划归为上述某一峰值形态。原生孔隙和次生孔隙之间截止值的确定又包括了威廉-纽贝里法（William Newberry）、SDR 或固定百分比法、TSR（T. S. Ramakrishnan）判别法、基于高斯提取优化法以及人工交互法等（详解见 Techlog 软件的 PoroSpect 模块说明）。

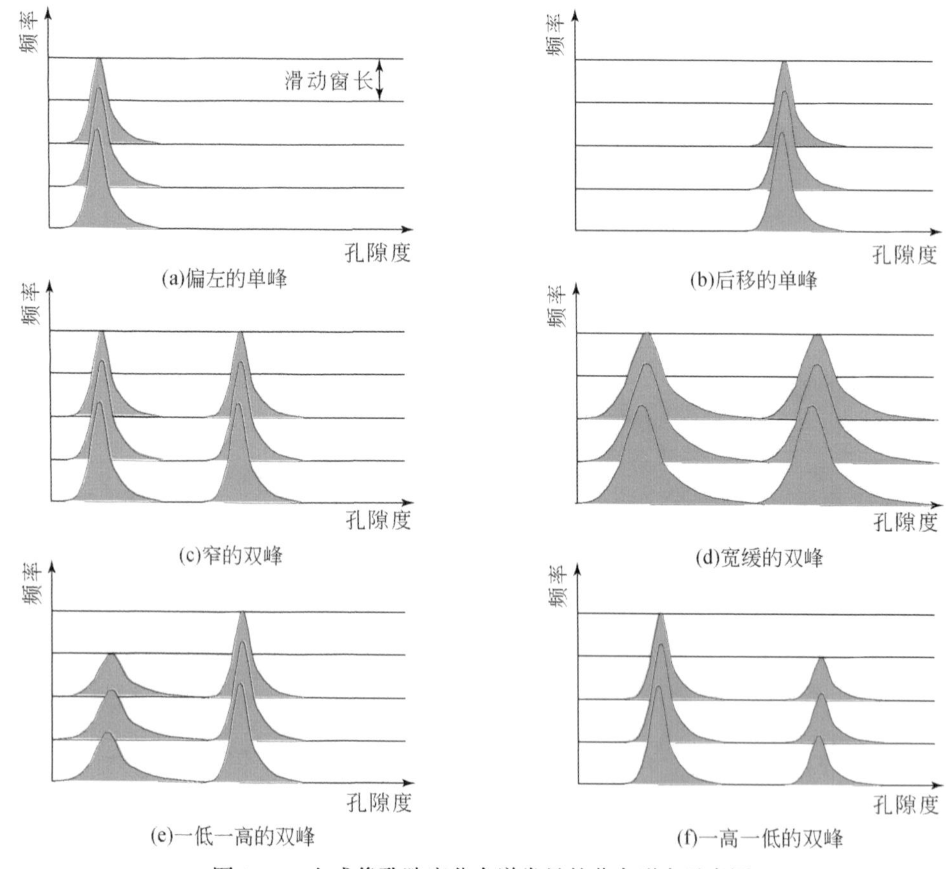

图 2.38　电成像孔隙度分布谱常见的分布形态示意图

斯伦贝谢最新的 PoroTex 分析技术提供了一种基于电成像测井图像识别（碳酸盐岩）地层不同孔隙类型的方法，可以识别地层中的连通孔隙、孤立孔隙、与裂缝连通的孔隙、沿层界面分布的孔隙或岩石基质中的孔隙，还可以量化不同孔隙对地层总孔隙的贡献和孔隙连通性，描述孔隙的几何形状（图 2.39）。这一技术的基本原理是利用分水岭变换（watershed transform）数学形态学的分割算法将处理的图像视为测地学的拓扑地貌进行分割，被脊线连通的低阻暗斑代表了连通的孔洞，反之为孤立分布的孔洞。这一方法针对的处理对象是图像，而图像中的暗斑并非都代表溶蚀孔洞，因此在实际研究时同样需要利用可用的岩心对图像刻度才能得出相对合理的结果。

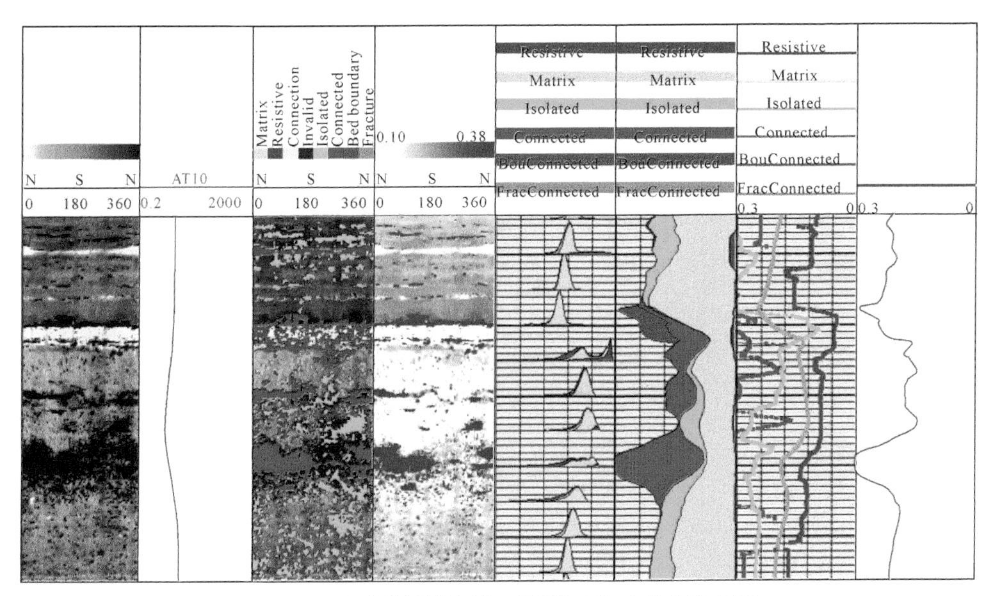

图2.39　电成像测井图像不同类型孔隙分布综合图

第一道为全井壁图像，第二道为浅侧向电阻率值，第三道为灰度图像背景下显示的不同类型的孔隙，第四道为孔隙度图，第五道为不同孔隙的孔隙度累计直方图，第六道为不同孔隙在总孔隙度中的累计占比曲线，第七道为每种类型孔隙的平均图像孔隙度曲线，第八道为从孔隙度图计算的地层总孔隙度曲线

（引自PoroTex用户手册）

第六节　电成像测井现今地应力解释模型

地应力是地壳中应力的总称，是由地壳中的构造运动或其他因素的力（重力、热应力、孔隙流体压力）引起岩石内部单位面积上的作用力。现今存在的或正在活动的地应力叫作现今地应力。目前现今应力场的测量方法较多，包括应力解除法、水力压裂法、井眼垮塌、应力机制解和声发射等（Zoback et al.，2003；Zang and Stephansson，2010；Schmitt et al.，2012）。多数井壁崩落、垮塌和钻井诱导缝与现今地应力有关，据此可以对现今地应力进行分析。电成像测井图像可以直观地呈现地应力导致的井眼垮塌、水力压裂缝和诱导缝，因此是油田现今水平应力方位测量的主要方法（Tingay et al.，2008）。

一、应力椭圆井眼

应力椭圆井眼是现今地应力导致钻井井壁发生岩石的剪切崩落产生的，其基本原理是当地层被钻开时，井眼原有的岩石发生了缺失，使得井壁岩石失去了支撑，因此在最大和最小水平主应力的应力差下发生了岩石的剪切破裂，这一现象最早由法国人莱曼在南非 Witwatersrand 金矿的石英岩和砾岩中观察到，并用于确定应力状态（Leeman，1964）。

（一）椭圆井眼的类型

椭圆井眼是钻井过程中由于钻井液冲蚀、钻具磨蚀或地应力诱导等因素产生的井眼形状的变形，表现为圆形、次圆形和椭圆形等。按照成因可以划分为如下五种。

（1）应力型椭圆井眼：由水平主应力不平衡造成井壁应力的集中，在最小水平主应力方向上发生剪切掉块或井壁崩落。椭圆井眼呈对称状。长轴方向指示最小水平主应力方向。双井径曲线一条大于钻头直径，一条近似等于钻头直径［图 2.40（b）］，在水基泥浆的电成像测井图像中表现为沿图像 180°对称的两条暗色条带［图 2.41（a）］，在油基泥浆的电成像测井图像中为两条 180°对称的亮色条带［图 2.41（b）］。

（2）溶蚀型椭圆井眼：常常发生在膏岩地层，因岩盐、石膏等岩层被钻井液溶蚀而形成，其形状基本为圆形，双井径曲线均大于钻头直径［图 2.40（c）］。

（3）键槽变形井眼：钻具偏心磨损井壁形成，多发生于井斜较大且岩石强度偏低的地层段。非对称的椭圆井眼。双井径曲线上常表现为一条井径大于钻头直径，另一条井径小于钻头直径［图 2.40（d）］。

（4）冲蚀型椭圆井眼：常发生于泥页岩等软岩层，这类地层受到钻井液浸泡，体积将发生膨胀，导致坍塌。由于岩石本身结构的各向异性，这种坍塌通常形成椭圆井眼。双井径曲线中两条井径曲线都大于钻头直径，且井径不等［图 2.40（e）］。

（5）塑性变形：发育于泥岩等塑性岩层，泥岩体积膨胀使井眼发生缩径。双井径曲线中两条井径曲线都小于钻头直径［图 2.40（f）］。

显然，只有应力型椭圆井眼对现今地应力的研究具有意义，因此在利用电成像测井图像进行应力分析时需要首先剔除其他非应力型椭圆井眼（Plumb and Hickman，1985）。

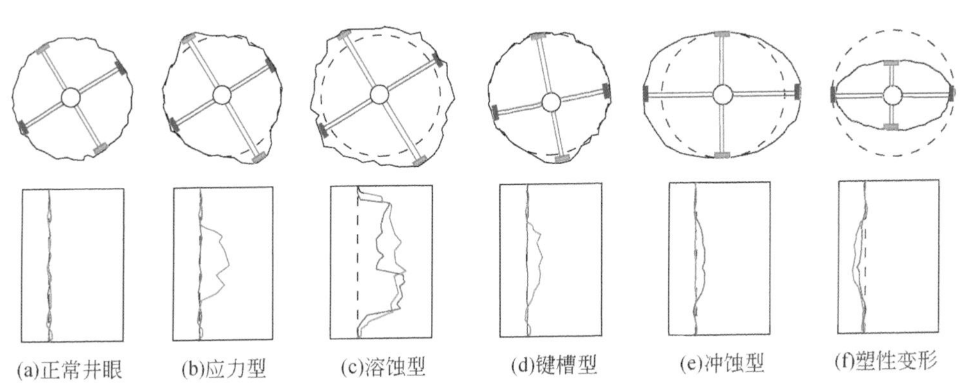

图 2.40 椭圆井眼类型及对应的井径曲线特征

部分图件引自 Plumb 和 Hickman（1985）

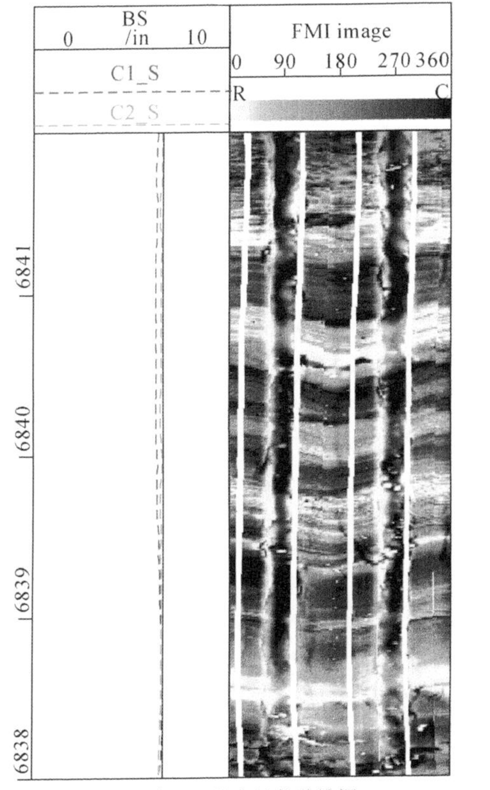

(a)水基泥浆中的井壁垮塌

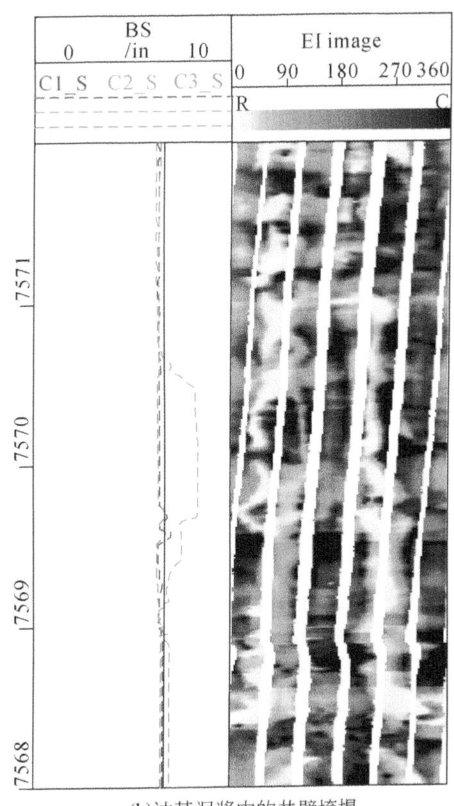

(b)油基泥浆中的井壁垮塌

图 2.41 井壁垮塌

（二）应力型椭圆井眼的形成机理

将三维问题转化为二维问题，假定钻井井眼处于一个各向同性、均质的线弹性岩体中，同时受两个相互垂直的远场应力（S_H和S_h）的作用（图2.42），与钻孔轴线垂直的平面内的各个应力分量可以表述为（Scheidegger，1962）

$$\sigma_{rr}=(1-\rho^2)\frac{S_H+S_h}{2}+(1-4\rho^2+3\rho^4)\frac{S_H-S_h}{2}\cos2\varphi+\Delta P\rho^2 \tag{2.15}$$

$$\sigma_{\varphi\varphi}=(1+\rho^2)\frac{S_H+S_h}{2}-(1+3\rho^4)\frac{S_H-S_h}{2}\cos2\varphi-\Delta P\rho^2 \tag{2.16}$$

$$\sigma_{r\varphi}=-(1+2\rho^2-3\rho^4)\frac{S_H-S_h}{2}\sin2\varphi \tag{2.17}$$

式中：σ_{rr}为径向应力；$\sigma_{\varphi\varphi}$为周向应力；$\sigma_{r\varphi}$为切向剪应力；$\rho=R/r$；φ为与最大水平主应力方向的夹角；S_H为最大水平主应力；S_h为最小水平主应力；ΔP为钻孔内流体压力与岩层内流体压力之差。

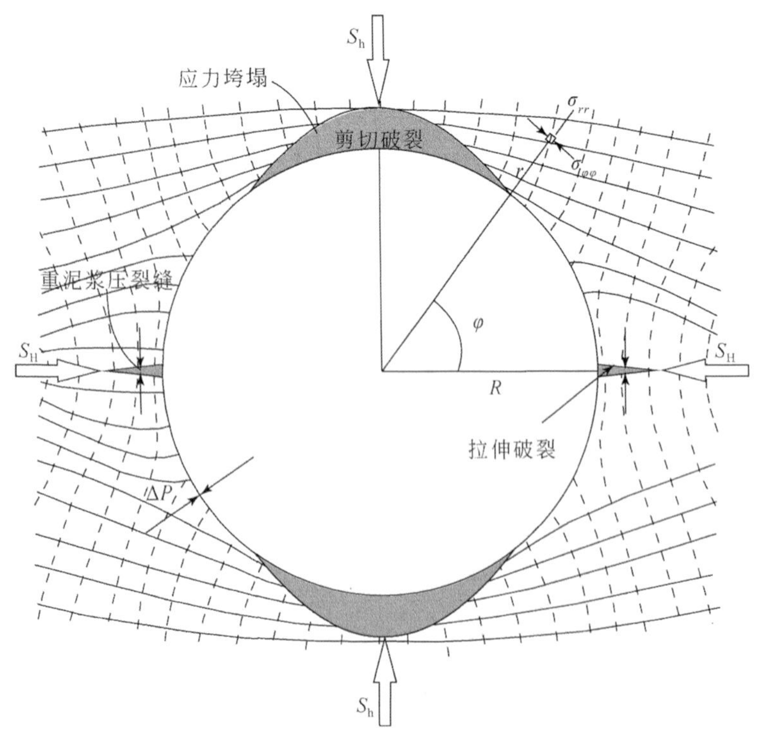

图2.42　钻井孔壁应力集中及破裂示意图

R为钻孔半径；r为距离钻孔圆心的距离；实线是最小水平主应力，虚线是最大水平主应力，应力迹线在井壁附近发生了弯曲，在S_h方向应力迹线聚集成一束，压应力增加，在S_H方向应力迹线发散，压应力减小随着离井眼距离的增大，扰动应力的影响逐渐减弱，当离井眼的距离大于10倍时，可以认为这一扰动应力场已经不存在。

在钻孔孔壁附近，当$\rho=R/r=1$时，式（2.16）简化为

$$\sigma_{\varphi\varphi}=S_H+S_h-2(S_H-S_h)\cos2\varphi-\Delta P \tag{2.18}$$

根据这一公式可以得到钻孔孔壁周向应力随方位角φ变化的规律(图2.43)，当$\varphi=0$时，$\sigma_{\varphi\varphi}$的值最小（$3S_h-S_H-\Delta P$），可作为水压致裂最简单的判据；当$\varphi=\frac{\pi}{2}$时，$\sigma_{\varphi\varphi}$的值最大（$3S_H-S_h-\Delta P$），周向应力与最小水平主应力S_h平行，可以作为钻孔崩落起始诱发最简单的判据。

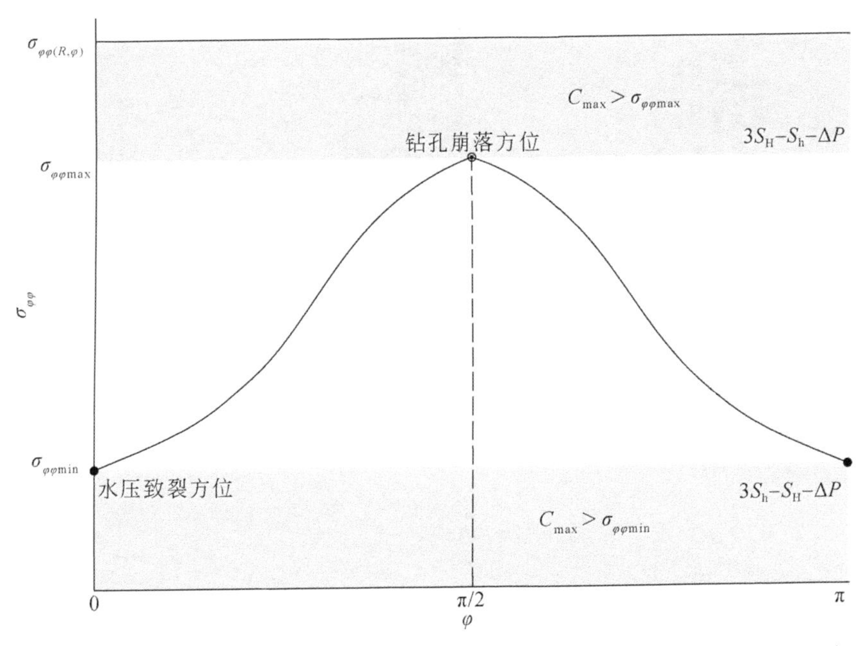

图2.43　钻孔孔壁周向应力随方位角φ变化示意图（Zang and Stephansson，2010）

图中C_{max}为井壁岩体失效时内聚力的最大值（Zoback et al.，1985），当该值大于最大周向应力时，钻孔孔壁不发生崩落现象；当该值小于最小周向应力时，孔壁崩落沿井周扩展；当该值位于最小和最大周向应力之间时，孔壁崩落以一定宽度对称出现，且根据φ值可以计算相应的崩落宽度

（三）应力型椭圆井眼的垮塌阶段

按照椭圆井眼形成过程岩石破裂和垮塌掉落的特征，可以将地应力导致的井壁垮塌划分为四个阶段（Aadnoy and Bell，1998）（图2.44）。第一阶段在钻井井壁对称的两侧出现弯曲延伸的剪切诱导裂缝，岩块没有发生掉落；第二阶段上述裂缝继续沿井壁延伸，且相互连接在井壁岩石中形成椭圆形岩石碎块，但这些碎

块未发生掉落，因此双井径曲线中没有出现扩径现象；第三阶段部分椭圆形碎块从井壁掉落，使得电成像测井仪的主极板和翼板不能紧贴垮塌区域的井壁，因此无法记录聚焦的图像；第四阶段所有的碎块都从井壁脱落，在井壁形成两个对称的凹槽，使得电成像测井仪无法记录聚焦的图像，双井径测井存在明显的扩径现象。井壁垮塌各阶段的特征虽然不同，但都可以用于判断现今地应力的方位和强度。

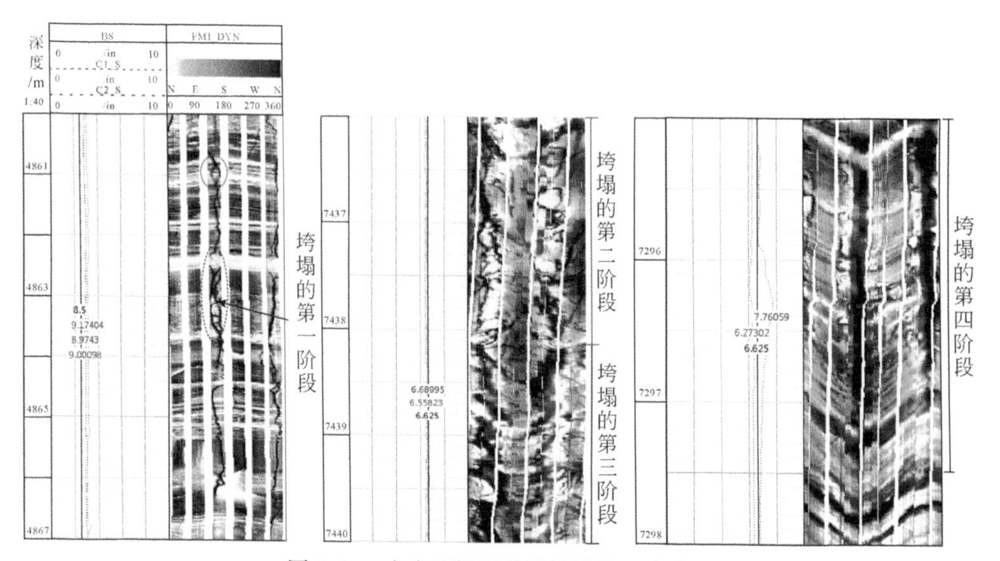

图 2.44 应力型椭圆井眼垮塌的四个阶段

（四）应力型椭圆井眼的地应力确定

通过应力垮塌的宽度和垮塌的长度等信息，可以计算最大和最小水平主应力的大小，其公式分别表述为（Shen，2008）

$$S_{\mathrm{H}}=\frac{1+(1-2\cos\theta_{\mathrm{BBO}})X}{4(1-\cos\theta_{\mathrm{BBO}})}C_0 \tag{2.19}$$

$$S_{\mathrm{h}}=3\,S_{\mathrm{H}}-X\,C_0;X=1+A\left(\frac{R_{\mathrm{BBO}}}{R}\right)^B \tag{2.20}$$

式中：S_{H}为最大水平主应力；S_{h}为最小水平主应力；θ_{BBO}为钻孔崩落宽度，可由电成像测井获得；C_0为井壁岩石的单轴抗压强度，可由岩心测试分析获得；A 和 B 分别为利用归一化钻孔崩落深度系数$\left(\frac{R_{\mathrm{BBO}}}{R}\right)$与岩石应力强度比数值曲线拟合的回归参数。

井壁岩石发生破裂（垮塌）后，周向应力得到了释放，使得井壁垮塌区域的宽度不再增加，但随着时间井壁垮塌在井轴方向还会继续延伸（Zoback et al.，1985）。因此利用垮塌的宽度和长度去计算现今地应力的强度在一定程度上受到了限制。基于此可利用垮塌宽度去计算现今地应力的大小（Barton，1988），表述为

$$S_{\mathrm{H}}=\frac{(C_{\mathrm{o}}+\Delta P+2P_{\mathrm{p}})}{1-2\cos 2\theta}-S_{\mathrm{h}}\frac{(1+2\cos 2\theta)}{(1-2\cos 2\theta)} \tag{2.21}$$

式中：S_{H}为最大水平主应力；S_{h}为最小水平主应力；C_{o}为岩石剪切强度，可由岩心测试取得；ΔP为钻孔内流体压力与岩层内流体压力之差；P_{p}为孔隙流体压力；θ为垮塌与最大水平主应力方向的夹角，可由电成像测井获得。

现今地应力导致的钻井井壁垮塌指示了最小水平主应力的方位。由于单个钻井中某一研究层段往往发育多个应力导致的椭圆井眼，因此在计算、确定单井最大水平主应力方位时需要对各椭圆井眼段的方位角进行平均，具体的计算方法是首先将单井拾取的垮塌段方位角转换至0°~360°的区间（Mardia，1972），即：

$$\theta_{\mathrm{it}}=2\theta_i \tag{2.22}$$

式中：θ_i为第i个垮塌段的方位角；θ_{it}为转换后的方位角。

对上述方位角正弦和余弦的三角函数进行平均（几何平均或加权平均）：

$$C=\frac{1}{n}\sum_{i=1}^{n}\cos\theta_{\mathrm{it}} \tag{2.23}$$

$$S=\frac{1}{n}\sum_{i=1}^{n}\sin\theta_{\mathrm{it}} \tag{2.24}$$

或

$$L=\sum_{i=1}^{n}l_i \tag{2.25}$$

$$C=\frac{1}{L}\sum_{i=1}^{n}l_i\cos\theta_{\mathrm{it}} \tag{2.26}$$

$$S=\frac{1}{L}\sum_{i=1}^{n}l_i\sin\theta_{\mathrm{it}} \tag{2.27}$$

式中：l_i为第i个垮塌段的长度。

单井平均最大水平主应力方位θ_{m}则表述为

$$\theta_{\mathrm{m}}=\frac{1}{2}\tan^{-1}\left(\frac{S}{C}\right) \tag{2.28}$$

标准偏差表述为

$$S_{\mathrm{o}}=\frac{360}{2\pi}(-1/2\log_{\mathrm{e}}R)^{1/2} \tag{2.29}$$

$$R=(C^2+S^2)^{1/2} \tag{2.30}$$

由于地应力确定的方法较多，为了使各方法计算的结果能够相互对比，Tingay 等（2008）对各方法计算的结果进行了质量等级的划分，对于井眼垮塌获取的数据其质量评价标准见表 2.2。

表 2.2 世界应力地图中单井（电）成像测井中应力型椭圆井眼的质量评价标准

评价等级	A	B	C	D	E
评价标准	单井发育≥10 个明显的垮塌段，且≥100m 的总长度，标准偏差≤12°	单井发育≥6 个明显的垮塌段，且≥40m 的总长度，标准偏差≤20°	单井发育≥4 个明显的垮塌段，且≥20m 的总长度，标准偏差≤25°	单井发育<4 个明显的垮塌段，或<20m 的总长度，标准偏差≤40°	单井没有可信的垮塌段或标准偏差>40°

二、应力诱导直劈缝

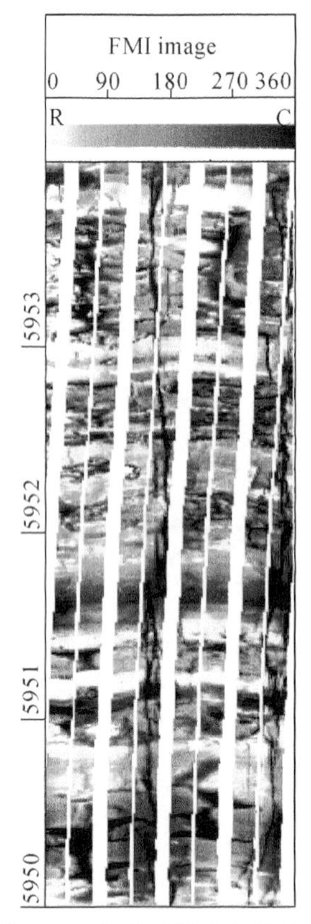

图 2.45 电成像测井中的应力诱导直劈缝

与井壁应力集中导致的井壁岩石剪切破裂（井壁崩落）相对，在垂直的方向会发生井壁岩石的拉伸破坏，从而形成钻井诱导的拉伸裂缝。重泥浆压裂缝和水力压裂缝的形成机理一致，不同的是前者是在钻井过程中应力失衡导致的，后者是试井时的一种人为增产措施。该类裂缝的形成假设岩石各向同性、均值弹性、不透水，在地壳深部受三个主应力作用（Hubbert and Willis, 1957）。垂直主应力假设与垂直钻孔孔轴平行，并且等于上覆容重。钻孔孔壁周向应力的表达式见式（2.18），当周向应力与水平最大主应力的夹角为 0°或 180°时，其值最小为$\sigma_{\varphi\varphi}^{\min}$，满足 $3S_h-S_H-\Delta P\equiv\sigma_{\varphi\varphi}^{\min}$，如果 $3S_h-S_H-\Delta P<0$，即 $3S_h-S_H<\Delta P$，周向应力为负值（拉应力）。当$\sigma_{\varphi\varphi}^{\min}$等于岩石的抗拉强度时，钻孔孔壁上将形成径向拉伸裂缝，并在 $\varphi=0°$ 和 $\varphi=180°$ 两个角度上向两侧扩展传播，形成径向对称的两组近直立的、沿井轴方向延伸的裂缝（图 2.45），其方位对应现今最大水平主应力的方位。在实际研究中单个钻井的研究层段往往也发育多个直劈缝段，因此也需要求取平均最大水平主应力方位，其计算方式和井壁垮塌相同。世界应力地图中直劈缝的应力数据质量评价标准

见表 2.3（Tingay et al., 2008）。

表 2.3 世界应力地图中单井（电）成像测井中应力诱导直劈缝的质量评价标准

评价等级	A	B	C	D	E
评价标准	单井发育≥10 个明显的直劈缝发育段，且≥100m 的总长度，标准偏差≤12°	单井发育≥6 个明显的直劈缝发育段，且≥40m 的总长度，标准偏差≤20°	单井发育≥4 个明显的直劈缝发育段，且≥20m 的总长度，标准偏差≤25°	单井发育<4 个明显的直劈缝发育段，或<20m 的总长度，标准偏差≤40°	单井没有可信的直劈缝发育段或标准偏差>40°

三、应力诱导雁列缝

钻井井壁可见一些雁列分布的应力诱导拉张缝（图 2.46），主要是主应力方

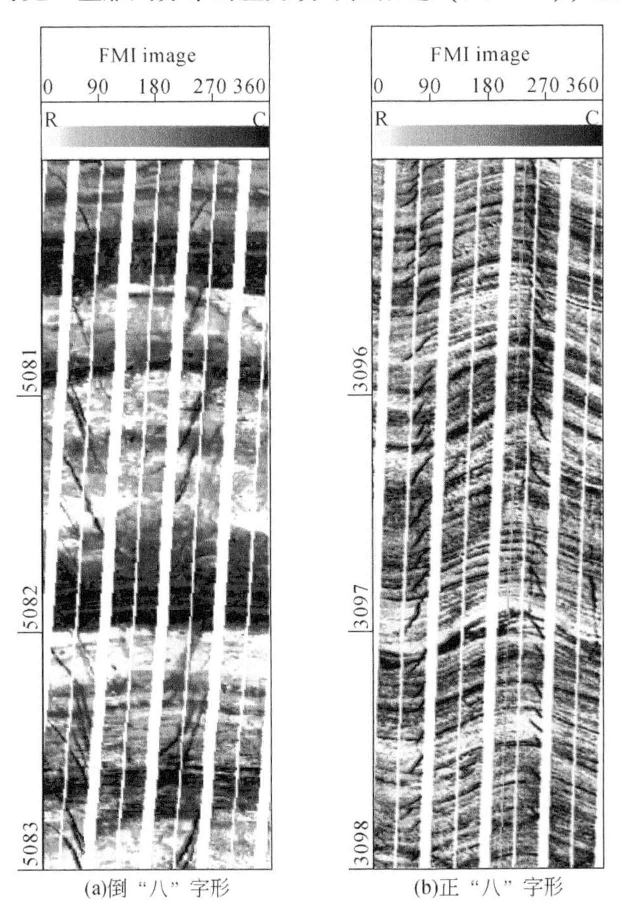

(a)倒“八”字形　(b)正“八”字形

图 2.46 电成像测井中的应力诱导雁列缝

位和井眼轨迹不重合导致的（Aadnoy and Bell，1998；Jia and Schmitt，2014）。这些裂缝与井眼轨迹的交角一般大于 50°，且未见小于 45°的情形；裂缝方向变化在 30°以内，且裂缝走向近似（但不是）最大水平主应力方位。图像中这些裂缝可能和天然裂缝的产状相似，但是其通常以密集的裂缝组形式出现。结合岩心观察、钻井液漏失、声成像或钻井等信息也可以对这类诱导缝和天然裂缝加以区别。

第三章　微电阻率扫描成像测井基础理论研究进展

经过三十多年的不断发展，微电阻率扫描成像测井在地球科学领域的应用已经较为成熟。在复杂油气储层精细评价的过程中，已经建立了一系列有关电成像测井的沉积学解释模型、过井眼构造解释模型、天然裂缝解释模型以及现今地应力解释模型等（见第二章）。随着钻井环境的变化以及对于利用电成像测井解决实际地质问题的更高追求，研究者利用地表露头科研井，以及相应的物理模型和数值模拟方法进行了若干基础理论方面的研究和探讨，如变窗长处理对比试验、不同电成像的对比试验、电成像测井对天然缝洞的响应特征研究以及油基泥浆井眼环境下的电成像测井响应特征等。本章对这些基础研究进行阐述，方便读者了解有关该技术的一些最新的研究进展。

第一节　变窗长处理对比试验

变窗长处理对比试验主要是面向地层的微细纹层构造和结构等地质信息，要求通过对比试验选取适当的滑动窗长值尽可能多地刻画地质体的微细特征，如层理面、内部纹层的变化及储层结构的非均质性等。不同的窗长刻画地层微观结构构造变化的能力不同，短窗长相对于长窗长来说，是在较短的深度段利用灰度或色彩的等级对采集的数据集进行重新刻度，即采用同一套色彩等级对小范围内的电阻率变化进行精细刻画，可以突出局部地层微细结构的变化。下面以某一碳酸盐岩露头科研井采集的高质量电成像测井数据为例，分别对比试验斯伦贝谢的FMI、哈里伯顿的XRMI和中油测井的MCI等三种不同电成像测井的变窗长处理结果。

一、FMI变窗长对比试验

选取该井的冲洗带电阻率，近似于FMI测量的电阻率。在整个电成像测井测量段R_{xo}存在8个数值变化较大的区间和2个数值变化相对稳定的区间，据此将研究层段划分为10个区间段（图3.1），分别选取合适的滑动窗长值对电成像测井图像进行变窗长处理试验，评价不同窗长值对不同地质信息的映射能力。

区间1：27.74～35.97m，电阻率在143.81～4777.24Ω·m连续变化，选用小窗长进行动态加强，窗长值设定为0.1524m。

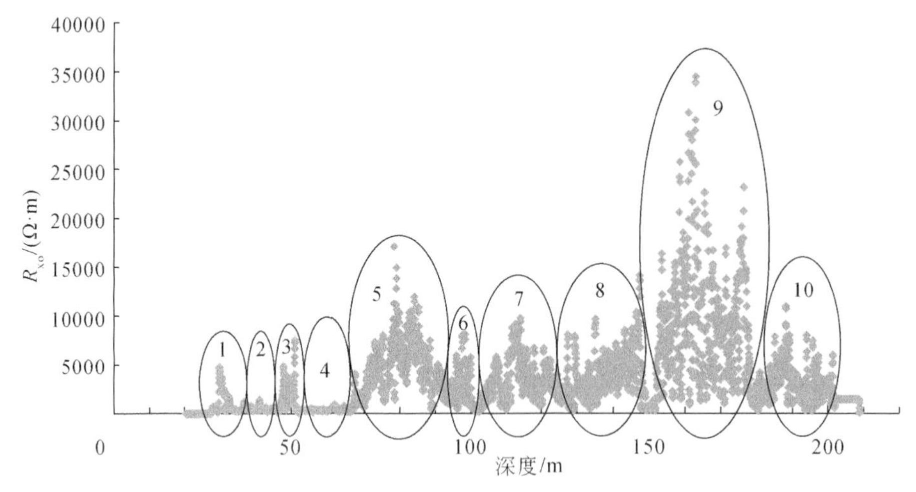

图 3.1 R_{xo}随深度变化的关系图

区间 2：35.97～47.04m，电阻率在 208.96～1464.56Ω·m 变化，且集中在 800Ω·m 以下，均值为 449.29Ω·m，电阻率变化区间较小，选用默认的滑动窗长（0.6096m）。

区间 3：47.04～51.26m，电阻率在 413.35～7566.72Ω·m 连续变化，选用小窗长进行动态加强，窗长值设定为 0.1524m。

区间 4：51.26～67.11m，电阻率在 122.67～925.84Ω·m 变化，均值为 524.26Ω·m，电阻率变化范围较小，选用默认的滑动窗长（0.6096m）。

区间 5：67.11～94.28m，电阻率在 397.20～17088.78Ω·m 连续变化，选用小窗长进行动态加强，窗长值设定为 0.1524m。

区间 6：94.34～102.31m，电阻率在 165.55～8084.47Ω·m 连续变化，选用小窗长进行处理，窗长值设定为 0.1524m。

区间 7：102.36～127.66m，电阻率在 207.11～9742.67Ω·m 连续变化，选用小窗长动态加强，窗长值设定为 0.1524m。

区间 8：127.71～151.79m，电阻率在 270.72～14113.17Ω·m 连续变化，选用小窗长动态加强，窗长值设定为 0.1524m。

区间 9：151.84～180.44m，电阻率在 288.97～34502.75Ω·m 连续变化，选用小窗长进行处理，窗长值设定为 0.1524m。

区间 10：180.49～208.48m，电阻率在 290.74～10965.11Ω·m 连续变化，选用小窗长进行处理，窗长值设定为 0.1524m。

区间 2 和区间 4 电阻率值变化相对稳定，选用系统默认的 0.6096m 的滑动窗长值能够识别地层的微细结构，而其他深度区间由于电阻率变化区间较大，选用较小的滑动窗长可能较为合适。在对比试验之前，首先需要选取一个滑动窗长作为对比窗长，即以该滑动窗长处理的成果图为对比图像，将其他滑动窗长值处理的图像与该图像进行对比，分析在不同电阻率变化的情形下为了获取更多的地质信息应该选取的滑动窗长值。本次研究选取系统给定的0.6096m作为对比窗长值，在各电阻率变化区间窗长值确定的基础上，分别对上述10个区间处理出来的电成像测井图像进行分析，将10个深度区间分为两类，一类是电阻率连续变化的区间，包括区间1、3、5、6、7、8、9、10，另一类是电阻率在对应深度区间内变化稳定，包括区间2和区间4。

对于第一类，即电阻率连续变化的情况，分别对沉积特征和裂缝等地质对象进行分析。在沉积方面，钻遇地层发育了缝合线和平行层理等。缝合线主要是在地应力及上覆地层的重力压实下，在碳酸盐岩地层中压溶产生的一种碳酸盐岩特征构造。对比试验的结果表明，在选取的三个滑动窗长下（0.6096m、0.3048m和0.1524m），缝合线都具有较为清晰的图像特征（图3.2）。因此系统给定的滑动窗长值0.6096m能够识别碳酸盐岩地层缝合线。平行层理是在强水动力条件下形成的，在电成像测井中表现为亮暗条带的叠置。对比试验的结

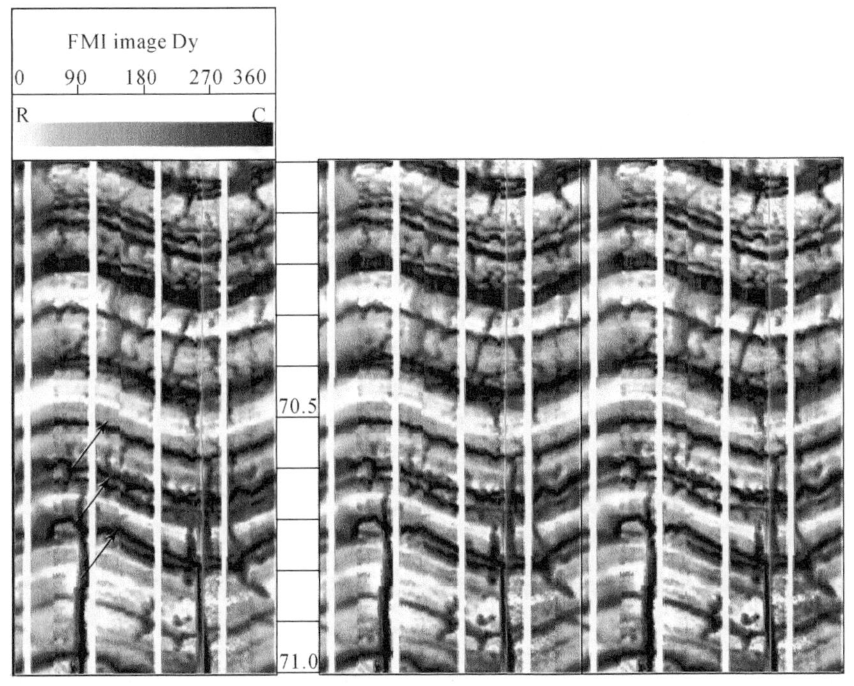

图3.2　FMI缝合线变窗长对比试验图版

从左至右窗长值分别为0.6096m、0.3048m、0.1524m

果表明，三种窗长值处理的图像对于平行层理的纹层层数以及单个亮色条带内部结构的识别能力基本一致（图 3.3），即系统默认的滑动窗长值 0.6096m 也能够满足电成像测井对平行层理的精细识别。另外，裂缝等地质体在三种滑动窗长值下也都表现为相同的图像特征（图 3.4），即窗长值的改变不影响电成像测井裂缝的识别。

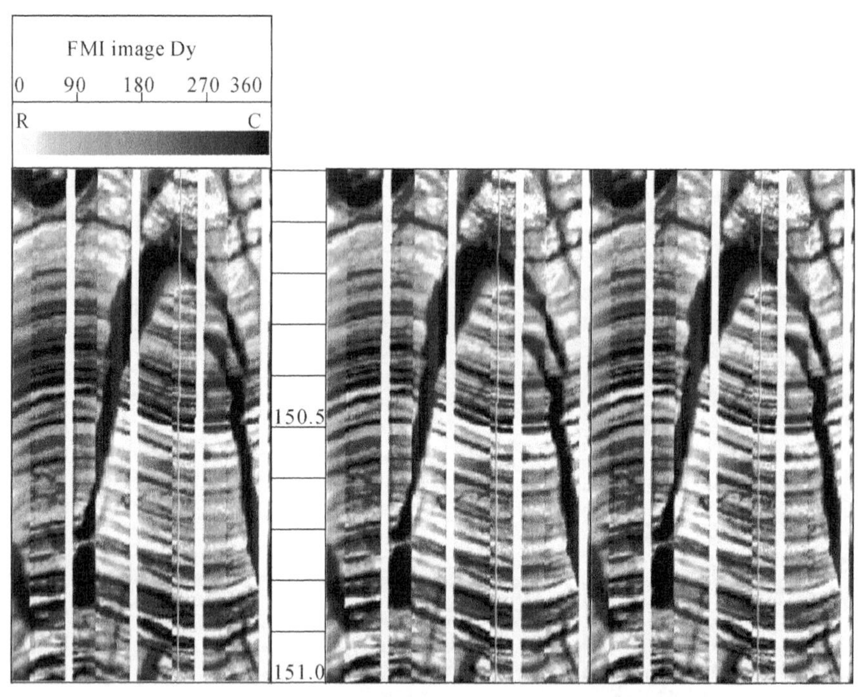

图 3.3 FMI 平行层理变窗长对比试验图版

从左至右窗长值分别为 0.6096m、0.3048m、0.1524m

对于第二类，即区间范围内电阻率变化不大的情况，通过沉积和孔洞等地质特征的对比，发现缝合线、泥质条带（图 3.5）、生物格架和缝洞等在三种试验窗长值下都可以清楚的识别。因此，系统给定的滑动窗长值完全可以满足地质解释的需要。

依据 R_{xo} 的变化特征将试验地层划分了十个对比区间，从而对目的层 FMI 进行了变窗长对比试验。同样地，为了研究哈里伯顿的 XRMI 和中油测井的 MCI 在不同窗长值下反映地层地质信息特征的能力，在上述区间划分的基础上，对这两种电成像测井也进行变窗长对比试验，为测井解释人员提供参考标准。

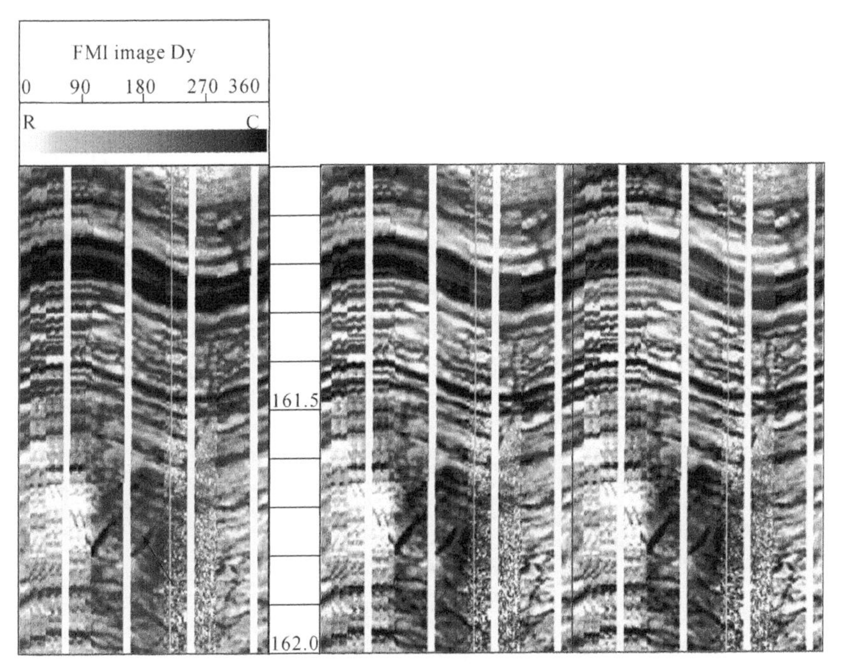

图 3.4 FMI 天然裂缝变窗长对比试验图版

从左至右窗长值分别为 0.6096m、0.3048m、0.1524m

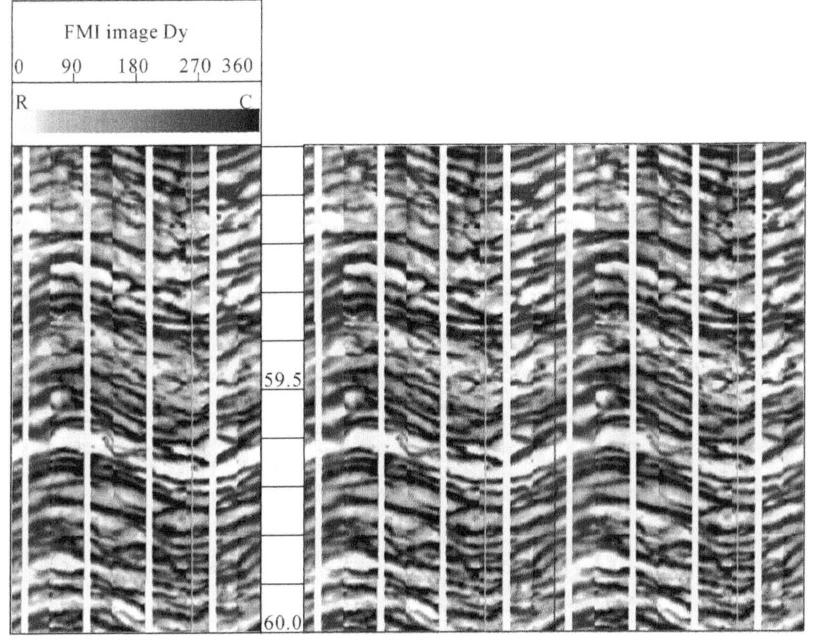

图 3.5 FMI 泥质条带变窗长对比试验图版

从左至右窗长值分别为 0.6096m、0.3048m、0.1524m

二、XRMI 变窗长对比试验

对电阻率连续变化的区间，XRMI 动态图像对比显示同一条缝合线在不同窗长值的图像中具有基本相同的特征（图 3.6），即缝合线呈不规则的锯齿状变化，且在轨迹的不同位置刻度色彩的亮暗也基本没有发生变化，说明窗长值的改变没有明显影响对缝合线的识别。同样地，平行层理在不同窗长值的动态图像中也具有相同的图像特征，可以清晰地显示同一个较薄的层及同一个层界面（图 3.7）。不同窗长值处理的图像也都可以清晰识别生物格架内部的微细结构（图 3.8）。另外，缝洞的变窗长对比试验同样表明不同窗长值处理的动态图像中缝洞的“大小”及图像边缘的渐变特征等基本一致，因此选用系统给定的窗长值能够满足对于缝洞信息的提取。

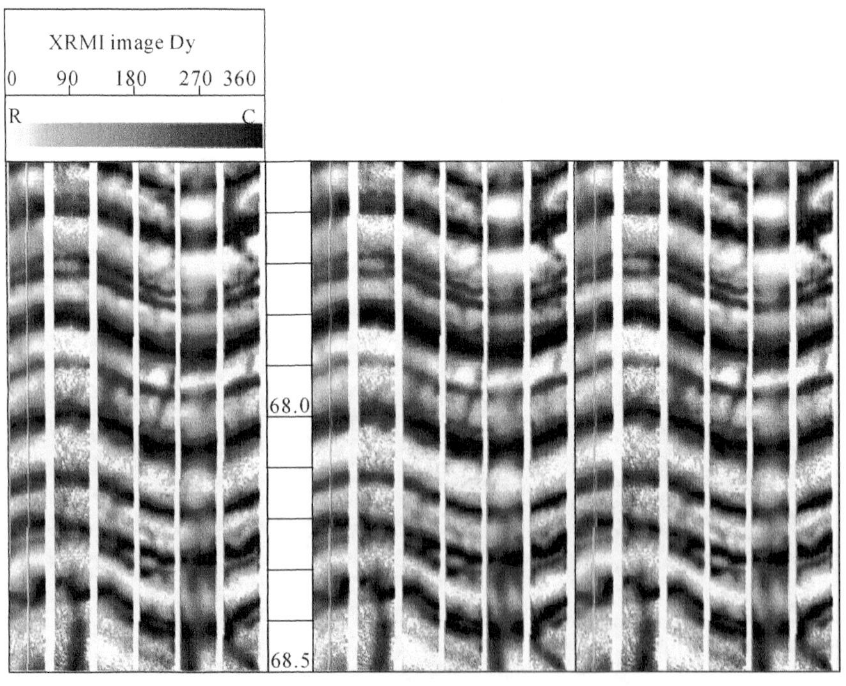

图 3.6　XRMI 缝合线变窗长对比试验图版

从左至右窗长值分别为 0.6096m、0.3048m、0.1524m

对于电阻率变化不大的深度区间，变窗长试验的结果也显示不同窗长值对地层沉积和缝洞等信息的提取没有明显的影响。

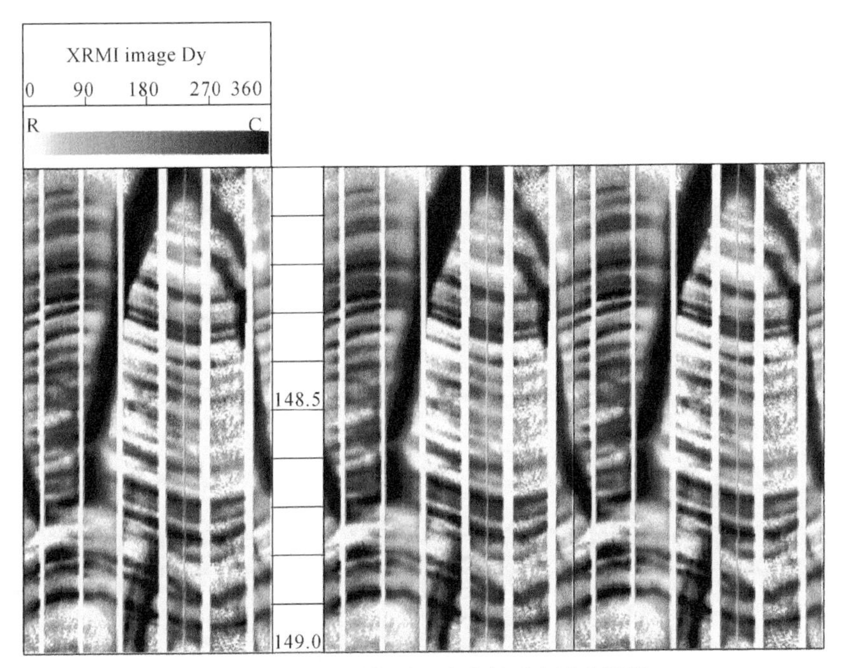

图3.7　XRMI平行层理变窗长对比试验图版

从左至右窗长值分别为0.6096m、0.3048m、0.1524m

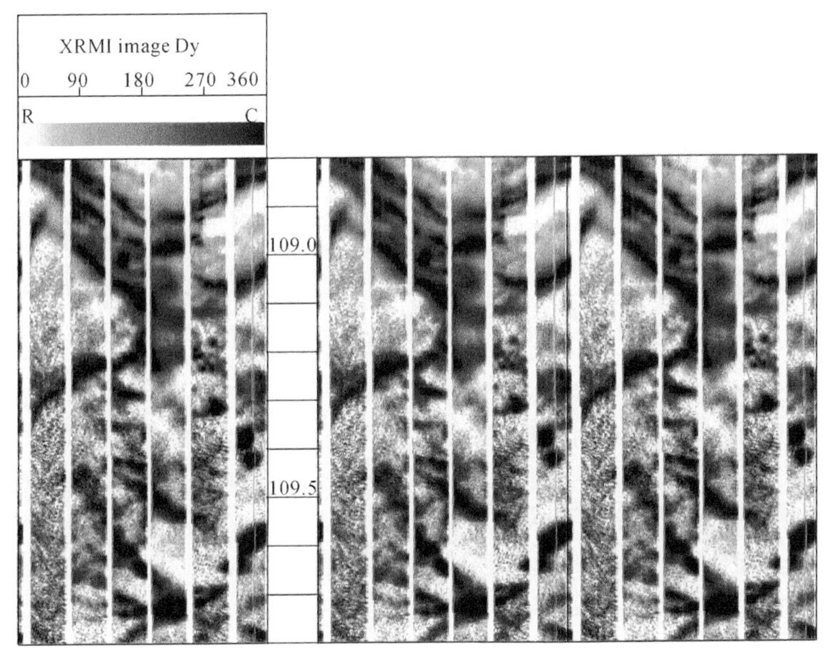

图3.8　XRMI生物格架变窗长对比试验图版

从左至右窗长值分别为0.6096m、0.3048m、0.1524m

三、MCI 变窗长对比试验

对同一口井的 MCI 测井数据进行变窗长对比试验。对于电阻率连续变化和稳定变化的两种情况，沉积构造及缝洞体等地质特征在三种不同窗长值（0.6096m、0.3048m 和 0.1524m）下的图像特征基本没有任何明显的变化（图 3.9～图 3.11），即窗长值的改变对 MCI 图像地层信息的提取影响不大，使用系统给定的滑动窗长值可以满足图像解释的需要。

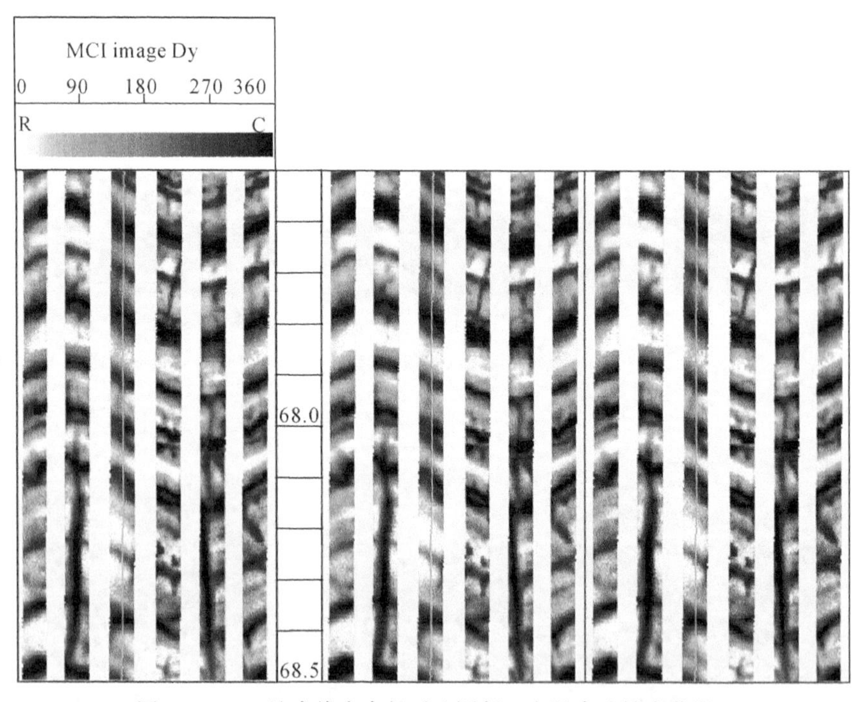

图 3.9　MCI 缝合线变窗长对比图版（电阻率连续变化段）

上述对比试验的结果表明各类电成像测井（FMI、XRMI 和 MCI）在针对具体研究地层进行数据处理时，可以根据区间内电阻率的变化特征首先进行变窗长对比试验，但是系统给定的窗长值（0.6096m）一般能够满足图像地质特征精细解释的需要，即一般情况下不需要将窗长值设定得过小，以免人为地增加数据的处理，进一步还可以试验更大滑动窗长对地质信息的映射能力，寻找合适的窗长值以减小测井数据的处理时间。

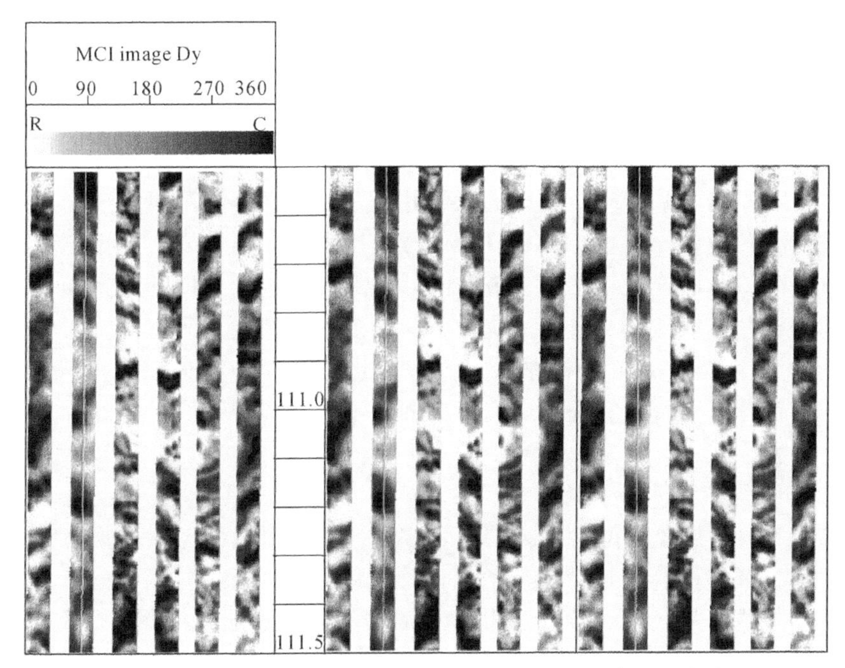

图 3.10　MCI 生物格架变窗长对比试验图版（电阻率连续变化段）

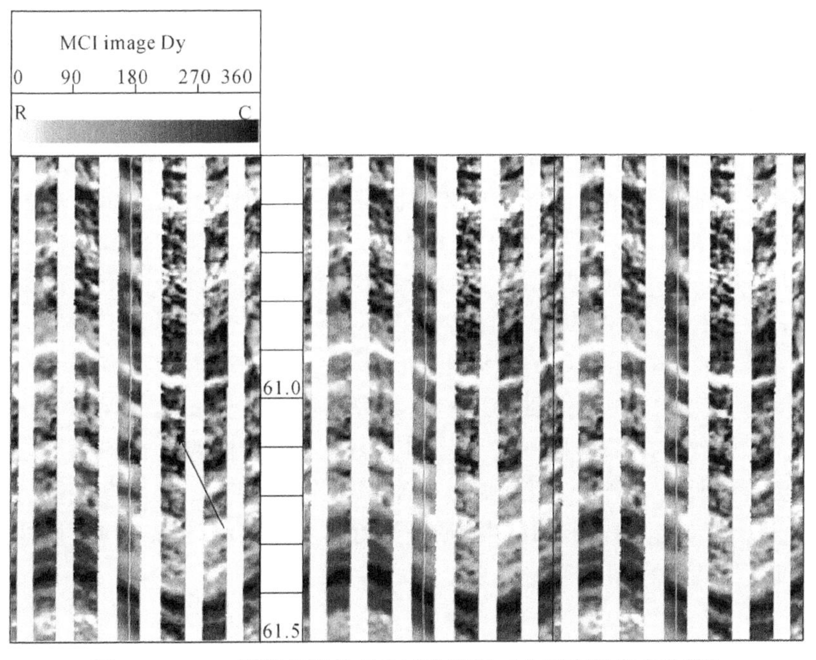

图 3.11　MCI 裂缝变窗长对比试验图版（电阻率稳定变化段）

第二节　水基泥浆不同电成像测井对比试验

不同水基泥浆电成像测井在图像质量和地质体微细特征刻画的能力方面可能存在差异，因此基于露头钻取的科研井，在同一深度段测量了三套不同类型的电成像测井数据（FMI、XRMI和MCI），目的是在连续岩心标定刻度的基础上，研究同一地质现象在不同电成像测井上的响应特征，以此来判断不同电成像测井资料在获取地层信息时的优缺点，为油气田的生产等提供参考。数据处理在斯伦贝谢GeoFrame工作平台（G包）进行，滑动窗长0.6096m，分别从地层的岩相特征、裂缝和孔洞等三个方面对不同电成像测井对比分析。

一、岩相电成像对比分析

选取的目的层是碳酸盐岩地层，岩相特征包括了岩性、层理构造（包括碳酸盐岩特征沉积构造）以及地层的结构等。该地层的岩性包括了瘤状灰岩、泥晶灰岩、隐藻泥晶灰岩、砂屑灰岩、生屑灰岩和生物格架岩等。瘤状灰岩发育层段可见大量的泥质条带不规则分布，三种电成像测井图像的宏观特征一致，亮暗条带凹凸接触（图3.12），但是对于局部的细节FMI处理的成果图质量最好，可以清晰地观察每个条带内部的微细特征，XRMI和MCI对微细特征的刻画基本一致。泥晶灰岩发育段电成像测井图像亮暗条带复式叠置，同一亮色或暗色条带在正弦轮廓的不同位置厚度保持不变（图3.13），不同电成像测井图像宏观特征一致，FMI对局部细节处理得效果最好，可以清晰地观察每个条带内部的微细特征。隐藻泥晶灰岩电成像测井上显示为亮暗相间条带状模式，单条亮色或暗色条带的边缘相对平滑（图3.14），不同电成像测井图像宏观特征变化不大，FMI处理的成果图质量最好，可以清晰地观察每个条带内部的微细特征，XRMI最差。砂屑灰岩在图像上为不规则组合带状模式，条带边缘呈锯齿状（图3.15），FMI处理的成果图质量最好，可以清晰地观察每个条带内部的微细特征，而XRMI图像质量最差。生屑灰岩在图像上也表现为不规则组合带状模式，但条带内部结构不均匀（图3.16）。生物格架岩在图像上呈不规则的团块状，且团块内部显示为不均一的特征（图3.17），三种电成像测井图像宏观特征基本一致，但是FMI图像质量最好，可以清晰地观察每个团块内部的微细特征，而XRMI图像质量最差。

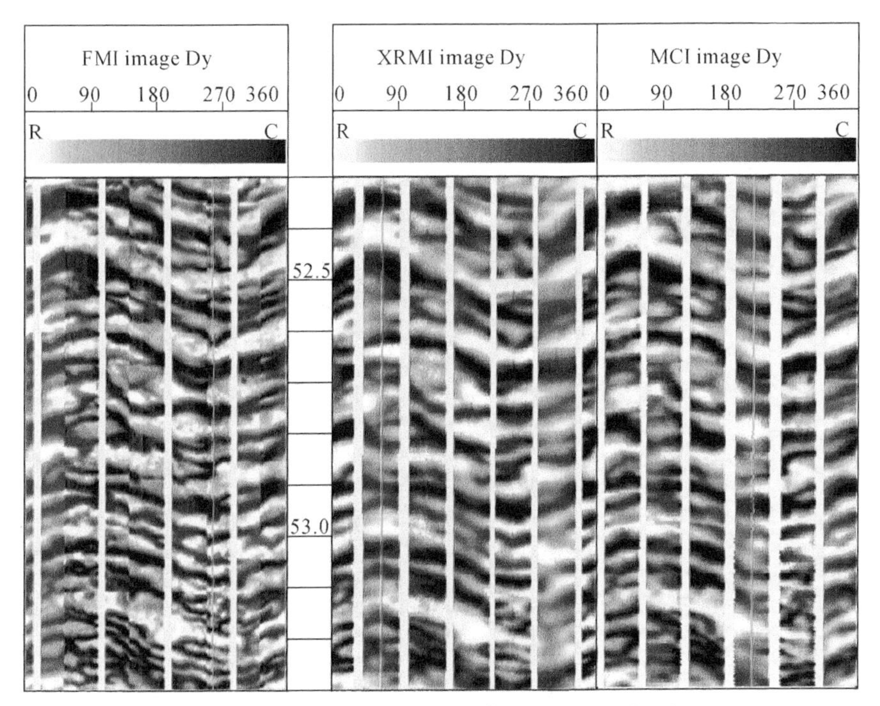

图3.12　瘤状灰岩不同电成像测井对比试验图版

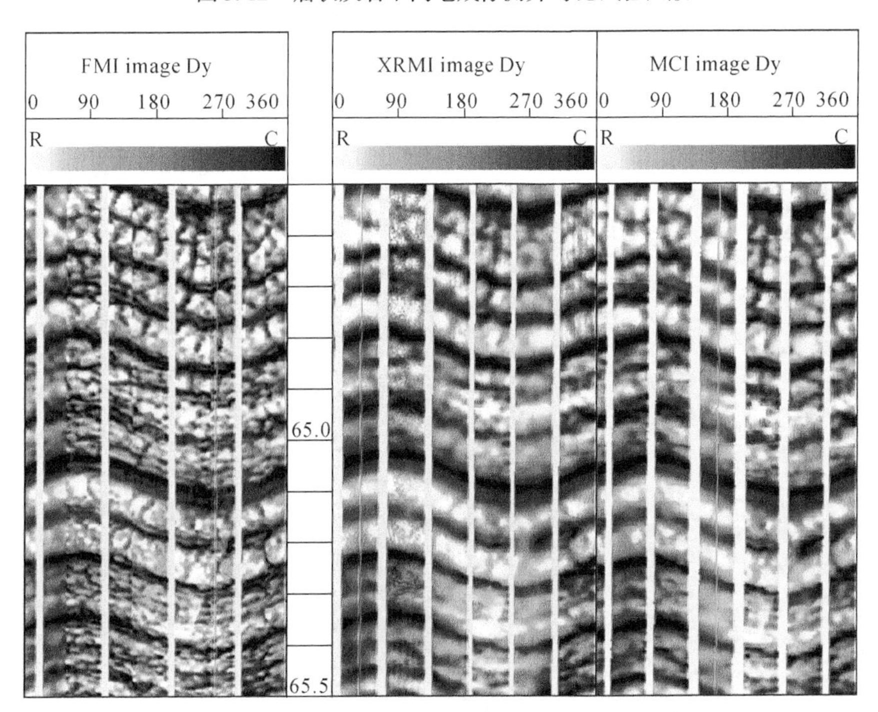

图3.13　泥晶灰岩不同电成像测井对比试验图版

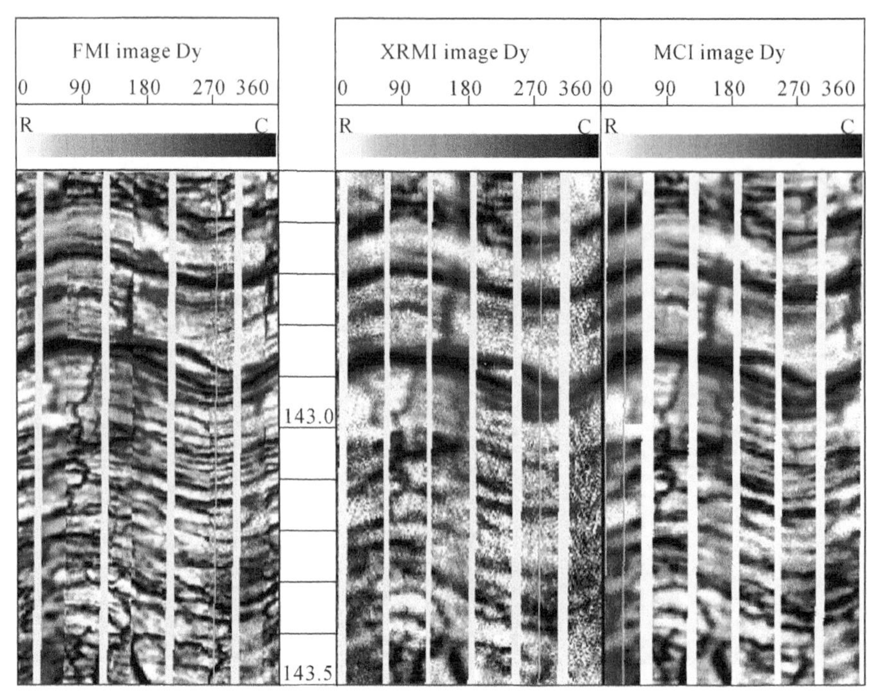

图 3.14　隐藻泥晶灰岩不同电成像测井对比试验图版

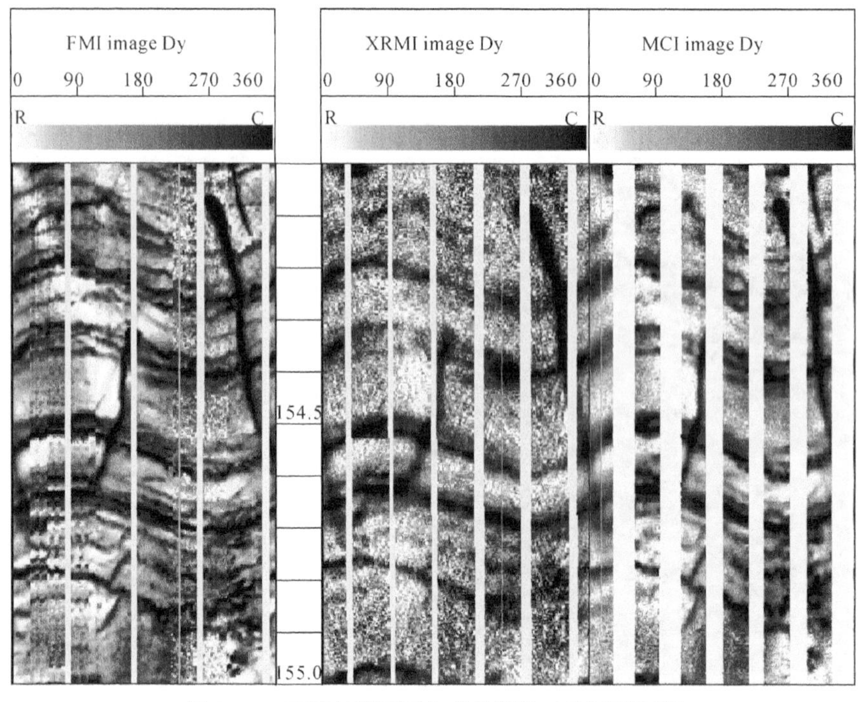

图 3.15　砂屑灰岩不同电成像测井对比试验图版

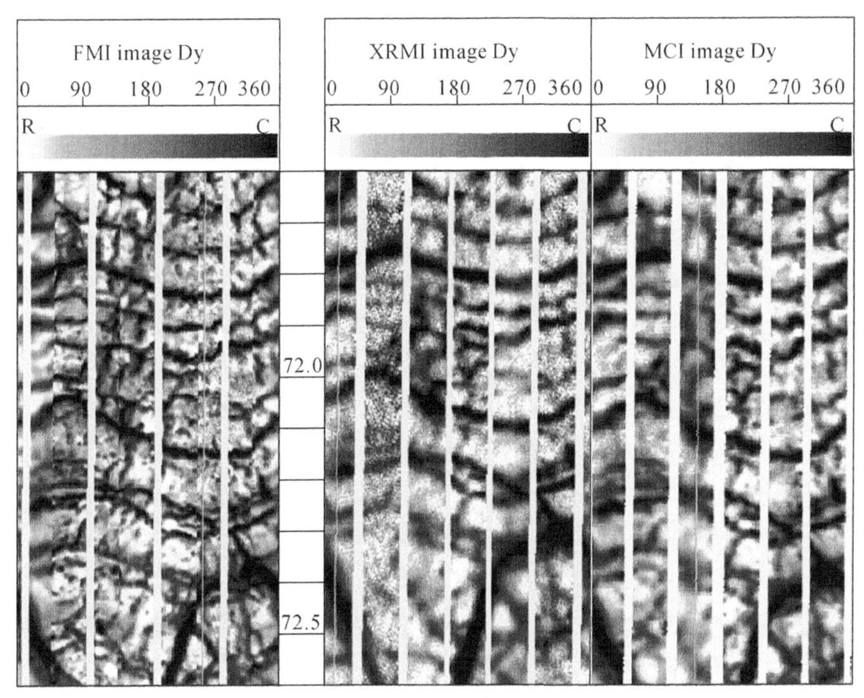

图3.16　生屑灰岩不同电成像测井对比试验图版

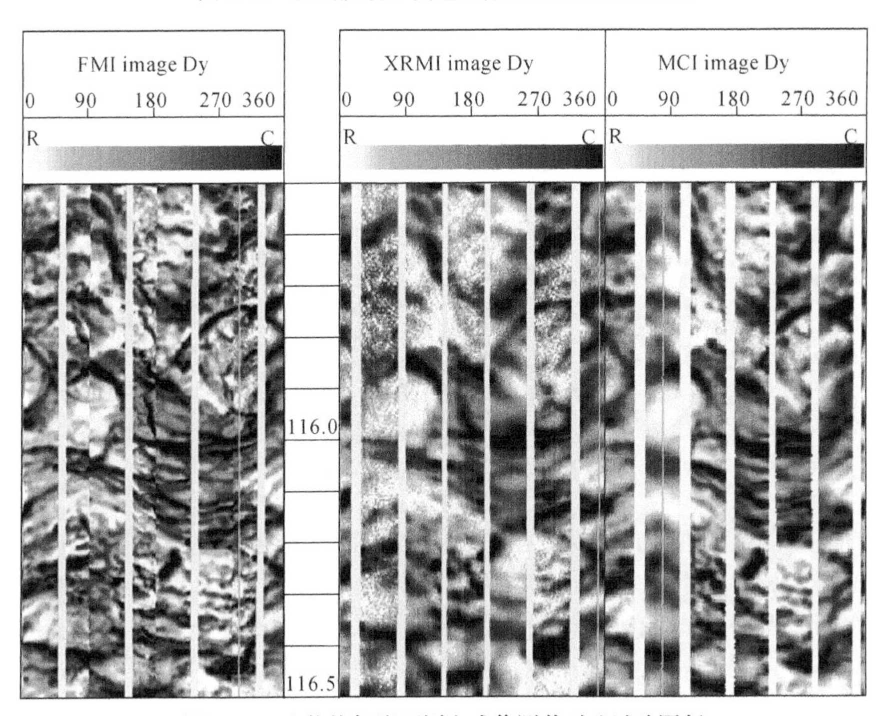

图3.17　生物格架岩不同电成像测井对比试验图版

在岩性对比的基础上，分析不同沉积构造在三种电成像测井图像上的特征。研究井段主要发育了瘤状构造、缝合线、平行层理和生物骨架等。瘤状构造是在风暴沉积或重力作用下形成的，对应的岩石类型为瘤状灰岩，不同电成像测井图像上显示断续条带状凹凸不规则接触（图 3. 12），FMI 的识别效果优于 XRMI 和 MCI。缝合线是压溶形成的、具有不规则锯齿状形态的一种沉积构造，从对比图可以看出虽然顺层的缝合线在三种电成像测井图像上都有显示，但是 FMI 对于缝合线微细特征的反映明显好于 XRMI 和 MCI，可以刻画出缝合线的齿状起伏形态（图 3. 18）。平行层理主要发育在泥晶灰岩中，电成像测井图像特征为规则的条带状，条带厚度在不同的位置保持不变（图 3. 13）。生物格架对应的岩性为生物格架灰岩，电成像测井图像为团块状，FMI 对团块内部微细结构的反映好于 XRMI 和 MCI（图 3. 17）。

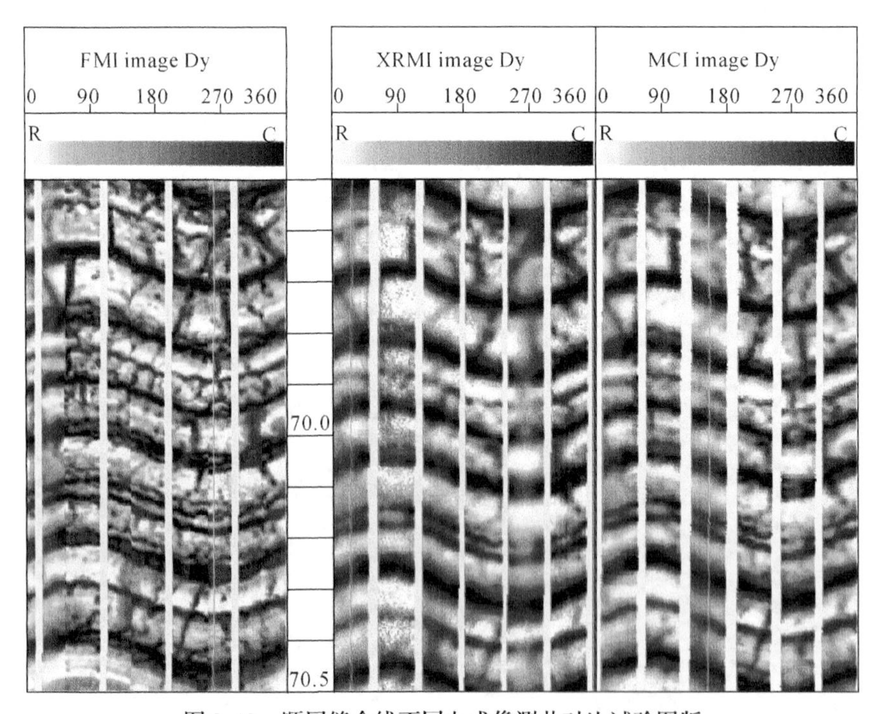

图 3. 18　顺层缝合线不同电成像测井对比试验图版

上述分析表明在斯伦贝谢 GeoFrame 处理的三套数据中，FMI 图像的质量最高，可以识别每一个条带或每一个团块内部的微细特征，可以识别每条缝合线的齿状特征和每个层界面的微细特征，而这些微细特征有助于岩性和成岩作用的精细解释（Nian et al., 2018a），MCI 的图像质量次之，而 XRMI 的图像质量最差。总体上，不同岩性地层都可以被三种电成像测井识别。

二、缝洞电成像对比分析

裂缝和溶蚀孔洞是地层流体储集和运移的主要空间。在岩心标定的基础上，对比不同尺寸的缝洞在不同电成像测井图像上的形态差异，认为裂缝和孔洞在三种电成像测井中都有很好的图像特征显示，即缝洞的响应基本一致，而 FMI 对于缝洞体的刻画更为清晰，且异常电流面积明显小于 MCI 和 XRMI（图 3.19）。

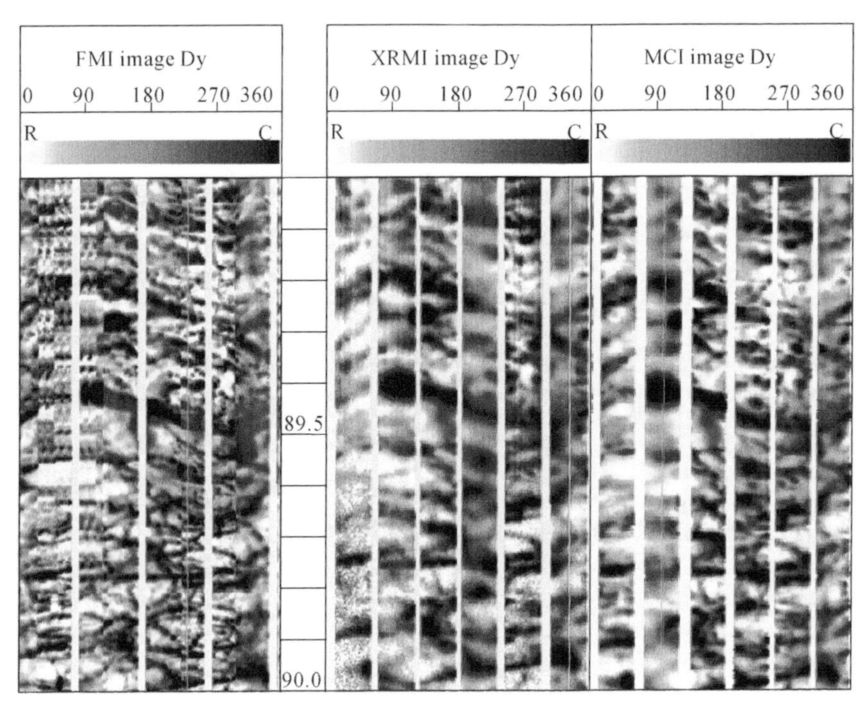

图 3.19　缝洞不同电成像测井对比试验图版

第三节　油基泥浆不同电成像测井对比试验

使用油基泥浆进行钻井可以增加泥页岩和膏盐岩等地层的井眼稳定性，提高钻井速度，但是由于在井壁附近形成了高阻屏障，阻碍了发射电流进入地层，相较于水基泥浆，油基泥浆条件下采集的微电阻率扫描成像测井数据品质较差，处理的成果图像中损失了很大一部分地质信息，从而极大地限制了电成像测井在一些复杂地层中的应用。现今不同测井公司都研发了拥有自主知识产权的油基泥浆电成像测井仪器，通过对比试验同一口井同一深度段的不同电成像测井图像，寻找油基泥浆和水基泥浆，以及不同油基泥浆电成像测井图像之间的特征差异，为油基泥浆体系下的电成像测井解释提供参考和解释经验。本次研究电成像测井数据都是基于斯伦贝谢的 Techlog 软件成像模块处理的。

一、FMI-HD 油基泥浆和水基泥浆对比试验

以某油田生产井为例，在同一深度（6571～6813m）利用 FMI-HD 分别测量了油基泥浆和水基泥浆下的电成像测井数据。在油基泥浆钻井之后，首先采集油基泥浆电成像测井数据，然后将目的层替换为水基泥浆，并在水基泥浆中采集同一系列的电成像测井数据，泥浆的性能见表 3.1。考察两类泥浆体系下岩相、裂缝和井壁垮塌等在图像中的差异。

表 3.1　目标井油基、水基泥浆性能参数表

泥浆类型	油水比例	泥浆密度/(g/cm^3)	氯根/(mg/L)	泥浆电阻率/(Ω·m)
油基	8∶2	1.84	24000	10.40
水基	1∶9	1.86	41000	0.076

岩相方面，在整个试验段油基泥浆中的电成像测井图像较难识别大部分的岩性和微细的纹层特征（图 3.20），仅在个别深度段可见不清晰的纹层特征（图 3.21）。其原因是在油基泥浆等非导电性泥浆中，电成像测井的极板和电极与井壁之间存在一个薄层高阻的泥浆和泥饼“涂抹”在井壁地层表面，使得无法通过井壁地层电阻率的变化有效反映地层地质现象。

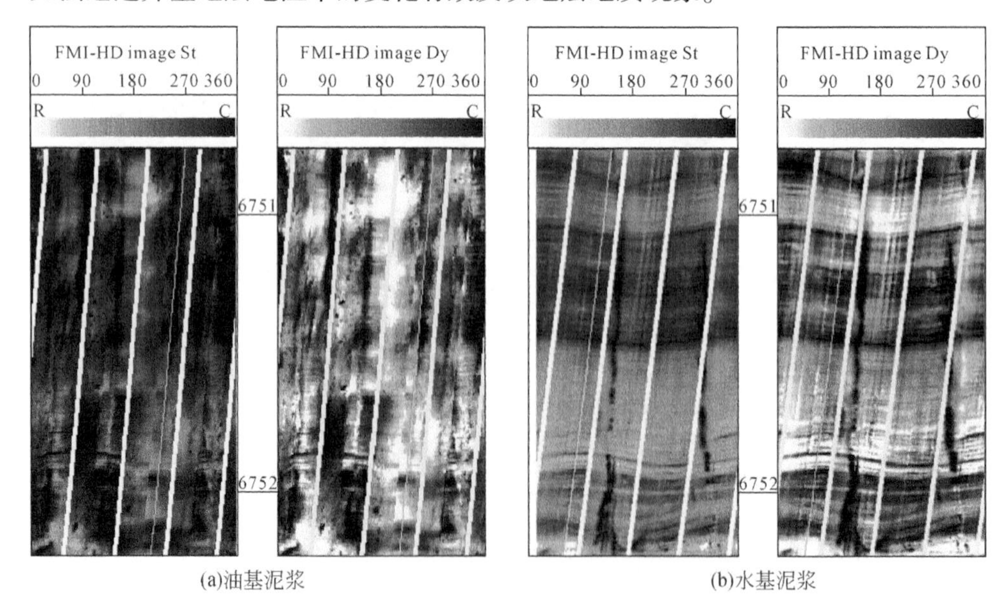

(a)油基泥浆　　(b)水基泥浆

图 3.20　同一深度油基泥浆、水基泥浆电成像测井图像层理对比试验图版

油基泥浆基本没有纹层特征

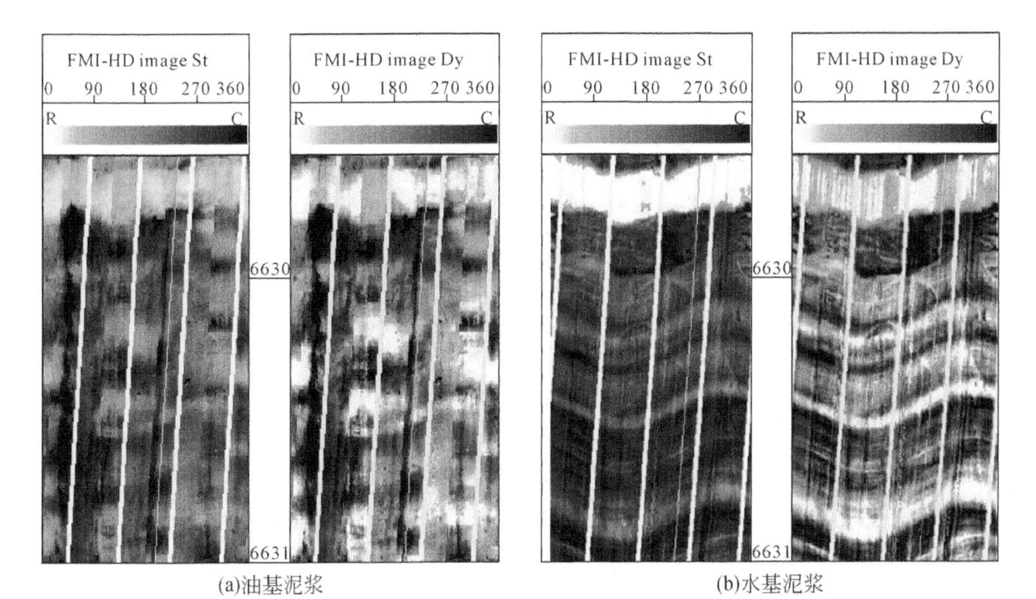

图 3.21　同一深度油基泥浆、水基泥浆电成像测井图像层理对比试验图版
油基泥浆显示不明显的纹层特征

天然裂缝方面，对整个试验段的油基泥浆、水基泥浆电成像测井图像中的裂缝分别进行统计。首先根据前期该试验地层多口钻井的岩心观察及电成像测井解释经验，水基泥浆电成像测井图像中可见的高阻充填裂缝较少，因此可以忽略充填缝对统计结果的影响，同时该井测试段水基泥浆电成像测井图像中显示的低阻裂缝主要为未被充填的开口缝；部分裂缝仍然显示为高阻或裂缝边缘为高阻特征，主要是因为泥浆替换不彻底。在油基泥浆中天然开口裂缝显示为高阻正弦曲线特征，且多数情况下这些裂缝的正弦曲线轮廓显示不完整（图 3.22）。受“涂抹”效应的影响，相较于水基泥浆，在油基泥浆电成像测井图像上拾取的裂缝无论是数量还是可信度都大大降低（表 3.2）。

表 3.2　油基泥浆和水基泥浆裂缝对比统计表

泥浆类型	裂缝条数	可信度高	所占比例/%	可信度中等	所占比例/%	可信度低	所占比例/%
油基	130	24	18.5	82	63.1	24	18.5
水基	199	100	50.3	87	43.7	12	6.0

另外，油基泥浆和水基泥浆采集的电成像测井图像都可以有效识别应力产生的井眼垮塌，前者表现为两条沿井轴方向延伸的、180°对称的高阻条带，后者为低阻条带特征，也可见泥浆替换不彻底产生的高低阻分布不均的带状特征（图 3.23）。而油基泥浆图像中无法显示应力诱导的雁列缝和压裂缝。

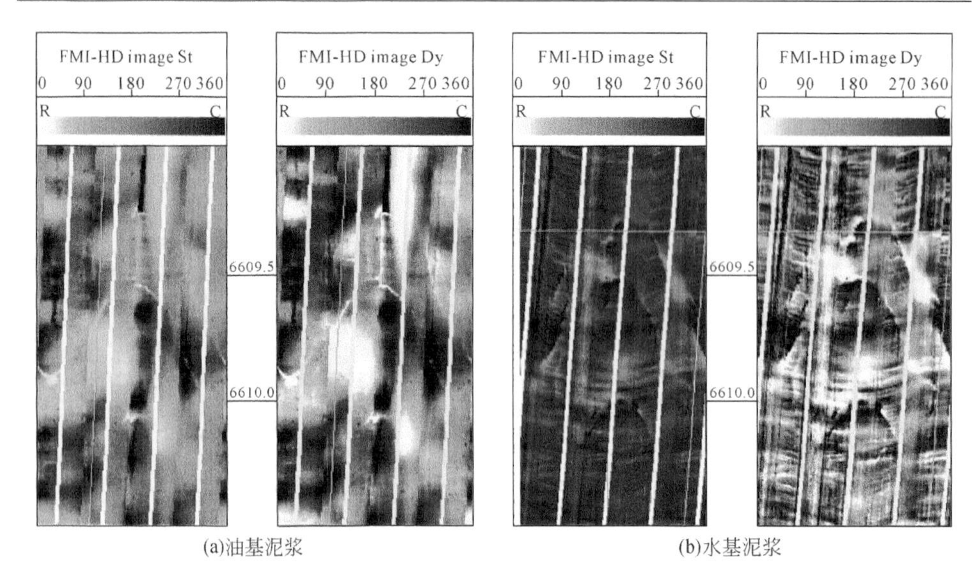

图 3.22　同一深度油基泥浆、水基泥浆电成像测井图像裂缝对比试验图版

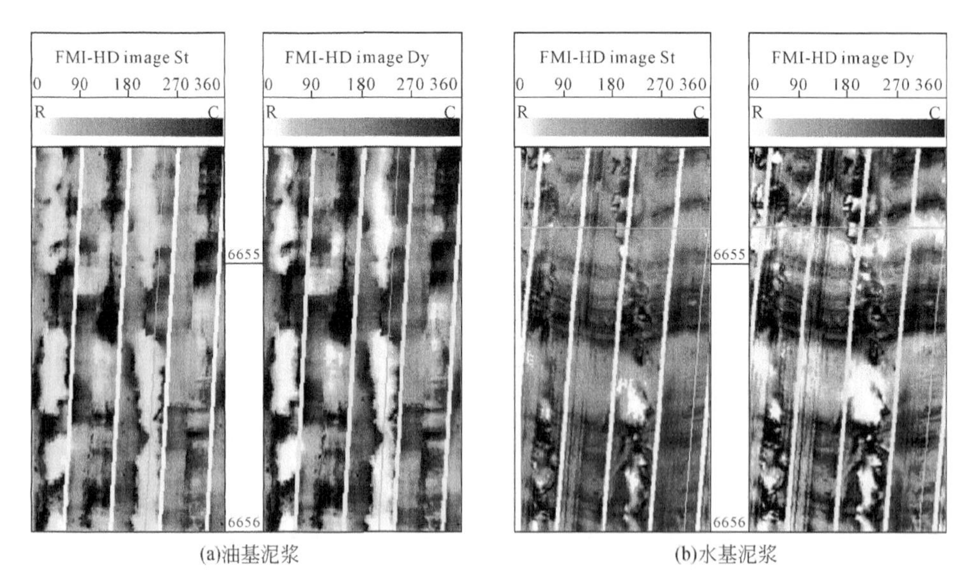

图 3.23　同一深度油基泥浆、水基泥浆电成像测井图像井壁垮塌对比试验图版

可见相较于水基泥浆，油基泥浆电成像测井图像品质明显偏差。在保证钻井工程安全的前提下适当调整钻井施工中钻井液的油水比例，或完全使用水基泥浆会有效改善电成像测井的数据质量。但考虑完全使用水基泥浆会增大复杂地层的钻井风险，因此进一步研究油基泥浆中油水的配比关系，达到在减小钻井事故的同时获得高品质的电成像测井数据的目的。另外，也可以使用适合于电成像测井

作业的导电性油基泥浆进行钻井，如 Sigmadril 泥浆。

二、油基泥浆 EI 和 FMI-HD 对比试验

以某油田生产井为例，在同一深度（6350～6611m）同一油基泥浆体系下分别用阿特拉斯的 EI 和斯伦贝谢的 FMI-HD 的微电阻率扫描成像测井数据，考察两类油基泥浆电成像在岩相、裂缝特征和井壁垮塌识别方面的差异。

EI 的井壁覆盖率略低于 FMI-HD。通过全井段对比，两类电成像对于岩相的识别整体都较差，然而 EI 在个别深度段仍然有层理特征显示，而 FMI-HD 在全井段基本看不到清晰的层理特征（图 3.24）。裂缝识别方面，虽然同一条裂缝在两者图像上的显示特征基本一致（图 3.24 和表 3.3），但 FMI-HD 的识别效果整体好于 EI，而如前所述，相较于水泥泥浆识别的裂缝数量还是偏少。井壁垮塌在两类图像中的特征基本一致，没有明显的差别。综合评价认为 EI 和 FMI-HD 对于地层地质特征的识别效果相差不大，在同一油基泥浆中利用电成像测井评价地层时二者都可以使用。

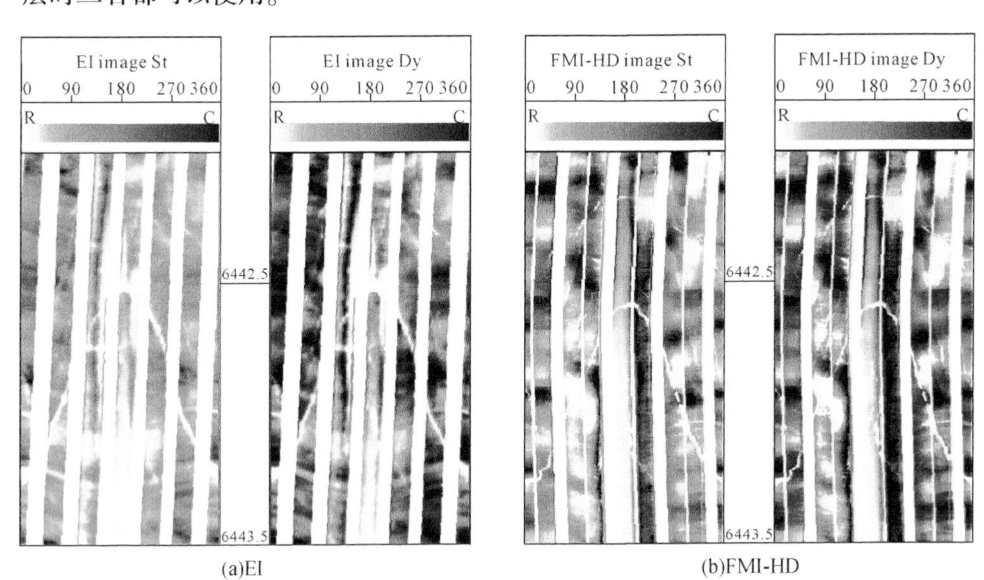

图 3.24　同一深度 EI 和 FMI-HD 电成像测井图像对比试验图版

EI 在下半段图像中有纹层特征，而 FMI-HD 显示不明显；EI 裂缝特征不如 FMI-HD，尤其是对于低角度裂缝

表 3.3　EI 和 FMI-HD 裂缝对比统计表

仪器	裂缝条数	可信度高	所占比例/%	可信度中等	所占比例/%	可信度低	所占比例/%
EI	113	34	30.1	39	34.5	40	35.4
FMI-HD	113	34	30.1	39	34.5	40	35.4

三、油基泥浆 OBMI 和 FMI-HD 对比试验

以某油田生产井为例，在同一深度（6849～7206m）同一油基泥浆体系下分别用斯伦贝谢的 OBMI 和 FMI-HD 的微电阻率成像测井数据，考察两类油基泥浆电成像在岩相、裂缝特征和井壁垮塌识别方面的差异。

OBMI 的井壁覆盖率明显低于 FMI-HD。岩相方面，OBMI 和 FMI-HD 都可以识别典型层理段的轮廓特征，但是前者反映不了微细的纹层特征（图 3.25）。裂缝识别方面，该井裂缝不发育，而受图像质量和覆盖率的影响，虽然同一条裂缝在两者图像上都存在特征显示（图 3.26），但是 FMI-HD 的识别效果明显好于 OBMI（表 3.4）。对于应力导致的井壁垮塌，受仪器覆盖率的影响，如果两条垮塌带位于 OBMI 极板所在的位置时，则没有井壁垮塌特征显示，而 FMI-HD 基本不存在这一问题，在井壁垮塌处同样为沿井轴延伸的、180°对称的两条亮色高阻条带（图 3.27）。因此，整体评价认为 FMI-HD 在油基泥浆中的应用优于 OBMI。

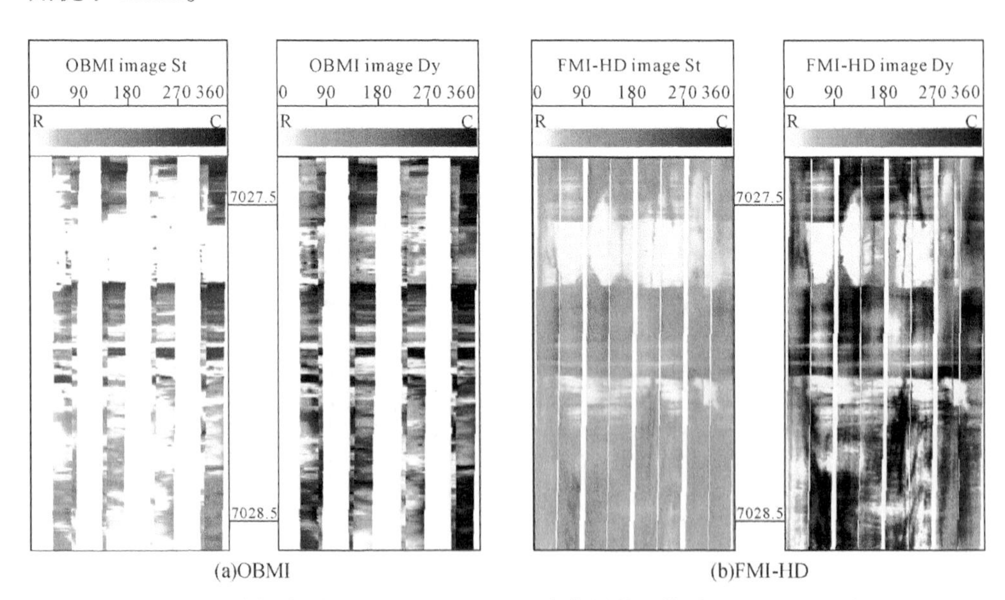

图 3.25　同一深度 OBMI 和 FMI-HD 电成像测井图像层理对比试验图版

表 3.4　OBMI 和 FMI-HD 裂缝对比统计表

仪器	裂缝条数	可信度高	所占比例/%	可信度中等	所占比例/%	可信度低	所占比例/%
OBMI	12	3	25.0	8	66.7	1	8.3
FMI-HD	15	7	46.7	7	46.7	1	6.6

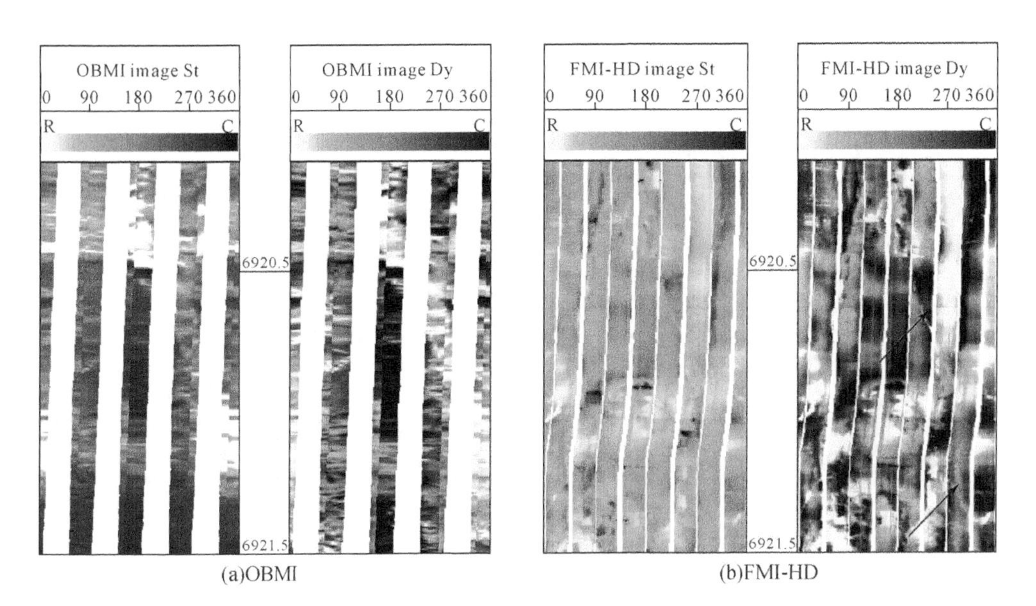

(a)OBMI　(b)FMI-HD

图 3.26　同一深度 OBMI 和 FMI-HD 电成像测井图像裂缝对比试验图版

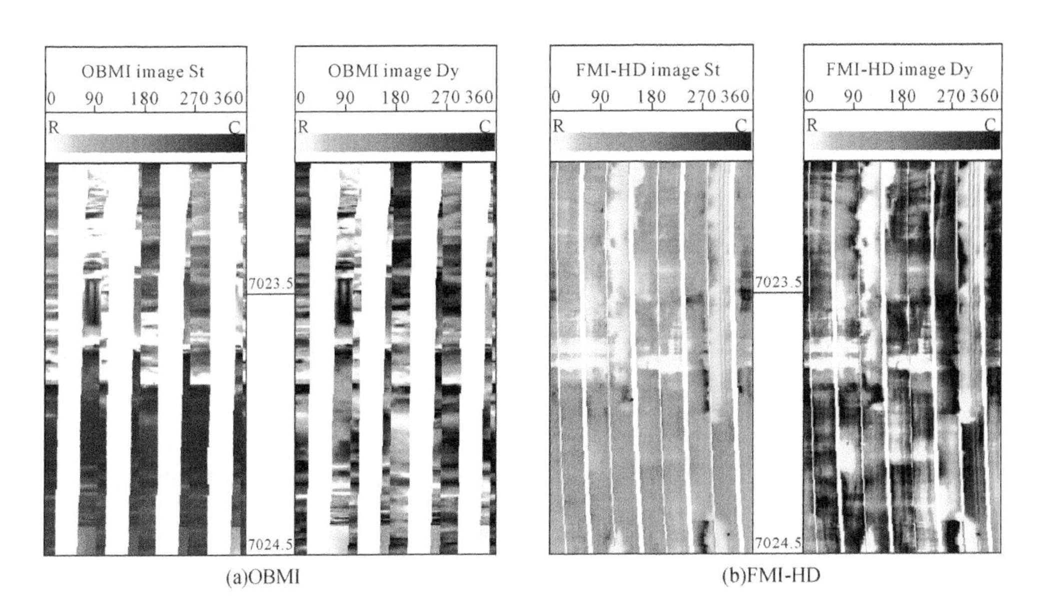

(a)OBMI　(b)FMI-HD

图 3.27　同一深度 OBMI 和 FMI-HD 电成像测井图像井壁垮塌对比试验图版

第四节 缝洞的响应特征研究

一、岩心刻度测井研究进展

(一) 裂缝标定

基于露头科探井，按照前述（第一章）的归位原则，在岩心数字化处理平台中对同一深度段（21.5～208.5m）连续的取心和电成像测井进行精细地标定刻度，完成整个研究层段天然裂缝的交互刻度。在岩心和电成像测井图像中共拾取了329条天然裂缝。根据这些裂缝的响应差异，将其划分为两种类型：第一类是岩心存在单条裂缝，但是电成像测井没有对应的裂缝特征显示（图3.28和表3.5）；第二类是岩心存在单条裂缝，且电成像测井有对应的裂缝特征显示（表3.6）。

表3.5 拾取的第一类裂缝

取心筒次	岩心块号	裂缝编号	电成像测井深度/m	裂缝充填程度
1	1-41-6	1	61～61.25	方解石全充填
	1-41-11—12	2	61.94～62.17	方解石全充填
	1-41-13	3	62.17～62.31	方解石全充填
	1-41-21—22	4	63.47～64	方解石全充填
	1-41-31—32	5	65.21～65.43	方解石全充填
	1-41-31—32	6	65.21～65.43	方解石全充填
	1-41-31—32	7	65.21～65.43	方解石全充填
2	2-29-1	8	66.55～66.72	方解石全充填
3	3-23-17	9	72.7～72.9	方解石全充填
	3-23-17	10	72.7～72.9	方解石全充填
	3-23-17	11	72.7～72.9	方解石全充填
4	4-18-2	12	73.9～74.15	方解石全充填
	4-18-3—4	13	74.44～75.55	方解石全充填
	4-18-4	14	74.64～74.74	方解石全充填
	4-18-4—5	15	74.65～74.8	方解石全充填
	4-18-8	16	75.22～75.6	方解石全充填
	4-18-9—10	17	75.4～75.8	方解石全充填
	4-18-9—10	18	75.45～75.9	方解石全充填

续表

取心筒次	岩心块号	裂缝编号	电成像测井深度/m	裂缝充填程度
5	5-35-5—7	19	78.3～78.8	方解石全充填
	5-35-7	20	78.6～78.9	方解石全充填
	5-35-8—9	21	79～79.5	方解石全充填
	5-35-24	22	82.4～82.6	方解石全充填
	5-35-30	23	83.5～83.7	方解石全充填
6	6-16-12	24	87～87.1	方解石全充填
	6-16-12—13	25	87.13～87.27	方解石全充填
7	7-43-6	26	88.8～88.95	方解石全充填
	7-43-17	27	90.17～90.25	方解石全充填
	7-43-23	28	91.1～91.2	方解石全充填
	7-43-27	29	91.6～91.7	方解石全充填
	7-43-28	30	92.1～92.25	方解石全充填
	7-43-35	31	93.5～93.6	方解石全充填
	7-43-39	32	94.15～94.3	方解石全充填
	7-43-39	33	94.15～94.3	方解石全充填
8	8-17-8	34	96.23～96.35	方解石全充填
	8-17-8—10	35	96.25～96.55	方解石全充填
	8-17-14	36	97.01～97.13	方解石全充填
9	9-20-4	37	98.4～98.5	方解石全充填
	9-20-14	38	99.9～100	方解石全充填
10	10-24-9	39	101.86～101.91	方解石全充填
	10-24-13—14	40	102.15～102.5	方解石全充填
11	11-11-4—5	41	104.28～104.4	方解石全充填
12	12-16-1	42	105.05～105.15	方解石全充填
	12-16-3	43	105.45～105.55	方解石全充填
	12-16-11	44	106.85～106.97	方解石全充填
	12-16-12	45	107.05～107.12	方解石全充填
	12-16-13	46	107.07～107.16	方解石全充填
	12-16-13	47	107.17～107.23	方解石全充填
	12-16-13	48	107.2～107.3	方解石全充填
	12-16-13	49	107.22～107.34	方解石全充填
	12-16-13	50	107.25～107.35	方解石全充填

续表

取心筒次	岩心块号	裂缝编号	电成像测井深度/m	裂缝充填程度
13	13-22-1	51	107. 8 ~ 107. 9	方解石全充填
	13-22-2	52	108. 2-108. 3	方解石全充填
	13-22-4	53	108. 59 ~ 108. 64	方解石全充填
	13-22-13	54	109. 75 ~ 109. 85	方解石全充填
	13-22-14	55	109. 95 ~ 110. 1	方解石全充填
	13-22-18—19	56	110. 69 ~ 110. 82	方解石全充填
	13-22-21	57	111. 25 ~ 111. 31	方解石全充填
	13-22-22	58	111. 44 ~ 111. 52	方解石全充填
14	14-15-4	59	112. 08 ~ 112. 14	方解石全充填
15	15-35-9	60	115. 6 ~ 115. 7	方解石全充填
	15-35-11	61	116 ~ 116. 15	方解石全充填
	15-35-19	62	117. 35 ~ 117. 45	方解石全充填
	15-35-34	63	120. 14 ~ 120. 24	方解石全充填
	15-35-35	64	120. 2 ~ 120. 35	方解石全充填
16	16-24-4	65	12. 88 ~ 120. 95	方解石全充填
	16-24-16	66	123. 45 ~ 123. 58	方解石全充填
18	18-9-2	67	127. 6 ~ 127. 8	方解石全充填
	18-9-3	68	127. 7 ~ 127. 85	方解石全充填
	18-9-5	69	128 ~ 128. 2	方解石全充填
	18-9-5	70	128 ~ 128. 2	方解石全充填
	18-9-5	71	128 ~ 128. 2	方解石全充填
	18-9-5	72	128 ~ 128. 2	方解石全充填
	18-9-6	73	128. 18 ~ 128. 26	方解石全充填
	18-9-7	74	128. 18 ~ 128. 26	方解石全充填
21	21-13-5	75	132. 1 ~ 132. 3	方解石全充填
	21-13-7	76	132. 3 ~ 132. 5	方解石全充填
	21-13-8	77	132. 65 ~ 132. 8	方解石全充填
	21-13-8—9	78	132. 7 ~ 132. 9	方解石全充填
22	22-19-2	79	133. 5 ~ 133. 56	方解石全充填
24	24-15-12—13	80	138. 3 ~ 138. 4	方解石全充填

续表

取心筒次	岩心块号	裂缝编号	电成像测井深度/m	裂缝充填程度
26	26-15-7	81	141.8 ~ 142	方解石全充填
	26-15-11—13	82	142 ~ 142.1	方解石全充填
	26-15-11—13	83	142.2 ~ 142.3	方解石全充填
27	27-17-2	84	142.9 ~ 143.1	方解石全充填
	27-17-3	85	143.08 ~ 143.15	方解石全充填
	27-17-3	86	143.1 ~ 143.2	方解石全充填
	27-17-17	87	145.2 ~ 145.35	方解石全充填
28	28-19-1	88	145.3 ~ 145.45	方解石全充填
	28-19-1	89	145.45 ~ 145.6	方解石全充填
	28-19-15—16	90	147.7 ~ 147.8	方解石全充填
	28-19-16	91	147.9 ~ 148	方解石全充填
29	29-14-10	92	149.45 ~ 149.6	方解石全充填
30	30-11-3—4	93	153.85 ~ 153.94	方解石全充填
	30-11-8	94	154.57 ~ 154.73	方解石全充填
31	31-17-3	95	155.7 ~ 155.9	方解石全充填
	31-17-3	96	155.7 ~ 155.9	方解石全充填
	31-17-3	97	155.7 ~ 155.9	方解石全充填
	31-17-3	98	155.7 ~ 155.9	方解石全充填
	31-17-3	99	155.7 ~ 155.9	方解石全充填
	31-17-5	100	156 ~ 156.1	方解石全充填
	31-17-6	101	156.2 ~ 156.4	方解石全充填
34	34-1-4—1	102	164.4 ~ 164.5	方解石全充填
36	36-12-5—7	103	174.64 ~ 175.1	方解石全充填
	36-12-10—11	104	175.45 ~ 175.6	方解石全充填
37	37-16-1—2	105	175.87 ~ 176.05	方解石全充填
	37-16-2	106	175.87 ~ 176.05	方解石全充填
	37-16-5—6	107	176.5 ~ 176.7	方解石全充填
	37-16-13	108	177.5 ~ 177.65	方解石全充填
	37-16-15—16	109	177.85 ~ 178.1	方解石全充填
38	38-6-5	110	178.75 ~ 178.88	方解石全充填
42	42-11-5—6	111	182.95 ~ 183.06	方解石全充填
43	43-11-2	112	184.2 ~ 184.35	方解石全充填

续表

取心筒次	岩心块号	裂缝编号	电成像测井深度/m	裂缝充填程度
44	44-9-5	113	186.37～186.51	方解石全充填
	44-9-6	114	186.51～186.62	方解石全充填
	44-9-9	115	186.70～186.92	方解石全充填

表 3.6　拾取的第二类裂缝

取心筒次	岩心块号	裂缝编号	电成像测井深度/m	刻度关系
1	1-41-9	1	61.62～62	交互刻度
	1-41-13—14	2	62.3～62.56	交互刻度
	1-41-31—32	3	65.18～65.52	交互刻度
	1-41-34	4	65.5～65.8	交互刻度
	1-41-36	5	65.75～66.02	交互刻度
	1-41-38—39	6	66.04～66.3	交互刻度
2	2-29-2	7	66.75～67.04	交互刻度
	2-29-5	8	67.25～67.4	交互刻度
	2-29-7	9	67.4～67.54	交互刻度
	2-29-13	10	68.15～68.38	交互刻度
	2-29-18—19	11	68.7～69	交互刻度
	2-29-19—20	12	69～69.3	交互刻度
	2-29-28—29	13	69.55～69.85	交互刻度
3	3-23-4	14	70.8～70.91	交互刻度
	3-23-16	15	72.35～72.75	交互刻度
4	4-18-2	16	74.12～74.4	交互刻度
	4-18-4	17	74.45～74.55	交互刻度
	4-18-4	18	74.62～74.85	交互刻度
	4-18-5—6	19	75.04～75.41	交互刻度
	4-18-8—10	20	75.25～75.8	交互刻度
	4-18-10	21	75.65～76	交互刻度
	4-18-11—13	22	75.6～76.6	交互刻度
	4-18-13	23	76.15～76.5	交互刻度
	4-18-14—15	24	76.28～76.7	交互刻度
	4-18-16—17	25	76.85～77.2	交互刻度

续表

取心筒次	岩心块号	裂缝编号	电成像测井深度/m	刻度关系
5	5-35-20	26	81.66	交互刻度
	5-35-19—21	27	81.5 ~ 82	交互刻度
6	6-16-6	28	86.09	交互刻度
	6-16-10—11	29	86.55 ~ 87	交互刻度
7	7-43-1	30	87.85	交互刻度
	7-43-9	31	89.3 ~ 89.4	交互刻度
	7-43-13	32	89.61 ~ 89.71	交互刻度
	7-43-14	33	89.64 ~ 89.72	交互刻度
	7-43-14	34	89.72 ~ 89.82	交互刻度
	7-43-16	35	89.92	交互刻度
	7-43-17	36	89.97 ~ 90.25	交互刻度
	7-43-18—19	37	90.15 ~ 90.5	交互刻度
	7-43-19—20	38	90.35 ~ 90.8	交互刻度
	7-43-21	39	90.75 ~ 91	交互刻度
	7-43-22	40	90.88 ~ 91.12	交互刻度
	7-43-24	41	91.2 ~ 91.35	交互刻度
	7-43-25	42	90.35 ~ 90.8	交互刻度
	7-43-28	43	91.83 ~ 92.14	交互刻度
	7-43-29	44	92.16 ~ 92.34	交互刻度
	7-43-29	45	92.18 ~ 92.35	交互刻度
	7-43-30	46	92.43 ~ 92.55	交互刻度
	7-43-30	47	92.54 ~ 92.7	交互刻度
	7-43-31	48	92.5 ~ 92.9	交互刻度
	7-43-32—33	49	92.72 ~ 93.18	交互刻度
	7-43-33	50	93.04 ~ 93.25	交互刻度
	7-43-33	51	93.05 ~ 93.35	交互刻度
	7-43-36	52	93.35 ~ 93.7	交互刻度
8	8-17-2	53	95 ~ 95.3	交互刻度
	8-17-2	54	95.1 ~ 95.3	交互刻度
	8-17-6	55	96.05 ~ 96.18	交互刻度
	8-17-9	56	96.25 ~ 96.48	交互刻度
	8-17-14	57	97 ~ 97.2	交互刻度

续表

取心筒次	岩心块号	裂缝编号	电成像测井深度/m	刻度关系
8	8-17-15	58	97.1 ~ 97.25	交互刻度
	8-17-16—17	59	97.27 ~ 97.5	交互刻度
9	9-20-2	60	97.65 ~ 97.9	交互刻度
	9-20-4	61	98.24 ~ 98.4	交互刻度
	9-20-4	62	98.44 ~ 98.53	交互刻度
	9-20-6	63	98.5 ~ 98.65	交互刻度
	9-20-6	64	98.5 ~ 98.79	交互刻度
	9-20-7	65	98.7 ~ 98.85	交互刻度
	9-20-8	66	99 ~ 99.15	交互刻度
	9-20-8	67	98.98 ~ 99.13	交互刻度
	9-20-9	68	99.18 ~ 99.28	交互刻度
	9-20-10—11	69	99.3 ~ 99.5	交互刻度
	9-20-13	70	99.55 ~ 99.8	交互刻度
	9-20-15	71	100.1 ~ 100.2	交互刻度
	9-20-17	72	100.2 ~ 100.3	交互刻度
10	10-24-1—2	73	100.63 ~ 101.09	交互刻度
	10-24-3	74	101.03 ~ 101.2	交互刻度
	10-24-4	75	101.03 ~ 101.27	交互刻度
	10-24-5	76	101.2 ~ 101.48	交互刻度
	10-24-8—9	77	101.55 ~ 101.9	交互刻度
	10-24-16	78	102.6	交互刻度
	10-24-20	79	103.12 ~ 103.42	交互刻度
	10-24-23	80	103.6 ~ 103.7	交互刻度
11	11-11-2	81	104.08 ~ 104.32	交互刻度
	11-11-3—4	82	104.3 ~ 104.45	交互刻度
	11-11-7	83	104.53 ~ 104.65	交互刻度
	11-11-8	84	104.62 ~ 104.75	交互刻度
	11-11-7—8	85	104.64 ~ 104.77	交互刻度
	11-11-10	86	104.88 ~ 105.07	交互刻度
12	12-16-2	87	105.12 ~ 105.22	交互刻度
	12-16-3	88	105.2 ~ 105.44	交互刻度
	12-16-4	89	105.6 ~ 105.75	交互刻度

续表

取心筒次	岩心块号	裂缝编号	电成像测井深度/m	刻度关系
12	12-16-5	90	105.55～105.9	交互刻度
	12-16-5	91	105.8～106	交互刻度
	12-16-7	92	106.05～106.22	交互刻度
	12-16-8—9	93	106.3～106.44	交互刻度
	12-16-10	94	106.67～106.75	交互刻度
	12-16-10	95	106.73～106.84	交互刻度
	12-16-13	96	107.25～107.42	交互刻度
	12-16-14	97	107.4～107.55	交互刻度
	12-16-15	98	107.54～107.7	交互刻度
	12-16-16	99	107.6～107.75	交互刻度
13	13-22-1—2	100	107.95～108.2	交互刻度
	13-22-8	101	108.95～109.05	交互刻度
	13-22-12	102	109.6～109.8	交互刻度
	13-22-13	103	109.8～109.95	交互刻度
	13-22-14	104	110～110.12	交互刻度
	13-22-15	105	109.88～110.4	交互刻度
	13-22-15	106	110.25～110.4	交互刻度
	13-22-16	107	110.35～110.7	交互刻度
14	14-15-2	108	111.55～111.8	交互刻度
	14-15-7	109	112.75	交互刻度
	14-15-13	110	114.05～114.25	交互刻度
15	15-35-10	111	115.75～115.95	交互刻度
	15-35-14	112	116.55～117	交互刻度
	15-35-14—15	113	116.67～117.02	交互刻度
	15-35-15	114	117	交互刻度
	15-35-17	115	117.15～117.35	交互刻度
	15-35-19	116	117.4	交互刻度
	15-35-20	117	117.35～117.57	交互刻度
	15-35-20	118	117.45～117.6	交互刻度
	15-35-21	119	117.5～117.65	交互刻度
	15-35-24	120	118.38～118.65	交互刻度
	15-35-25	121	118.38～118.6	交互刻度

续表

取心筒次	岩心块号	裂缝编号	电成像测井深度/m	刻度关系
15	15-35-25	122	118.4～118.64	交互刻度
	15-35-26	123	118.55～118.9	交互刻度
	15-35-27—28	124	118.7～119.2	交互刻度
	15-35-29	125	119.12～119.33	交互刻度
	15-35-30	126	119.6～119.85	交互刻度
	15-35-31	127	119.75～120.02	交互刻度
16	16-24-1	128	120.3～120.45	交互刻度
	16-24-1	129	120.35～120.55	交互刻度
	16-24-2	130	120.7	交互刻度
	16-24-14	131	123.3～123.6	交互刻度
	16-24-16	132	123.55～123.75	交互刻度
	16-24-23—24	133	124.4～124.58	交互刻度
17	17-17-3	134	125.05～125.3	交互刻度
	17-17-5	135	125.6	交互刻度
	17-17-6	136	125.74	交互刻度
18	18-9-1	137	127.3～127.5	交互刻度
	18-9-4	138	127.75～128.1	交互刻度
21	21-13-1	139	131.71～132	交互刻度
	21-13-2	140	131.83～132.1	交互刻度
	21-13-4—5	141	131.9～132.3	交互刻度
	21-13-7	142	132.3～132.65	交互刻度
	21-13-13	143	133.26～133.42	交互刻度
22	22-19-3—4	144	133.5～133.74	交互刻度
	22-19-3—4	145	133.5～133.75	交互刻度
24	24-15-2	146	136.8～136.9	交互刻度
	24-15-2—3	147	136.85～137.04	交互刻度
	24-15-5	148	137.04～137.34	交互刻度
	24-15-5	149	137.28～137.5	交互刻度
	24-15-6	150	137.4～137.74	交互刻度
	24-15-7—8	151	137.65～137.8	交互刻度
	24-15-9	152	137.8～138.1	交互刻度

续表

取心筒次	岩心块号	裂缝编号	电成像测井深度/m	刻度关系
24	24-15-11	153	138. 05 ~ 138. 32	交互刻度
	24-15-11	154	138. 1 ~ 138. 35	交互刻度
25	25-12-2	155	138. 8 ~ 139	交互刻度
	25-12-2	156	138. 8 ~ 139	交互刻度
	25-12-5	157	139. 24 ~ 139. 6	交互刻度
	25-12-5	158	139. 22 ~ 139. 58	交互刻度
	25-12-6	159	139. 5 ~ 139. 7	交互刻度
	25-12-7—8	160	139. 7 ~ 139. 95	交互刻度
	25-12-8	161	139. 8 ~ 140. 0	交互刻度
	25-12-8—9	162	139. 8 ~ 140. 1	交互刻度
	25-12-9—10	163	140 ~ 140. 3	交互刻度
	25-12-10—12	164	140. 15 ~ 140. 4	交互刻度
	25-12-10—12	165	140. 15 ~ 140. 5	交互刻度
26	26-15-1	166	140. 65 ~ 140. 88	交互刻度
	26-15-4	167	141. 15 ~ 141. 4	交互刻度
	26-15-4	168	141. 25 ~ 141. 55	交互刻度
	26-15-5	169	141. 4 ~ 141. 7	交互刻度
	26-15-9	170	141. 9 ~ 142	交互刻度
27	27-17-4	171	143 ~ 143. 3	交互刻度
	27-17-6	172	143. 3 ~ 143. 55	交互刻度
	27-17-10	173	143. 65 ~ 144. 25	交互刻度
	27-17-12—14	174	144. 28 ~ 144. 52	交互刻度
	27-17-16	175	144. 65 ~ 144. 9	交互刻度
	27-17-17	176	144. 8 ~ 145. 08	交互刻度
	27-17-17	177	145 ~ 145. 28	交互刻度
28	28-19-2	178	145. 4 ~ 145. 7	交互刻度
	28-19-5	179	145. 95 ~ 146. 13	交互刻度
	28-19-7—8	180	146. 28 ~ 146. 55	交互刻度
	28-19-11	181	146. 75 ~ 147	交互刻度
	28-194-11	182	147. 05 ~ 147. 3	交互刻度

续表

取心筒次	岩心块号	裂缝编号	电成像测井深度/m	刻度关系
28	28-19-13—14	183	147.27～147.5	交互刻度
29	29-14-4—6	184	148.75～149.12	交互刻度
	29-14-12	185	149.7～149.9	交互刻度
	29-14-14	186	149.95～150.12	交互刻度
	29-14-8	187	149.1～149.35	交互刻度
	29-14-8	188	149.2～149.45	交互刻度
30	30-17-2	189	153.4～153.6	交互刻度
	30-17-2	190	153.4～153.6	交互刻度
	30-17-2	191	153.4～153.6	交互刻度
	30-17-5—7	192	154.05～154.62	交互刻度
31	31-17-11	193	156.95～157.3	交互刻度
33	33-24-7—8	194	161.46～161.8	交互刻度
37	37-16-15—16	195	177.6～178.08	交互刻度
38	38-6-3—4	196	177.95～178.3	交互刻度
	38-6-4	197	178.25～178.8	交互刻度
39	39-8-1—2	198	178.9～179.3	交互刻度
	39-8-5—6	199	179.7～180.1	交互刻度
40	40-7-1	200	180.5～180.8	交互刻度
41	41-3-1—2	201	181.6～181.85	交互刻度
	41-3-2—3	202	181.75～182.1	交互刻度
42	42-11-1	203	182.35～182.65	交互刻度
	42-11-2	204	182.5～182.8	交互刻度
	42-11-4—5	205	182.85～183.1	交互刻度
	42-11-7	206	183.35～183.64	交互刻度
	42-11-8—9	207	183.5～183.75	交互刻度
	42-11-11	208	183.68～184.06	交互刻度
43	43-11-3	209	184.25～184.6	交互刻度
	43-11-4	210	184.5～184.7	交互刻度
	43-11-8	211	185.06～185.38	交互刻度
	43-11-10	212	185.6～185.84	交互刻度

续表

取心筒次	岩心块号	裂缝编号	电成像测井深度/m	刻度关系
44	44-9-1	213	185.8～186.03	交互刻度
	44-9-2	214	185.95～186.15	交互刻度

受取心及地面岩心搬运等因素影响，岩心表面的原始裂缝面会遭受不同程度的破损，在岩心和电成像测井交互刻度的裂缝中有135条裂缝沿裂缝面发生了岩心的破碎（图3.29），有46条裂缝沿裂缝面没有发生明显的岩心破碎（图3.30）；有33条裂缝沿裂缝面未发生明显破裂（图3.31）。沿裂缝面发生了岩心破碎的裂缝无法再沿裂缝迹线准确计算裂缝的宽度；对于裂缝面断开，但没有发生岩心破碎的裂缝，可以沿裂缝轨迹计算裂缝的几何参数，如利用网格法或岩心裂缝分析系统等；沿裂缝面未完全断开的裂缝，可以进一步借助岩心CT扫描等技术去获取裂缝参数。另外，研究井段还存在8个裂缝较为发育的密集段，岩心和电成像测井具有很好的对应关系。上述裂缝标定的结果表明，排除裂缝被方解石等高阻物质充填，岩心和电成像测井裂缝交互刻度的符合率可达100%，充分验证了电成像测井在天然裂缝识别方面的可靠性。

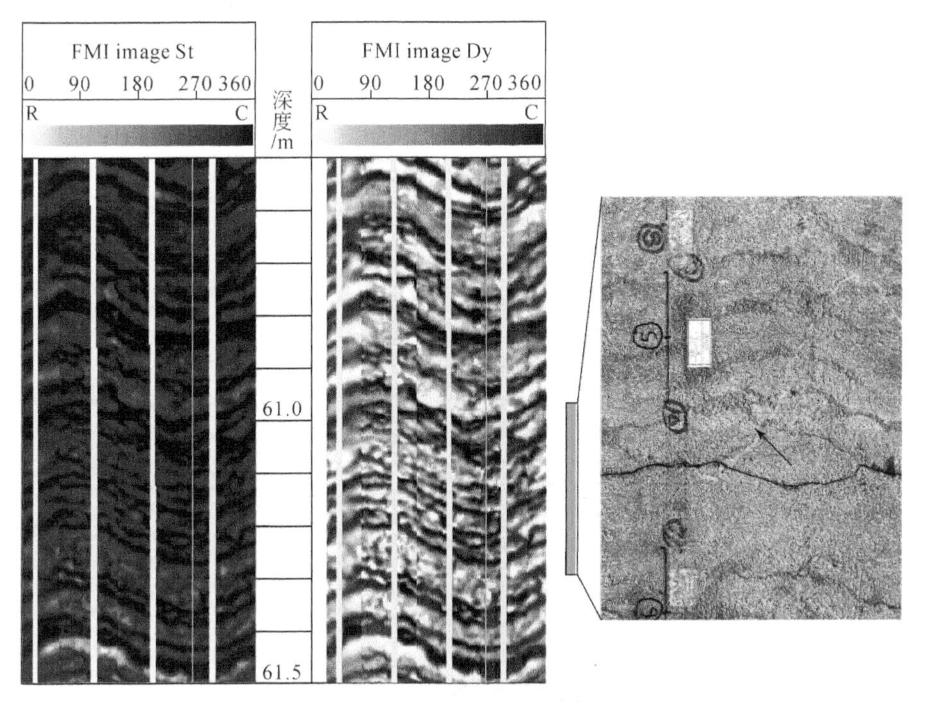

图3.28　刻度后的1号裂缝

裂缝被方解石全充填，使得裂缝区域和围岩的电阻率差异不明显，导致电成像测井图像没有裂缝特征显示

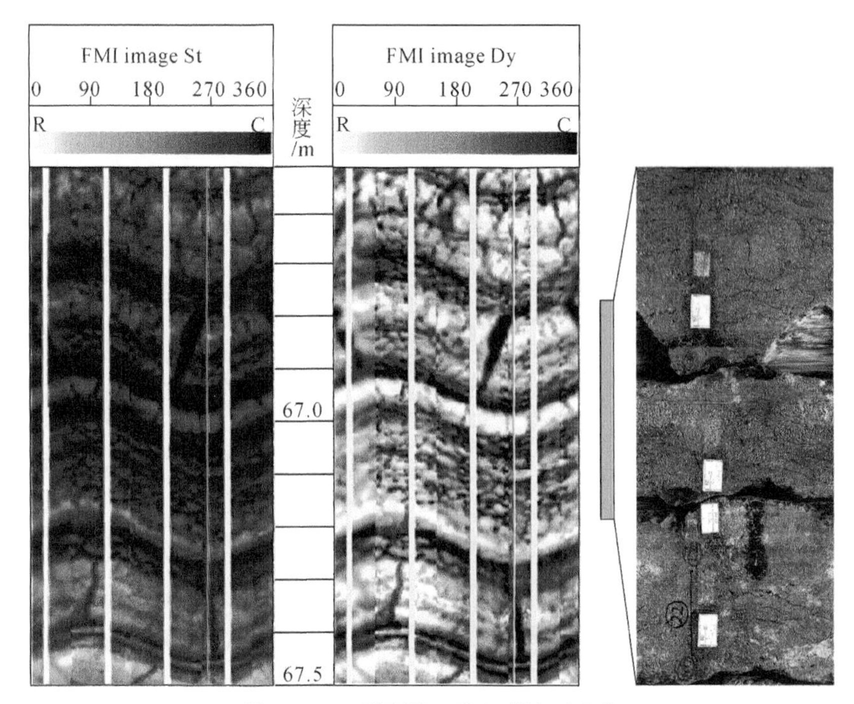

图 3.29　7 号裂缝，岩心裂缝面破碎

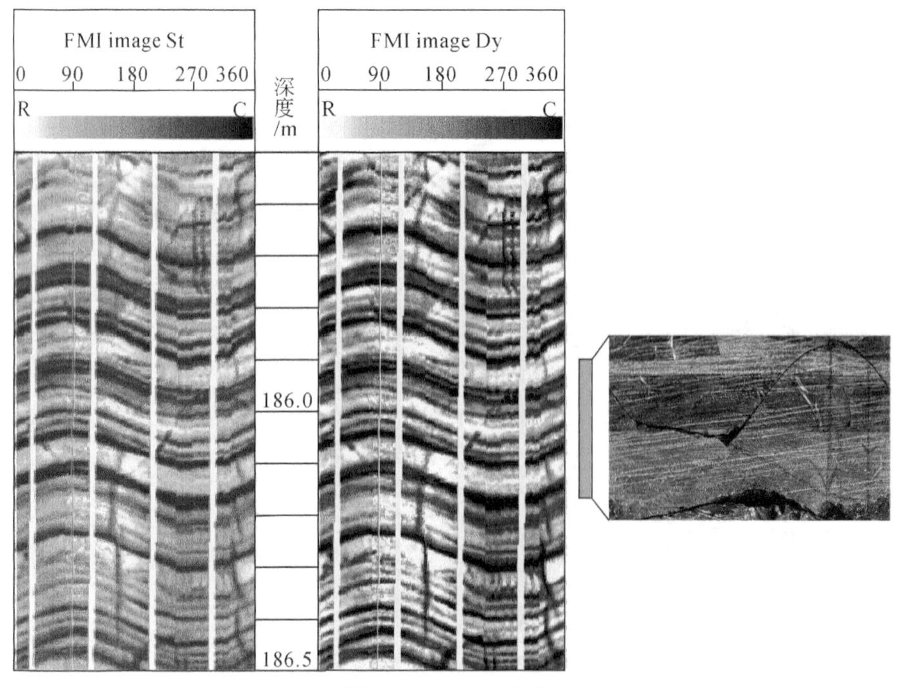

图 3.30　214 号裂缝

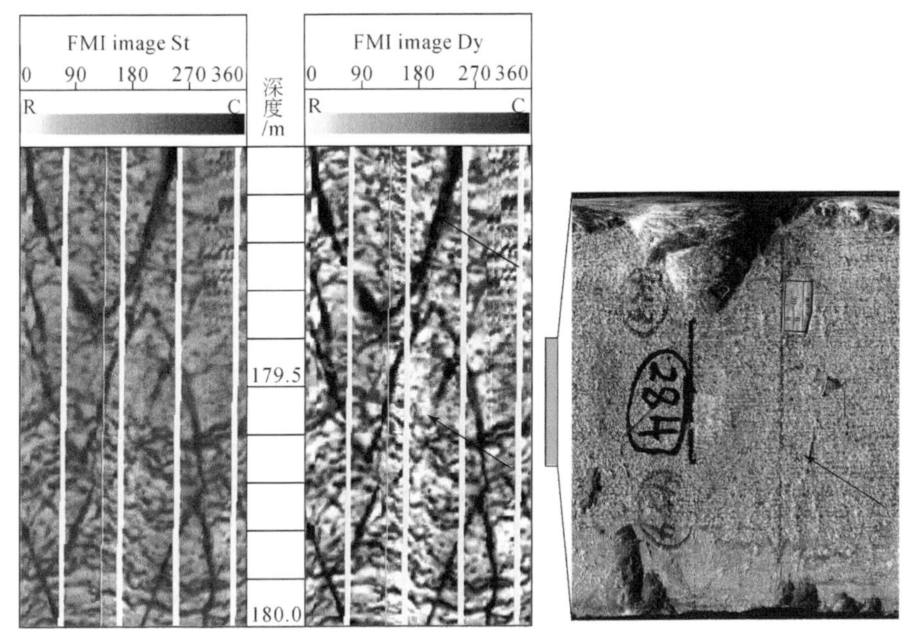

图3.31　199号裂缝

（二）电成像测井裂缝参数计算

为了探讨FMI裂缝参数和岩心裂缝几何参数之间的关系，在上述裂缝标定的基础上利用46条裂缝面相对完整的裂缝进行裂缝参数的定量交互刻度研究。首先利用电成像测井（FMI）计算单条天然裂缝的平均宽度（FVA）、平均水动力宽度（FVAH）、裂缝长度和裂缝产状等参数，泥浆电阻率设为定值，相关的计算原理在第二章第四节已经介绍，单条裂缝参数的计算结果见表3.7。

表3.7　电成像测井单条裂缝参数

岩心块号	裂缝编号	参数				
		FVA/mm	FVAH/mm	裂缝长度/mm	倾角/(°)	倾向/(°)
4-18-10	21	0.11023	0.65397	758.698	61.61	52.95
4-18-14—15	24	0.01972	0.03064	982.218	68.33	83.42
5-35-20	26	0.01919	0.03737	475.234	22.27	242.18
6-16-6—10	28	0.01262	0.02191	499.618	25.62	239
7-43-1—3	30	0.04233	0.05145	480.06	20.06	252.97
7-43-9	31	0.12164	0.20216	520.954	32.11	88.12

续表

岩心块号	裂缝编号	参数				
		FVA/mm	FVAH/mm	裂缝长度/mm	倾角/(°)	倾向/(°)
7-43-14	33	0.0341	0.09275	488.442	27.46	47.72
7-43-16—26	35	0.04076	0.098	460.502	13.47	123.9
7-43-16—26	36	0.03389	0.18158	757.174	59.81	129.06
7-43-16—26	39	0.00998	0.0201	702.818	56.01	132.78
7-43-16—26	40	0.00963	0.0159	664.464	50.38	132.63
7-43-16—26	41	0.01264	0.0213	551.18	33.81	280.61
7-43-29	45	0.04079	0.05778	580.136	43.18	133.75
7-43-30	47	0.02449	0.05945	575.056	42.99	352.58
7-43-33—39	51	0.02731	0.05124	773.684	61.21	110
8-17-1—4	54	0.02967	0.0651	701.802	55.32	125.67
8-17-11—17	57	0.0625	0.07478	614.172	47.63	121.41
9-20-13—16	70	0.10683	0.37373	692.912	55.04	332.5
9-20-14—16	71	0.08821	0.17074	482.092	23.28	129.02
10-24-15—22	79	0.05792	0.07701	838.454	63.09	116
11-11-1—3	81	0.03282	0.05966	871.22	62.81	125.25
11-11-8	84	0.04653	0.12489	565.404	45.53	107.72
11-11-7—10	85	0.05192	0.10056	669.29	49.35	244.69
13-22-11—16	102	0.02146	0.12755	620.014	47.37	119.18
	104	0.08458	0.11907	530.86	40.79	109.53
13-22-15	106	0.01861	0.03968	542.29	32.23	105.99
14-15-2—6	108	0.01998	0.03338	676.402	52.18	246.55
14-15-7	109	0.02117	0.04731	537.972	31.22	178.27
15-35-11—21	114	0.01729	0.03072	474.472	16.24	305.29
15-35-11—21	115	0.02693	0.03971	604.266	49.56	107.88
15-35-11—21	116	0.02345	0.0338	492.252	21.42	240.43
15-35-11—21	118	0.05614	0.0786	596.138	49.56	108.16
16-24-1—5	130	0.01403	0.0181	503.682	17.37	268.88
16-24-13—16	131	0.02943	0.04701	759.714	59.6	145.92
	132	0.0325	0.16893	809.244	59.62	116.2
18-9-1—3	137	0.00789	0.01801	648.97	53.49	89.55
24-15-1—12	146	0.02382	0.06177	492.506	21.64	274.01

续表

岩心块号	裂缝编号	参数				
		FVA/mm	FVAH/mm	裂缝长度/mm	倾角/(°)	倾向/(°)
24-15-1—12	149	0.00932	0.01797	767.334	59.44	117.02
24-15-1—12	150	0.0317	0.06577	830.58	64.27	99.18
25-12-5	157	0.01374	0.02251	702.056	56.81	123.22
28-19-1—4	178	0.03033	0.09671	838.454	62.04	129.07
29-14-1—8	184	0.04904	0.13929	1030.478	68.32	104.42
38-6-1—6	197	0.03338	0.05746	1186.434	73.57	21.15
42-11-5—8	206	0.03045	0.04485	784.86	61.34	131.45
43-11-1—7	210	0.00811	0.01907	762.254	59.64	133.3
44-9-2	214	0.01704	0.02878	679.45	53.63	130.13

注：岩心块号是该裂缝穿过的岩心，与表3.6中略有不同。

（三）岩心裂缝参数计算

岩心裂缝的几何参数包括了裂缝的宽度、长度和倾角等。本次研究利用岩心裂缝分析系统，在高质量岩心扫描图像预处理（腐蚀和膨胀、平滑）的基础上，通过阈值分割提取裂缝在图像中的分布区域，计算裂缝的各几何参数。单条裂缝长度按裂缝中轴长度计算，裂缝倾角指的是裂缝面和水平面之间的夹角(图3.32)。

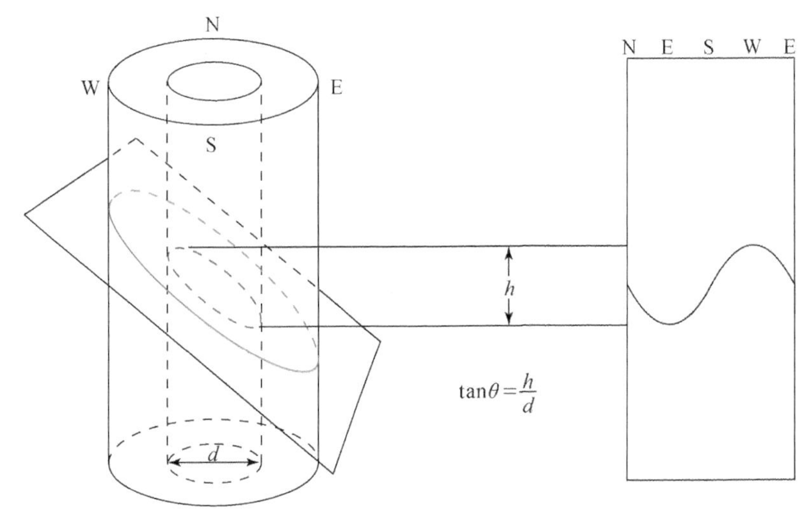

图3.32　岩心裂缝夹角计算原理图

红色为裂缝在岩心上的迹线，蓝色为裂缝在井壁上的迹线

裂缝宽度的计算表述为

$$W_i = \frac{A_i}{L_i} \tag{3.1}$$

式中：W_i 为单条裂缝第 i 个测量点的裂缝宽度值，mm；A_i 为第 i 个测量点的面积，mm^2；L_i 为第 i 个测量点的长度，mm。单条裂缝的平均宽度表述为

$$W_a = \frac{\sum_{i=1}^{n} L_i W_i}{\sum_{i=1}^{n} L_i} \tag{3.2}$$

各参数的计算结果见表3.8。

表3.8　岩心单条裂缝参数

岩心块号	裂缝编号	参数		
		裂缝平均宽度/mm	裂缝长度/mm	倾角/(°)
4-18-10	21	0.61	346.032	63.74
4-18-14—15	24	0.34	390.205	67.7
5-35-20	26	0.43	234.208	20.51
6-16-6—10	28	0.20	235.345	23.03
7-43-1—3	30	0.63	235.699	19.87
7-43-9	31	1.02	246.189	35.87
7-43-14	33	0.37	238.365	31.4
7-43-16—26	35	0.47	233.587	20.91
7-43-16—26	36	0.38	295.604	54.36
7-43-16—26	39	0.30	293.749	50.53
7-43-16—26	40	0.40	306.892	55.87
7-43-16—26	41	0.33	244.306	36.18
7-43-29	45	0.29	248.319	40.09
7-43-30	47	0.40	246.997	41.16
7-43-33—39	51	0.32	277.833	47.47
8-17-1—4	54	0.67	321.393	57.49
8-17-11—17	57	0.42	282.119	50.47
9-20-13—16	70	0.85	315.238	58.32
9-20-14—16	71	0.98	240.728	27.59
10-24-15—22	79	0.72	367.937	66.88

续表

岩心块号	裂缝编号	参数		
		裂缝平均宽度/mm	裂缝长度/mm	倾角/(°)
11-11-1—3	81	0.25	412.641	69.57
11-11-8	84	0.43	285.061	51.18
11-11-7—10	85	0.44	304.362	61.25
13-22-11—16	102	0.31	297.382	49.49
	104	0.85	243.835	36.51
13-22-15	106	1.20	245.519	34.82
14-15-2—6	108	0.66	282.419	47.5
14-15-7	109	0.20	240.36	34.15
15-35-11—21	114	0.27	232.574	17.65
15-35-11—21	115	0.45	288.598	50.84
15-35-11—21	116	0.43	228.99	21.52
15-35-11—21	118	0.54	298.758	56.33
16-24-1—5	130	0.14	231.006	18.64
16-24-13—16	131	0.27	328.354	59.97
	132	0.24	329.66	60.14
18-9-1—3	137	0.20	250.307	41.3
24-15-1—12	146	0.27	234.424	23.79
24-15-1—12	149	0.25	325.023	59.39
24-15-1—12	150	0.34	328.752	59.89
25-12-5	157	0.55	280.399	46.86
28-19-1—4	178	0.34	322.181	57.86
29-14-1—8	184	0.48	437.659	73.47
38-6-1—6	197	0.60	360.836	69.01
42-11-5—8	206	0.59	363.89	66.08
43-11-1—7	210	0.48	381.124	67.26
44-9-2	214	0.33	259.185	51.79

由于岩心在取出地表的过程中上覆压力发生了卸载，因此通过岩心直接计算的裂缝宽度并不能等同于地下地层中实际的裂缝宽度，在进一步的研究中可以利用覆压或CT数据对裂缝宽度进行校正。

（四）电成像测井和岩心裂缝参数刻度

分别计算岩心和电成像测井中的裂缝参数，分析同一条裂缝的倾角、长度和宽度等在岩心和电成像测井上的响应关系。用岩心裂缝参数标定刻度电成像测井计算的裂缝参数，进一步利用未取心段的电成像测井计算地层中裂缝的几何参数。

1. 裂缝倾角和长度的关系

一般认为，高角度裂缝对应的裂缝井轴长度大，低角度裂缝对应的裂缝井轴长度小，二者之间应是一种线性关系。分别对岩心和电成像测井中的46条裂缝进行长度和倾角的数据统计，结果表明不论是在岩心上还是电成像测井上单条裂缝的长度和倾角之间都表现为对数关系，并非一般认为的线性关系（图3.33）。

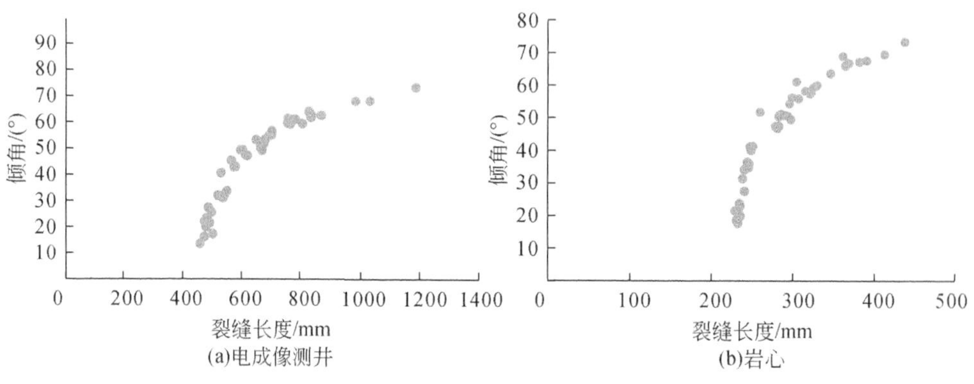

图3.33　裂缝长度和倾角的关系

2. 岩心和电成像测井裂缝倾角对比

裂缝的倾角数据显示岩心计算的裂缝倾角和电成像测井计算的裂缝倾角之间的相关性高，相关系数为95.14%，二者裂缝倾角变化趋势也基本一致（图3.34）。

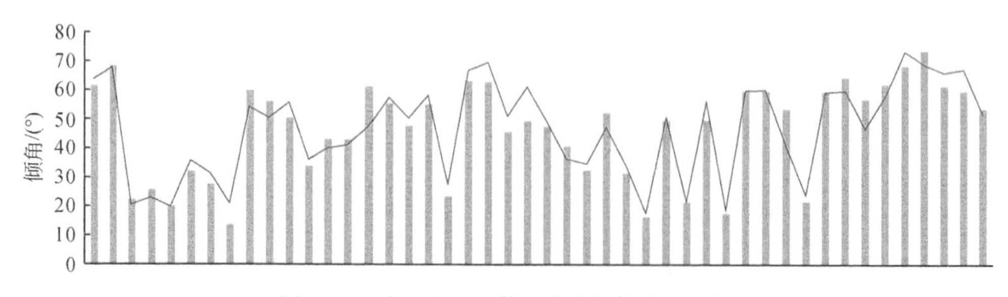

图3.34　岩心与电成像测井裂缝倾角对比图

柱状图为电成像测井计算的裂缝倾角，红色折线为对应的岩心计算的裂缝倾角

3. 岩心和电成像测井裂缝长度对比

电成像测井是贴井壁360°测量井壁附近地层电阻率的变化，提供的动静态图像是井眼外井壁的图像特征；岩心是通过取心筒钻取的，显示的是井壁向井轴延伸一定距离后（岩心和井壁之间的间隔）的地层特征。穿过井壁延伸的构造裂缝一般在岩心上也存在裂缝显示，但是由于井壁和取心筒之间存在间隔，同一条裂缝在岩心和电成像测井上计算的长度值存在差异。该科探井的岩心半径是32.75mm，取心钻头半径是76.2mm，是岩心半径的2.33倍；同一条裂缝在电成像测井上计算的裂缝长度是岩心计算裂缝长度的2~3倍，电成像测井计算的平均裂缝长度是岩心计算的平均裂缝长度的2.28倍，与岩心直径和井眼直径的变化相一致。

4. 岩心与电成像测井的裂缝宽度关系分析

由表3.8可知，岩心计算的裂缝宽度主要在0.1~1mm变化，少数大于1mm；FMI电成像测井计算的裂缝宽度数量级在微米级别，个别大于0.1mm，多数小于0.06mm，岩心和电成像测井计算的裂缝宽度表现为一定程度的线性关系（图3.35），暗示在浅层钻井岩心计算的裂缝宽度可能相对准确。如前所述，电成像测井计算的裂缝宽度是利用泥浆滤液电阻率、冲洗带电阻率及电导异常面积等，根据数值模拟建立的模型计算的，并非真实的裂缝几何宽度。因此根据这一关系可以利用电成像测井计算的裂缝宽度去反推地表岩心中的裂缝几何宽度。在深埋条件下未发生矿物胶结的裂缝其宽度在微米级，因此除了岩心计算的裂缝宽

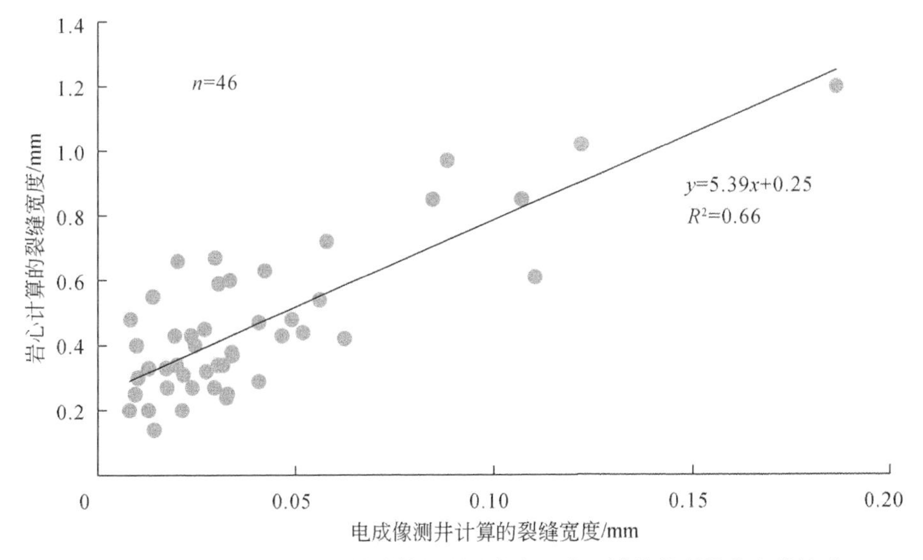

图3.35　试验井电成像测井计算的裂缝宽度和岩心计算的裂缝宽度的关系

度，还可以进一步在含裂缝岩心覆压测试的基础上计算地层条件下裂缝的渗透率和水力学宽度；也可以对比电成像测井物模获得的裂缝宽度和实际测量的宽度，大致评估地层条件下裂缝的几何宽度。

二、数值模拟研究进展

地球物理测井中使用的数值模拟方法较多，常用的包括有限差分法和有限元素法，前者计算简单，后者网格设置较为灵活，可以使用任意形状的网格对选定区域进行分割，也可以根据目标区域的形状和场函数的需要将节点疏密有致地排布。电成像测井研究的地质现象通常较为复杂，因此现有的研究多采用有限元素法开展相关的数值模拟研究。在模拟中需要首先建立数学物理模型，用数学方法来描述客观的物理过程。具体而言，电成像测井的物理过程是供电电极以恒定的电位向井壁地层发射电流，通过分析发射电流（供电电流）的变化和分布来分析地层电阻率的变化。建立的数学物理模型就是需要将这一过程用数学方式表达出来。由于微电阻率成像的供电电流可以处理为稳定电流场，其在地层中形成的电位场函数满足柱坐标系下的拉普拉斯微分方程：

$$\frac{1}{r}\frac{\partial}{\partial r}\left(\sigma r\frac{\partial u}{\partial r}\right)+\frac{1}{r^2}\frac{\partial}{\partial\varphi}\left(\sigma r\frac{\partial u}{\partial\varphi}\right)+\frac{\partial}{\partial z}\left(\sigma\frac{\partial u}{\partial z}\right)=0$$

式中：σ 为地层的电导率。

由于电极都是等位面，且有一定的电流，因此在纽扣电极表面、极板表面、推靠器中心支架棒表面、回路电极表面、极板绝缘环表面、仪器绝缘环外套表面和仪器外边界“无穷远边界”上都应满足对应的边界条件（王大力，2001），即纽扣电极表面、金属极板表面、推靠臂满足等位面条件，在绝缘环外套表面和极板陶瓷块表面满足绝缘条件，在仪器的外边界上满足零电位条件。

上述定解问题属于三维空间电场问题，受电成像测井电极系几何形状、地层条件和测井响应非线性的影响，求解各边界条件的微分方程较难得到解析解，需要首先建立相应的变分形式。按照变分原理，各定解问题可以转化为对泛函方程取极小值的变分问题，在柱坐标系下表达为（柯式镇，2008）

$$\phi(U)=\frac{1}{2}\iiint_{\Omega}\left[\left(\frac{\partial u}{\partial r}\right)^2+\left(\frac{\partial u}{\partial\varphi}\right)^2+\left(\frac{\partial u}{\partial z}\right)^2\right]\mathrm{d}r\mathrm{d}\varphi\mathrm{d}z-\sum_{e}I_eU_e \tag{3.3}$$

式中：$\phi(U)$ 为电位场函数 U 的泛函；I_e 和 U_e 分别为各电极的电流和电位；Ω 为求解区。

进一步通过离散化方法将该泛函转变为在有限多个节点上的多元函数，最后对方程组进行求解。

在数理模型建立的基础上，在网格单元选择的基础上需要按照一定的划分原则对目标区域进行网格化。目前有限元的网格包括了线、面、体单元，其中体单元适用于三维模型。体单元中又包括了四面体单元和六面体单元，考虑顶节点和每条边的中间节点，又可以划分为四节点四面体、十节点四面体、八节点六面体、二十节点六面体等。在网格划分时，模拟过程中把井眼、仪器、裂缝和地层划分成三维网格，在靠近极板、电极和裂缝的地方网格加密，在远离这些目标体的地方则逐渐抽稀（图3.36）（王大力，2001；柯式镇和孙贵霞，2002）。

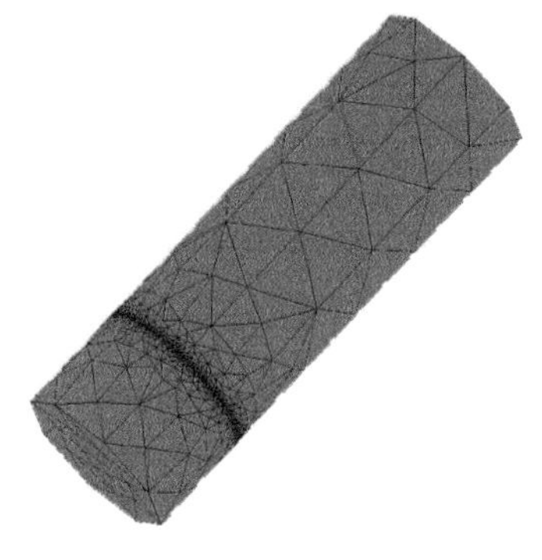

(a)含裂缝地层介质模型有限元网格划分

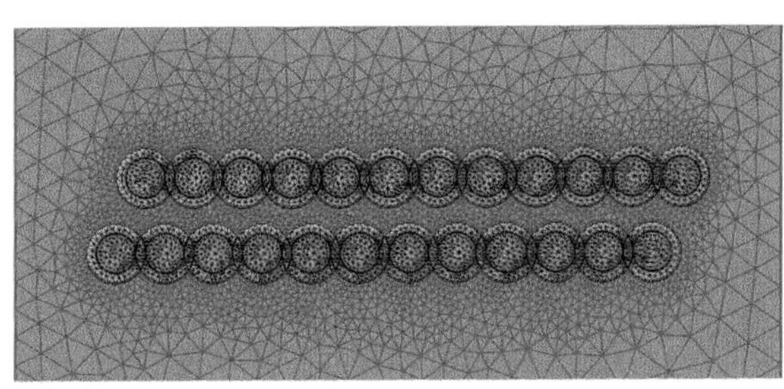

(b)纽扣电极附近网格划分

图3.36　含裂缝地层介质模型有限元网格划分及纽扣电极附近网格划分

假定裂缝和井眼中充满泥浆，裂缝壁表面平滑

由于天然裂缝和油气资源勘探和开发的关系较为紧密，因此目前地质体的电成像测井数值模拟主要是针对裂缝的不同参数进行的（Luthi and Souhaite，1990；王大力，2001；柯式镇和孙贵霞，2002；柯式镇，2008；Ponziani et al.，2015），尤其是裂缝的宽度。不同研究者先后对电成像测井的裂缝响应进行了数值模拟考察（表3.9），并提出了较为相似的宽度计算模型。其中，电成像测井裂缝宽度的计算模型最早是由斯伦贝谢的Luthi和Souhaite利用三维有限元模拟提出，并在Moodus科研井利用FMS进行了现场测试，该研究中取得的主要认识有：①裂缝倾角、仪器和井壁之间的距离对裂缝宽度的计算没有太重要的影响；②单条裂缝宽度沿裂缝迹线变化；③计算的裂缝宽度可在10μm～1mm变化，甚至小于10μm。

表3.9　已有的电成像测井裂缝数值模拟考察

参考来源	模拟项目
Luthi 和 Souhaite（1990）	地层电阻率 R_{xo} 分别为10Ω·m、100Ω·m和1000Ω·m，裂缝宽度从50μm到200μm，裂缝倾角从0°到40°，仪器与井壁的距离（stand off）从0mm到2.5mm，泥浆滤液电阻率 R_m 为定值0.1Ω·m

续表

参考来源	模拟项目
王大力（2001）	地层电阻率 10Ω·m、16Ω·m、30Ω·m、100Ω·m、200Ω·m、600Ω·m、1000Ω·m、3000Ω·m、5000Ω·m、20000Ω·m，泥浆电阻率 0.02Ω·m、0.1Ω·m、0.2Ω·m、0.5Ω·m，裂缝宽度 5μm、10μm、20μm、30μm、50μm、100μm、200μm、500μm，仪器与井壁的距离（stand off）0mm、1mm、2mm、5mm，裂缝倾角 0°、26°、45°、64°，裂缝延伸长度 10mm、20mm、200mm，复合裂缝考察
柯式镇和孙贵霞（2002）；柯式镇（2008）	裂缝宽度 100μm、150μm、200μm、250μm、300μm、350μm、400μm、450μm、500μm，地层电阻率和泥浆滤液电阻率比分别为 0.001、0.005、0.01、0.05、0.1、0.5，裂缝延伸长度 50mm、100mm、150mm、200mm、250mm、300mm，复合裂缝考察
Ponziani 等（2015）	裂缝宽度从 0.1mm 到 1mm，仪器与井壁的距离从 0 mm 到 2.0mm，泥浆滤液电阻率从 0.24Ω·m 到 24Ω·m，地层电阻率 2400Ω·m
长江大学 2015 年报告《井旁反射波缝洞信息提取及联合反演技术》	裂缝宽度分别为 20μm、40μm、60μm、80μm、100μm、200μm、400μm、500μm、600μm、700μm、800μm，泥浆滤液电阻率 0.1Ω·m、0.2Ω·m、0.5Ω·m、1Ω·m、5Ω·m，裂缝延伸长度 20mm、30mm、40mm、50mm、100mm、300mm 以及无限延伸，裂缝倾角分别为 0°、15°、30°、45°、60°、75°，复合裂缝考察

王大力利用数模方法对电成像测井裂缝宽度的计算进行了模拟，与 Luthi 等的研究相比取得的相同认识有：①仪器和井壁的距离对附加电流 A 值没有太大的影响，仅改变了电极测量的异常电流信号的宽度和高度（图 3.37）；②在地层电阻率和泥浆滤液电阻率一定时，裂缝宽度和附加电流 A 呈正比关系（图 3.38）。与前人研究取得的不同认识有：①当地层电阻率增大到一定程度（可能大于 600Ω·m）时，其对宽度的计算影响不大；②泥浆电阻率对附加电流与裂缝开度的影响大于地层电阻率；③裂缝宽度一定时，附加电流 A 和泥浆滤液电阻率呈反比关系；④裂缝宽度一定时，附加电流 A 和地层电阻率呈微弱的反比关系；⑤裂缝间距大于纽扣电极直径时，两条裂缝可以区分开，裂缝间距等于纽扣电极直径时，两条裂缝也可以区分开，但是两条裂缝之间的测井响应开始彼此影响，当裂缝间距小于纽扣电极直径时，两条裂缝无法被区分开，而且裂缝间距变化不影响总的附加电流（图 3.39）；⑥当地层电阻率和泥浆滤液电阻率的比值较大（大于 1000），或（和）裂缝宽度较小（小于 100μm）时，裂缝倾角对附加电流的影响

基本可以忽略（图 3.40）；⑦裂缝延伸对宽度的计算影响较为明显，裂缝测井响应的幅度随着延伸程度的增大而升高，当延伸程度增大到一定程度时（约 200mm），测井响应的幅度便不再发生明显的变化。

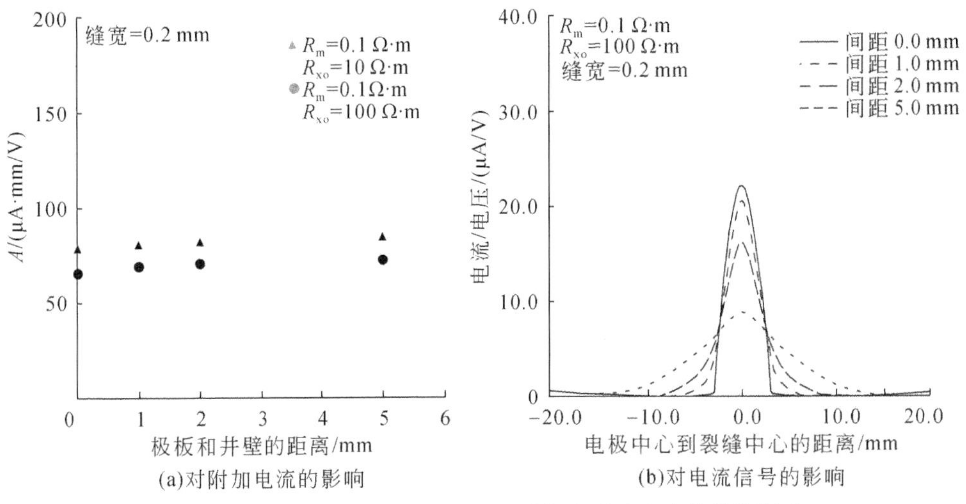

(a)对附加电流的影响　(b)对电流信号的影响

图 3.37　仪器和井壁之间的距离对附加电流和电流信号的影响（王大力，2001）

（b）中横坐标表示电极中心到裂缝中心的距离，裂缝在纽扣电极上部为正数，裂缝在纽扣电极下部为负数，响应曲线和坐标横轴围成的面积即为附加电流 A

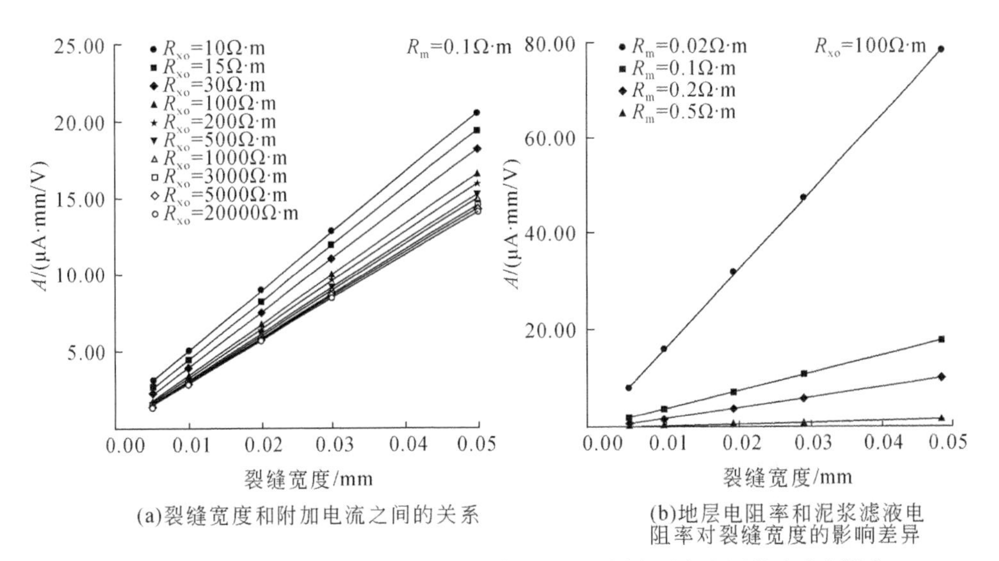

(a)裂缝宽度和附加电流之间的关系　(b)地层电阻率和泥浆滤液电阻率对裂缝宽度的影响差异

图 3.38　裂缝宽度和附加电流之间的关系以及地层电阻率和泥浆滤液电阻率对裂缝宽度的影响差异（王大力，2001）

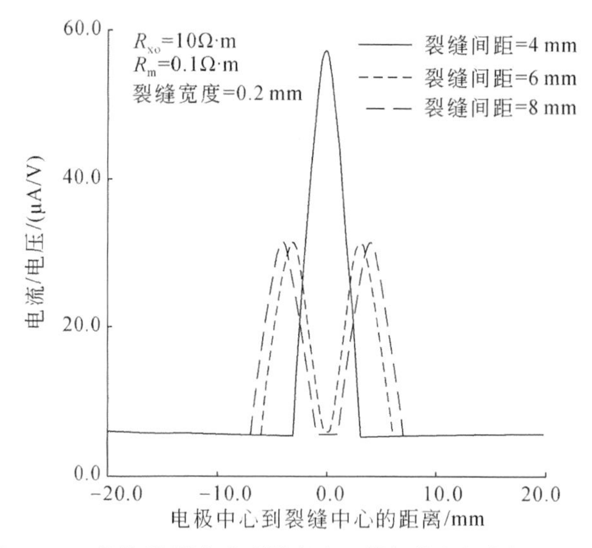

图 3.39　不同间距的复合裂缝考察（模拟的电极直径是 6mm）

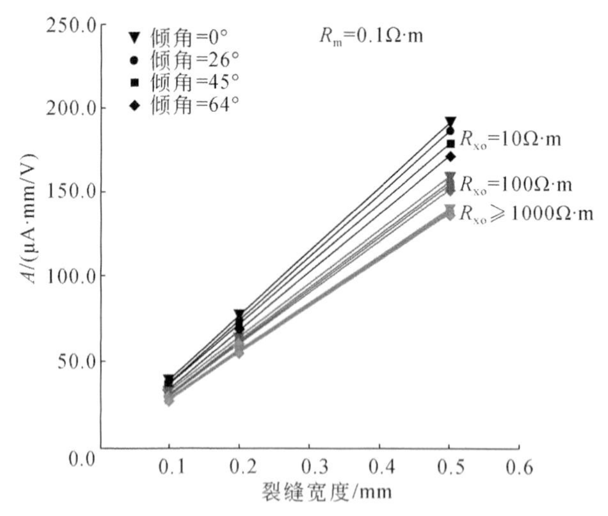

图 3.40　裂缝倾角变化对附加电流 A 的影响（王大力，2001）

柯式镇等人的研究是对前人工作的重复，得出的结果和前人的一致（柯式镇和孙贵霞，2002；柯式镇，2008）。Ponziani 的研究重点是通过物理模拟去检验前人数值模拟的结果，因此模拟的项目及参数设置与 Luthi 等人基本一致。长江大学的研究在裂缝宽度、泥浆滤液电阻率和复合裂缝考察等方面和前人取得的认识一致，而在裂缝延长深度方面，研究认为随着裂缝延长深度的增大，电流/电压值是逐渐增大的，但增大的幅度越来越小，说明裂缝延长深度增长对纽扣电极处的测量结果的贡献值越来越小（图 3.41），当深度在 100～300mm 时，仪器对裂缝延长深度的响应不再变化，即仪器的探测深度是有一定深度范围的。

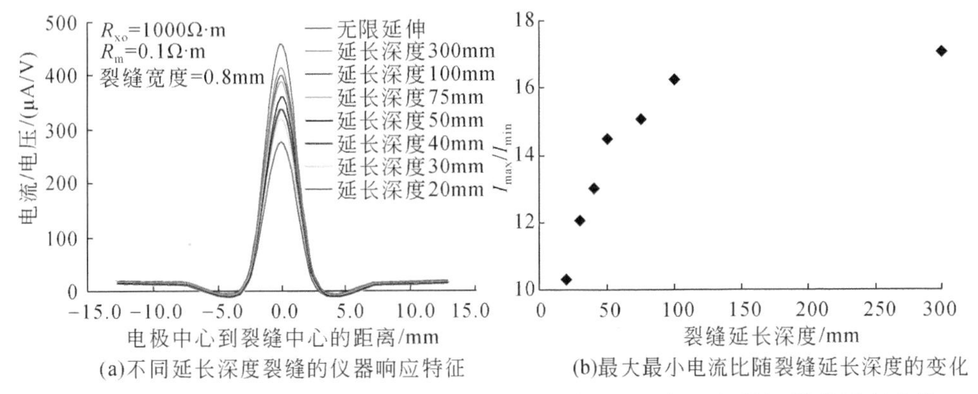

(a)不同延长深度裂缝的仪器响应特征　(b)最大最小电流比随裂缝延长深度的变化

图 3.41　不同延长深度裂缝的仪器响应特征以及最大最小电流比随裂缝延长深度的变化

三、物理模拟研究进展

物理模拟方法是数值模拟的有益补充。电成像测井物理模拟也主要是针对天然裂缝进行的（王大力，2001；Ponziani et al.，2015）（表 3.10），可以佐证数值模拟的正确性。王大力的物理模拟实验装置主要包括了测量系统和实验水槽两部分。测量系统完全使用了微电阻率扫描成像测井仪器的数据采集、传输和处理的对应部分，而在模拟时只使用了一个极板。实验水槽由绝缘塑料制作（图 3.42），模拟井眼环境下的含裂缝地层，含裂缝地层的地质体模型由致密砂岩制作而成，在砂岩中人为制造裂缝，且裂缝延伸方向和水平面垂直，保证极板和电极垂直裂缝面滑过。实验时将极板贴靠在水槽中的砂岩模型上。致密砂岩没有进行实验前的烘干和抽真空，同时实验时的室温未进行人为控制。模拟的结果表明：①地质体模型骨架电阻率（等价于地层电阻率 R_{xo}）或水溶液矿化度（等价于泥浆滤液电阻率 R_m）的变化对附加电流 A 有影响；②附加电流和裂缝宽度之间呈较好的线性关系。

表 3.10　电成像测井的裂缝响应的物理模拟考察

参考文献	模拟项目
王大力（2001）	分别在淡水和盐水中测试裂缝宽度和 A 的关系
Ponziani 等（2015）	5 种不同浓度的盐溶液对应 5 个不同的电阻率比值，4 个裂缝宽度、4 个仪器与井壁之间的距离，共 80 个实验

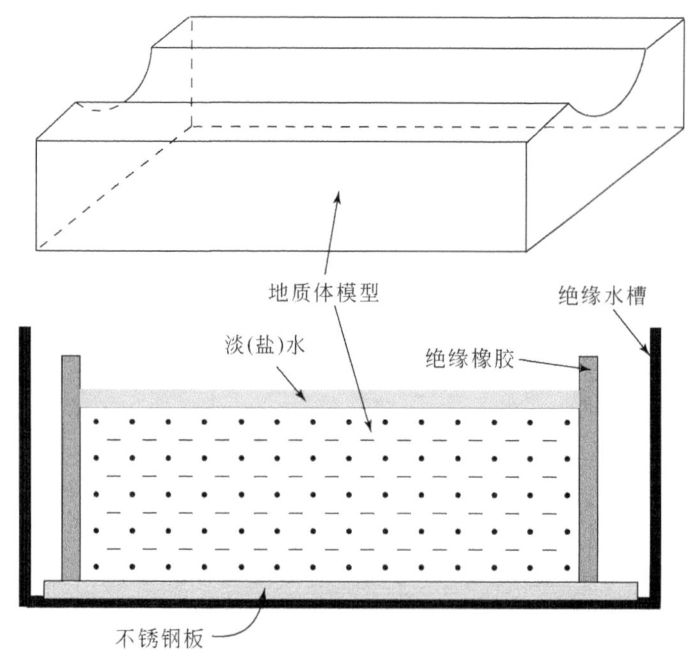

图3.42 实验水槽结构示意图（王大力，2001）

地质体模型为半井眼形状，曲率和极板曲率基本一致。回路电极用不锈钢板代替设置在水槽底部，用电导线连接并引出水槽，然后夹在测井电缆上

Ponziani 等所做的物理模拟实验和王大力的实验具有相似性，但是在许多方面都有了改进，如控制了实验环境的温度，测量了盐溶液的电阻率 R_m。Ponziani 等利用了爱尔兰蓝色石灰岩（Irish blue limestone），选用石灰岩是考虑了该类岩石具有较低的孔隙度和渗透率，可以避免整个实验过程中发生流体向岩石的侵入，避免地层电阻率在实验过程中发生变化而影响结果分析，因此可以认为地层（石灰岩样品）的电阻率（R_{xo}）为定值，且由四电极电阻率仪器测量的数值为 2400Ω·m。由于盐溶液的导电性与温度有关，因此整个实验装置安装在一个控温室，在整个实验过程中温度恒定。盐溶液电阻率（R_m）用导电计测量。附加电流通过测量电极电流利用公式计算。裂缝宽度指的是两块灰岩样品中间的间距，由数字显微镜（Dino-Lite Pro AM-413T）测量。测量时极板电极的中心和石灰岩样品的顶部接触，回路电极（铜板）位于石灰岩样品的底部（图3.43）。同一裂缝宽度下，不同盐溶液测量前都需要对样品进行烘干处理，当完成了同一宽度下的五次测量时需要重新调整裂缝宽度。

模拟的结果表明：①与王大力的数值模拟结果相一致，仪器和井壁的距离对附加电流 A 值没有太大的影响，仅改变了电极测量的异常电流信号的宽度和高度（图3.44）；②异常电流和裂缝宽度之间呈较好的线性关系；③基于数字显微镜

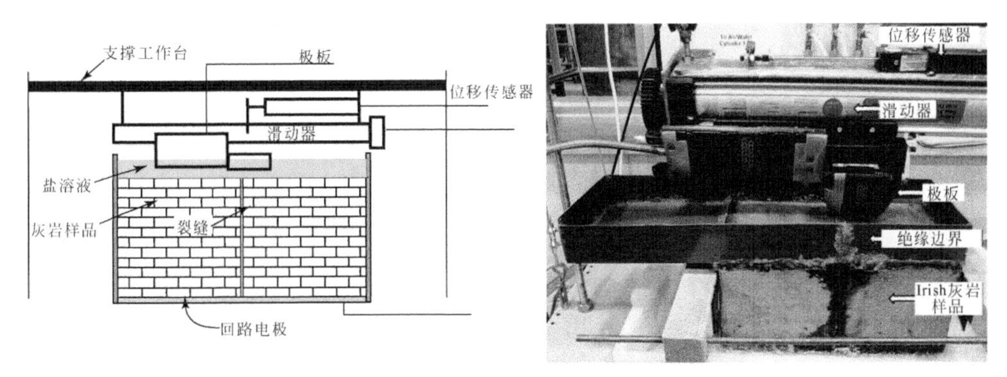

图 3.43　实验装置示意图及照片（Ponziani et al., 2015）

位移传感器位于滑动器的上部，用于准确控制极板的相对位移

和电成像测井计算的裂缝宽度值相差小于10%，说明电成像（FMI）在一定程度上可以用于评价地层裂缝宽度的大小，但是当裂缝的实际宽度越小时，电成像计算的宽度值相对实际宽度值的偏差可能越大；当裂缝宽度为 0.9mm 时变异系数仅为 8.6%，而当裂缝宽度减小到 0.1mm 时，变异系数高达 44%。考虑埋深条件下地层中裂缝的宽度多小于 0.1mm，因此在油气储层评价时电成像测井计算的宽度值可能和地层中实际裂缝的宽度存在较大的差距。

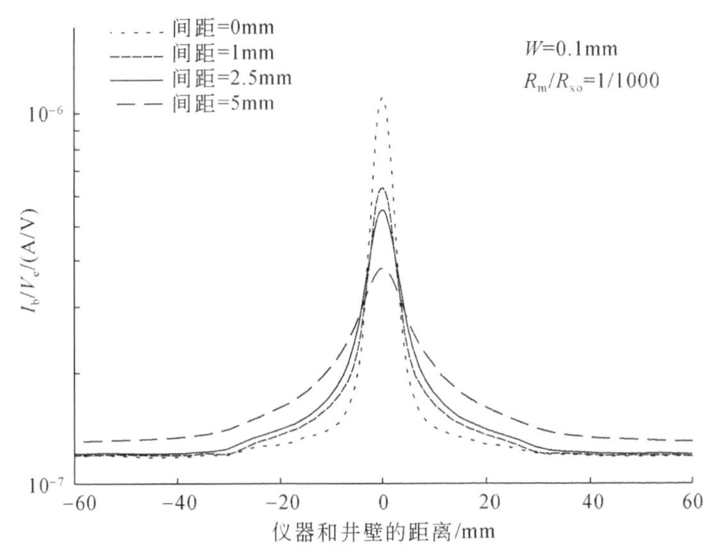

图 3.44　物理模拟实验中仪器和井壁的距离对电流信号的影响

（Ponziani et al., 2015）

第四章　陆相碎屑岩地层中的应用实例

我国主要含油气盆地的碎屑岩地层都进行过井壁电成像测井数据的采集，包括塔里木盆地白垩系和古近系、准噶尔盆地三叠系（百口泉组）、酒西盆地白垩系、鄂尔多斯盆地二叠系和三叠系、四川盆地三叠系（须家河组）、二连盆地中生界（腾格尔组）、沁水盆地石炭系和二叠系、渤海湾盆地新生界、苏北盆地泥盆系（五通组）、江汉盆地古近系（潜江组）、珠江口盆地古近系（文昌组）、莺琼盆地新生界、北部湾古近系（流沙港组）、北黄海盆地中生界等。沉积盆地钻井中选用井壁电成像测井可以在节约成本和高效数据采集的基础上，获得与岩心最为相似的井下连续图像，获取更多的井下碎屑岩地层的构造和沉积等方面的信息。

碎屑岩地层研究的内容主要包括地层的划分、沉积地层的构造演化过程和构造形貌、沉积过程和沉积外貌、成岩作用及成岩演化过程等。受仪器测量特性的影响，井壁电成像测井难以有效表征成岩特征，但可以对碎屑岩地层划分、构造解释和沉积学描述提供技术支撑。如通过动静态图像的观察分析可以明确地层顶、底界面附近的地层特征，从而进行地层单元的划分；通过地层倾角的拾取可以揭示地层所在构造单元的空间几何形态；通过详细的岩性、沉积构造以及沉积序列的描述可以明确地层的沉积相类型和沉积演化过程；通过获取的沉积倾角可以推测碎屑岩地层最初发育时的古水流方位。

本章以我国西部塔里木盆地库车拗陷克拉苏构造带下白垩统巴什基奇克组碎屑岩地层为例，详细阐述微电阻率扫描成像测井在陆相砂泥岩地层中的应用，为其他地区碎屑岩地层电成像资料的系统应用提供参考实例。由于井壁电成像测井图像本质反映的仍然是地层的电属性特征，获取的信息必然在一定程度上存在多解性，在解释前需要对既定目标层的区域地质概况有清晰的认识，如沉积解释需要了解目的层的沉积环境和沉积相类型，构造解释需要尽可能掌握目的层现今发育的构造背景。因此，本章首先介绍巴什基奇克组发育的地质背景，为后续的图像解释提供宏观的地质框架。

第一节　地 质 概 况

一、地理位置

库车拗陷位于塔里木盆地北部，北临南天山造山带，南界在不同时期不尽相同（田作基和宋建国，1999）。拗陷整体呈一个 NEE—SWW 的狭长条带状，与南天山造山带基本平行，东西长 550km，南北宽 30 ~ 80km，面积约为 28500km^2。包括库车拗陷南斜坡在内其勘探总面积可达 47000km^2。该拗陷的油气勘探历经 60 多年，当前已成为国内油气增储上产的重要基地。

二、构造特征

研究区克拉苏构造带属于库车拗陷山前第二排构造，是库车拗陷的逆冲带，北临北部单斜带，向南与拜城凹陷和秋里塔格构造带相接，西邻乌什凹陷，东接依奇克里克构造带。受差异挤压变形的影响，该带平面上呈“S”形展布，具有“东西分段、南北分带、上下分层”的特征（何登发等，2009；谢会文等，2012）。依据控制构造变形的区域断裂和构造特征，构造带由北向南依次发育克拉和克深两个区带；按照断裂特征、构造样式和结构，自西向东又可分为阿瓦特段、博孜段、大北—克深 5 段、克深 1—克深 2 段和克拉 3 南段（图 4.1）。

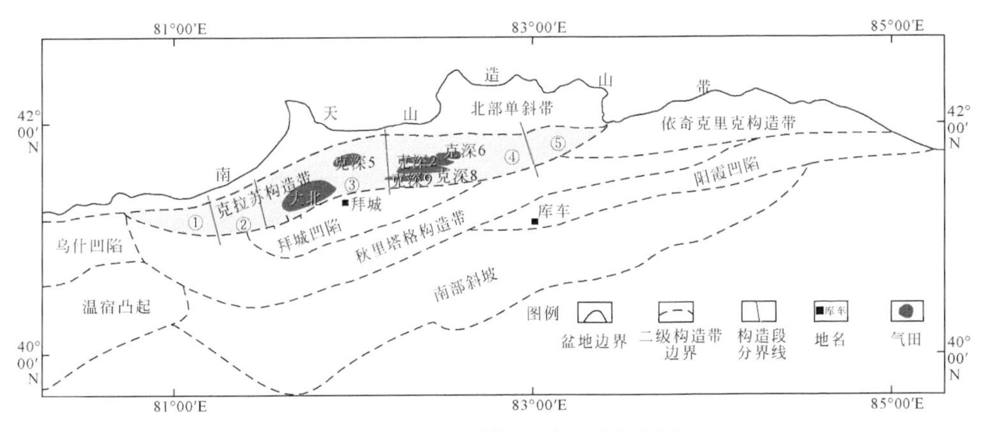

图 4.1　库车拗陷构造单元划分略图

①-阿瓦特段；②-博孜段；③-大北—克深 5 段；④-克深 1—克深 2 段；⑤-克拉 3 南段。改自塔里木油田内部报告

受南天山新生代以来南北向的持续挤压，研究区不同尺度的断裂十分发育。按照所起的作用及运移方位的不同，这些断裂可分为两种断层类型：逆冲断层和调节断层（王清晨等，2004；何登发等，2009）。逆冲断层自北向南分布，依次为克拉苏北、克拉苏、克深北、克深、克深南以及拜城等六条二级逆冲断裂（图 4.2）。断层走向与克拉苏构造带一致，断面北倾，上陡下缓，呈铲式（图 4.2）。其中，克拉苏北断裂和拜城断裂分别为北部单斜带、拜城凹陷和克拉苏构造带的分界线。研究区还发育一系列三、四级断裂带，与上述二级断裂一起控制区内断背斜的展布。同时，由于褶皱冲断带相邻块体之间运动速率和收缩量的差异，克

拉苏构造带自西向东依次发育喀拉玉尔滚、康村、大宛齐和克拉2等四条走滑断层（图4.2）。

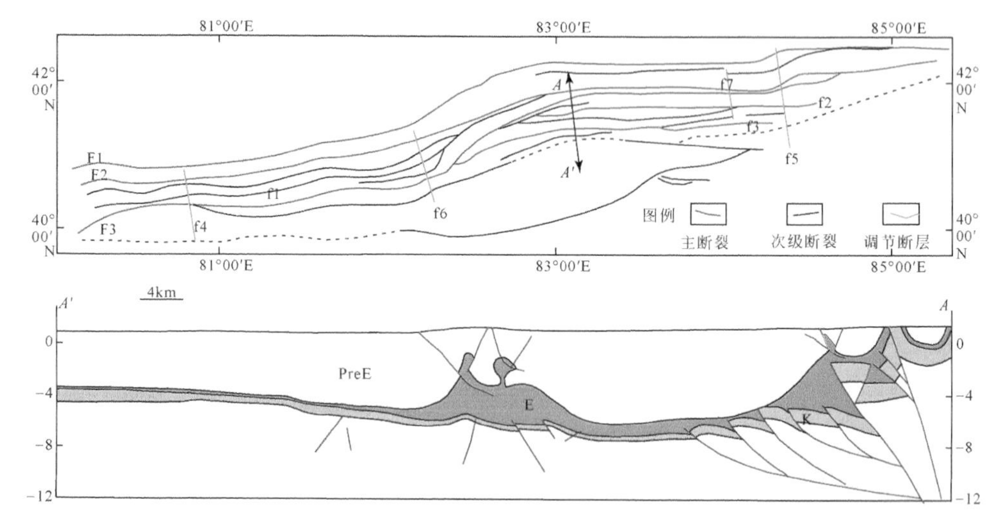

图4.2　克拉苏构造带断裂体系

F1-克拉苏北断裂；F2-克拉苏断裂；F3-拜城断裂；f1-克深北断裂；f2-克深断裂；f3-克深南断裂；f4-喀拉玉尔滚断裂；f5-康村断裂；f6-大宛齐侧断坡；f7-克拉2侧断坡。改自塔里木油田内部报告

区内背斜以长轴背斜为主。受各级逆冲断裂控制，背斜沿克拉苏构造带总体呈“串珠状”特征分布，且走向以NE—SW（大北2、大北3、克深5）、NEE—SWW（大北101、阿瓦3、博孜1、克深9）和E—W（克拉2、克深2、克深6、克深8）为主，向两侧倾伏端倾伏尖灭。各背斜发育规模不同，主要断背斜圈闭要素见表4.1。

表4.1　克拉苏构造带主要断背斜圈闭要素

构造名称	圈闭类型	圈闭范围				圈闭幅度/m	高点埋深/m
		东西长/km	南北宽/km	长宽比	圈闭面积/km²		
大北101	断背斜	12	2	6∶1	29.4	536	5740
大北202	断背斜	13.6	5.4	2.5∶1	55	450	5790
大北3	断背斜	13.8	5.3	2.6∶1	56.3	700	7000
克深2	断背斜	45.1	4.9	9.2∶1	140.7	550	6563

续表

构造名称	圈闭类型	圈闭范围				圈闭幅度/m	高点埋深/m
		东西长/km	南北宽/km	长宽比	圈闭面积/km²		
克深5	断背斜	24.4	5.5	4.4∶1	73.1	500	6875
克深6	断背斜	22.7	3.6	6.3∶1	62.5	850	5600
克深8	断背斜	27.7	3.4	8.1∶1	65.3	550	6665
克深9	断背斜	16.5	3.7	4.5∶1	38.5	325	7497

拗陷中新生代经历了挤压、伸展和再挤压三个大的构造演化序列（图4.3）。第一阶段为古前陆盆地演化阶段（卢华复等，1996；闫福礼等，2003）。构造演化始于晚二叠世塔里木板块向伊利地体的A型俯冲及周缘前陆盆地的出现。三叠纪为古前陆盆地发展的中晚阶段，到侏罗纪早期结束了古前陆盆地的演化，受喀喇昆仑山地区残余特提斯海的俯冲活动、大陆板块内部的均衡调整和一度活动的岩石圈冷却等综合影响（刘志宏等，2000），盆地进入伸展拗陷的准平原化阶段。该时期沉积了侏罗系和三叠系的泥质烃源岩、煤层以及侏罗系、白垩系和古近系广泛发育的砂岩储层。在白垩系末期存在一期大面积的抬升（闫福礼等，2003），导致中上白垩统缺失，推测是藏北地体与羌塘地体碰撞在塔里木盆地北缘陆内的

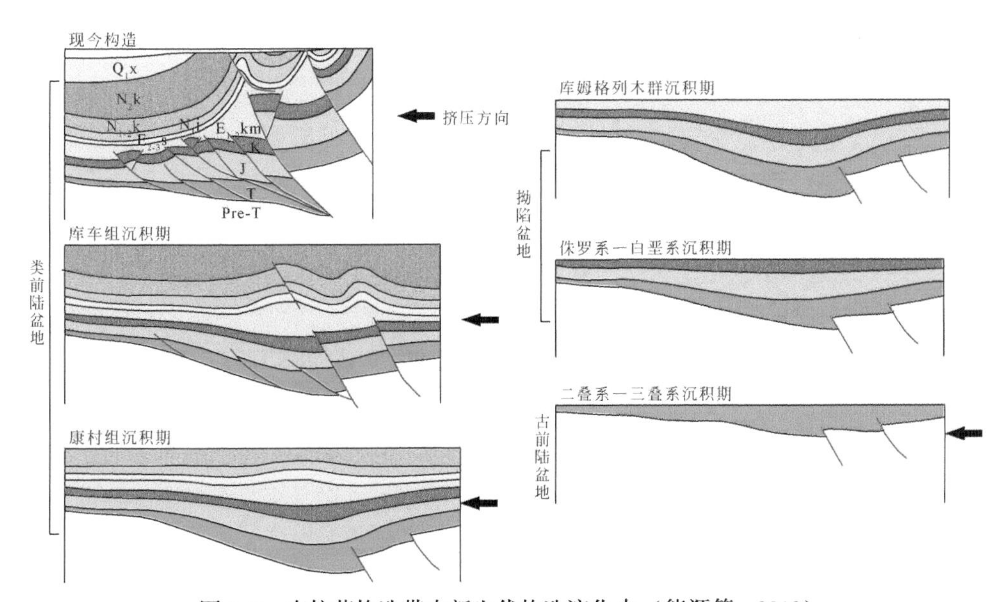

图4.3　克拉苏构造带中新生代构造演化史（能源等，2013）

构造响应（Zhang，2000；Zhang et al.，2002）。第三阶段为新近纪以来的再生前陆盆地阶段，也是盆地大范围分布的气藏圈闭的形成时期。该阶段的演化开始于古近纪末期（Yin et al.，1998；卢华复等，1999；刘志宏等，2000；汪新等，2002；张仲培等，2003；曾联波，2004），是亚洲大陆内陆对印藏碰撞（Dewey et al.，1988；郭令智等，1992）的构造响应（卢华复等，1999）。其逆冲推覆形式为连续扩展型（刘志宏等，2000；张仲培等，2003）或动静交替型（汪新等，2002）。

三、地层特征

地层自上而下分别为第四系、新近系、古近系、白垩系、侏罗系和三叠系（图4.4）。新近系进一步划分为库车组、康村组和吉迪克组；古近系发育苏维依组和库姆格列木群；白垩系发育巴什基奇克组、巴西改组、舒善河组和亚格列木组。区内滑脱层自上而下主要包括吉迪克组膏泥岩和泥岩盖层，库姆格列木群膏岩、膏泥岩和泥岩盖层，侏罗系泥页岩和煤层烃源岩，以及三叠系泥页岩。在上述滑脱层的影响下，构造样式表现出明显的上下分层特征。按照岩性和岩性组合序列，目的层下白垩统巴什基奇克组可进一步划分为三段，分别为巴一段、巴二段和巴三段，岩性自下而上分别为紫灰色厚层状砾岩、棕红色厚层状—块状中细粒砂岩夹同色含砾砂岩、粉砂岩、泥质粉砂岩和泥岩。目前钻井多钻至巴什基奇克组中上部（巴一段和巴二段）。

四、沉积特征

早白垩世库车盆地气候干热（顾家裕，1996；江德昕等，2008），沉积环境为氧化宽浅湖。该时期库车北缘整体地势平坦，滨浅湖宽阔，湖泊水位周期性变化。受北部天山、东南部库鲁克塔格以及西南部温宿凸起三大物源的控制（陈戈等，2012），同时伴随入湖三角洲离岸和向岸的反复迁移，加之辫状河道的快速迁移，使得三角洲砂体之间多次重复叠加，砂体沉积范围宽广。沉积相带在该时期表现为“东西展布，南北分带”的特征。巴什基奇克组早期为扇三角洲沉积体系，中晚期过渡为湖泊—辫状河三角洲沉积体系（朱玉新等，2000；贾进华，2000；顾家裕等，2001）。其中，巴三段属于扇三角洲沉积环境，巴二段和巴一段为辫状河三角洲。

五、储层特征

巴什基奇克组岩石类型主要为岩屑长石砂岩（图4.5），其中石英颗粒含量为45.0%～65.0%，长石颗粒含量为20.0%～35.0%，岩屑含量为14.0%～

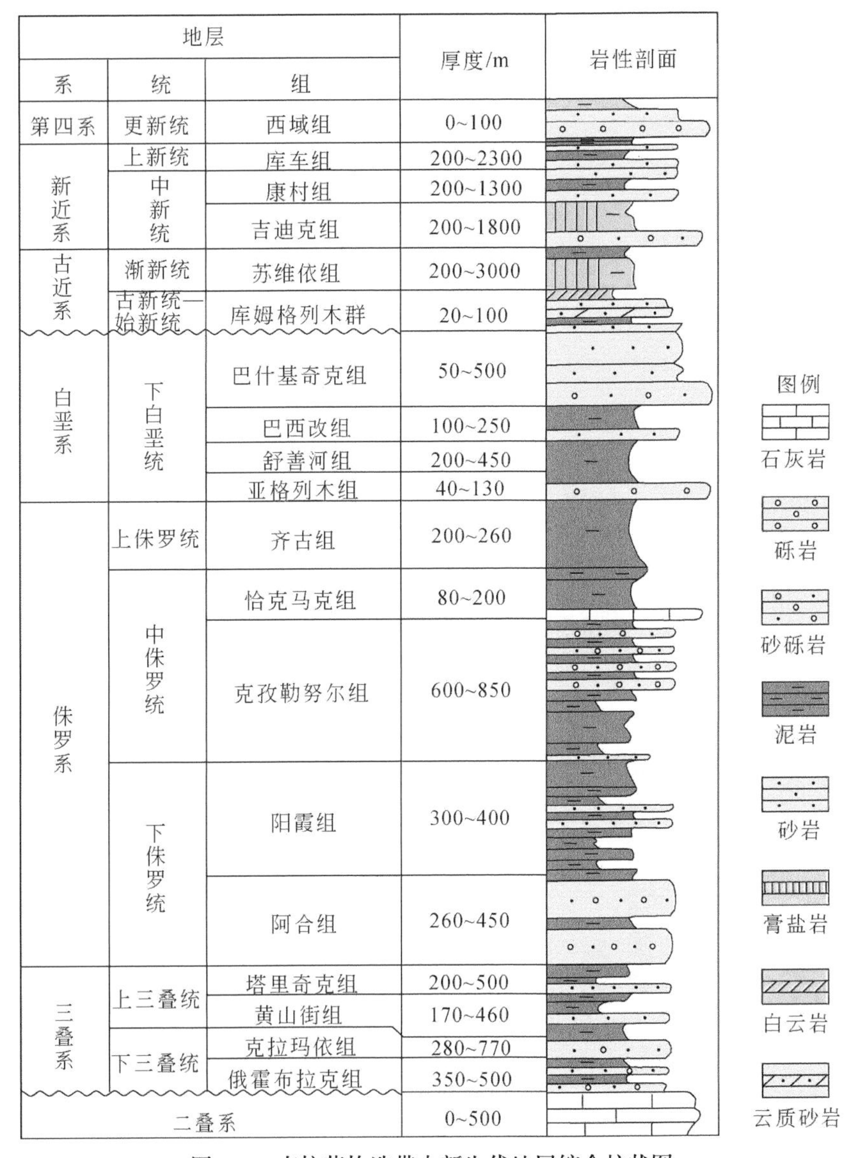

图4.4 克拉苏构造带中新生代地层综合柱状图

30.0%。杂基包括铁泥质和泥质，胶结物以方解石为主，也可见白云石和硬石膏。黏土矿物主要为伊蒙混层、伊利石和绿泥石，反映了偏碱性的成岩环境。碎屑颗粒组分呈次棱—次圆状，分选中等—好；胶结中等偏弱，以孔隙胶结为主，少数为接触胶结、镶嵌胶结和基底胶结，颗粒以点、点线接触为主。总体上，岩石组分具有低成分成熟度和中等偏高的结构成熟度特征。储集空间类型包括残余原生粒间孔、粒间溶孔、粒内溶孔、微孔隙和裂缝，其中以残余原生粒间孔和粒间溶孔为主（图4.6），其次为粒内溶孔和微孔隙。

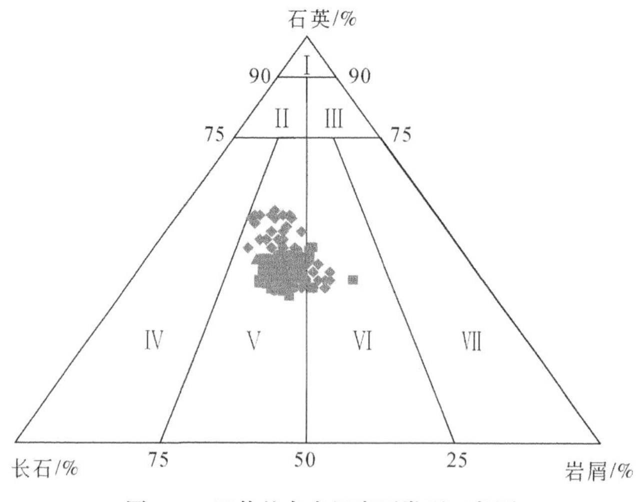

图4.5　巴什基奇克组岩石类型三角图

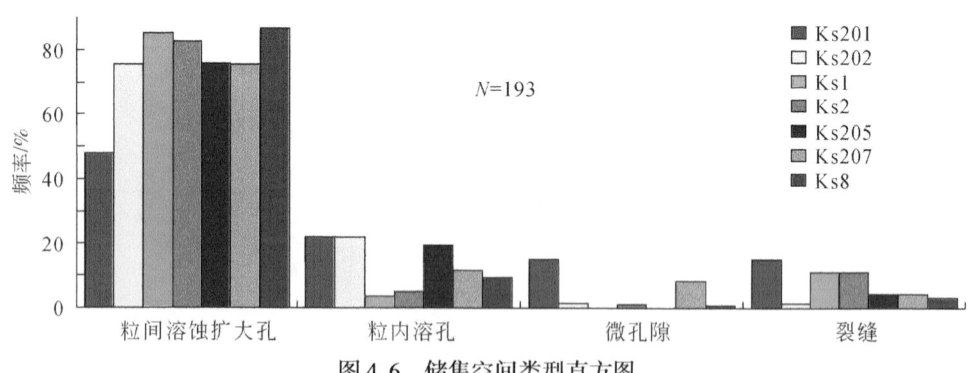

图4.6　储集空间类型直方图

巴什基奇克组储层基质孔隙度为1.5%～5.5%，平均值为4.0%。基质渗透率峰值为0.01～0.1mD（未覆压校正），平均值为0.084mD（张荣虎等，2014）。其中，大北地区基质孔隙度为0.68%～4.12%，平均值为1.95%，渗透率主要在0.0001～0.1mD，岩心单条裂缝未覆压渗透率主要在0.1～10mD［图4.7（a）］；克深地区基质孔隙度为2%～7%，基质渗透率为0.05～0.5mD，岩心单条裂缝未覆压渗透率在1～35mD变化［图4.7（b）］。根据《油气储层评价方法》（SY/T 6285—2011），储层为超低孔超低渗致密砂岩。

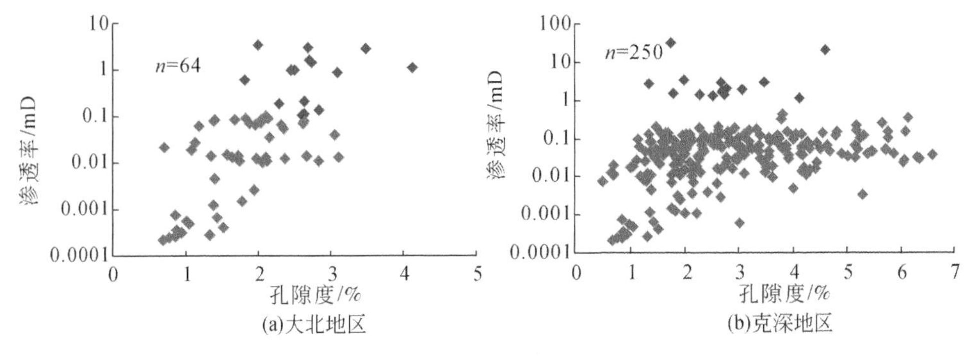

图4.7　巴什基奇克组孔渗交会图

六、地应力场特征

一般认为，与最大水平主应力方向一致或呈小角度相交的裂缝处于开启状态，渗透率高；与最大水平主应力垂直或呈大角度相交的裂缝处于关闭状态，渗透性低。因此，现今应力场对于构造裂缝的保存具有选择性。这里暂时不考虑成岩事件对这种现象影响的附加效应（Laubach et al.，2004）。对库车拗陷褶皱、断裂、节理、地层岩石组构、煤镜质组反射率、水压致裂、井径崩落等分析表明，新生代以来盆地的最大水平主应力方向没发生较大的变化，主要表现为近南北向的挤压（张明利等，2004；曾联波等，2004）。通过岩石声发射，曾联波等（2004）认为其应力强度自燕山晚期开始正在不断增强。拗陷北缘现今区域最大水平主应力方位具有自西向东顺时针旋转的特征（Heidbach et al.，2008）。

第二节　沉积学描述

一、岩性识别

岩心观察显示巴什基奇克组发育的岩性包括砾岩、中砂岩、细砂岩、粉砂岩和泥岩，也包括了泥质粉砂岩和粉砂质泥岩等。参照电成像测井沉积岩岩性解释的一般模型，在“岩心标定测井”的基础上，首先建立巴什基奇克组岩性解释的标准图版，为全井段图像的岩性解释提供依据。砾岩岩心显示了砾石的成分多样，有石英质砾石、火成岩砾石和变质岩砾石，粒径大小不一，砾石颗粒之间以砂质填充为主（图4.8）。砾岩在电成像测井图像中的特征较为显著，在静态图像中为高阻亮色的图像背景，反映了砾岩段地层电阻率较高，在动态图像中亮色斑块规则或杂乱堆叠，反映了砾石颗粒在地层中的堆积方式，同时亮斑尺寸大小不一、外形多样（图4.8）。

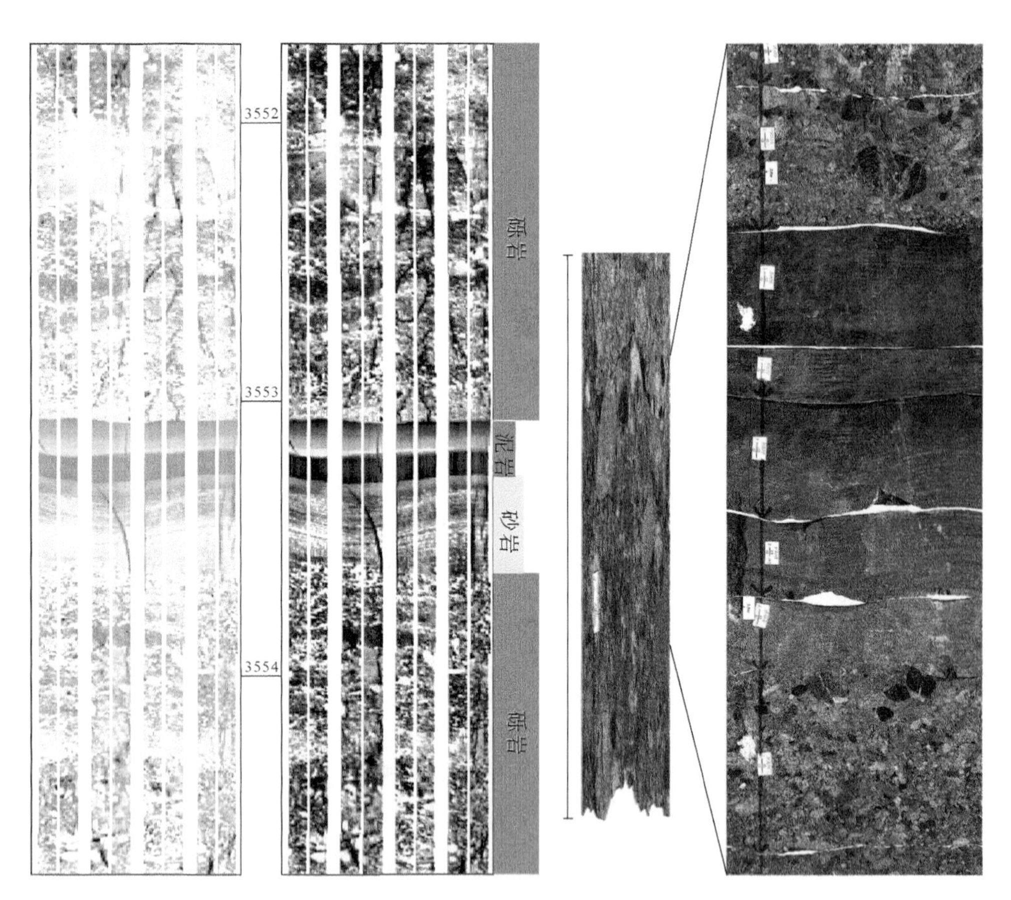

图4.8　巴什基奇克组砾岩解释图版

岩心等比例刻度，泥岩段和砾岩段表现为块状层理特征

地层中砂岩包括了中砂岩、细砂岩和粉砂岩，且以细砂岩和粉砂岩为主。电成像测井无法对这些砂岩进一步细分，因此统称为砂岩段。静态图像主要为中高阻亮色背景，反映了砂岩段的地层电阻率也较高。动态图像多为规则组合的带状模式（图4.9），反映了砂岩层（纹层）随时间发生周期性的堆积，形成了不同类型的层理；当单套砂岩层厚度较大时，也可表现为块状模式。在进行图像解释的时候也会出现低阻背景下的砂岩层，需要结合岩性曲线和密度曲线等进行综合判别。低阻砂岩发育的原因主要和地层的物性、泥质含量等有

关，而考虑这两个因素对地层流体的渗流起着近乎相反的作用，因此在砂岩段流体渗流分析时需要加以仔细甄别。

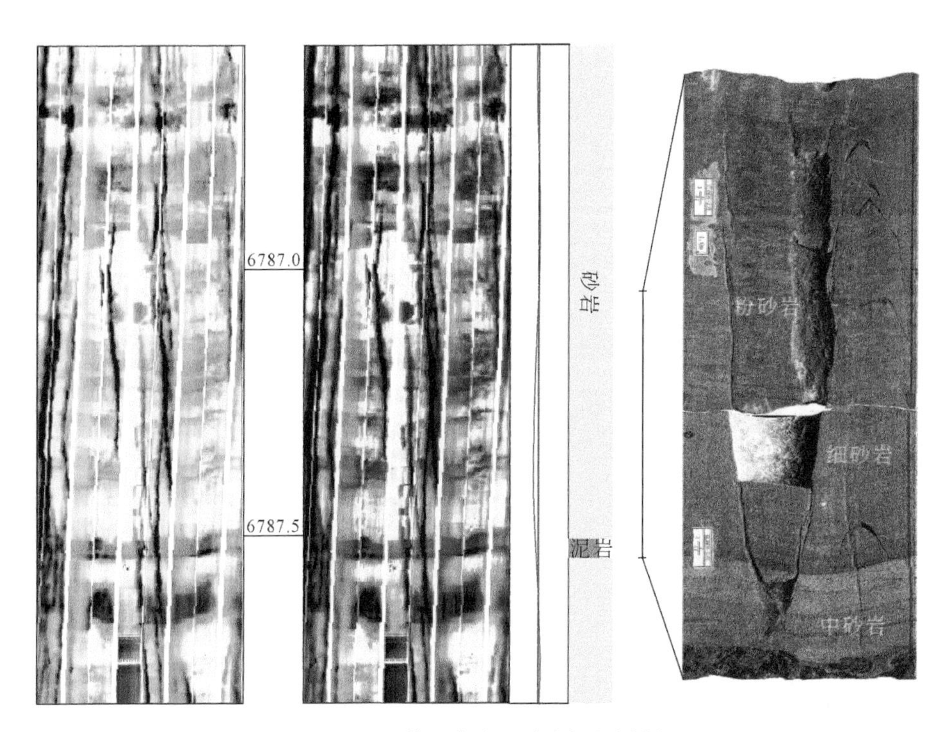

图 4.9 巴什基奇克组砂岩解释图版

岩心等比例刻度

泥岩在电成像静态图像上一般为中低阻的图像背景，和泥岩本身的地层电阻率较低相一致。动态图像中泥岩段多数并非表现为单一的低阻块状模式，而多呈规则组合的带状模式（图 4.10），条带之间以亮色细线分割，暗示了巴什基奇克组的泥岩是在缓慢沉降过程中形成的。

二、沉积构造

岩心和野外地质露头的精细观察表明巴什基奇克组的沉积构造类型主要包括水平层理、平行层理、复合层理、板状交错层理、槽状交错层理、递变层理和块状层理等。参照电成像测井沉积构造解释的一般模型，在“岩心标定测井”的基础上，首先建立巴什基奇克组沉积构造解释的标准图版，为全井段图像的沉积构造解释提供依据。

水平层理发育在泥岩中。理论上水平层理的纹层和层界面平行，且都平行于

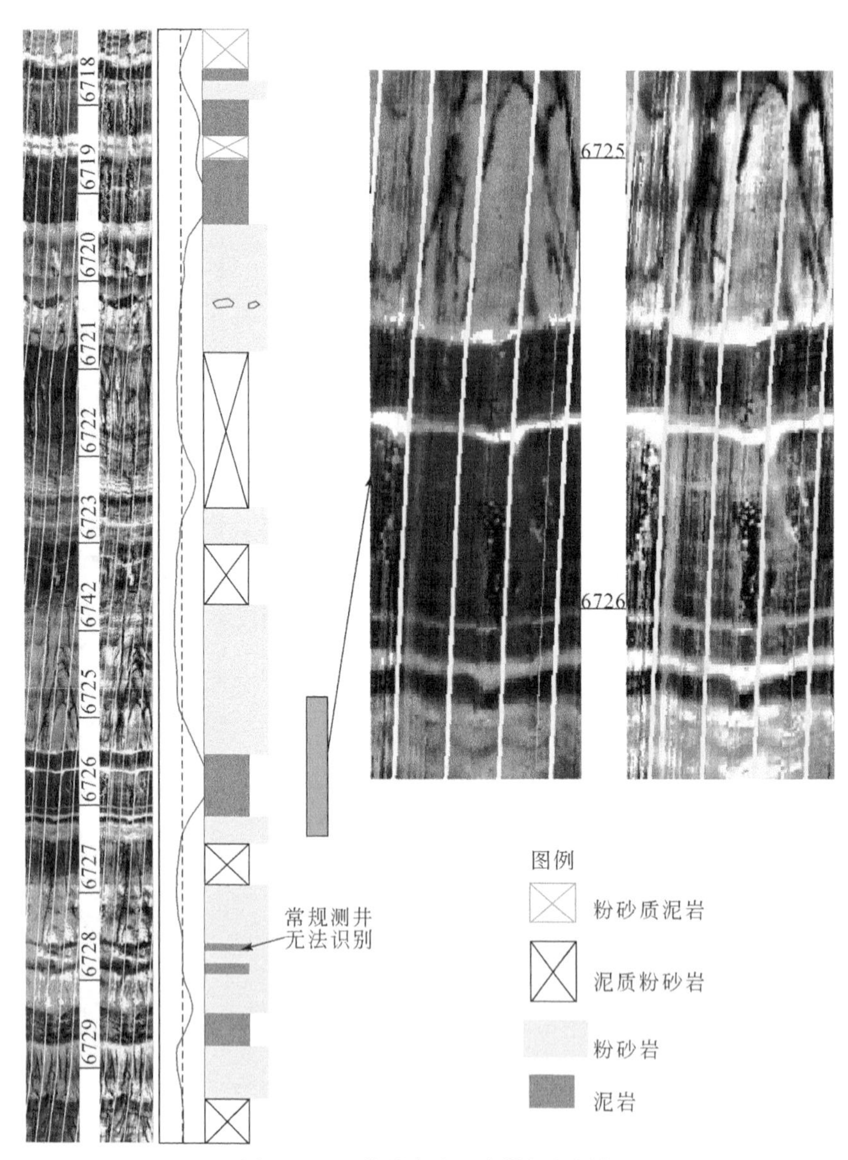

图 4.10　巴什基奇克组岩性解释图版

泥岩段 GR 值明显偏高。泥质粉砂岩和粉砂质泥岩是综合静态图像特征和 GR 曲线判断的，粉砂岩段（黄色方框）解释为粉砂岩主要是根据对该井区地层已有的沉积认识确定的，直接利用电成像测井图像得不出这一结论。右图砂岩图像表现为块状层理

水平面，但是受沉积以后构造运动（南天山向南的逆冲运动）的影响，研究区泥岩段多发生了倾斜，因此这种层理判断的依据主要是其和泥岩沉积伴生。在电

成像测井动态图像中水平层理通过一组彼此平行的暗色条带和亮色细线表现出来，单个条带厚度在横向上没有发生变化（图4.11）。

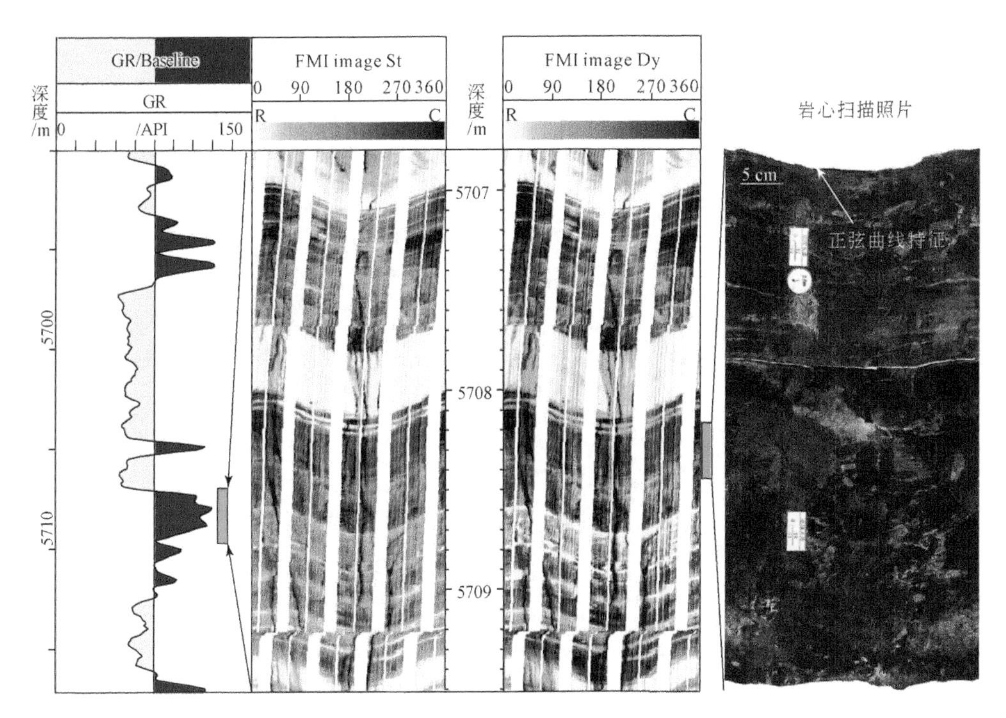

图4.11　巴什基奇克组泥岩段水平层理（沉积之后地层发生过构造倾斜）标定刻度解释图版
可见不同分布形态的生物扰动构造，支流间湾沉积微相。GR曲线反映的泥岩段在电成像测井图像中又可识别出多套砂体

平行层理发育在砂岩中，理论上平行层理的纹层和层界面也都平行于水平面，但是同样受沉积以后构造运动的影响，这些砂岩段发生了构造掀斜，判断这些层理为平行层理主要是根据其和上下地层的接触关系以及彼此地层产状之间的变化特征。在电成像测井动态图像中平行层理通过一组彼此平行的亮色条带和暗色细线表现出来，单个条带厚度在横向上稳定分布（图4.12）。

复合层理发育在巴什基奇克组辫状河河道频繁迁移、砂泥沉积物频繁互层的地方，使得垂向上出现砂泥不规则叠复、泥包砂或砂包泥等现象，分别代表了波状层理、透镜状层理和脉状层理。电成像测井动态图像中复合层理为亮暗条带垂向叠置，连续的亮色条带之间发育断续的暗色条带或连续的暗色条带之间发育断续的亮色条带（图4.13）。

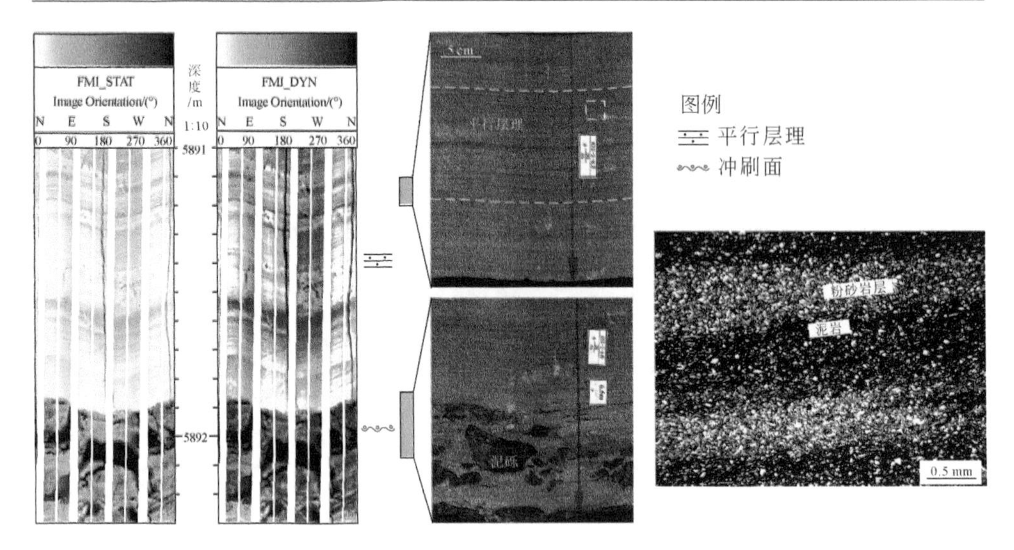

图 4.12　巴什基奇克组砂岩段平行层理标定刻度解释图版

薄片采自白色线框所指示的位置。辫状河水下分流河道沉积，底部为冲刷面，其上地层产状一致。亮色条带为砂岩，暗色细线主要为纹层界面

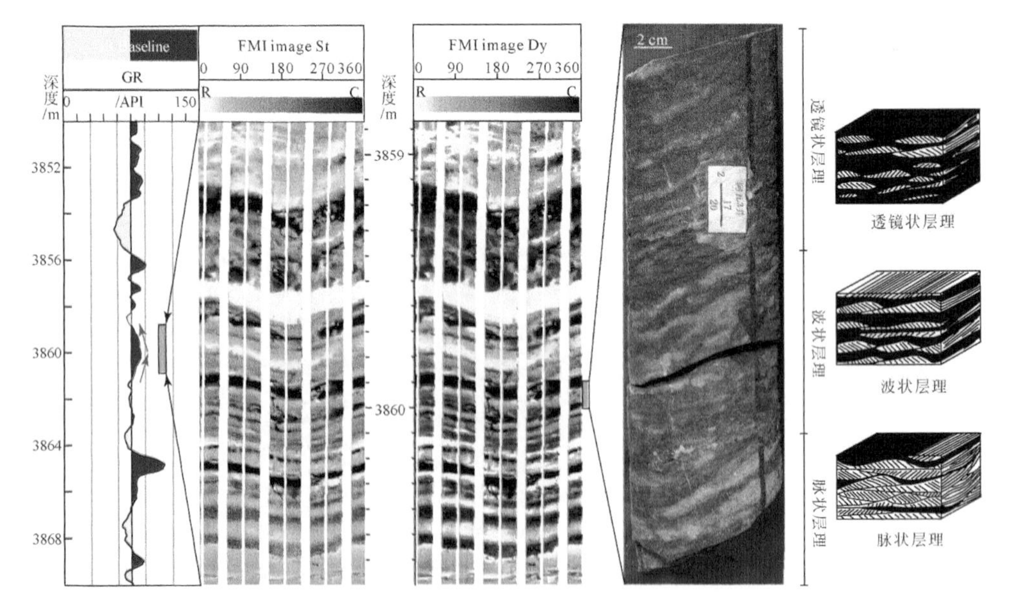

图 4.13　巴什基奇克组复合层理标定刻度解释图版

分流河道间沉积，图像顶部突变为分流河道沉积（可见槽状交错层理），之间以冲刷面为分界

板状交错层理主要出现在水下分流河道。电成像测井动态图像中表现为一组亮色条带和暗色细线平行规则组合，顶底反射界面与这些条带或细线斜交，且两

个反射界面近于相互平行。槽状交错层理或楔状交错层理也主要出现在水下分流河道中，在动态图像中一般表现为一组或几组收敛的亮色条带组合，顶底反射界面与这些条带或细线斜交，两个反射界面相互平行或斜交（图4.14）。

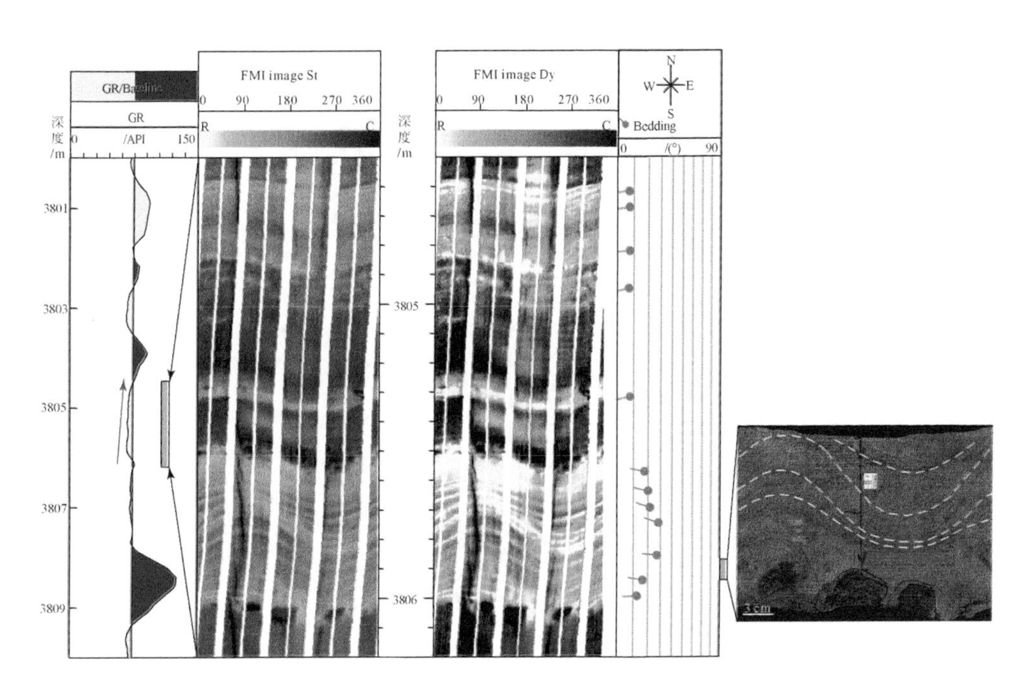

图4.14　巴什基奇克组槽状交错层理标定刻度解释图版

岩心和电成像测井都显示纹层组与层界面斜交，且向两侧收敛（倾向一致，倾角渐变）；图像上半段转变为板状交错层理段

递变层理出现在砂岩或砾岩段。考虑电成像测井无法分辨不同粒度的砂岩，因此电成像测井图像中砂岩的递变层理主要根据在垂向上的亮暗变化判断。巴什基奇克组砾岩层中递变层理也较为发育，在静态图像中可以出现自下而上由亮变暗，在动态图像中自下而上亮斑的尺寸整体变小，且出现的频率也逐渐降低（图4.15）。

块状层理在泥岩、砂岩和砾岩段都有发育。当出现在泥岩中时，电成像测井动态图像为低阻块状模式（图4.8）；当出现在粉砂岩或砂岩中时，电成像测井动态图像表现为中高阻块状模式，在整个图像内部基本看不出明显的层状特征（图4.10）；当出现在砾岩中时，电成像测井动态图像则表现为含有不规则分布亮斑的块状模式，且图像内部看不出任何层状或递变特征（图4.8）。

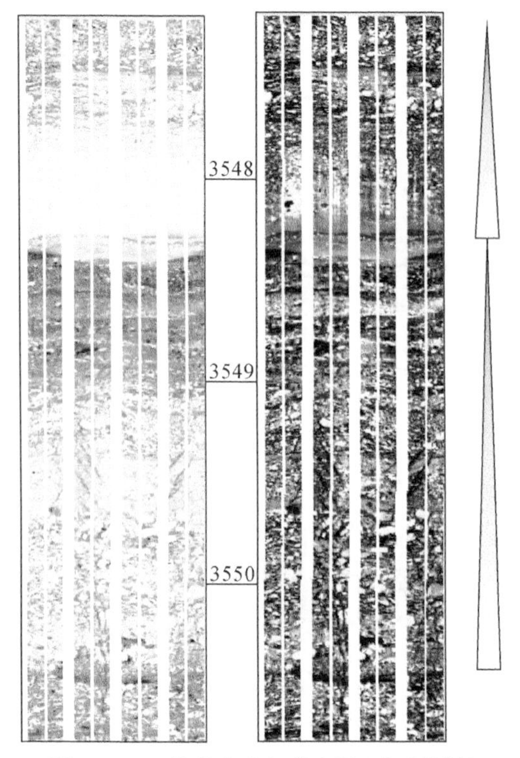

图4.15 巴什基奇克组递变层理解释图版

三、沉积微相类型

区域相分析表明巴什基奇克组属于扇三角洲和辫状河三角洲沉积。从南天山物源区延伸到克拉苏构造带所在的地区，沉积物粒度和沉积构造类型的尺度逐渐变小。钻井揭示的地层剖面主要发育辫状河三角洲前缘沉积，发育的微相类型包括支流间湾、水下分流河道和河口坝等（图4.16）。如前所述，已经建立了研究层段不同岩性和沉积构造对应的电成像解释图版，因此综合各类解释信息分析不同微相类型的图像特征。

支流间湾位于分流河道之间，岩性主要为褐色、红褐色薄层、中厚层泥岩、粉砂质泥岩，常见砂质团块、砂质条带，可见水平层理、复合层理、块状层理和生物扰动构造等。沉积厚度在5～30cm，最大可达50cm。底面通常较为平直，或呈微波状起伏；后期河流改道时，其顶部被后期改道的河道冲刷，使得界面高低起伏。侧向上逐渐过渡为分流河道或河口坝沉积。结合泥岩在电成像测井图像中的特征可知，支流间湾主要为低阻的图像背景。电成像测井显示的微相单元厚度和实际微相单元厚度一致。对应的图像顶底突变为高阻的亮色背景，图像模式

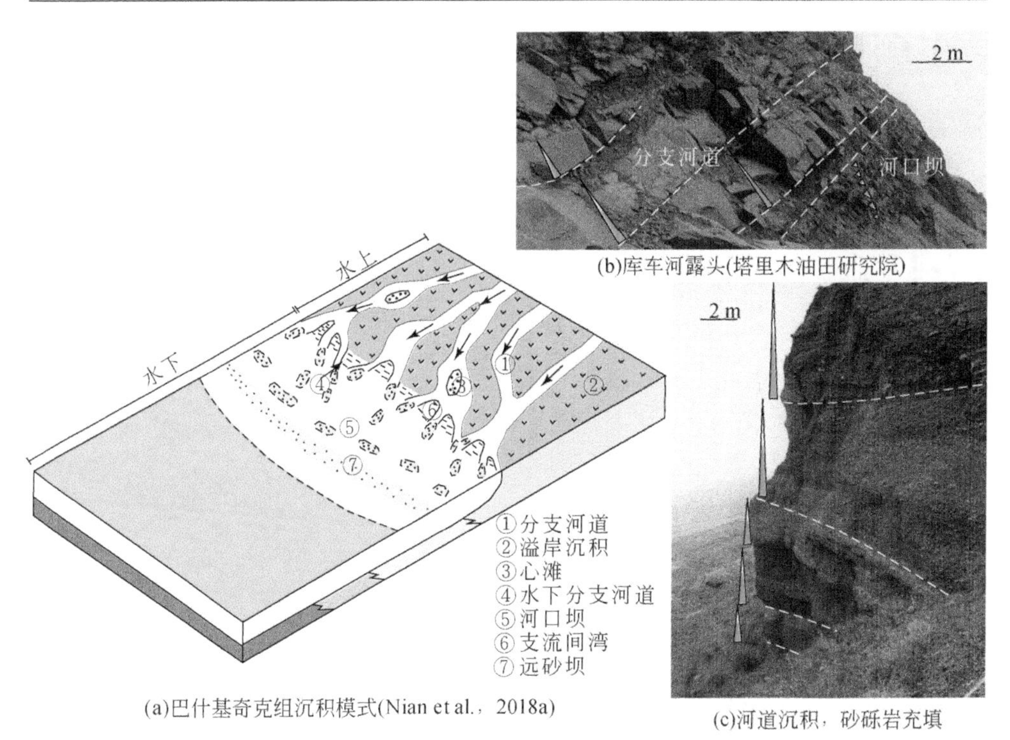

(a)巴什基奇克组沉积模式(Nian et al., 2018a)　(b)库车河露头(塔里木油田研究院)　(c)河道沉积，砂砾岩充填

图4.16　巴什基奇克组辫状河三角洲前缘沉积模式

整体为暗色规则组合带状模式（图4.11），或暗色块状模式。

水下分流河道形成于辫状河三角洲前缘靠陆一侧，是平原亚相中辫状河入湖后在水下的延伸部分（Olariu and Bhattacharya，2006）。岩性以暗褐色、褐色中砂岩、细砂岩和粉砂岩为主，以及砂质泥岩、含泥砾中砂岩、含泥砾细砂岩和泥岩。单个成因单元组成向上变细的沉积层序，其厚度一般为0.5～2m，少数可达5m。底部发育冲刷面，其上紧邻砂岩存在泥砾等滞留沉积，略呈顺层排列或杂乱分布，泥砾大小0.2～5cm。层理构造常见板状交错层理、平行层理和块状层理等，其纹理由纹层界面泥质含量的增加而显现出来（图4.12）。电成像测井中河道砂一般为中高阻背景，底部可见低阻斑块，反映了河道砂冲刷支流间湾泥形成的泥砾，向上为不同的带状或块状图像模式，反映了不同类型的沉积构造组合，因此图像模式整体定为亮色带状组合模式（图4.12），也可见亮色块状模式（图4.10）。

部分层段还可见砾质河道，岩性在河道底部为复成分砾岩，向上变为中砂岩、细砂岩或泥岩。砾石直径为10～20mm，砾石长轴方向和层方向一致。沉积构造可见递变层理、板状交错层理等。多期河道之间以突变形式相接触。砾质河道对应高阻的图像背景，对应的单期河道底部亮斑的尺寸整体较大，向上减小，顶部变为带状组合模式或暗色条带模式（图4.17）；暗色条带代表单期砾质河道发育晚期静水沉积的泥岩。

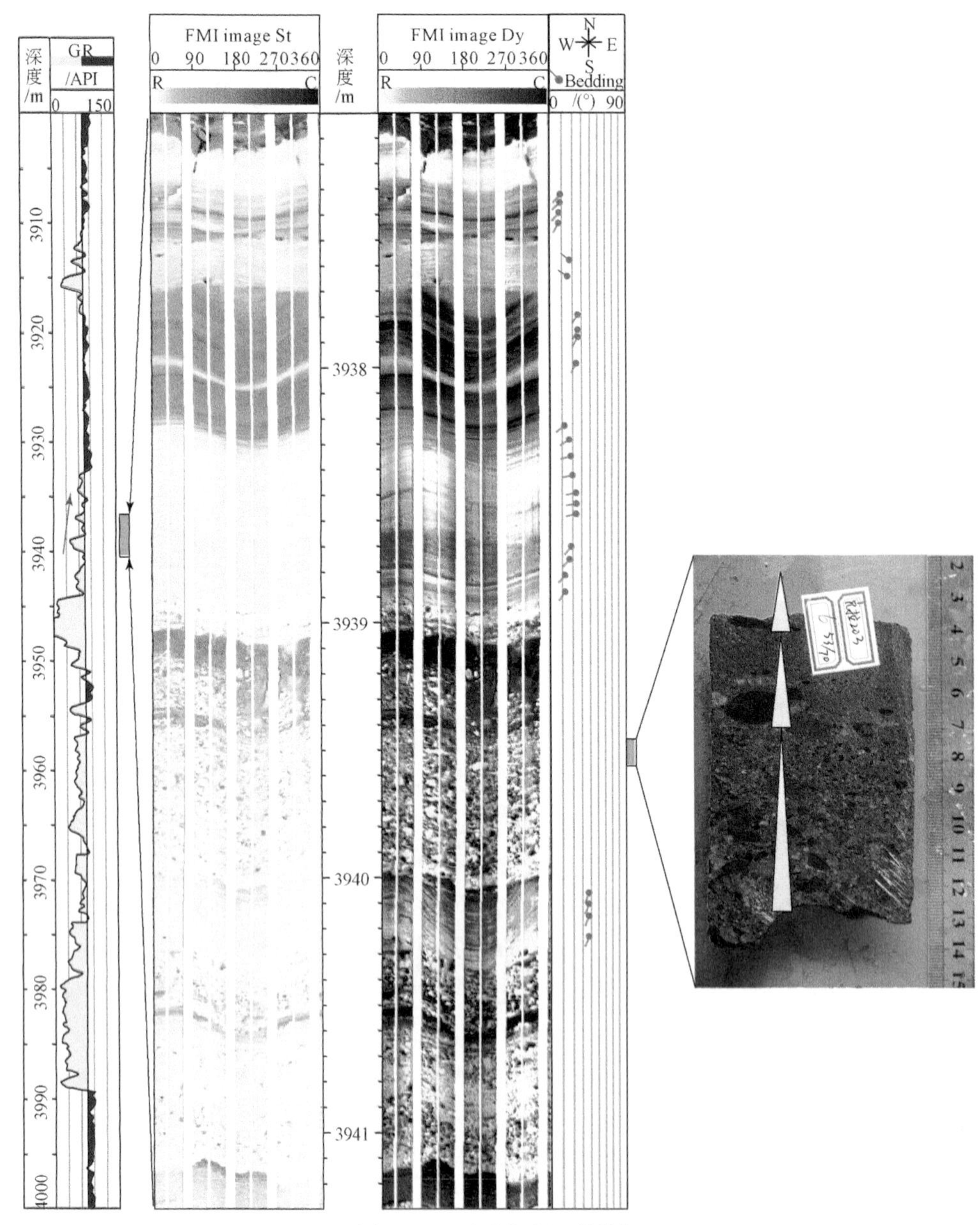

图 4.17　砾质分流河道微相

单期砾质河道向上转变了砂质沉积或泥质沉积，整个沉积序列由砾质河道向砂质河道转变

河口坝发育在水下分流河道的终端，岩性主要为粉砂岩、细砂岩，厚度在

0. 1 ~3. 3m 变化。垂向上通常表现为下细上粗的反韵律，砂层为单层厚度向上变厚的沉积旋回，层理构造主要为低角度交错层理、滑动变形构造、平行层理、板状及槽状交错层理。冲刷面不发育，主要是由河流挟带的砂质沉积物在河口处因为顶托作用而发生沉积形成河口坝。静态图像表现为中低阻，动态图像主要为组合带状模式。单个河口坝砂体的底部未见任何明显的低阻板块，且和下伏的低阻泥岩段具有相同的地层方位（图 4. 18），据此将图像中的河口坝砂体和水下分流河道砂体区分开。

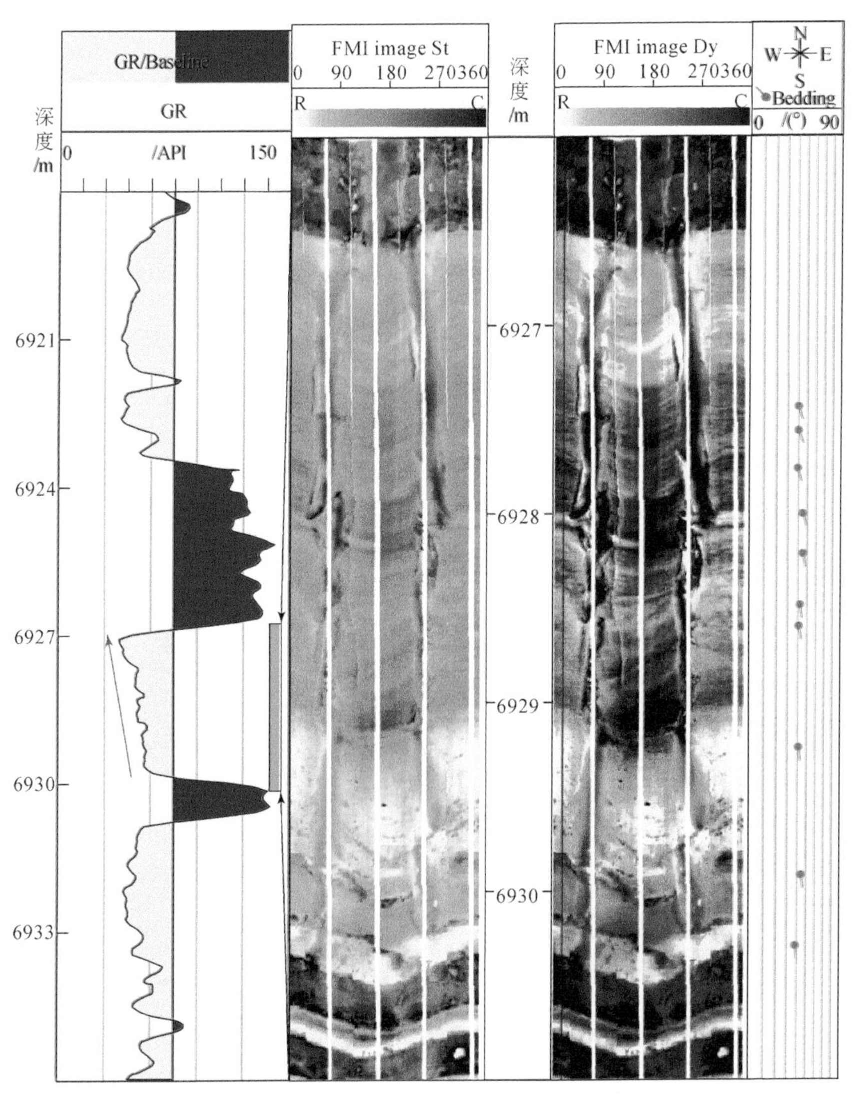

图 4. 18　河口坝微相图像特征

GR 曲线显示反韵律沉积序列

四、古水流方位

根据古水流方位恢复的原理，首先需要判断巴什基奇克组地层沉积之后发生的构造变形特征，即识别各单井泥岩段在沉积之后发生的变形形式。通过对区内各单井泥岩段地层产状的拾取和分析，认为巴什基奇克组泥岩段地层产状在单井中基本一致（图4.19），即地层的构造变形是在沉积之后发生的。因此，各单井使用对应的一个构造产状数据即可。据此对全区所有采集过电成像测井的钻井进行古水流方位的恢复，结合前期已有的地质认识，对全区和局部的古水流方位进行恢复或修正。另外，电成像测井在古水流恢复方位的另一个优势便是可以快速有效地获取整个目的层沉积期的古水流方位及其演化特征。

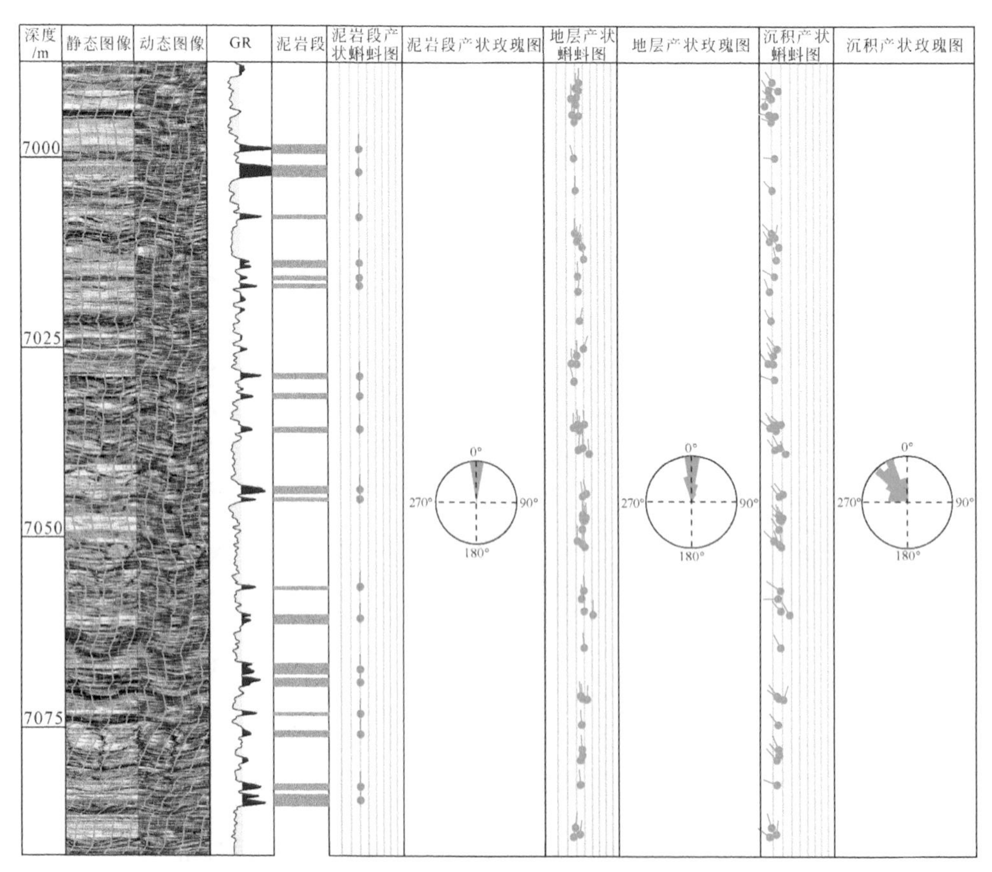

图4.19 某井地层产状及构造倾角校正成果图

一般地，沉积层理的发育规模远大于钻井的井眼尺寸，因此在岩心和电成像测井图像中观察到的层理仅仅代表了实际层理的一部分。过去一直认为过井眼的层理都表现为平面特征，且在电成像测井中表现为正弦曲线特征（Rider, 1996）。事实上，这一表述仅适用于纹层或层界面近于平面的层理类型，如板状交错层理（Glover and Bormann, 2007）或构造倾斜的平行层理（Nian et al., 2018b）。利用岩心和电成像测井获取的纹层倾向和倾角能够代表它们在地下的实际产状；在岩心扫描图像和电成像测井图像中层理表现为较规则的正弦曲线特征，曲线的波谷代表了层理的倾向。但是对于具有曲面形态的层理类型，如槽状交错层理，上述假设仅适用于钻井钻至槽的长轴位置（Glover and Bormann, 2007），而多数情况下由于钻孔与槽轴之间存在一定的偏差使得拾取的产状无法代表槽状交错层理的真实倾向和倾角，倾角误差可达35°，倾向误差可达90°（Glover and Bormann, 2007）。同时，图像中纹层或层界面也并非完美的正弦曲线。Donselaar和Schmidt（2005）定义了槽状交错层理槽面的椭圆率（沿水流方向的长轴和垂直该方向的短轴之比）用以确定地下地层中槽状交错层理所指示的真实地层产状，当该值大于1时，槽状交错层理的倾向频率直方图为双峰特征，两个峰值之间的位置指示了槽状交错层理的倾向；当该值小于1时，倾向频率直方图则为单峰模式，峰值即为槽状交错层理的倾向。

露头观察显示巴什基奇克组槽状交错层理的椭圆率多小于1，因此理论上井眼中拾取的槽状交错层理倾向为单峰的正态分布，而由于古水流方位在不同时期可能发生了变化，故此拾取的槽状交错层理倾向通常为多峰形态，每一个峰值进行构造倾角校正之后的沉积产状代表一个古水流方位。据此对巴什基奇克组电成像测井古水流方向恢复。受南倾古地形的控制（苏新等，2003），巴什基奇克组沉积时古水流整体向南流动，在山前形成了一系列的冲积扇，在其前段向湖一侧，即克拉苏构造带所在的地区延伸发育了一系列的水下辫状河道。单井电成像测井古水流的恢复结果暗示辫状水道侧向迁移较为频繁，古水流方位在时空上不断发生着变化（图4.20）。古水流方位的变化范围多大于30°，最大可达150°。

五、单井沉积相分析

基于岩心刻度测井建立了巴什基奇克组岩性、沉积构造和沉积微相的标准解释图版，在这些图版建立的基础上，进一步对非取心段的图像进行精细的图像地质解释，从而完成单井的电成像测井沉积相描述（图4.21）。同时，基于对单井古水流方位的恢复，能够分析目的层整个地质历史时期的水流方位变化。以巴什基奇克组某井为例，目的层位于5315～5400m，取心井段仅有9.4m，因此沉积相的分析最初只能依靠GR等常规测井曲线，且仅能识别分米级别的岩性序列

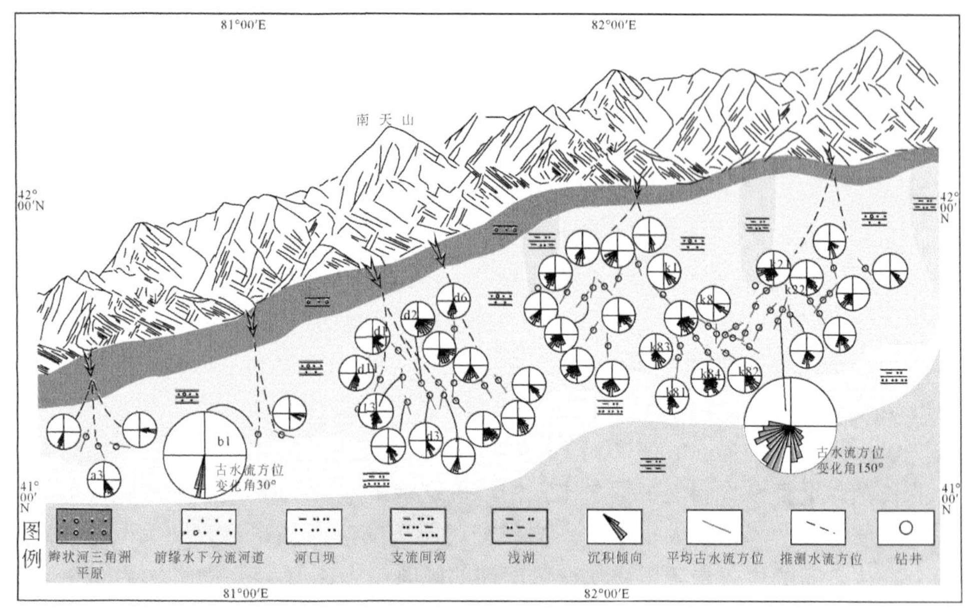

图 4.20　各单井的沉积产状玫瑰图

红色箭头代表向量均值法计算的平均古水流方位（Reiche，1938）。每个井点的沉积方位暗示了局部的碎屑沉积物搬运方向，综合不同井点的古水流方位可以推测沉积物在区域上的搬运方向（Parks，1974）。图中沉积相的分布由露头和钻井沉积相分析综合确定

(Serra and Serra，2003)，薄层的砂岩段和泥岩段信息往往被围岩信息所“掩盖”。基于常规测井可将该井 85m 的地层解释出 12 个砂体单元；电成像测井该段地层识别出了 72 个砂体单元。解释结果显示该段地层的下部为支流间湾、水下分流河道和河口坝交互沉积，暗示早期湖平面频繁变化，沉积砂体中可见槽状交错层理、板状交错层理、平行层理和波状层理，沉积产状显示古水流主要为南东或南南东向，且发生了 30°的偏转。在地层的中部主要发育了水下分流河道，槽状交错层理为主要的层理类型，古水流方位主要为南东向，伴随着沉积过程古水流方位逐渐变为向南、西和东。该段顶部也主要发育水下分流河道，但是层理类型发生了明显的变化，主要为板状交错层理，古水流方位也主要为南东向，在局部发生了向南或向东的流动。一般认为槽状交错层理形成的古水动力强度一般强于板状交错层理和楔状交错层理（Rubin，1987），因此推测该段中部地层沉积时的水动力强度整体强于下部和上部。根据同样的方法可以完成研究区其他各单井的沉积相分析。

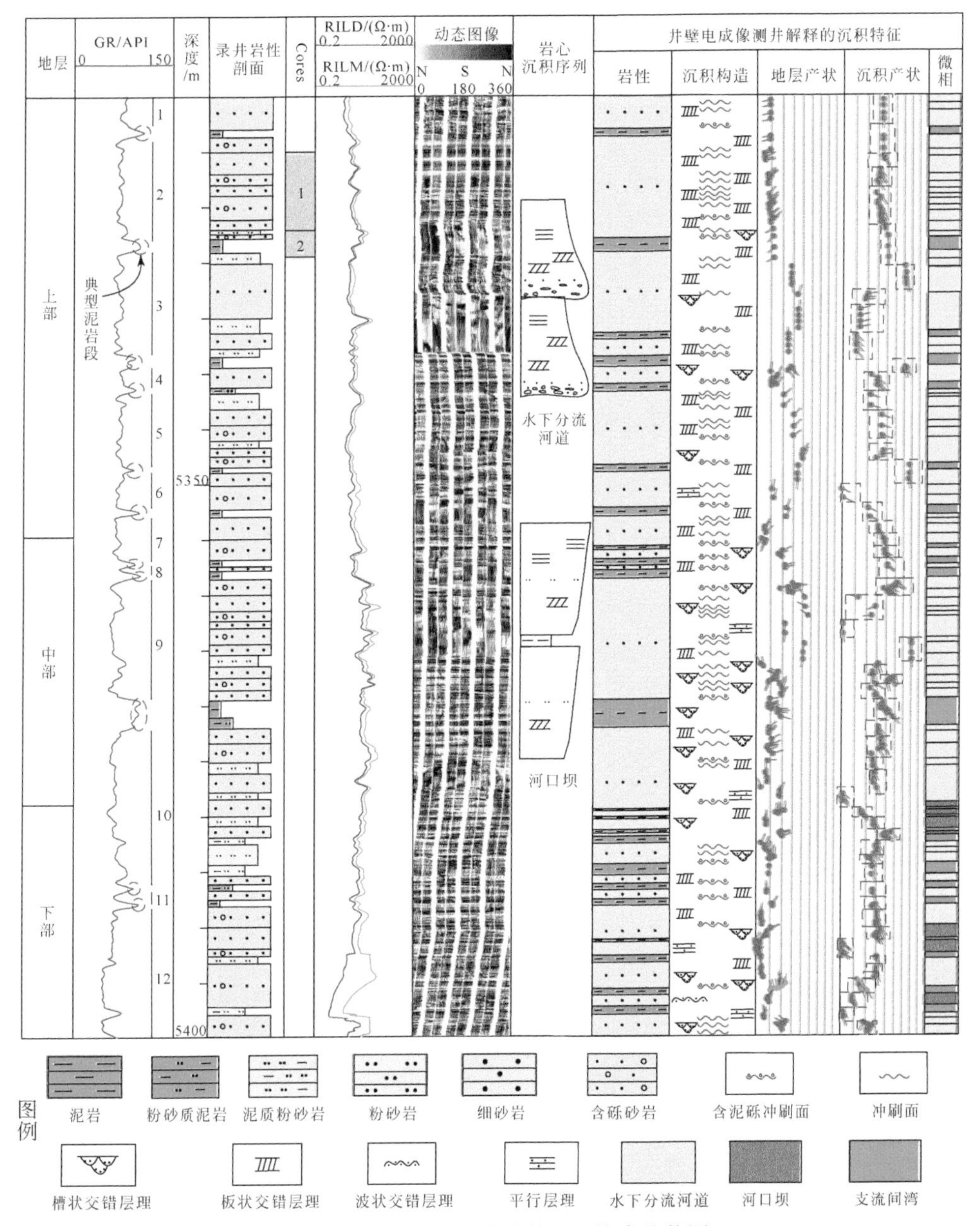

图 4.21　克拉苏构造带某井沉积综合柱状图

第四道和第九道的岩性序列分别来自录井岩性资料和井壁电成像测井。利用电成像测井进行中砂岩、细砂岩和粉砂岩的识别受限于仪器分辨率的影响，因此不能对图像进行过度解释（Xu，2007）。地层产状是直接根据图像解释得来的，而沉积产状是经过构造倾角校正的，可以用于推测古水流的方位

第三节　构 造 解 析

一、背斜形态分析

通过对巴什基奇克组构造背景的调研，可知克拉苏构造带自西向东发育了一系列不同形态的逆背斜，区内主要为背斜和断裂系统，这一认识已经被多年的生产实践所证实。然而，受地震品质的影响，原始处理的地震剖面仅具有微弱的背斜形态反射（图4.22），因此早期单纯利用地震剖面判定背斜的发育有时相对困难，同时在地震解释出的背斜构造中，其局部构造形态仍然不清，可以利用电成像测井资料对地震解释出来的背斜构造进行验证和校正，明确其在地下的空间分布形态。

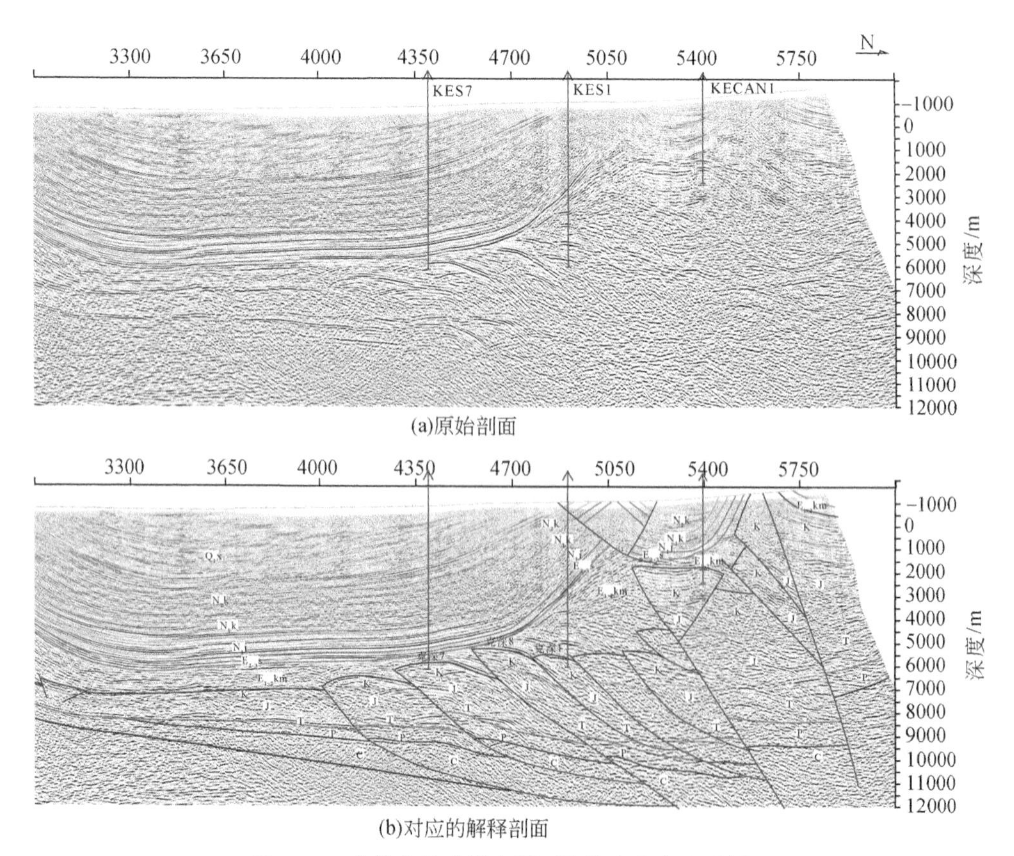

图4.22　克拉苏构造带克深区块某南北向地震剖面

KS6号构造是研究区钻井较少的一个背斜构造，地震解释结果显示该背斜为两翼对称的直立背斜。已钻的三口井中KS6井应该位于背斜南翼近于轴部的位置，KS601井位于西侧倾伏端，KS602井位于背斜的南翼。通过对上述三口井进行详细的电成像测井图像解释可知，KS6井地层南倾，地层倾角为20.8°~48.0°，中值为28.3°，暗示该井并非位于背斜轴部，而是翼部；KS601井地层北倾，地层倾角为5.2°~25.3°，中值为13.2°，暗示该井位于背斜北翼偏轴部的位置；KS602井地层南倾，地层倾角为13.6°~19.4°，中值为18.5°，暗示该井电成像和地震解释的结果较为吻合［图4.23（a）］。通过三口井地层产状的拾取可知地震解释的KS6号现今的背斜形态存在较大的问题，构造高点明显不对，需要对地震数据重新进行精细解释。

KS8号构造是研究区钻井相对丰富的一个背斜构造，地震解释结果显示该背斜同样为一个直立背斜。电成像测井拾取的地层产状和地震资料解释的背斜形态较为一致，背斜北翼的地层产状都为北倾，背斜南翼的地层产状都向南倾，而东侧倾伏端的地层产状近于东倾［图4.23（b）］。但是地震解释的局部构造形态也存在问题，如按照顶面构造图KS805井应该位于背斜主体略向西侧小幅度倾向的部位，即该井地层应向西或西南倾斜，而电成像测井地层产状为近南倾。类似的研究还可以应用于该区的DB、KS2、KS9等背斜构造，以及其他地区的褶皱构造。

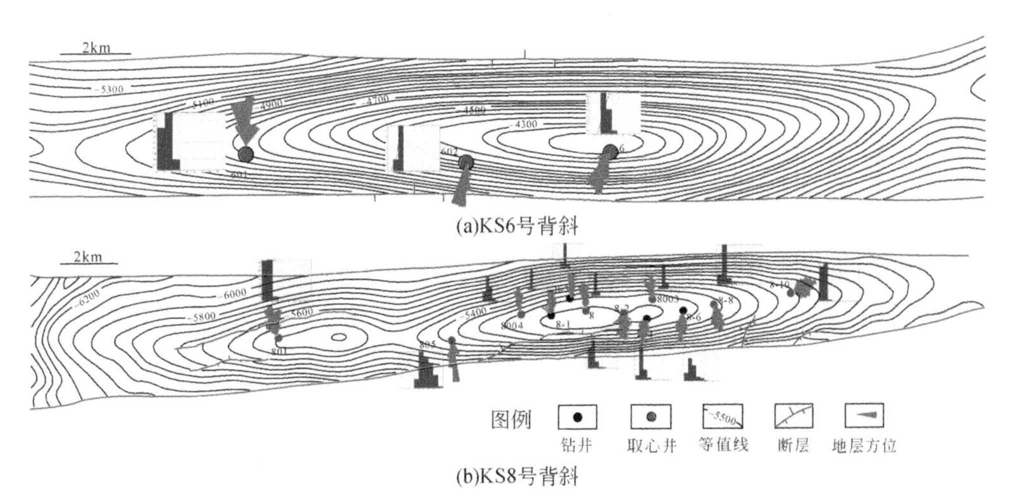

图4.23　巴什基奇克组背斜构造和地层产状叠合图

断层和顶面构造等值线图来自地震解释，地层倾角频率分布直方图和玫瑰图来自电成像测井解释

二、过井眼断层解释

根据断层解释模型，按照断层尺度的不同可将过井眼的断层划分为两类，一类是直接利用电成像测井图像进行过井眼小尺度断层的识别，另一类是根据地层产状的变化间接推测井旁大尺度的断裂构造。电成像测井图像观察表明巴什基奇克组过井眼的小尺度断层有高角度的正断层，也有高角度的逆断层。以图 4. 24（a）为例，地层和断层面南倾，断层倾斜滑距 0. 2m 左右，根据标志层（亮色条带）上盘地层发生了相对下移，下盘地层发生了相对上移，因此为正断层。图 4. 24（b）中断面南倾，地层北倾，断层倾斜滑距 0. 4m 左右，上盘发生了相对上移，下盘发生了相对下移，因此为逆断层。目前在该区还未观察到揭示正断层或逆断层发育的地层倾角矢量模式，但是当发现地层倾角的变化和前述的某一断层倾角解释模型相似时可以认为地层中存在大尺度的断裂。

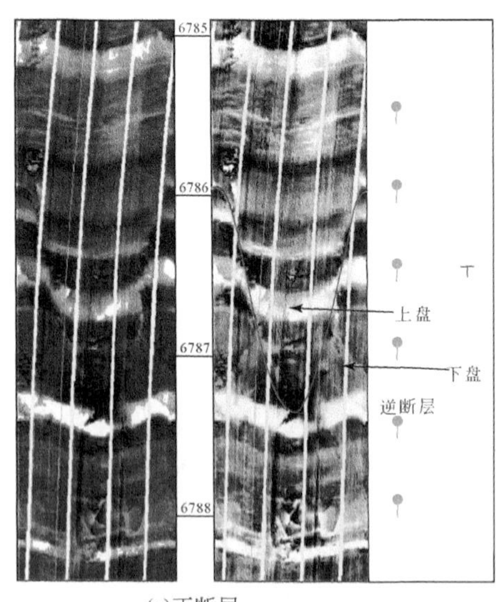

(a)正断层

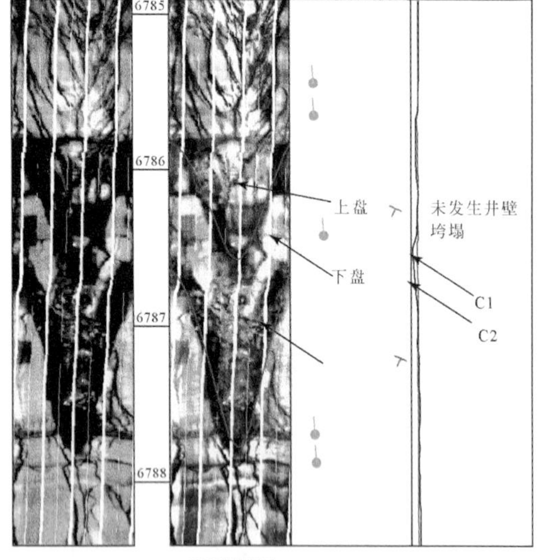

(b)逆断层

图 4. 24　电成像测井过井眼的小尺度断层

三、地层不整合面分析

白垩纪末期的燕山运动使得库车拗陷除了依奇克里克地区外，大部分地区形成了白垩系和上覆古近系之间的平行不整合（田作基等，2002）。露头和录井岩性等资料显示上下地层在岩性和沉积相方面都发生了明显的变化，其下以辫状河三角洲沉积为主，其上以古近系的扇三角洲沉积为主。但是通过对多井克拉苏构造带井壁电成像测井的解释表明，克拉苏构造带下白垩统巴什基奇克组和上覆库姆格列木群的地层产状并未发生显著的变化（图 4.25），也不存在明显的风化带，因此二者之间的界面为平行不整合面。

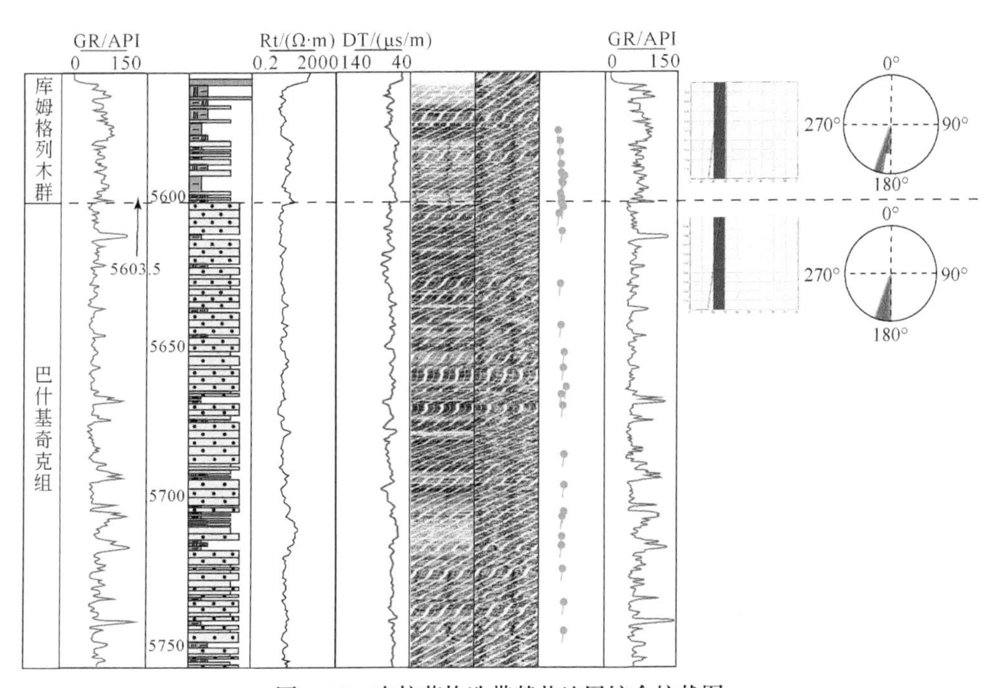

图 4.25　克拉苏构造带某井地层综合柱状图

地层产状在库姆格列木群和巴什基奇克组没有发生变化，第二道 GR 曲线来自常规测井，最后一道 GR 曲线来自电成像测井，二者不存在显著的深度偏移

第四节　天然裂缝表征

一、裂缝识别

多数天然裂缝在电成像测井图像中易于识别，通常和地层以一定的角度相交；而沿层界面发育的顺层裂缝由于和层界面的图像反射特征一致，因此在图像中较难将二者区分开。首先利用含裂缝岩心对电成像测井进行刻度，进而开展全井段的电成像测井图像裂缝解释。同时先后在水基泥浆和油基泥浆中都采集过巴什基奇克组电成像测井数据，而不同充填特征的裂缝在水基泥浆和油基泥浆电成像测井中的图像特征不同，解释时需要加以甄别。

巴什基奇克组天然裂缝多与地层斜交，岩心少见顺层裂缝发育。在水基泥浆电成像测井图像中，由于泥浆滤液充填裂缝之间的空隙，未充填的裂缝表现为高导的正弦曲线特征［图4.26（a）］；当裂缝在某些地层界面处终止时，也可表现为不完整的正弦曲线特征［图4.26（b）］。半充填缝沿曲线显示为局部高导、局部高阻的正弦曲线特征［图4.26（c）］，而充填缝通常为高阻的正弦曲线特征［图4.26（d）］。油基泥浆中由于泥浆滤液为高阻流体，未充填缝在图像中表现为高阻的正弦曲线特征［图4.26（e）］，使得其和半充填缝、充填缝在图像中较难区分，都为高阻特征［图4.26（f）］。另外，对于泥质等低阻物质充填的天然裂缝，其在水基泥浆图像中较难和未充填缝区分开（都为低阻特征），而在油基泥浆中由于泥质物已经充填了裂缝空隙，使得高阻泥浆无法侵入，因此表现在图像中为低阻特征［图4.26（g）］，易于识别。

(a)水基泥浆FMI测量1

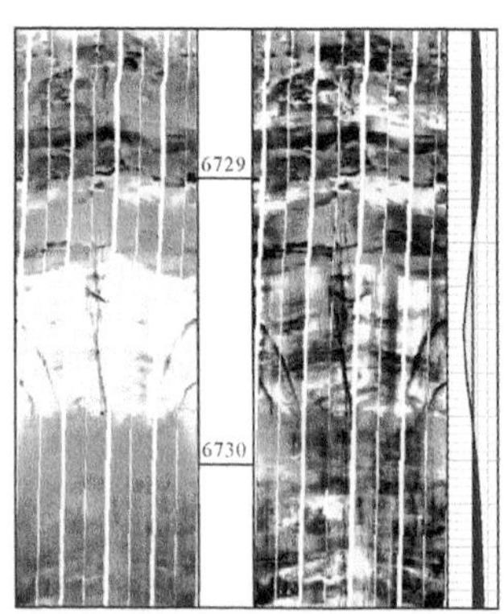

(b)水基泥浆FMI测量2

6859
6860
6861

(c)水基泥浆FMI测量3

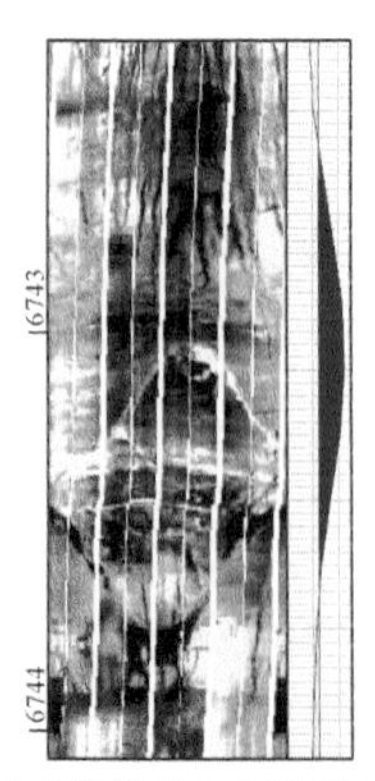

(d)水基泥浆FMI测量4

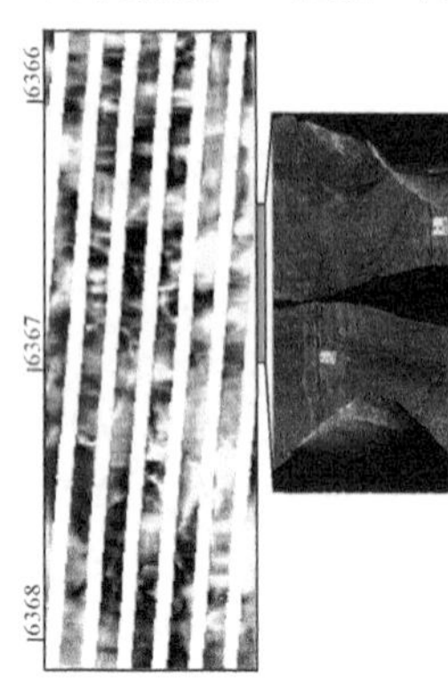

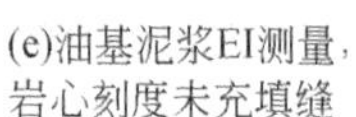

(e)油基泥浆EI测量，岩心刻度未充填缝

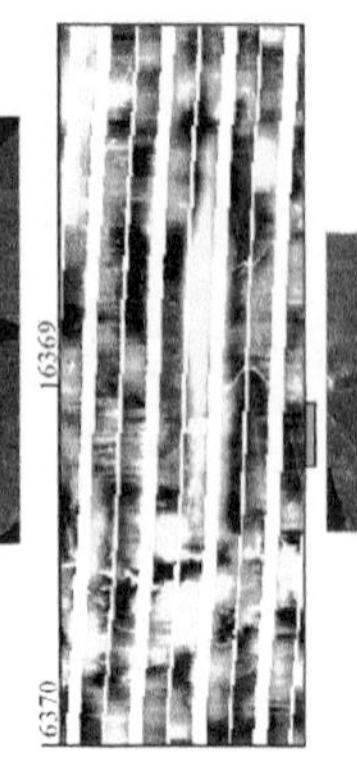

(f)油基泥浆FMI-HD测量，岩心刻度方解石充填缝

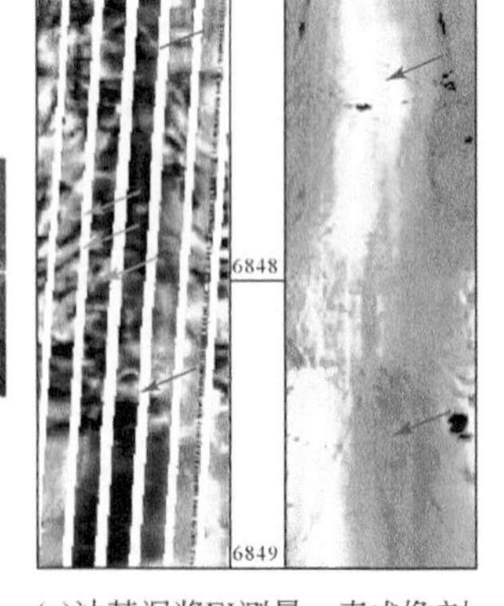

(g)油基泥浆EI测量，声成像刻度泥质充填缝，裂缝在声成像测井中没有响应

图4.26　巴什基奇克组电成像测井裂缝特征

在对巴什基奇克组707.9m岩心和对应深度的电成像测井图像交互刻度的基础上发现：①巴什基奇克组致密砂岩地层中，井壁电成像测井对多数充填裂缝没有图像响应特征，刻度率远低于2.2%（共计充填缝459条），分析认为充填缝难以识别主要是致密砂岩地层中方解石充填的裂缝类似于粒间胶结物充填的孔隙，其和围岩电阻率差异较小，高分辨率的电成像测井电流束无法刻画裂缝轨迹；②在井壁电成像测井图像质量保证的基础上，几乎所有的未充填缝都可以在电成像测井图像中显示，刻度符合率达95.3%（共计未充填缝233条）；③一般在同一深度段，井壁电成像测井反映的未充填缝数量明显比岩心外表面观察到的裂缝数量多，数值模拟结果显示井壁电成像测井可以识别宽度在<100μm以下的裂缝，而岩心肉眼识别的是宽度在100μm以上的裂缝，因此在同一深度段，电成像测井观察的裂缝数量往往大于岩心观察的裂缝数量；④较难根据电成像测井中裂缝图像特征的轨迹判断裂缝的力学性质，即井壁电成像测井较难直接提供与裂缝力学成因有关的信息。

二、裂缝构造解析

基于井眼中背斜相关裂缝的解释模式，在各断背斜中岩心裂缝力学成因分析、裂缝描述及岩心归位的基础上，以岩心和电成像测井的交互刻度为核心思路，利用电成像测井对巴什基奇克组致密碎屑岩地层中的主要裂缝类型开展构造解析。电成像测井可以提供岩心的方位信息，进而在岩心空间归位的基础上可以确定岩心中单条裂缝（充填或未充填）与地层的空间组合形式。在对单条岩心裂缝分析的基础上，对取心段所有的岩心裂缝进行归类组合，进一步确定岩心发育的裂缝组系以及不同组系裂缝的地质类型。在取心段岩心和电成像测井交互刻度分析的基础上，按照同一组裂缝方位具有相似性的原则，对未取心段电成像测井图像中的裂缝进行地质类型外推，从而完成区内各井中的裂缝构造解析。同时，由于电成像测井无法较好地识别多数方解石充填缝，因此图像中的构造解析针对的主要为成岩胶结之后发育的裂缝，即裂缝形成的时间较短。

结合巴什基奇克组各背斜气藏的顶面构造和电成像测井地层产状的拾取结果发现，研究区的钻井多位于各背斜的南北两翼，且可能更接近背斜顶部分布。各井的地层倾角在1.54°~45°，倾角中值为16.16°（图4.27）。少数井位于背斜的倾伏端。岩心观察及其与井壁电成像测井交互刻度的结果显示背斜中纵张裂缝的分布数量有限，且都被方解石等矿物全充填［图4.28（a）］；顺层剪裂缝同样欠发育，仅在克深5号背斜翼部可见，多被方解石全充填［图4.28（b）］。分析结果还表明平面共轭剪裂缝的数量可能也较为有限，且多被方解石等矿物全充填［图4.28（c）］。

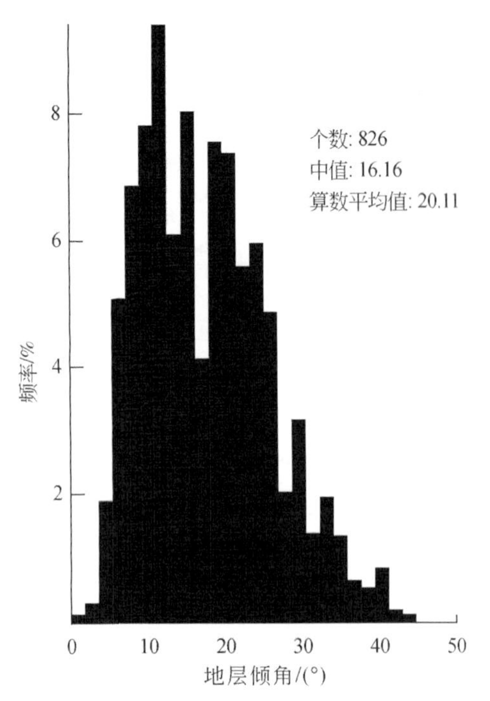

图 4.27　巴什基奇克组地层倾角直方图

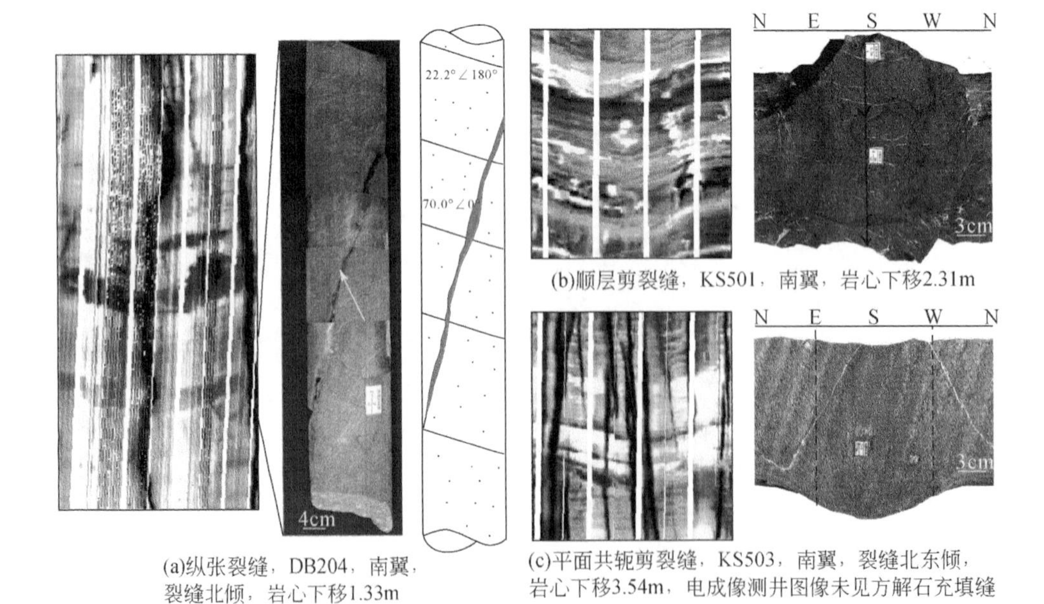

图 4.28　巴什基奇克组岩心和电成像测井中不同成因类型裂缝特征

巴什基奇克组最为常见的背斜相关裂缝为裂缝组 4 和裂缝组 5，多表现为两对裂缝在全井段互相叠置（图 4.29）。裂缝组 4 和裂缝组 5 中共轭裂缝倾角分布特征基本一致，裂缝倾角多大于 65°（图 4.30）。从交切关系看，两组裂缝为同一时期形成的产物（图 4.31）。总体而言，裂缝组 4 和裂缝组 5 在同一深度以共轭形式出现的裂缝组较少，而事实上对于尺寸有限的钻井井眼来说，纵向叠置的裂缝组合形式往往具有更大的钻遇概率。

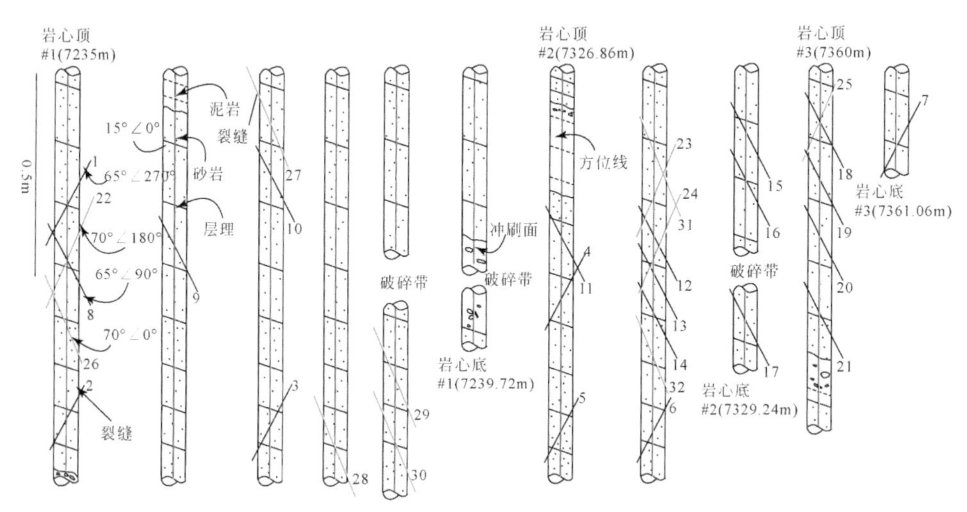

图 4.29 KS802 井岩心裂缝素描图

蓝线和红线分别代表两对共轭剪裂缝；各组裂缝的产状标注在图中相应位置。该段地层北倾

同时，岩心归位刻度还显示各背斜中两对剖面共轭剪裂缝的走向除了和背斜枢纽平行或垂直外，在地层发生偏转的倾伏端两侧，裂缝的走向还可以与背斜枢纽斜交（图 4.32）。上述分析暗示此类剖面共轭剪裂缝的方位和背斜地层的产状具有一定的相关性，裂缝走向在背斜翼部和倾伏端及其两侧随着地层产状的变化而变化。因此，剖面共轭剪裂缝不仅包括平行或垂直枢纽的剖面共轭剪裂缝，还存在斜交背斜枢纽的剖面共轭剪裂缝。单井的电成像测井解释结果进一步显示两对剖面共轭剪裂缝一般只以其中的一组（或两组）最为发育，而其他共轭的裂缝组系相对欠发育，且在背斜北翼一般主要发育南倾的剪裂缝，背斜南翼主要发育北倾的剪裂缝，西倾伏端多发育东倾的剪裂缝，而东倾伏端多发育西倾的剪裂缝，在倾伏端两侧主要发育和对应地层倾向相反的剪裂缝。

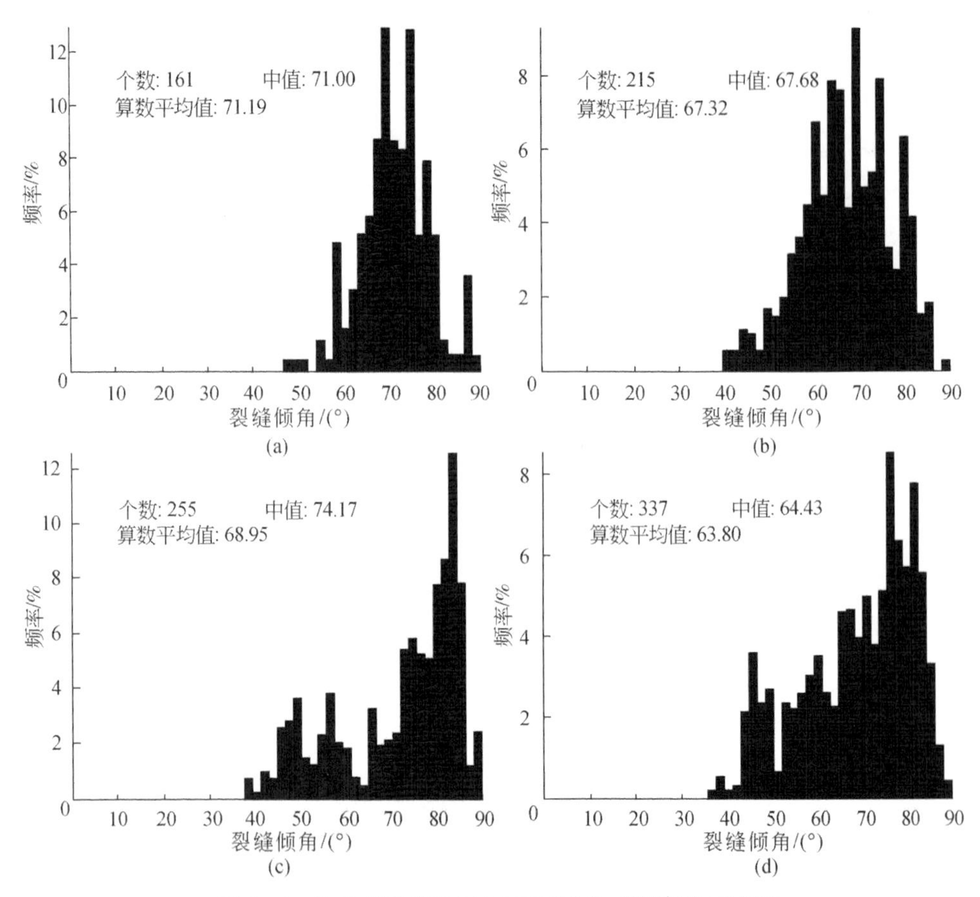

图 4.30　巴什基奇克组两对剖面共轭剪裂缝倾角直方图

(a)、(b) 裂缝组 4 倾角；(c)、(d) 裂缝组 5 倾角

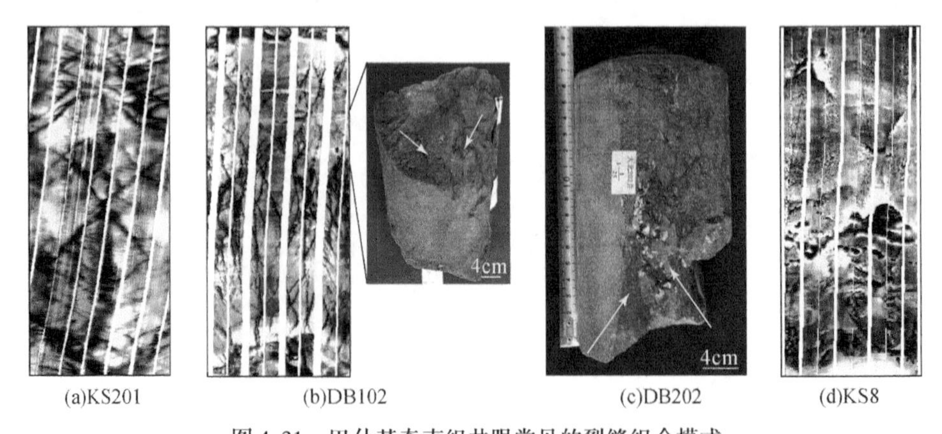

图 4.31　巴什基奇克组井眼常见的裂缝组合模式

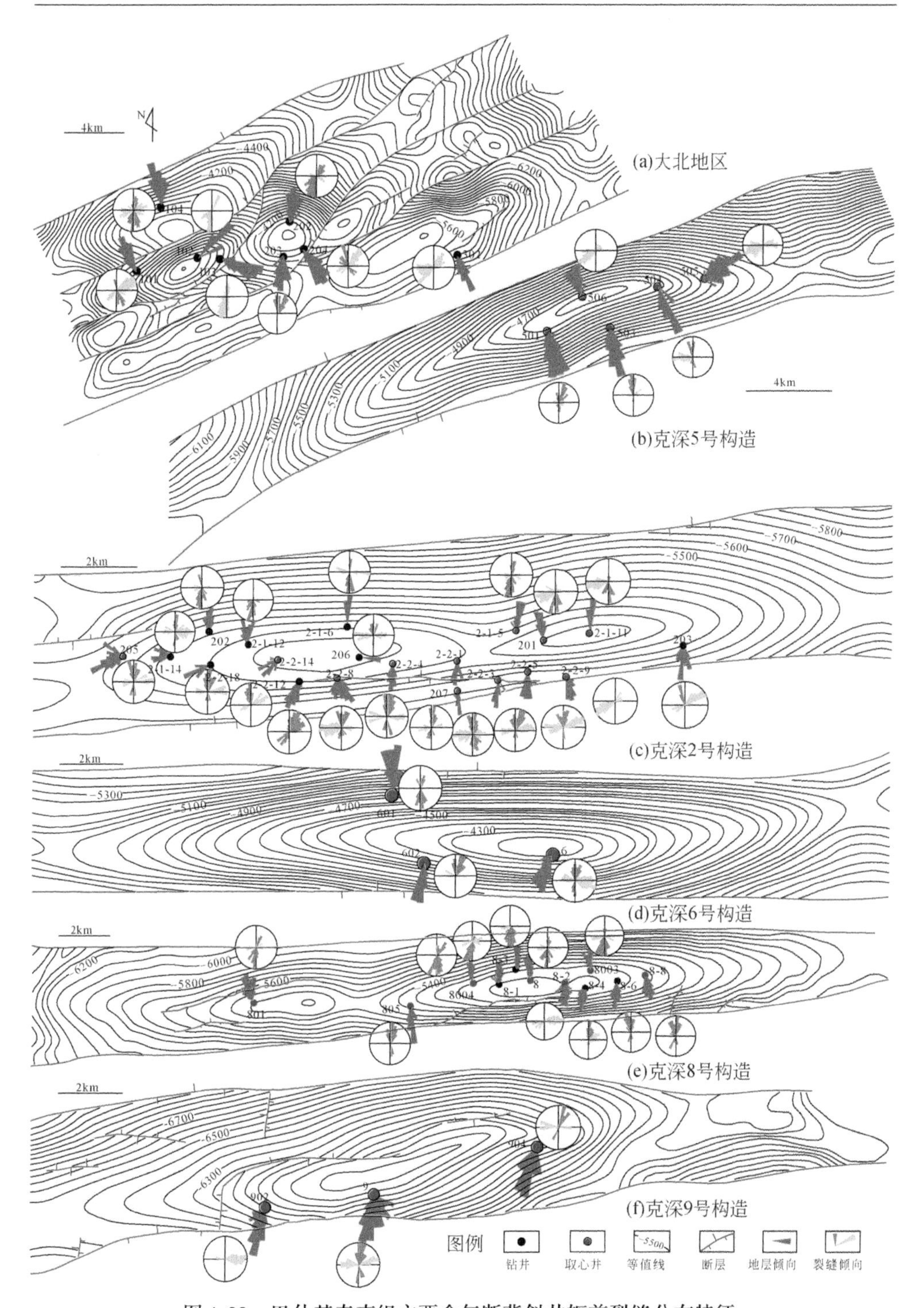

图4.32　巴什基奇克组主要含气断背斜共轭剪裂缝分布特征

另外，当钻井地层的附近存在过井眼的大断层时，裂缝在对应深度的地层中除了组系发生变化，单井纵向上裂缝密度可能会发生异常增大（图4.33）。通过对研究区某井裂缝的分组归类可知除了背斜相关的高角度共轭剪裂缝外，在这些异常带还存在另外三组裂缝。其中一组裂缝倾角小于10°，另外一对为高角度的共轭剪裂缝，且共轭剪裂缝中的一组裂缝倾向和断层倾向一致。这三组裂缝可归为断层相关裂缝，但是该类裂缝在各井中较为少见。

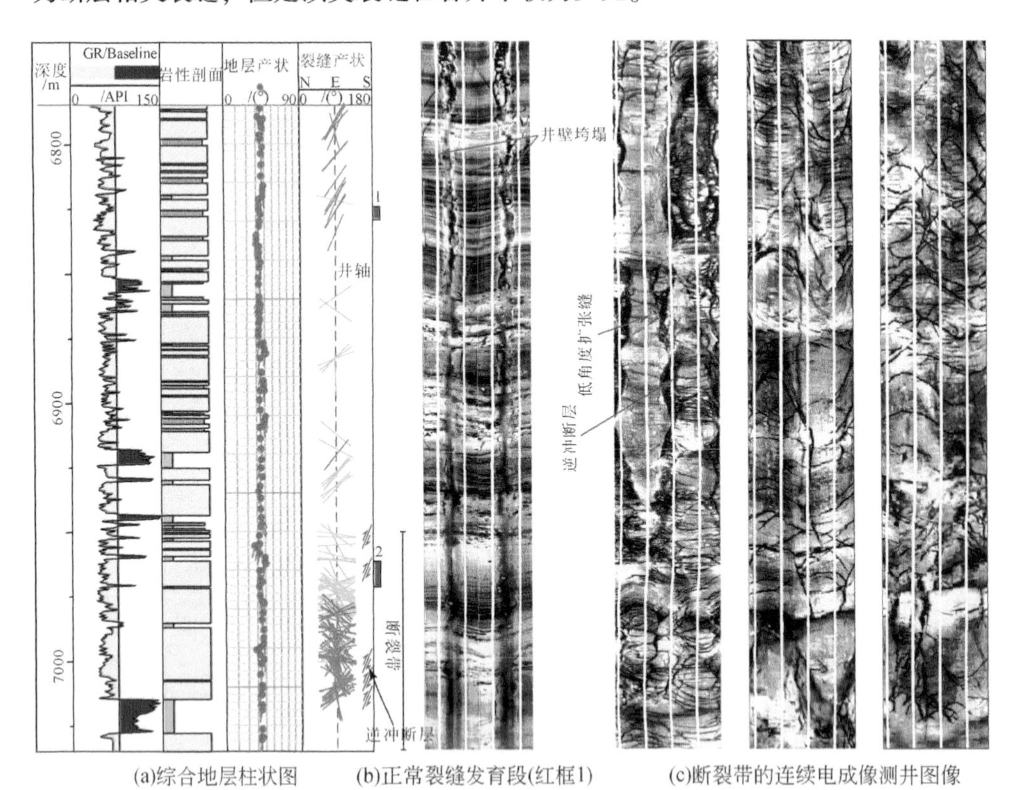

(a)综合地层柱状图　(b)正常裂缝发育段(红框1)　(c)断裂带的连续电成像测井图像

图4.33　研究区某井成像段裂缝-断层构造解析成果图

岩性序列和地层产状在整个目的层没有发生大的变化，而在6950m的深度，裂缝密度发生了明显的变化，其上裂缝欠发育，其下裂缝密度显著增大，并伴随一系列过井眼的逆冲断层，推测除背斜相关裂缝以外，在断裂带还存在一组西倾、一组东倾的裂缝属于断层相关裂缝，且存在一组倾角小于10°的扩张裂缝，这三组裂缝的出现暗示在该井附近存在一条大尺度的断层

三、裂缝分布的概念模型

逆冲构造带背斜相关裂缝的分布较为复杂。已有的露头调查表明背斜相关裂缝的分布和褶皱的几何形态及形成机理密切相关（Cooper et al.，2006；Javier et al.，2015）。同时，控制褶皱过程的断层类型也可以控制背斜中裂缝的分布特

征（Cooper et al.，2006）。即使在同一构造带的相邻背斜中，裂缝的分布模式及发育规模都可能存在不同（Javier et al.，2015）。在上述岩心观察和井壁电成像测井构造解析以及相似露头对比的基础上，本次研究提出了克拉苏构造带巴什基奇克组背斜相关裂缝分布的概念模型（图4.34），认为高角度剖面共轭剪裂缝是巴什基奇克组主要的裂缝类型，且其走向和地层的走向紧密相关。褶皱早期形成的平面共轭剪裂缝、张裂缝和顺层剪裂缝相对欠发育。由于断层相关裂缝的分布有限，因此，该模型中未考虑该类裂缝。

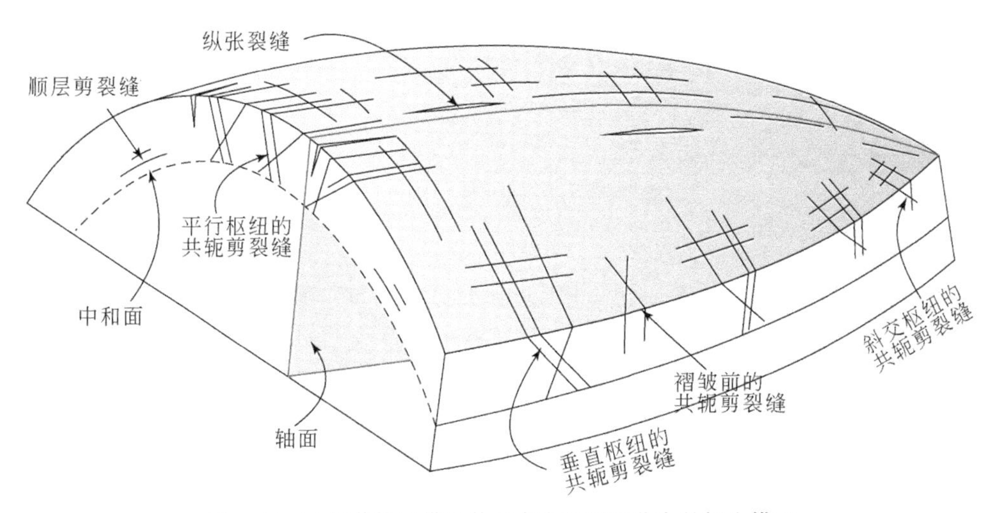

图4.34　克拉苏构造带巴什基奇克组裂缝分布的概念模型

克拉苏构造带北部受南天山垂向抬升和水平挤压的作用，产生斜向上的挤压应力，发育基底卷入断层及断层相关褶皱（如克拉2号构造）。基底卷入的逆冲构造导致其上地层发生拖曳，从而导致高角度剖面共轭剪裂缝的发生。向南在克拉苏构造带发育一系列北倾的叠瓦状铲式断层，断层向下滑脱，于三叠系泥岩中终止，向上变陡，倾角最高可达50°。各断背斜同样以两对高角度剖面共轭剪裂缝为主要的裂缝组系。一般认为，共轭剪裂缝的锐夹角平分线和最大主应力的方向基本一致（Nelson，2001）。因此，剖面共轭剪裂缝的出现暗示克拉苏构造带巴什基奇克组断背斜局部最大主应力在裂缝形成时位于垂直方向。南北向的构造挤压在克拉苏构造带产生前展的叠瓦状推覆体，导致白垩系和侏罗系褶皱变形，各断夹块以背斜的形式出现；侏罗系发育多套厚层塑性泥岩，在推覆挤压的过程中发生塑性拱张（图4.35）。受上述构造特征的影响，背斜顶部局部水平应力可能表现为弱的拉张特性，垂直主应力在150～160MPa变化，最小水平主应力在110～120MPa变化，使得共轭剪裂缝锐夹角平分线出现在垂直方向上。其发育条件类似岩石单轴压缩试验中共轭剪破裂出现的条件（Daubree，1879；尤明庆和华安增，1998；Nelson，2001；Fakhimi amd Hemami，2015）。

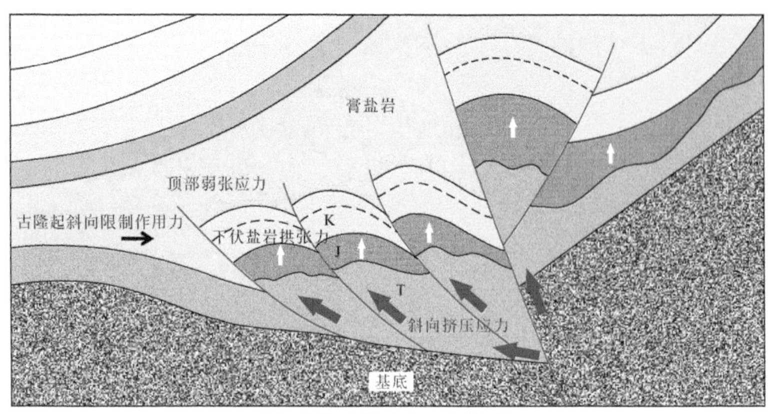

(a)克拉苏构造带应力分布模式图

(b)单轴压缩试验发育的共轭剪破裂(Daubree,1879)

图 4.35　克拉苏构造带裂缝发育的应力机制解释

四、裂缝参数计算

（一）裂缝宽度

首先对比露头、岩心、覆压和井壁电成像测井计算的天然裂缝宽度，目的是在各方法宽度值对比的基础上，分析各方法反映地层条件下裂缝宽度值的可靠性。在此基础上选取覆压法计算的裂缝宽度刻度井壁电成像测井的裂缝宽度，求取整个地层天然裂缝的水动力宽度。

巴什基奇克组露头裂缝的宽度一般较大，其中 89% 的裂缝宽度大于 1mm，11% 的裂缝宽度为 0.5 ~ 1mm（侯贵廷和潘文庆，2013）；野外相似背斜露头的张裂缝宽度一般大于 5mm，剪裂缝分布在 0.3 ~ 0.6mm（王振宇等，2016）。根据裂缝性油气储层的生产实践，基于露头计算的裂缝宽度显著偏大，不符合地下流体的渗流特征。岩心未充填裂缝的平均宽度在 0.1 ~ 0.5mm，均值为 0.26mm。基于地表岩心计算的裂缝宽度也大于地层条件下的裂缝宽度，在实际应用时需要对岩心裂缝进行校正。岩石覆压测试已经证实，裂缝宽度和上覆静岩封闭压力有关，且随着裂缝面承受的静岩封闭压力的增大，裂缝宽度呈负指数递减（Nelson，2001）；当上覆静岩围压达到某一“临界值”（通常为 40 ~ 50MPa）时，裂缝宽度随围压变化的曲线斜率趋于平缓，即裂缝宽度不再大幅度减小，此时裂缝的水动力宽度多位于 40μm 左右（Nelson，2001）。通过对北美侏罗系 Navajo

砂岩（Nelson，2001）、长庆油田长 8 油层含高角度裂缝砂岩（曾联波，2008）和新场气田须二气藏高角度裂缝砂岩（邓虎成等，2013）中裂缝渗透率的加压实验对比表明，当围压增大到某一“临界值”时，裂缝渗透率随围压变化的曲线斜率也趋于平缓，即不考虑其他因素的情况下裂缝渗透率的变化和宽度的变化相对应。基于上述关系，研究者可以根据覆压测试的渗透率值粗略估算地层某一埋深裂缝大致的水动力宽度（穆龙新等，2009），进一步可以对电成像测井计算的裂缝宽度进行刻度。

对巴什基奇克组含裂缝的岩心样品进行物性覆压测试，裂缝宽度由经验公式计算（穆龙新等，2009）。测试结果也表明裂缝宽度和静岩围压之间基本满足负指数关系（图 4.36）。但是，该致密砂岩中裂缝宽度多在 2～100μm 变化，裂缝宽度随围压变化的临界值也小于前人的研究，在 20MPa 左右。出现上述现象的原因可能与测试岩石的物性有关。巴什基奇克组属于致密砂岩储层，孔隙度在 0.5%～5%，渗透率一般小于 0.1mD；Nelson 覆压试验中采用的岩石（Navajo Sandstone）属于高孔渗砂岩，孔隙度在 22%～28% 变化，渗透率为几百到几千毫达西。

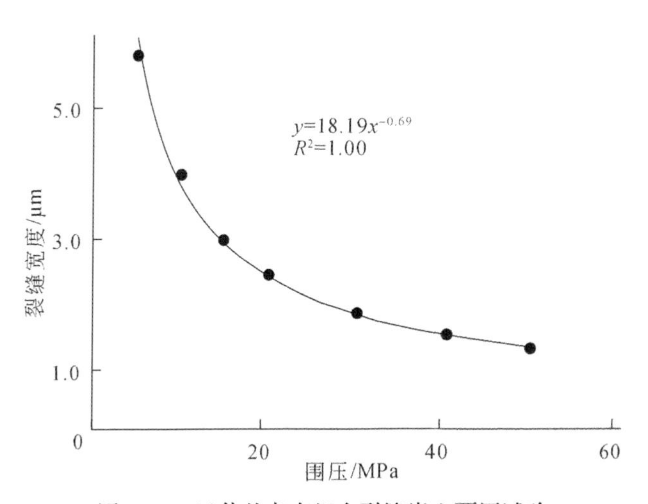

图 4.36 巴什基奇克组含裂缝岩心覆压试验

通过对研究区 12 套水基泥浆背景下的井壁电成像测井数据处理和计算，裂缝的平均宽度（FVA）在 0.01～0.18mm，裂缝的平均水动力宽度（FVAH）在 0.02～0.27mm（图 4.37）。由于井壁电成像测井计算的裂缝宽度比实际裂缝宽度值大几个或几十个数值，因此地层条件下的裂缝宽度一般应小于 0.1mm。

前已述及，岩心开口裂缝和井壁电成像测井反映的裂缝特征具有很好的刻度关系。因此，通过单条裂缝岩心和井壁电成像测井的一比一刻度，同时对含裂缝

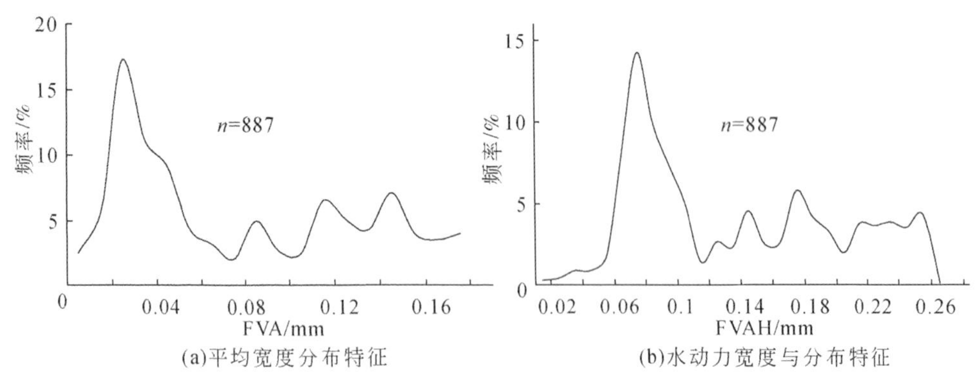

(a)平均宽度分布特征　　(b)水动力宽度与分布特征

图 4.37　电成像测井裂缝宽度分布特征

岩心进行覆压测试，恢复岩心裂缝在地层条件下的水动力宽度值；以裂缝刻度关系为桥梁，校正电成像测井计算的裂缝宽度，使该数值具有水力学意义。为此选取巴什基奇克组不同深度段的6块含裂缝岩样进行覆压测试，各岩样具有相似的岩石物理属性和岩性（粉砂岩），围压的计算考虑了地层的孔隙流体压力、静岩压力梯度、泊松比和深度，计算的数值分别为 18.83MPa、20.45MPa、21.20MPa、21.22MPa、21.79MPa、21.88 MPa。计算结果显示不同深度计算的围

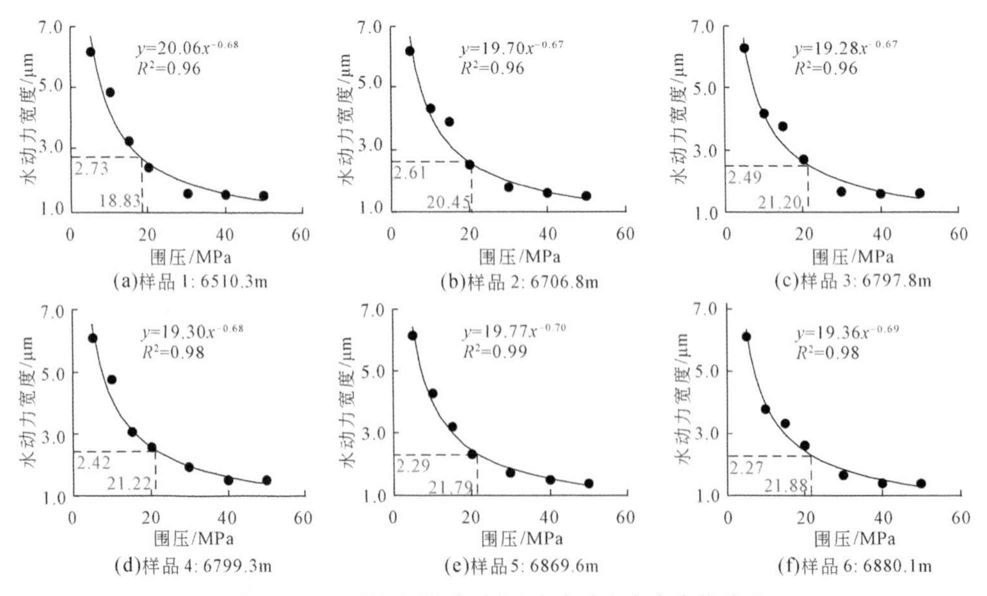

(a)样品 1: 6510.3m　(b)样品 2: 6706.8m　(c)样品 3: 6797.8m

(d)样品 4: 6799.3m　(e)样品 5: 6869.6m　(f)样品 6: 6880.1m

图 4.38　含裂缝岩样覆压测试和水动力宽度变化关系

水动力宽度由渗透率计算（穆龙新等，2009），FMI 裂缝平均宽度（FVA）分别为 35μm、34μm、30μm、26μm、23μm、21 μm

压和对应的水动力宽度值基本满足线性关系，且水动力宽度和井壁电成像测井裂缝宽度相差一个数量级（图4.38），即电成像测井图像中显示的裂缝，其实际宽度较小。据此，刻度巴什基奇克组电成像测井计算的裂缝宽度，四组分别北倾、东倾、南倾和西倾的高角度剖面共轭剪裂缝的宽度在校正前后的结果见表4.2。另外，同一条裂缝的宽度测量值和物理模拟获得的电成像测井宽度值的对比表明两套数据大致符合线性关系（Ponziani et al.，2015），且二者之间不存在数量级的差别，暗示电成像测井计算的宽度可能能够等价裂缝在地下的实际宽度。但是上述实验的问题在于物理模拟的宽度都不小于0.1mm，而模拟结果显示裂缝宽度越小模拟计算的误差越大。

表4.2　巴什基奇克组裂缝宽度

井名	平均宽度/mm				校正宽度/μm			
	北倾	东倾	南倾	西倾	北倾	东倾	南倾	西倾
KS2	0.02	—	0.02	—	1.81	—	2.05	—
KS201	—	—	0.01	0.01	—	—	1.27	1.27
KS202	—	—	0.05	—	—	—	4.39	—
KS2-1-1	—	0.03	—	—	—	2.67	—	—
KS2-1-14	0.03	0.06	0.05	0.04	2.75	4.78	4.23	3.53
KS2-2-12	—	0.04	—	0.06	—	3.92	—	4.94
KS6	0.04	0.03	0.05	0.04	3.45	2.44	4.00	3.22
KS8	0.08	0.09	0.07	0.09	6.34	7.13	5.95	7.67
KS801	0.11	0.18	0.08	0.06	9.23	14.63	6.81	5.25
KS8-1	0.15	0.11	0.10	0.13	12.20	9.08	8.06	10.64
KS8-2	—	0.05	—	0.07	—	4.08	—	5.80
KS8-3	—	—	0.09	0.09	—	—	7.36	7.52

（二）裂缝密度

裂缝密度（或间距）是衡量裂缝发育程度的参数。电成像测井提供了裂缝的线密度、面密度和体密度。在三种裂缝密度的表示方法中，线密度比较充分地反映了井中构造裂缝的发育程度，是一个相对稳定的参数（曾联波，2010），因此本次研究采用裂缝线密度作为评价裂缝发育程度的参数。

巴什基奇克组单井裂缝纵向发育程度具有不均一性，在同一口井的不同深度段，局部裂缝发育，局部甚至观察不到任何裂缝，裂缝的线密度存在不同程度的差异。因此，在评价裂缝性地层的渗流性时需要仅对选取的深度段进行裂缝线密度的统计，而不是以全井段为单位进行裂缝线密度的统计，同时需要将线密度校正到垂直裂缝面的方向（计算裂缝的法向线密度）。由于该地层是重要的天然气产层，各井测试段裂缝法向线密度的计算结果见表4.3。

表4.3　巴什基奇克组测试段裂缝法向线密度

井名	法向线密度/(条/m)			
	北倾	东倾	南倾	西倾
KS2	1.67	—	0.26	—
KS201	—	—	8.33	8.33
KS202	—	—	0.82	—
KS2-1-1	—	0.20	—	—
KS2-1-14	1.47	1.22	1.41	4.76
KS2-2-12	—	1.89	—	5.56
KS6	2.08	1.89	3.33	2.94
KS8	0.25	0.68	0.49	0.33
KS801	0.39	0.14	0.41	0.05
KS8-1	0.06	0.26	0.60	0.53
KS8-2	—	1.72	—	2.63
KS8-3	—	—	1.19	1.41

(三) 裂缝孔隙度

相较于正常的基质孔隙度，裂缝孔隙度一般都很小。已有的研究表明在多数裂缝性地层中天然裂缝的孔隙度往往小于1%（Nelson，2001）。在油气资源评价中，其计算和评价的重要性需要根据油气藏所属于的类型进行评判：如果裂缝是油气的主要储集空间，也是油气流动的主要媒介，那么早期裂缝孔隙度的计算就十分重要；反之，如果裂缝主要是起沟通流体渗流的作用，那么这一参数的计算就显得没有太多的意义，相反确定油气储层的类型才是第一位的。本次研究在井壁电成像测井裂缝孔隙度计算的基础上，分析巴什基奇克组裂缝孔隙度对于储层总孔隙度的重要性。计算结果显示目的层裂缝孔隙度分布在0.001%～0.048%，且多小于0.01%（图4.39）。由于巴什基奇克组储层总孔隙度在4.0%～6.5%，裂缝孔隙度占总孔隙的比例极小。考虑到裂缝孔隙度的计算还涉及测量范围的影响，即在裂缝不发育的层段裂缝孔隙度为零，因此，如果将目的层整体作为一个统计单元，那么巴什基奇克组储层裂缝的实际孔隙度应远远小于上述值，所以可以忽略裂缝孔隙度在该储层总孔隙中所起的作用。

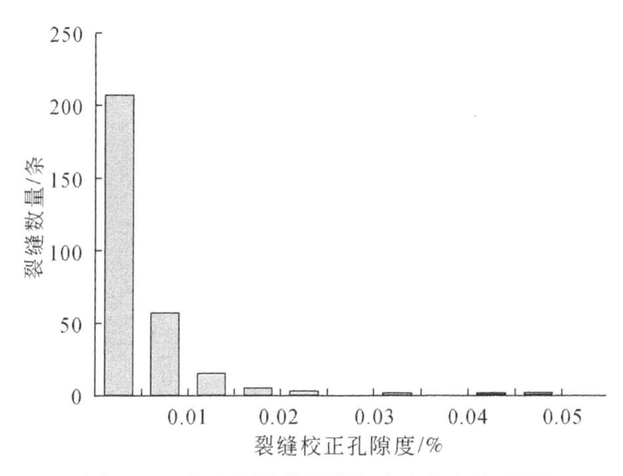

图 4.39　电成像测井裂缝孔隙度分布直方图

（四）裂缝渗透率

裂缝渗透率直观表征了地层裂缝的导流性质，但是裂缝渗透率的准确计算较难。国内外专家和学者已经从油藏工程、地质和地球物理等角度对这一参数的计算进行过相关的探索。岩心观察表明巴什基奇克组起导流作用的裂缝主要为高角度的构造缝，裂缝在空间的分布具有规律性，且同组构造裂缝具有一定的等距性，其分布类似 Parsons 平板理论模型（图 4.40）。因此，裂缝渗透率的计算采用 Parsons 平板理论公式的适用条件。而对于实际的沉积地层，同一套地层中往往存在多组裂缝，因此，裂缝渗透率的计算需要推广至多组裂缝的情况，则公式进一步表述为

$$K_{\mathrm{f}} = \frac{e_1^3}{12D_1}\cos\alpha + \frac{e_2^3}{12D_2}\cos\beta + \cdots \tag{4.1}$$

式中：K_{f} 为裂缝渗透率，mD；e_1 和 e_2 为裂缝开度，通过对电成像测井裂缝宽度进行覆压校正得来，μm；D_1 和 D_2 为裂缝平均间距，由电成像测井统计，mm；α 和 β 为流体压力梯度与裂缝面的夹角，在致密砂岩储层中认为井筒范围内流体主要沿裂缝面发生流动，因此将该值简化为0°。等式右侧每增加一个项，代表地层中具有一个裂缝间距为 D_i 和宽度为 e_i 的独立平行的裂缝组系。

在每组裂缝覆压校正宽度和密度计算的基础上，用式（4.1）可以计算各背斜巴什基奇克组两对（四组）剖面共轭剪裂缝的渗透率，进一步分析各组裂缝对储层流体渗流的贡献度，渗透率计算结果见表 4.4。计算结果表明四组裂缝都可以不同程度地提高储层渗透率，裂缝渗透率一般在 0.19～55.73mD 变化；同时裂缝渗透率在各井之间存在差异。进一步对比表 4.2～表 4.4 可知，裂缝宽度

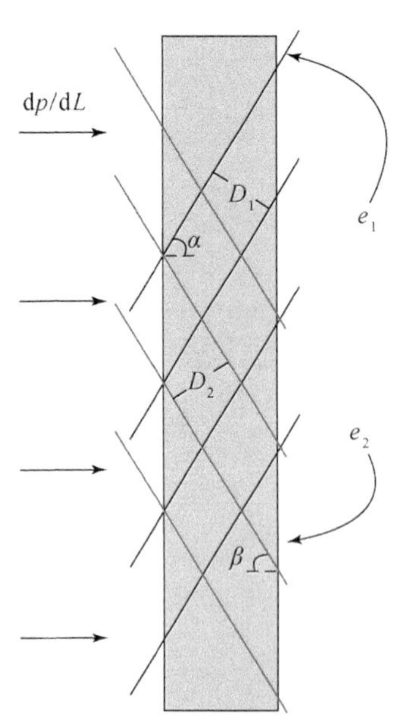

图 4.40　Parsons 平板理论模型示意图（图中示意两组裂缝）

对渗透率的影响更加明显，主要是在 Parsons 平板理论模型中裂缝宽度和渗透率表现为指数关系，而裂缝间距和裂缝渗透率呈线性关系。

表 4.4　巴什基奇克组裂缝渗透率

井名	渗透率/mD				总渗透率/mD
	北倾	东倾	南倾	西倾	
KS2	0.83	—	0.19	—	1.02
KS201	—	—	1.41	1.41	2.82
KS202	—	—	5.78	—	5.78
KS2-1-1	—	0.32	—	—	0.32
KS2-1-14	2.55	11.11	8.91	17.47	40.04
KS2-2-12	—	9.48	—	55.73	65.21
KS6	7.15	2.28	17.78	8.17	35.38
KS8	5.32	20.50	8.66	12.26	46.74
KS801	25.34	37.24	10.89	0.63	74.09
KS8-1	9.78	16.41	26.15	34.86	87.20
KS8-2	—	9.74	—	42.72	52.46
KS8-3	—	—	39.54	49.83	89.37

五、基于裂缝参数的裂缝渗流性分析

（一）米采气指数的计算

通过对裂缝宽度和密度的计算，最终得到了巴什基奇克组每组裂缝的渗透率及裂缝发育段的总渗透率。通过对裂缝发育段天然气产能的评价又可以验证裂缝渗透率计算结果的可靠性。然而压差、试产地层厚度、油嘴尺寸等实际生产工艺的差异制约了产层段产能的评价和对比。因此，在进行裂缝段产能评价时需要将不同生产工艺下的产能值换算至单位压差和单位厚度，即求取产层段的米采气指数。米采气指数是指气井在单位生产压差下每米求产厚度的日产气量，可用来衡量气井产能的高低。本次研究利用一点法计算巴什基奇克组各单井的无阻流量，在此基础上求取目的层的米采气指数。各井产层段的无阻流量和米采气指数计算结果见表4.5，其中工作制度均采用5mm油嘴。

表4.5　无阻流量和米采气指数计算结果

井名	测试层段/m	无阻流量/(10^4m^3/d)	米采气指数/[m^3/(d·m·MPa)]	井名	测试层段/m	无阻流量/(10^4m^3/d)	米采气指数/[m^3/(d·m·MPa)]
KS2	6573~6609	23.31	185	KS201	6735~6755	81.76	630
KS202	6705~6969	54.65	350	KS203	6600~6685	43.35	617
KS204	6810~6830	9.28	75	KS205	6890~6976	80.96	470
KS206	6726~6800	68.02	450	KS208	6750~6770	6.74	26
KS2-1-1	6763~6765	30.93	86	KS2-1-5	6615~6748	3.45	1
KS2-1-6	6706~6710	157.23	1066	KS2-1-7	6689~6697	40.06	212
KS2-1-14	6891~6893	67.97	498	KS2-2-1	6604~6609	3.61	28
KS2-2-3	6747~6840	44.82	235	KS2-2-4	6520~6708	44.80	495
KS2-2-5	6718~6788	24.83	572	KS2-2-8	6696~6698	98.53	928
KS2-2-12	6588~6690	49	763	KS2-2-14	6925~6950	77.13	688
KS5	6813~6875	10.21	20	KS501	6500~6562	46.32	332
KS505	6660~6760	54.78	544	KS6	5605~5653	88.13	865
KS8	6860~6903	274.90	516	KS801	7205~7290	215.04	950
KS802	7320~7354	101.48	1355	KS8003	6746~6752	93.65	1020
KS8004	6818~6881	244.14	981	KS806	6994~6996	41.19	945

续表

井名	测试层段/m	无阻流量/(10^4m^3/d)	米采气指数/[m^3/(d·m·MPa)]	井名	测试层段/m	无阻流量/(10^4m^3/d)	米采气指数/[m^3/(d·m·MPa)]
KS807	7097～7099	78.79	1316	KS8-1	6745～6749	98.19	1045
KS8-2	6725～6830	94.85	1053	KS8-3	6953～7062	97.12	1050
KS9	7445～7552	71.88	1416				

（二）裂缝渗流性的油气产能评价

由米采气指数的计算可知，巴什基奇克组裂缝对于气井产能的高低影响可通过裂缝渗透率直观地表现出来（图4.41）；产层段各组系的裂缝总渗透率越高，气井产能也越高（图4.42），该地层发育的四组高角度剖面共轭剪裂缝都可以很好地提高储层的产能。但是生产实践显示单井之间或是不同气藏背斜之间产能相差较大。以研究区的KS2号和KS8号背斜为例，四组裂缝在两个背斜气藏都比较发育，而前者裂缝密度整体较后者大（KS201井裂缝密度可达8.33条/m），但是KS2背斜平均米采气指数仅为419 m^3/(d·m·MPa)，KS8背斜可达1017 m^3/(d·m·MPa)。因此，裂缝对于气井产能的高低具有不同程度的影响，即裂缝的渗流性在单井之间或是不同气藏背斜之间存在明显差异。研究区各背斜都是在同一逆冲挤压作用下形成的，且和地层渗透性有直接联系的裂缝类型主要是高角度的剖面共轭剪裂缝。在排除成岩作用对其影响的前提下，裂缝渗流性的差异主要和裂缝宽度有关。同时，地层压力可能对裂缝的有效性具有一定的影响(图4.43)。对比克深地区由北向南分布的背斜气藏可以看出，随着克拉苏构造带向南的逆冲推覆，单个背斜气藏的埋深逐渐加大，对应的地层压力逐渐变高，而裂缝宽度也逐渐变大，使得单井的产能提高了2～3倍。

过去的研究多认为储层裂缝的渗流性主要和研究层段占据主导地位的裂缝宽度有关（邓虎成等，2013；张昊天，2013）。上述分析表明虽然裂缝宽度对裂缝组系的渗流强度影响更为明显，但是巴什基奇克组各裂缝组的渗流性还同时受控于地层裂缝发育的组系和裂缝密度（或间距）。需要注意的是，裂缝组系、宽度和裂缝间隔对于裂缝渗流能力的影响具有一定的互补性。当单组裂缝间隔较大时，裂缝发育的组系越多，裂缝宽度越大，裂缝的渗流程度也可以很高（如KS801井）；同样，当裂缝发育的组系较少，裂缝宽度较小，而裂缝间隔较小时，裂缝的渗流程度也可以较高（如KS201井）。

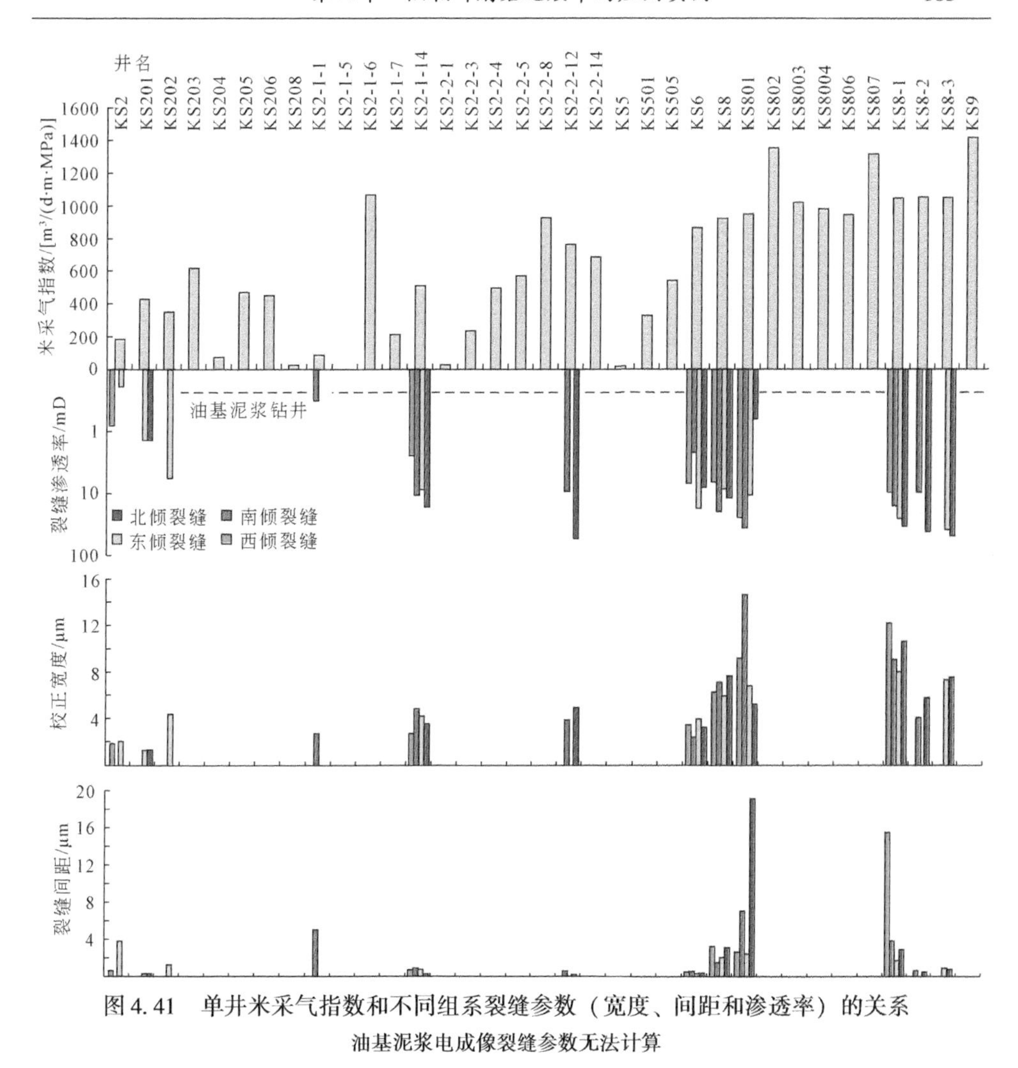

图 4.41 单井米采气指数和不同组系裂缝参数（宽度、间距和渗透率）的关系

油基泥浆电成像裂缝参数无法计算

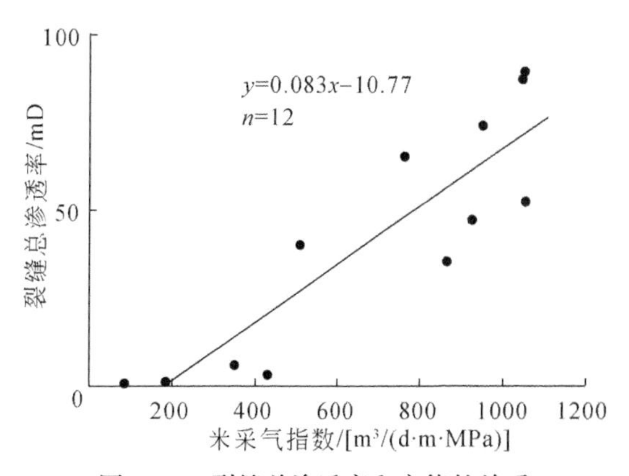

图 4.42 裂缝总渗透率和产能的关系

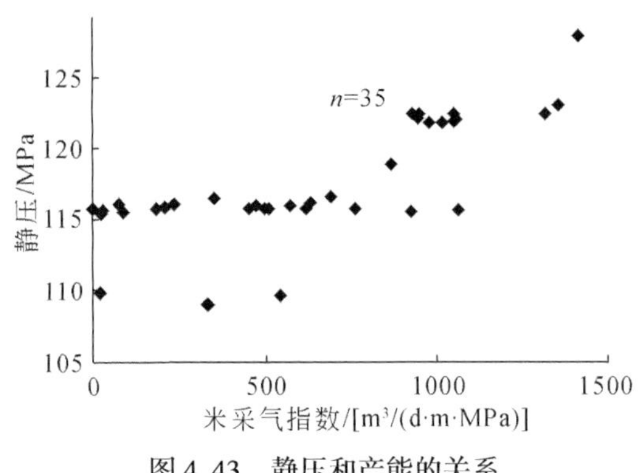

图 4.43　静压和产能的关系

第五节　现今地应力评价

克拉苏构造带电成像测井现今地应力的指示标志包括了应力井壁垮塌、应力直劈缝和应力诱导缝三种。在研究区共观察到 3576.04m 的应力井壁垮塌和 1954.08m 的应力直劈缝，二者在同一深度段多单独出现，也可同时出现；应力诱导缝可单独出现，也可和应力直劈缝相伴生。水基泥浆中应力井壁垮塌在电成像测井图像中显示为低阻对称的两个条带［图 4.44（a）］，而在油基泥浆中显示为高阻对称的两个条带［图 4.44（b）］。在垂向上应力井壁垮塌多在裂缝面、层界面、岩性界面或其他的物性界面处终止，有时井壁垮塌的轮廓还会呈现一些“雁列”的特征。应力直劈缝在水基泥浆中显示为低阻对称的两条暗线，裂缝的延伸轨迹平直［图 4.44（c）］；应力诱导缝则多以裂缝组的形式出现，在图像中显示为“八”字形特征［图 4.44（d）］。在油基泥浆中直劈缝和应力直劈缝都较为少见，推测可能受数据质量的影响，使得油基泥浆的图像质量通常较低，微细的地质特征在图像中无法显示。在电成像测井现今地应力解释模型中已知，应力井壁垮塌的方位代表了现今最小水平主应力的方位，应力直劈缝的方位代表了现今最大水平主应力的方位，而应力诱导缝的走向代表了现今最大水平主应力的方位。

电成像测井解释中同一口井通常发育多个应力井壁垮塌段和应力直劈缝发育段，为了求取单井的平均地应力方位和对比不同方法获得的应力方位，采用了世界应力数据库地应力方位的计算方法和评价标准（Tingay et al., 2008）。以 KS501 为例，全井段共发育了 12 个应力井壁垮塌，垮塌段总长度为 21.04m，根据公式平均最大水平主应力方位为 124.76°N，标准偏差为 8.5°，因此 KS501 井地应力方位为 C 级，可信度中等；而以 KS503 为例，全井段共发育了 12 个应力井壁垮塌，垮塌段总长度为 160.36m，平均最大水平主应力方位为 92.86°N，标

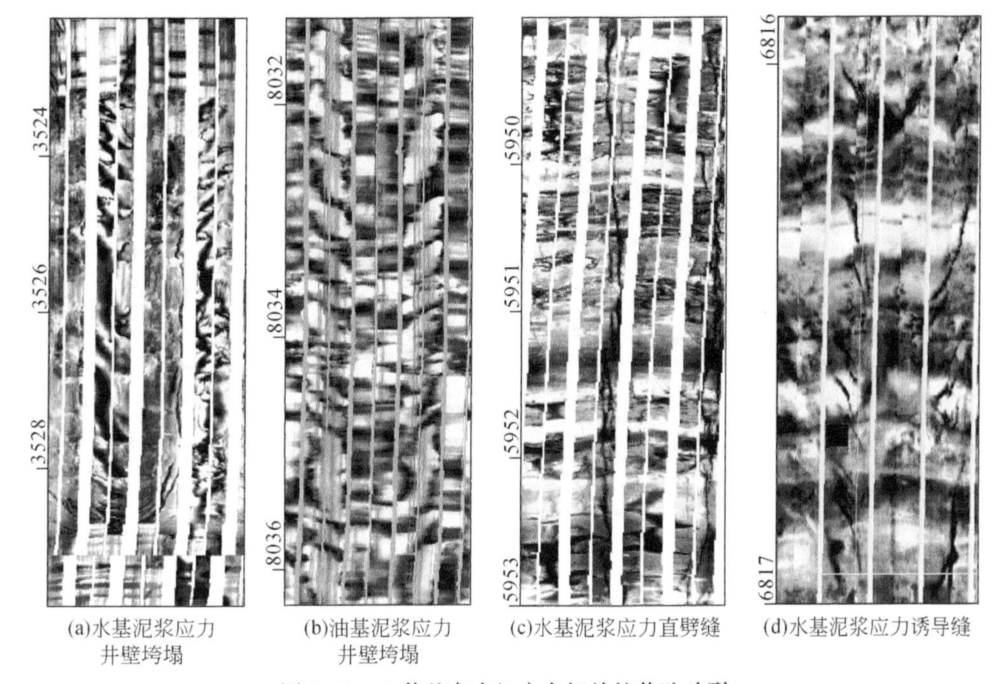

(a)水基泥浆应力井壁垮塌　(b)油基泥浆应力井壁垮塌　(c)水基泥浆应力直劈缝　(d)水基泥浆应力诱导缝

图4.44　巴什基奇克组应力相关的井壁破裂

准偏差为4.3°，因此该井的地应力方位为A级，可信度较高。据此可利用应力井壁垮塌和应力直劈缝完成各单井的现今水平主应力方位的确定。

过去的研究认为研究区现今最大水平主应力近南北，且和现今区域应力场方位一致（曾秋生，1990），而从各井计算的结果看，最大水平主应力的方位在不同地区发生了有规律的变化；总体上自西向东呈顺时针旋转（图4.45），这一结果和应力机制解的分析相一致。分析认为上述应力方向的偏转可能和现今的盆地边界条件、局部古地形和地层产状有关（Nian et al.，2016）；在克拉苏构造带的西段区域主应力的应力分量近NNW—SSE向，向东逐渐过渡为S—E向和NNE—SSW向。

为了验证应力井壁垮塌计算的应力强度是否准确，利用式（2.21）计算了巴什基奇克组6口钻井的地应力强度，钻井的选取主要是由成像测井资料决定的，即在同一深度分别测量了电成像和声成像测井数据（CBIL、UBI和UXPL），后者可以更好地确定井壁垮塌的形态。其中，地层岩石的剪切强度由实验室岩心测试确定，均值为85.8MPa，最小主应力强度由水力压裂确定，且在不同构造单元该值不同。孔隙流体压力、钻孔流体压力及二者的压差由钻井获得。研究中共获取了241个垮塌深度段，总垮塌长度349m，计算的结果见表4.6。

图 4.45　克拉苏—依奇克里克构造带单井平均最大水平主应力方位分布

表 4.6　不同方法计算的现今水平主应力对比

井名	深度 /m	水力压裂应力 /MPa		常规测井 /MPa		CBIL 井眼垮塌范围对应的平均角度 /(°)	FMI 井眼垮塌范围对应的平均角度 /(°)	井壁垮塌应力 /MPa
		S_H	S_h	S_H	S_h			
KS804	7020 ~ 7262	—	138.49	187.86	137.77	39	40	187.32
KS805	6930 ~ 7052	—	135.41	185.17	136.92	40	38	186.22
KS501	7420 ~ 7500	—	137.71	184.44	135.09	40	40	185.11
KS504	6397 ~ 6422	164.38	125.46	163.22	127.44	38	39	165.41
KS505	6836 ~ 6888	—	127.33	185.18	129.99	40	39	181.49
KS506	6630 ~ 6699	170.51	134.06	175.34	134.12	43	40	171.39

第五章　海相碳酸盐岩地层中的应用实例

我国主要的海相碳酸盐岩地层都进行过井壁电成像测井数据的采集，包括塔里木盆地奥陶系、四川盆地二叠系（长兴组、茅口山组、栖霞组、飞仙关组）、鄂尔多斯盆地奥陶系、二连盆地石炭系—二叠系等。其数据的采集和解释不仅可以佐证其他方法现今地应力评价的准确性，更重要的是可以较为有效地解决碳酸盐岩地层岩心缺乏、常规测井岩性和沉积相识别难度大的问题。

碳酸盐岩地层研究的内容通常包括了地层的划分、地层的构造演化过程和构造形貌、沉积特征和演化过程、成岩作用和成岩演化以及古岩溶风化壳的识别等。井壁电成像测井可以用于碳酸盐岩地层的精细划分、井旁构造解释、沉积特征描述和部分成岩作用的研究，可以用于古风化壳的识别。通过图像的观察可以确定地层顶、底界面附近的地层特征，从而进行地层单元的划分；通过岩性、沉积构造以及沉积序列的描述可以明确地层的沉积相类型和沉积演化过程；通过单井岩溶要素的图像识别以及不同地区、不同井段的连井对比可以揭示古风化壳的地质结构（杨柳等，2014；冯庆付等，2019）。

本章以我国西部塔里木盆地中上奥陶统碳酸盐岩地层为例，结合盆内巴楚凸起中上奥陶统的碳酸盐岩露头科探井（TK-1 井）和油田生产井，重点以科探井的研究成果为例，详细阐述了微电阻率扫描成像测井在海相碳酸盐岩地层中的应用，为其他地区湖相或海相碳酸盐岩地层电成像资料的系统应用提供参考实例。针对具体的研究区，在图像解释前同样需要先对研究区目的层的地质概况有清晰的认识，如解释地层的沉积需要了解目的层的沉积环境和沉积相类型，因此本节详细介绍了塔里木盆地中上奥陶统沉积时的区域地质背景，为后续的图像解释厘定宏观的地质框架。

第一节　地 质 概 况

一、地理位置及井况

塔里木盆地位于我国新疆维吾尔自治区南部。盆地东西长约 14000km，南北长约 520km，总面积约 560000km^2，被天山、昆仑山和阿尔金山所环绕。

奥陶系碳酸盐岩地层是盆内重要的含油气层系（周新源等，2006），因此在盆地巴楚凸起勒亚依里背斜西翼的碳酸盐岩地层实施了 TK-1 露头科探井（图 5.1）。该露头行政属于巴楚县，314 国道 1182km 处向南转约 7.5km，南距图木舒克市约 30km。完钻井深 207m，自上而下分别钻遇了塔里木盆地奥陶系良里塔格组、吐木休克组、一间房组和鹰山组，系统获取了 187m 电成像测井数据、112.32m 连续岩心和 100 多张铸体薄片，从而避免了碳酸盐岩地层因缺乏标志层或标志现象而带来的岩心等深标定刻度的难题。

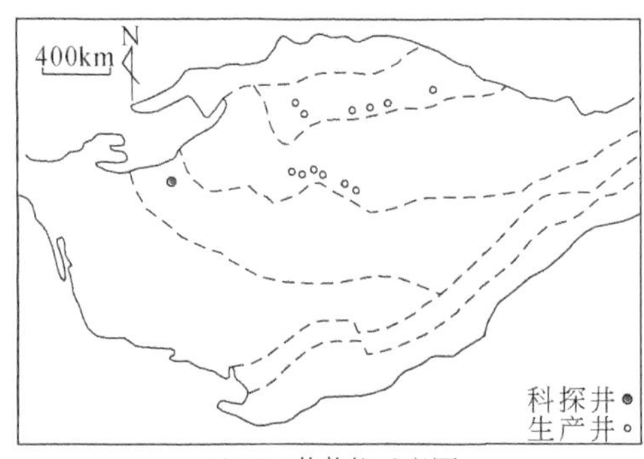

(a)TK-1井井位示意图

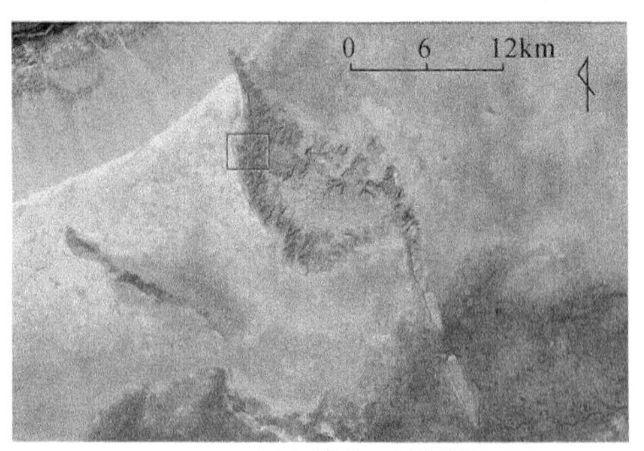

(b)一间房露头卫星概貌图

(c)一间房露头全景图

(d)TK-1井岩心及FMI电成像测井示意图

图 5.1　露头区位置及实物资料示意图

二、构造特征

按照断裂体系和构造反射特征，塔里木盆地可划分为“三隆四拗”的构造格局，自北向南分别为库车拗陷、塔北隆起、北部拗陷、中央隆起、西南拗陷、塔东南隆起和东南拗陷等七个一级构造单元（图 5.2）。TK-1 井所在的一间房露头区位于中央隆起西段的巴楚凸起北段。

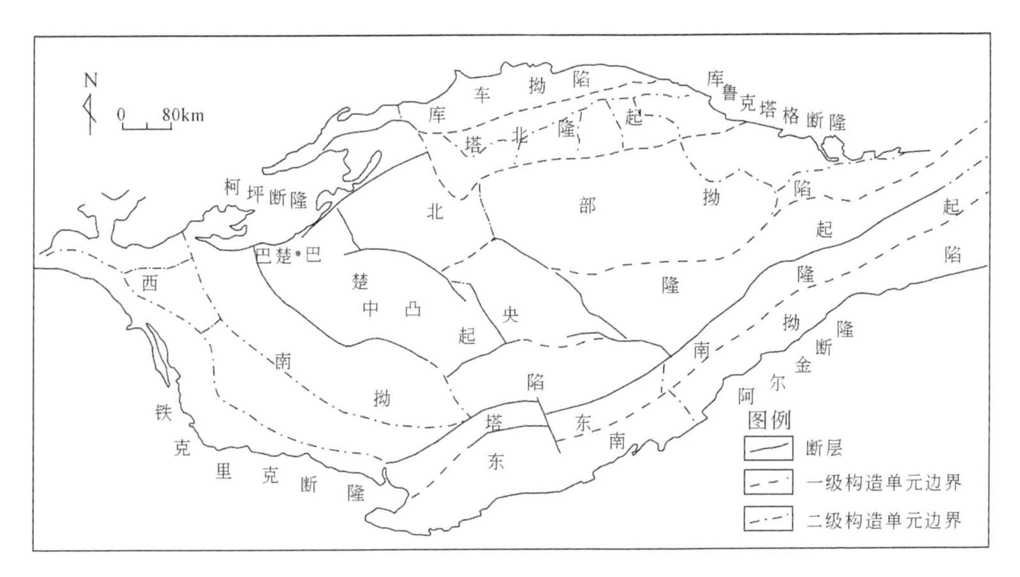

图 5.2　塔里木盆地构造单元划分图

整个盆地是前震旦系变质基底之上发育而来的大型叠合沉积盆地（汤良杰，1994），共经历了三个大的构造演化阶段：震旦纪—早古生代为克拉通内拗陷和拗拉槽发展阶段，中晚古生代为稳定克拉通内拗陷和裂谷盆地发育阶段，中、新生代为复合前陆盆地及内陆拗陷发育阶段（张光亚等，2007）。各演化阶段又可进一步细分为震旦纪—早奥陶世的拉张伸展阶段、中晚奥陶世—泥盆纪的挤压挠曲阶段、石炭纪—早二叠世的区域伸展—弧后裂陷阶段、晚二叠世—三叠纪的前陆盆地阶段、侏罗纪—古近纪的陆内弱伸展拗陷阶段、新近纪—第四纪的再生前陆盆地阶段（张光亚等，2007）。

三、地层特征

塔里木盆地地层分布柱状图见图 5.3，其中奥陶系自下而上依次为蓬莱坝组、鹰山组、一间房组、吐木休克组、良里塔格组和桑塔木组。同一地层在盆内不同地区的岩性及其组合特征存在差异。蓬莱坝组以灰色粉—粗晶白云岩为主，局部夹亮晶砂屑灰岩、砾屑灰岩，可见硅质条带和团块；与上覆鹰山组整合接触。鹰山组以灰色—深灰色泥晶灰岩为主，局部可见藻凝块泥晶灰岩、砂屑灰岩和藻纹层灰岩。一间房组下部为灰色—深灰色砾屑、棘屑灰岩，中部为托盘—海绵类礁灰岩，上部为棘屑灰岩和生屑灰岩，顶部可见泥晶灰岩；与下伏鹰山组和上覆吐木休克组整合接触。吐木休克组以紫色瘤状灰岩为主。良里塔格组下部以

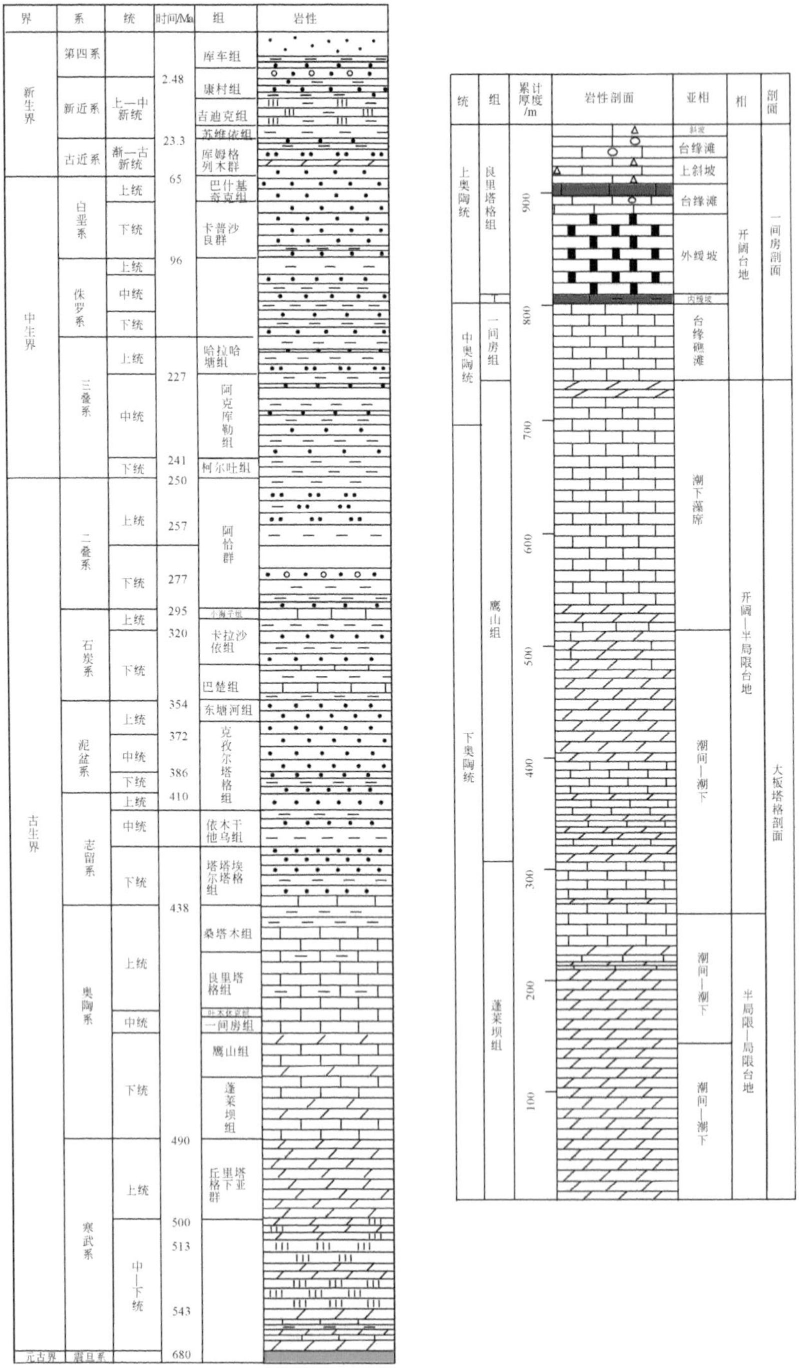

界	系	统	时间/Ma	组	岩性
新生界	第四系			库车组	
			2.48		
	新近系	上—中新统		康村组	
				吉迪克组	
			23.3	苏维依组	
	古近系	渐—古新统		库姆格列木群	
中生界	白垩系	上统	65	巴什基奇克组	
		下统		卡普沙良群	
	侏罗系	上统	96		
		中统			
		下统			
	三叠系	上统		哈拉哈塘组	
			227		
		中统		阿克库勒组	
		下统	241	柯尔吐组	
古生界	二叠系	上统	250	阿恰群	
			257		
		下统	277		
			295	小海子组	
	石炭系	上统	320	卡拉沙依组	
		下统		巴楚组	
			354	东塘河组	
	泥盆系	上统	372	克孜尔塔格组	
		中统	386		
		下统	410		
	志留系	上统			
		中统		依木干他乌组	
		下统		塔塔埃尔塔格组	
			438		
	奥陶系	上统		桑塔木组	
				良里塔格组	
				吐木休克组	
		中统		一间房组	
		下统		鹰山组	
				蓬莱坝组	
			490		
	寒武系	上统		丘里塔格下亚群	
			500		
		中—下统	513		
			543		
元古界	震旦系		680		

(a)塔里木盆地地层柱状图

统	组	累计厚度/m	岩性剖面	亚相	相	剖面
上奥陶统	良里塔格组	900		斜坡	开阔台地	一间房剖面
				台缘滩		
				上斜坡		
				台缘滩		
				外缓坡		
				内缓坡		
中奥陶统	一间房组	800		台缘礁滩		
下奥陶统	鹰山组	700		潮下藻席	开阔—半局限台地	大板塔格剖面
		600				
		500		潮间—潮下		
		400				
	蓬莱坝组	300				
		200		潮间—潮下	半局限—局限台地	
		100		潮间—潮下		

(b)巴楚地区奥陶系地层柱状图

图5.3 塔里木盆地地层柱状图及巴楚地区奥陶系地层柱状图［改自赵宗举等（2009）］

灰色泥晶生屑灰岩为主，中部为灰色砾屑、砂屑灰岩，上部为含泥质条带的泥晶灰岩和泥晶砂屑灰岩。桑塔木组为灰绿色、灰色砂泥岩夹灰岩，与下伏良里塔格组整合接触。

四、沉积特征

早奥陶世蓬莱坝组沉积期，塔里木板块周缘继承了晚寒武纪的构造格局，整体处于拉张裂解期，周缘被裂解形成的大洋所包围（张丽娟等，2007）。塔东克拉通边缘拗陷两侧分别为西部的碳酸盐岩台地和东部罗西地区以东的碳酸盐岩台地。两个台地之间为盆地相沉积区，沉积了灰泥和泥质深水沉积物；向台地两侧则依次过渡为斜坡相、台地边缘相和局限—开阔台地相。鹰山组沉积期构造和沉积格局都没有发生较大的变动（图5.4），但是这一时期台地内部的地貌分化加强，在局部地区出现了台内滩。一间房组沉积期，塔里木盆地周缘的构造环境发生了显著的变化，受加里东构造运动的影响，由拉张转变为压扭的应力场，使得区内隆拗相间，同时受海平面上升的影响，塔西台地发生了分化，形成了阿瓦提和塘古孜巴斯台内凹陷（图5.4）。吐木休克组沉积期台内地貌分化更加明显，在盆地西部碳酸盐岩台地多数沉没，阿瓦提凹陷和东部盆地相连，塔东台地消失（图5.4），塔北和塔中—巴楚地区发育碳酸盐岩台地相，后期遭受剥蚀。良里塔格组沉积期，除了塔北和塔中—巴楚台地以外，又发育了塔南碳酸盐岩台地（图5.4），至良里塔格组沉积末期（桑塔木组沉积期），区域型的构造运动使得塔里木盆地进入混积陆棚沉积期，碳酸盐岩台地被后期的砂泥岩和薄层灰岩覆盖。

五、地应力场特征

塔里木盆地区域应力场的分布与盆地边界的延伸方向关系可能较为紧密，区域应力分布图中最大水平主应力的方位沿盆地边界大致呈放射状分布（图5.5）。基于断层、褶皱和钻井诱导缝，黄玉平等（2013）研究了塔里木盆地新构造运动以来的最大水平主应力方位，认为其在时间和空间上具有一定的继承性，同时该研究结果暗示盆地边界对最大水平主应力的方位分布具有重要的影响。在盆地内部不同构造单元的现今最大水平主应力方位变化较大，可能也和对应的次一级构造单元的边界走向有关，即最大水平主应力方位和构造单元的边界多近乎垂直（图5.6）。

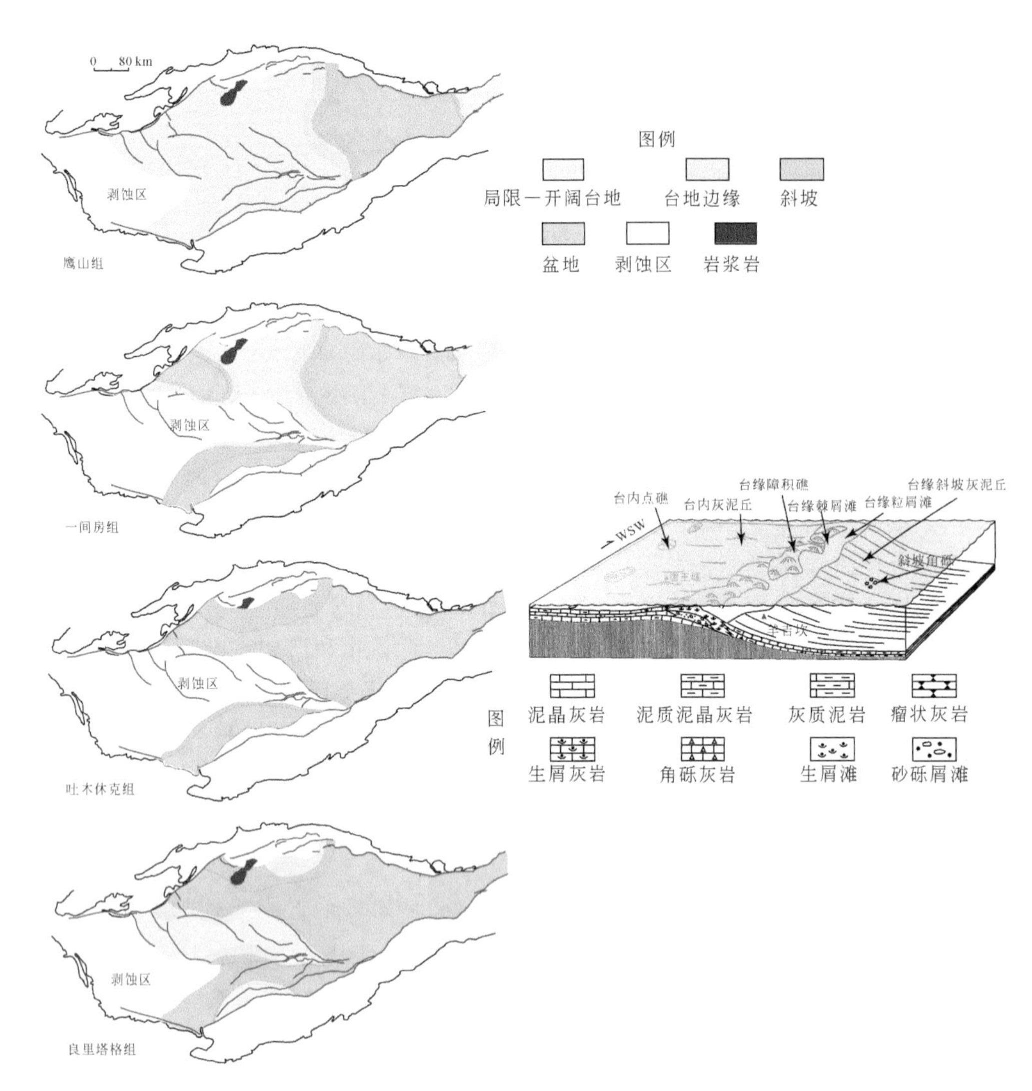

图 5.4　塔里木盆地奥陶系鹰山组、一间房组、吐木休克组和良里塔格组沉积相分布图［改自张丽娟等（2007）］及沉积模式图［改自顾家裕等（2005）］

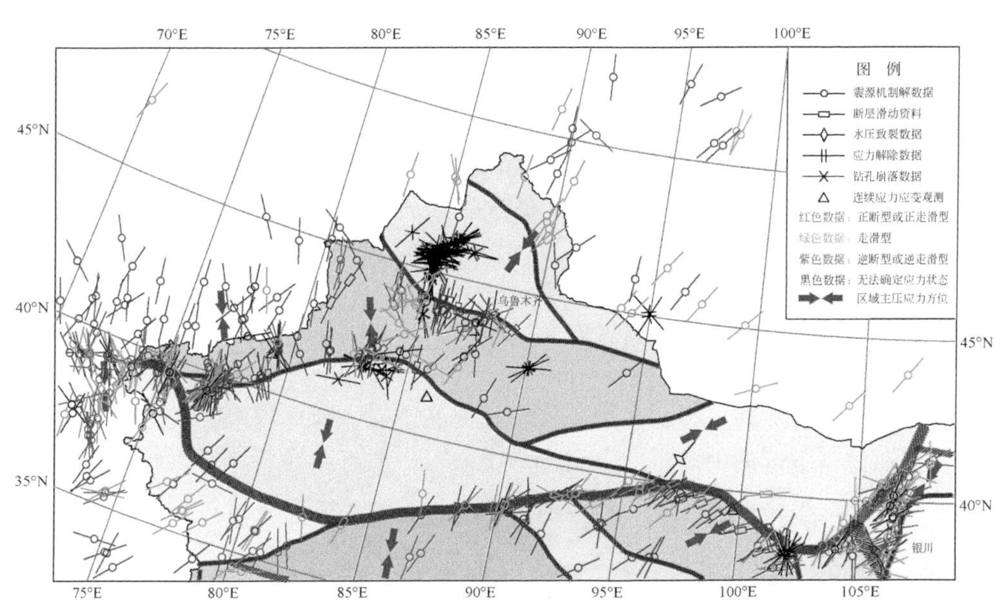

图5.5 我国新疆现代地壳最大水平主应力分布图
(引自中国大陆地壳应力环境基础数据库)

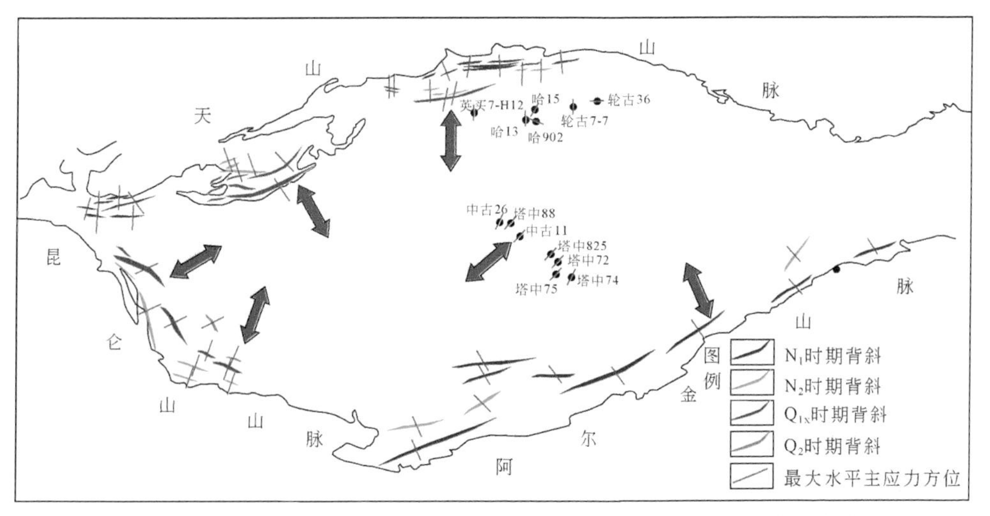

图5.6 塔里木盆地主要背斜及碳酸盐层钻井揭示的最大水平主应力方位
[改自黄玉平等（2013）]

第二节 地层划分

常规测井曲线的分辨率低，且对于不同类型碳酸盐岩、碳酸盐岩岩相的敏感度低（Nurmi et al.，1990；Akbar et al.，1995；Wang et al.，2008），如在地层分界面曲线的形态可能不存在任何起伏跳跃的变化，因此其较难准确地用于划分碳酸盐岩地层（石平舟，2016）。在碳酸盐岩地层的分界面会发生岩性岩相的突变或存在不整合面等，这些地层特征通常可以被电成像测井较为准确地识别出来。在一间房露头和对应取心观察的基础上将 TK-1 井奥陶系划分为鹰山组、一间房组、吐木休克组和良里塔格组，因此共存在三个主要的地层界面，分别是鹰山组和一间房组地层界面、一间房组和吐木休克组地层界面、吐木休克组和良里塔格组地层界面。

鹰山组和一间房组的地层界面在 129.15m，下部的鹰山组为砂屑滩浅灰色亮晶砂屑灰岩，由于岩性较为坚硬致密，在构造应力的作用下形成了大量的天然裂缝，上部为一间房组灰泥丘丘核隐藻泥晶灰岩，未见构造破裂。电成像测井静态图像由下部的中高阻向上突变为中低阻，动态图像下部的砂屑灰岩表现为块状模式，上部的隐藻泥晶灰岩为不规则组合带状模式（图 5.7），不同图像

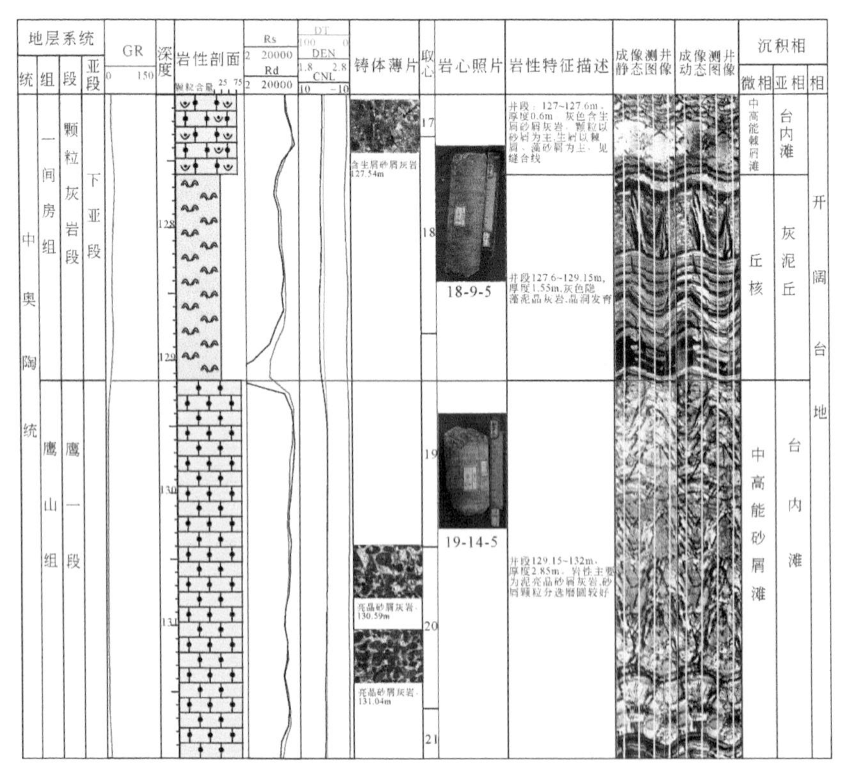

图 5.7　鹰山组和一间房组地层界面

GR 的单位为 API，深度的单位为 m，Rs 和 Rd 的单位为 Ω · m，DT 的单位为 μs/ft，DEN 的单位为 cm^3/g，CNL 的单位为%，图 5.8 和图 5.9 同此

特征具有不同的微观响应机理。从电成像测井图像中可以清晰准确地划分出地层的界线。

一间房组和吐木休克组的地层界面在71.54m，界面之下一间房组为生屑滩灰色—浅灰色生屑泥晶灰岩，白云岩化强烈，界面之上吐木休克组为红褐色生屑泥晶灰岩，生屑含量明显减少。电成像测井静态图像色调变化不大，动态图像都为不规则组合带状模式，但是界面之下图像表面模糊，之上图像“干净”（图5.8）。

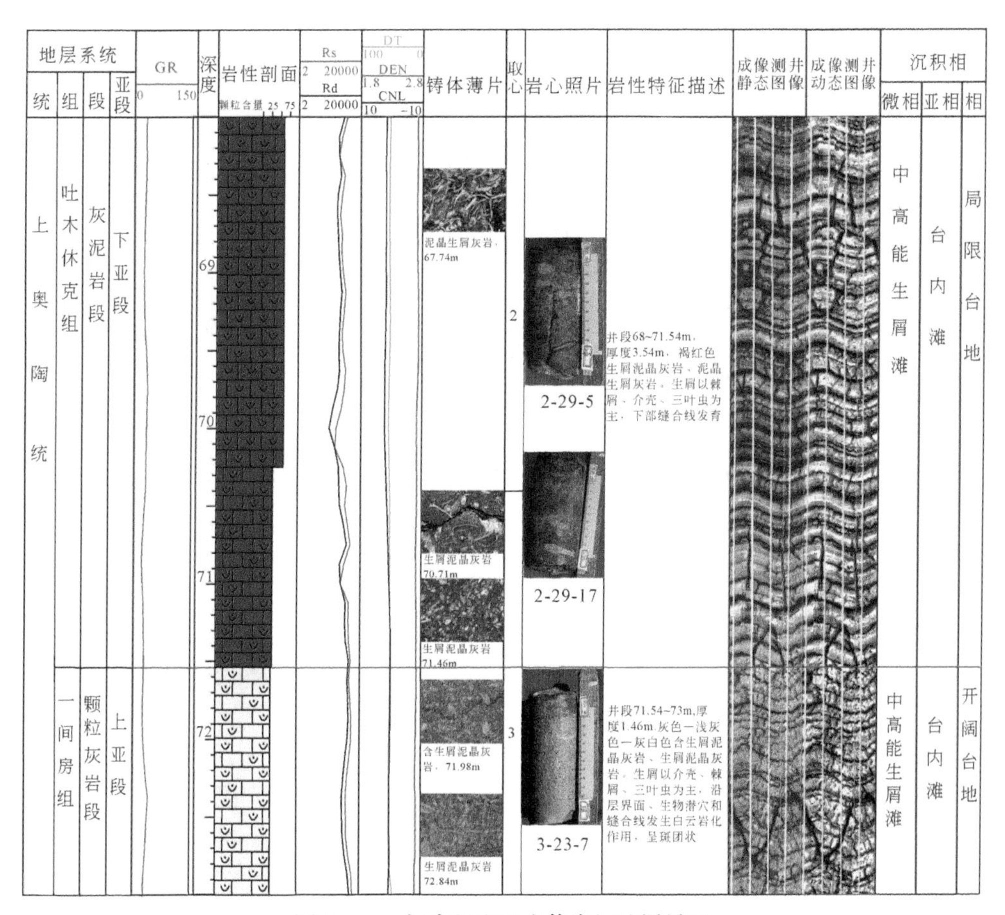

图5.8 一间房组和吐木休克组地层界面

吐木休克组和良里塔格组的地层界面在62.4m，界面之下吐木休克组为生屑滩红褐色生屑泥晶灰岩；界面之上良里塔格组为低能生屑滩瘤状灰岩（泥晶灰岩、生屑泥晶灰岩）。电成像测井静态图像在由下部的低阻向上突变为中低阻，动态图像下部为规则组合带状模式，上部为断续带状模式，条带接触界面凹凸不平（图5.9）。

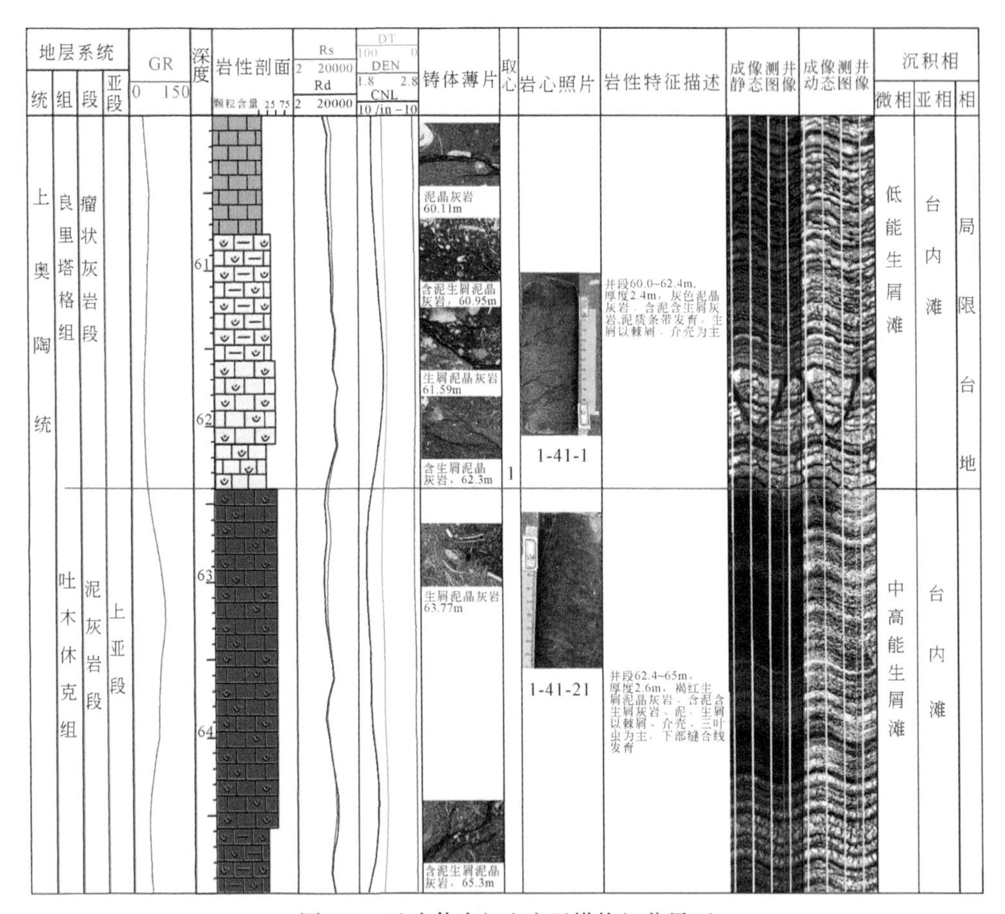

图 5.9　吐木休克组和良里塔格组分界面

电成像测井在盆内其他生产井的地层划分中也具有很好的应用效果。如塔中地区受抬升剥蚀的影响鹰山组和上覆的良里塔格组不整合接触，长时间的暴露导致鹰山组顶部不同程度发育了岩溶作用，除了岩性和常规测井曲线存在变化外（GR 值从下到上显著增大、Rt 值从下到上显著减小），在下部的鹰山组电成像测井中主要为中高阻的块状模式，不同分布区域图像内部结构存在差异，多可见扩溶缝、岩溶角砾等岩溶要素图像特征，在上部良里塔格组为中低阻的规则—不规则组合带状模式；二者之间的分界面（不整合面）在图像中清晰可辨（石平舟，2016）。

第三节　沉积学描述

电成像测井在碳酸盐岩地层的图像解释中存在多解性，尤其是岩性岩相解释，为了给地质人员提供露头、岩心和电成像测井响应三位一体的碳酸盐岩地层图像解释的“铁柱子”，塔里木油田在巴楚凸起一间房碳酸盐岩露头首次建立了标准取心井和测井刻度井 TK-1 井。区域研究表明巴楚地区主要为开阔台地—局限台地相，具体到 TK-1 井所在的地区包括了中奥陶统鹰山组和一间房组以及上奥陶统吐木休克组和良里塔格组。露头和岩心观察显示鹰山组的岩性主要为泥晶灰岩、隐藻泥晶灰岩和砂屑灰岩；一间房组主要为生屑灰岩、生物格架岩和生屑泥晶灰岩；吐木休克组地层面貌呈现红褐色，岩性为生屑泥晶灰岩；良里塔格组为生屑泥晶灰岩和泥晶灰岩（瘤状灰岩），发育了礁丘、灰泥丘、台内滩和滩间海等亚相类型，沉积构造类型相对不丰富。根据岩性和生物组合特征又包括了不同的微相类型（表 5.1）。

表 5.1　TK-1 井奥陶系主要微相类型及其岩性组合特征

亚相	微相	主要岩石类型
礁丘	礁核	灰色巨厚生物格架岩，生物主要为瓶筐石、棘皮类、藻类
灰泥丘	丘核	浅灰色—深灰色厚层隐藻泥晶灰岩、深灰色薄层藻砂屑黏结岩
台内滩	生屑滩	灰色中厚层生屑灰岩
	棘屑滩	灰色—灰黑色厚层亮晶棘屑灰岩、亮晶含藻砂屑棘屑灰岩
	砂屑滩	灰色—深灰色中厚层亮晶砂屑灰岩、生屑砂屑灰岩、藻砂屑灰岩
滩间海	泥晶灰岩	浅灰色、深灰色泥晶灰岩、生屑泥晶灰岩

另外，碳酸盐岩地层构造裂缝往往较为发育；溶解和白云岩化等后期的成岩作用也会改造地层的原始沉积面貌，从而影响了电成像测井图像的岩性解释和岩相分析，因此在岩性解释时需要注意区别岩性和成岩导致的一些图像特征差异。

一、岩性及沉积微相类型

滩间海泥晶灰岩微相发育在碳酸盐岩台地内部的滩间海亚沉积环境，岩性主要为偏深水的泥晶灰岩，沉积水体能量较低。泥晶灰岩成分较为均一，主要由泥晶方解石组成，常见压溶缝，其未充填或被泥质充填，岩心泥晶灰岩段发育平行层理，稳定的成层分布。电成像测井静态图像为中低阻，动态图像“干净”，宏观表现为规则的亮色条带组合特征，其间夹暗色线状或细条带，亮色条带在不同深度段的密度和厚度不一；每个亮色条带边缘都为规则的正弦曲线，条带边缘较为平滑，井眼范围内单个条带厚度侧向不变，条带内部颜色相对均一（图 5.10）。“干净”的图像外表暗示泥晶灰岩的成分单一，规则的条带组合暗示沉积水体变化较为稳定，而单个条带的厚度随深度变化暗示对应沉积周期持续时间或沉积物源供给能力的变化。暗色低阻的细线或细条带并非完全代表了顺层的泥质条带沉积，在泥晶灰岩中更多的是层界面或沿层界面发育的缝合线，如前所述，这些缝合线或呈开启状态，或被泥质或褐铁矿等充填，之所以显示出一定的厚度主要是由电成像测井的电响应特征决定的，即对于此类类似高导缝的微细低阻界面，其厚度可被放大数倍或数十倍。同时，这一尺度的缝合线无法被电成像测井识别，在动态图像中呈平滑特征。因此，当不存在岩心或薄片时，只能根据经验对电成像测井中的层界面、小尺度的缝合线与薄层加以区别。另外电成像测井无法分辨 5mm 间隔的线状体，因此岩心观察到的层界面数量一般大于同深度段动态图像中的低阻细线或细条带。以图 5.10 为例，在标定的 FMI 图像中只有 7 条低阻细线，而岩心肉眼可见的缝合线化的层界面可达 10 条以上。单个高阻条带内部的图像结构也相对均一，也暗示了结构组分的单一性，不存在其他碳酸盐岩结构组分。

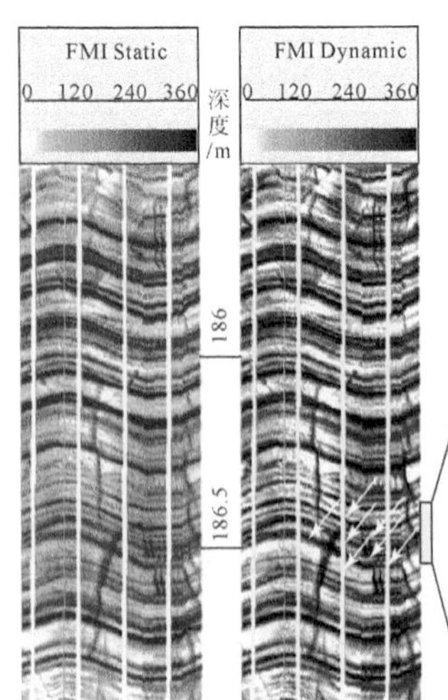

(a)电成像测井图像

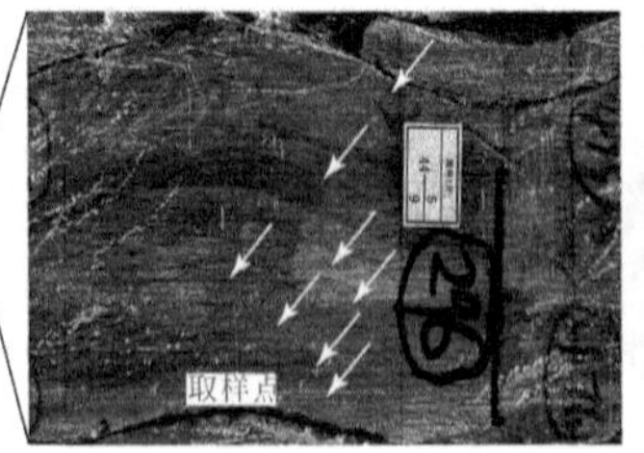

(b)岩心扫描图像(186.38~186.52m)，可见高密度、顺层分布的缝合线化的层界面

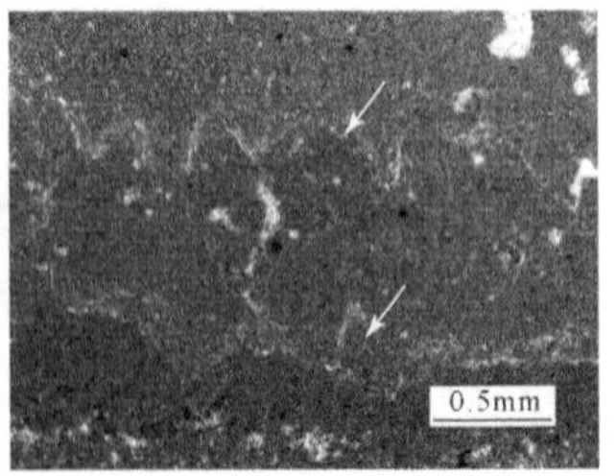

(c)对应的铸体薄片(186.51m)，可见两条放大的缝合线化的层界面

图 5.10　滩间海泥晶灰岩的电成像测井图像被岩心和薄片等深度刻度

滩间海生屑泥晶灰岩主要由泥晶方解石组成，含棘屑和藻类等，岩石局部重结晶。静态图像中为中低电阻率背景，动态图像整体不如泥晶灰岩段“干净”，高阻条带垂向叠置，单个条带边缘为相对规则的正弦曲线，条带边缘平滑或齿状

起伏，井眼范围内单个条带厚度侧向不变；条带内部颜色不均一（图5.11）。生屑泥晶灰岩和泥晶灰岩在结构组分的含量比例上相对接近，因此动态图像的特征整体相似，图像暗涵的地质信息也基本一致，区别在于条带内部的颜色不均一暗示了生屑颗粒的出现。

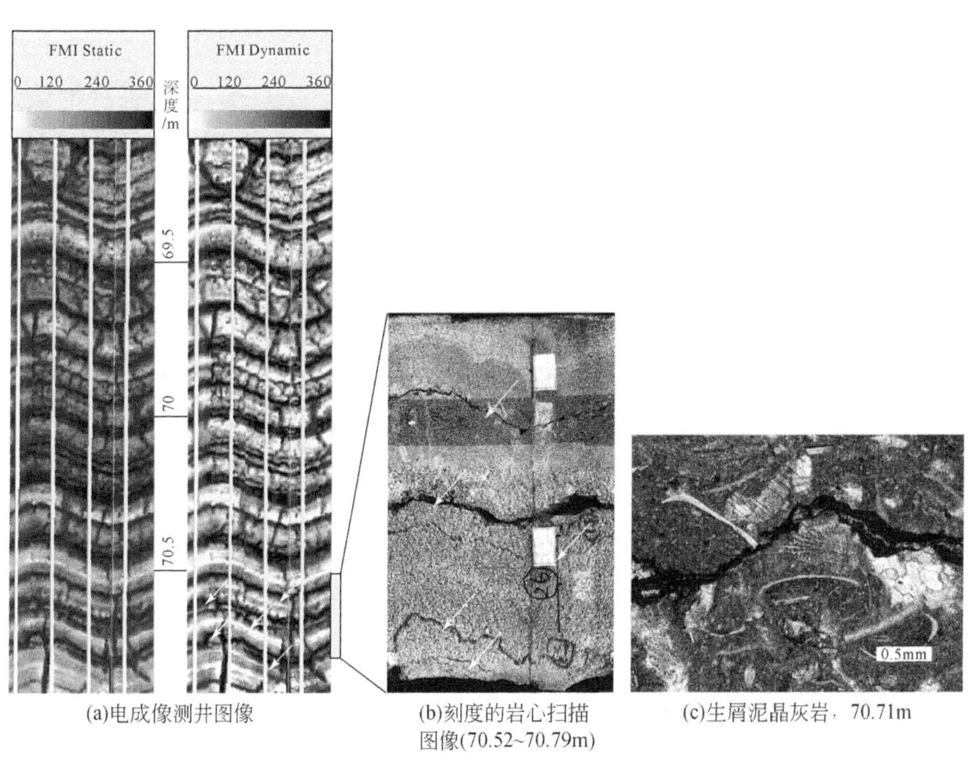

(a)电成像测井图像 (b)刻度的岩心扫描图像(70.52~70.79m) (c)生屑泥晶灰岩，70.71m

图5.11 滩间海生屑泥晶灰岩电成像测井图像被岩心和薄片等深度刻度

（b）同一深度五条缝合线化的层界面在电成像测井图中可被清晰识别

灰泥丘丘核微相发育在碳酸盐岩开阔台地内部，沉积水体较浅，主要的岩石类型为隐藻泥晶灰岩，成分相对均一，主要由隐藻泥晶方解石组成，可见顺层的压溶缝，但是缝合线起伏程度明显高于泥晶灰岩段。静态图像表现为中低阻特征，动态图像中宏观表现为“模糊”“塑性”的图像特征，高阻条带边缘起伏，且略显模糊，井眼范围内单个条带的厚度在侧向上逐渐变化；条带内部颜色分布不均一（图5.12）。“塑性”的图像特征以及单个条带内部颜色的不均一性都与地层中隐藻的出现有关。高阻条带边缘的起伏特征和缝合线化有一定的关系，条带厚度的侧向变化暗示了不均一的沉积过程。

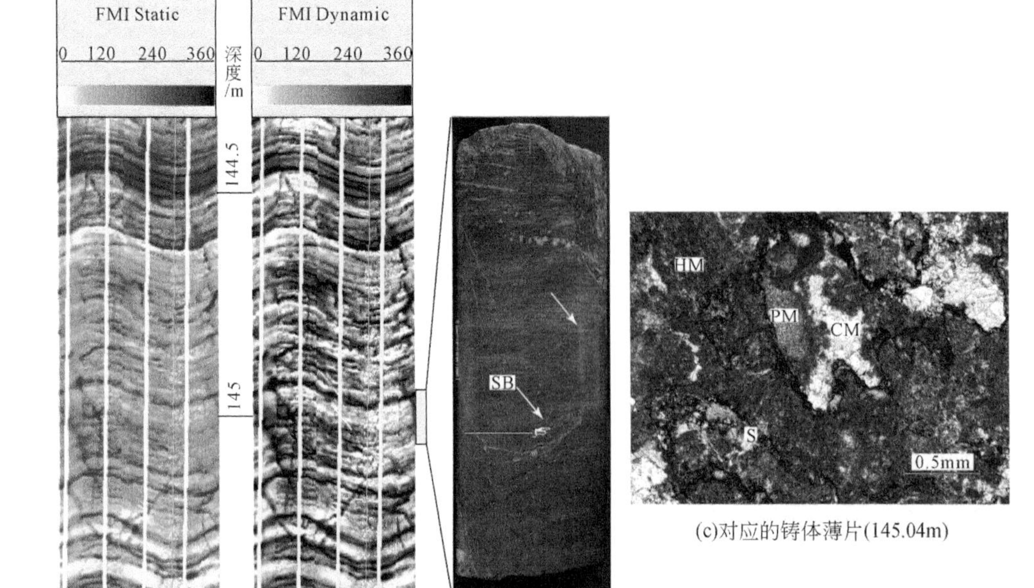

(a)电成像测井图像　(b)刻度的岩心图像(144.91~145.06m)　(c)对应的铸体薄片(145.04m)

图 5.12　隐藻泥晶灰岩电成像测井图像被岩心和薄片等深度刻度

(b) 为缝合线化的层界面，缝合线起伏程度明显大于泥晶灰岩段；(c) CM-完全交代，PM-部分交代，HM-几乎未交代

台内滩砂屑滩形成时的水动力较强，发育在开阔台地潮坪亚环境。岩性主要为砂屑灰岩，由砂屑、藻砂屑和藻类组成，粒间填隙物主要是亮晶方解石，少量灰泥。由于砂屑成分多为灰泥，指示泥晶灰岩或隐藻泥晶灰岩为砂屑颗粒的物质来源。砂屑颗粒粒径大小不一，多在 0.05 ~ 0.5mm 变化，颗粒含量高达 60%，分选较好，磨圆中等。顺层可发育缝合线，被灰色泥质充填或半充填。静态图像为中高阻背景，动态图像整体较为“干净”，高阻亮色条带垂向组合叠置，最为典型的特征是单个高阻条带呈锯齿状的边缘特征，其间被低阻的细线或细条带分割（图 5.13）。“干净”的图像特征同样指示了单一的结构组分；低阻的细线或细条带是缝合线化的层界面；锯齿状的条带边缘代表了缝合线化的层界面，其之所以能被刻画出来主要是由于高阻的结构组分和低阻的界面充填物之间存在强烈的电阻率差。当缝合线被高阻物质充填时，电成像测井图像中高阻条带边缘可能不存在上述锯齿状特征，因为砂屑颗粒的尺寸和分选无法被图像反映出来。

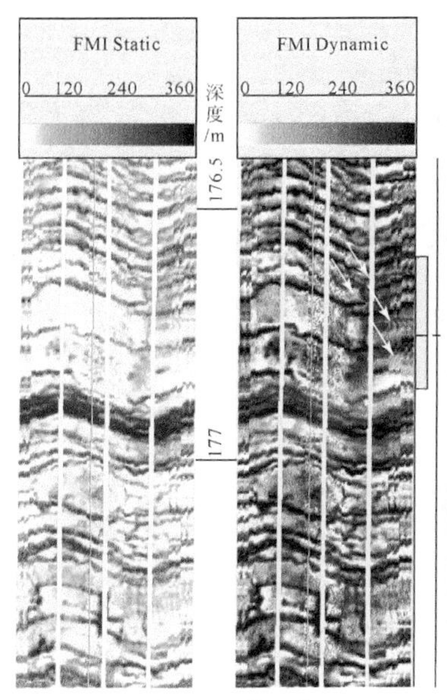

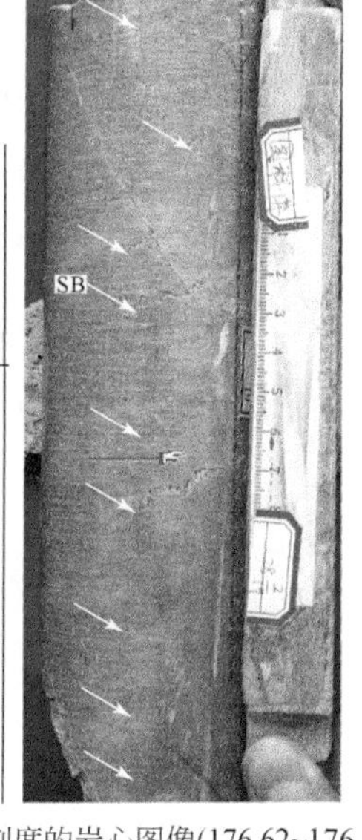

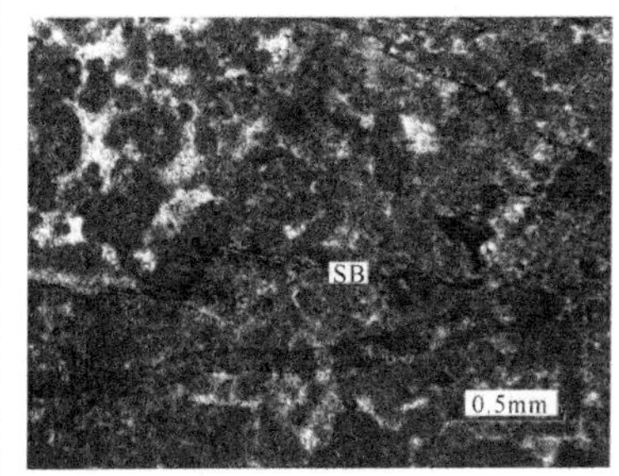

(c)对应的铸体薄片(176.68m)

(a)电成像测井图像　(b)刻度的岩心图像(176.62~176.75m)，缝合线化的层界面较为发育

图5.13　砂屑灰岩电成像测井图像被岩心和薄片等深度刻度

台内滩棘屑滩或生屑滩形成时水动力较强，发育在礁丘附近的高能生屑滩和礁体斜坡，岩性主要为生屑灰岩，生屑包括了棘屑、藻类、介形虫等，填隙物为灰泥、方解石。一间房组生屑灰岩段还发育了自形、半自形白云石。静态图像为中低阻的图像背景，动态图像“模糊”，条带发育的密度随深度变化较大，单一高阻条带边缘呈凸凹起伏特征，条带内部结构不均一；图像中常见不规则的高阻亮斑随机分布，亮斑内部结构不均一，也可见“蜂窝状”的低阻暗点(图5.14)。“模糊”的图像特征和条带内部结构的不均一都暗示生屑灰岩对应的地层结构组分多样，高阻条带边缘的凹凸起伏同样是缝合线化的层界面产生的；高阻亮斑可能指示了生屑团块的出现。

礁丘丘核中造礁生物原地生长。露头观察表明造礁生物含量可在40%~70%变化（焦养泉等，2011），主要岩性为浅灰色生物格架岩，生物格架保存较为完整，可见清晰的外壁和内腔，主要为托盘类瓶筐石、棘屑和藻类，部分生物体腔被亮晶方解石充填—半充填，体腔之间被生屑和灰泥充填，也可见泥亮晶方解石；该段生物含量高，约为55%。生物格架岩的电成像测井图像特征显著，静态图像为中高阻背景，动态图像中较大尺寸的高阻团块垂向堆积，团块外形不规则，内部颜色不均一，可见暗色斑点，团块被低阻边缘包围（图5.15）。亮色的

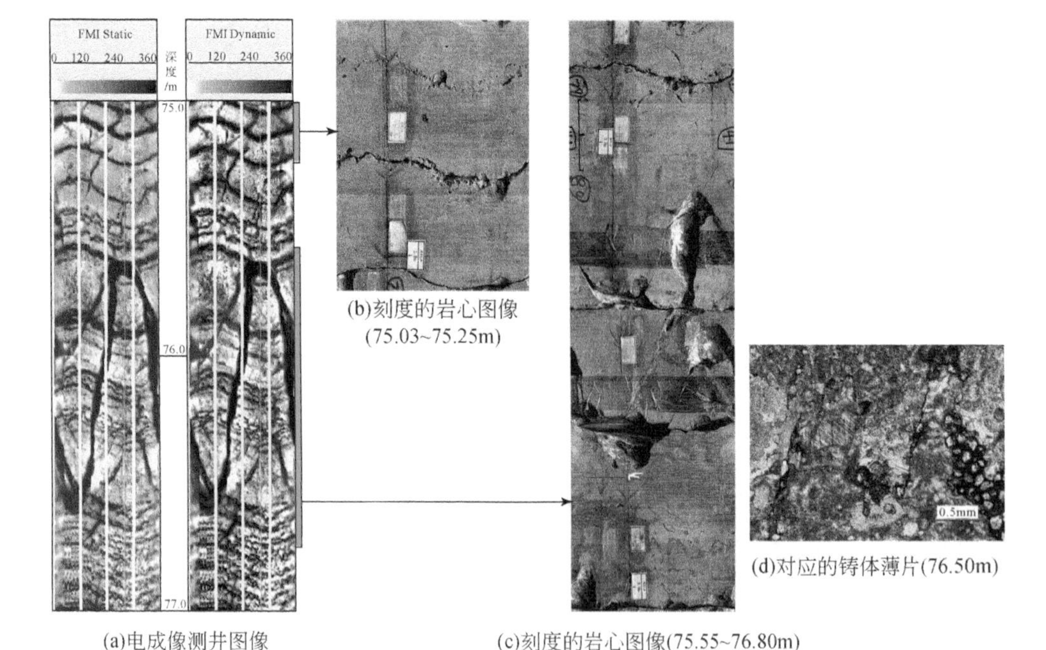

(a)电成像测井图像 (b)刻度的岩心图像(75.03~75.25m) (c)刻度的岩心图像(75.55~76.80m) (d)对应的铸体薄片(76.50m)

图 5.14 生屑灰岩电成像测井图像被岩心和薄片等深度刻度

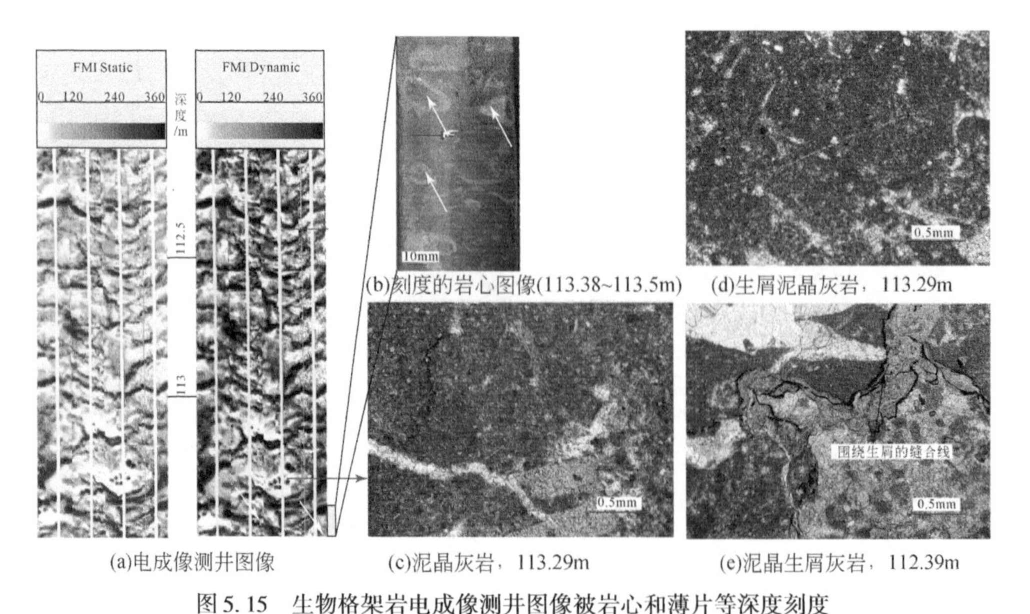

(a)电成像测井图像 (b)刻度的岩心图像(113.38~113.5m) (c)泥晶灰岩，113.29m (d)生屑泥晶灰岩，113.29m (e)泥晶生屑灰岩，112.39m

图 5.15 生物格架岩电成像测井图像被岩心和薄片等深度刻度

(c) ~ (e) 三张薄片都来自一间房组生物格架岩，但表现为不同的岩石类型，小尺寸的岩石薄片无法客观评价此类地层的岩性高阻团块为瓶筐石个体或礁团块，高阻团块内部的低阻暗斑为体腔内的溶蚀孔洞；低阻边缘为围绕生物格架的溶蚀缝，未充填或半充填；亮色团块的垂向叠置方式暗示了造礁生物的原地生长。

上述岩性描述的分类是按照结构组分进行的，并据此描述了不同岩性的电成像测井图像特征及对应的地质解释。在碳酸盐岩地层中有时也会以一些特征性的沉积现象对地层岩性进行命名，如良里塔格组瘤状灰岩；按照结构组分，该类岩石为生屑泥晶灰岩。瘤状灰岩的岩心泥质条带较为发育，瘤状特征的出现可能是由于未固结的灰岩和薄泥层沿斜坡（坡度约为20°）滑动而使得地层发生了塑性拉伸和撕扯变形，也可能是差异压实导致的塑性变形。动态图像中形成香肠状或瘤状的条带特征，条带侧向连续性较差，条带边缘凹凸起伏(图5.16)。图像中较厚的暗色条带指示了泥质条带，而暗色细线可能指示了缝合线化的层界面。

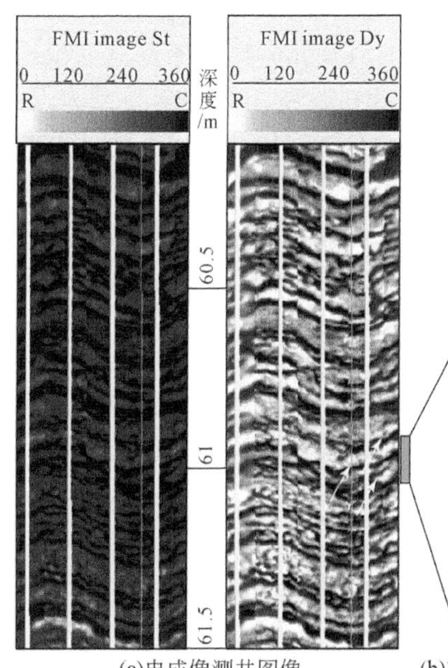

(a)电成像测井图像

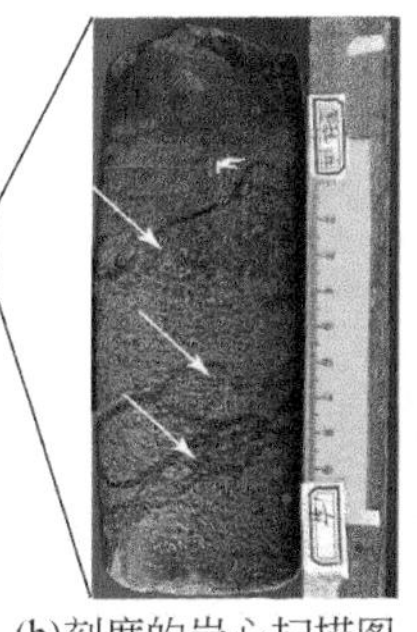
(b)刻度的岩心扫描图像(70.52~70.79m)，泥质条带发育

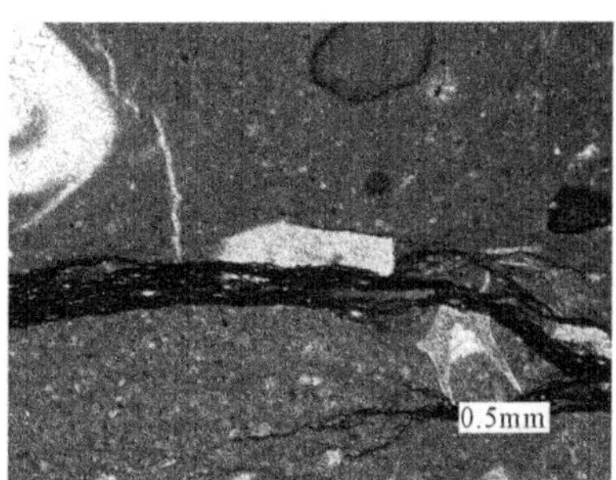

(c)生屑泥晶灰岩，60.93m

图5.16　瘤状灰岩电成像测井图像被岩心和薄片等深度刻度

二、单井沉积相解释

利用精细的等深度岩心和薄片资料对 TK-1 井奥陶系的岩性和沉积微相进行刻度解释，建立了该地区碳酸盐岩沉积学描述的标准解释图版，据此可以完成单井的图像解释［图 5.17（a)］，为井下非取心段的图像解释提供了参考。在 TK-1 井局限台地—开阔台地沉积环境中，岩性和沉积微相变化指示水体能量整体自下而上由低到高再变低，纵向上可见滩间海—灰泥丘—台内滩、台内滩—礁丘、滩间海等多个沉积旋回：早期主要为滩间海泥晶灰岩和滩间海灰泥丘丘核，中期主要发育台内滩中高能砂屑滩、台内滩中高能棘屑滩、台内滩中高能生屑滩以及礁丘礁核等微相类型，晚期发育滩间海泥晶灰岩微相。区内油田生产井最初的电成像测井图像解释主要是根据离散取心资料刻度解释的，其关键的问题在于碳酸盐岩地层往往缺乏可利用的归位标志物，使得岩心深度多无法准确归位，而错误的岩心归位继而产生了错误的图像解释结果，也会误导油气生产实践（如生产层位的选择或地层的产能评价）。同时，考虑上述沉积解释图版的建立虽然具有其资料的优越性，但是这些图版是否具有普适性仍需要其他钻井图像的检验。根据区域沉积相展布规律可知，巴楚地区在奥陶系沉积期主要为局限台地—开阔台地相，在早奥陶纪向东演变为斜坡相和盆地相，在中晚奥陶纪向北、向东为斜坡相和盆地相，据此利用研究区东侧塔中、轮南等油田生产井的电成像测井图像检验该标准图版的准确性，对比结果显示 TK-1 井建立的解释图版完全能够应用于井下地层电成像测井图像的解释（图 5.18)，可以进一步校正早期的电成像测井图像解释［图 5.17（b)］。

上述分析是按照碳酸盐岩结构组分对岩性进行划分的，并在此基础上分析了不同岩性的图像特征，因此这些解释图版对于塔里木盆地奥陶系的岩性解释具有重要的参考价值，而结构组分分类下的图像分析也可以作为其他沉积盆地碳酸盐岩图像解释的参考。在实际解释时，经常会发现一些图像和上述解释图版的图像特征并非完全一样，而是存在一定程度的差异，推测主要原因是不同岩性对应的结构组分含量是一个区间，当组分含量在两类岩性的过渡区间变化时，较难通过电成像测井图像准确判定对应的岩石类型，在解释时可以将其归为与之图像最为相似的标准岩性解释图版中。在沉积学描述时还需要着重排除数据采集处理和成岩改造等其他因素对图像中沉积信息的干扰，这有赖于解释人员的解释经验及对数据处理原理的充分掌握。

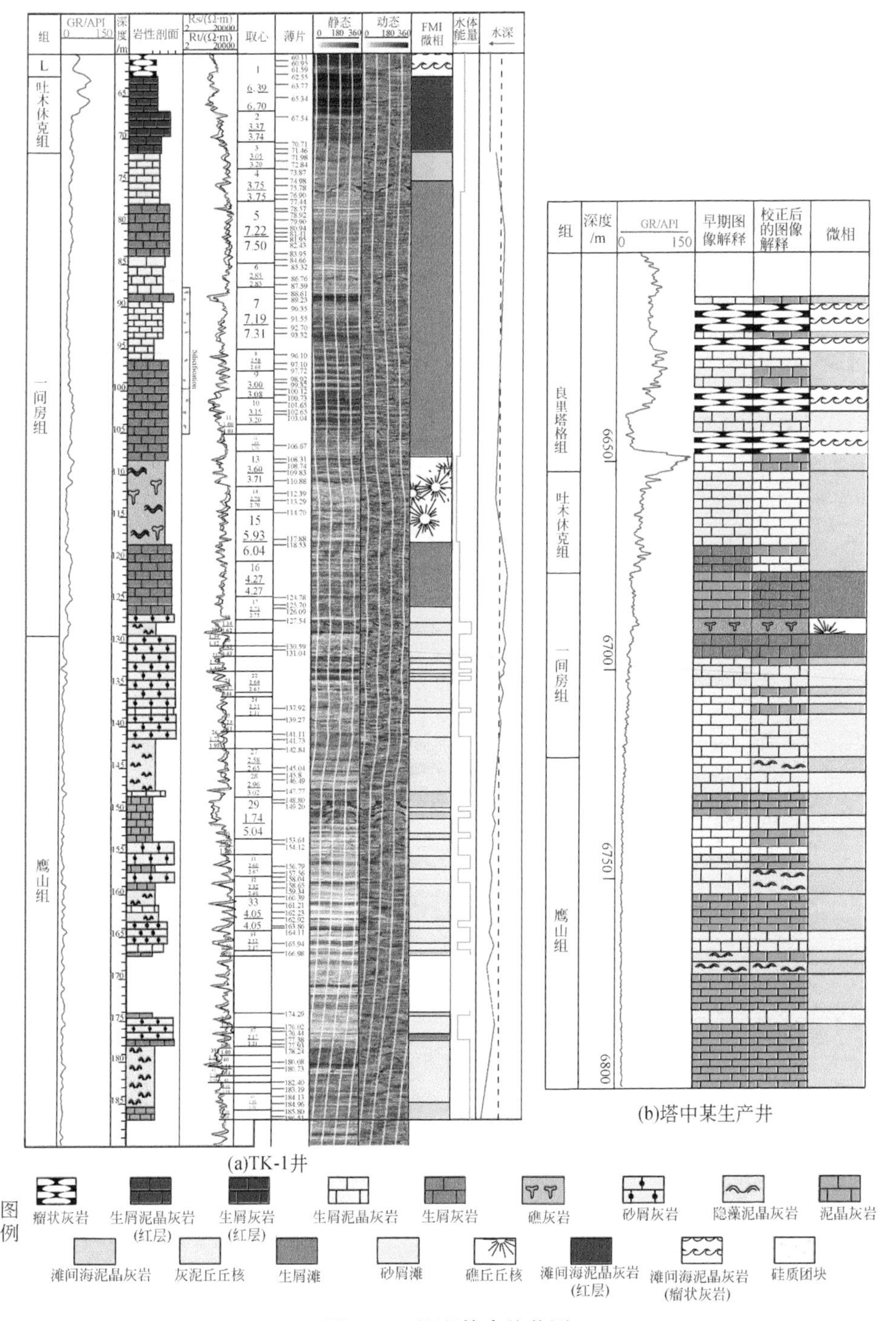

图5.17　沉积综合柱状图

L.良里塔格组

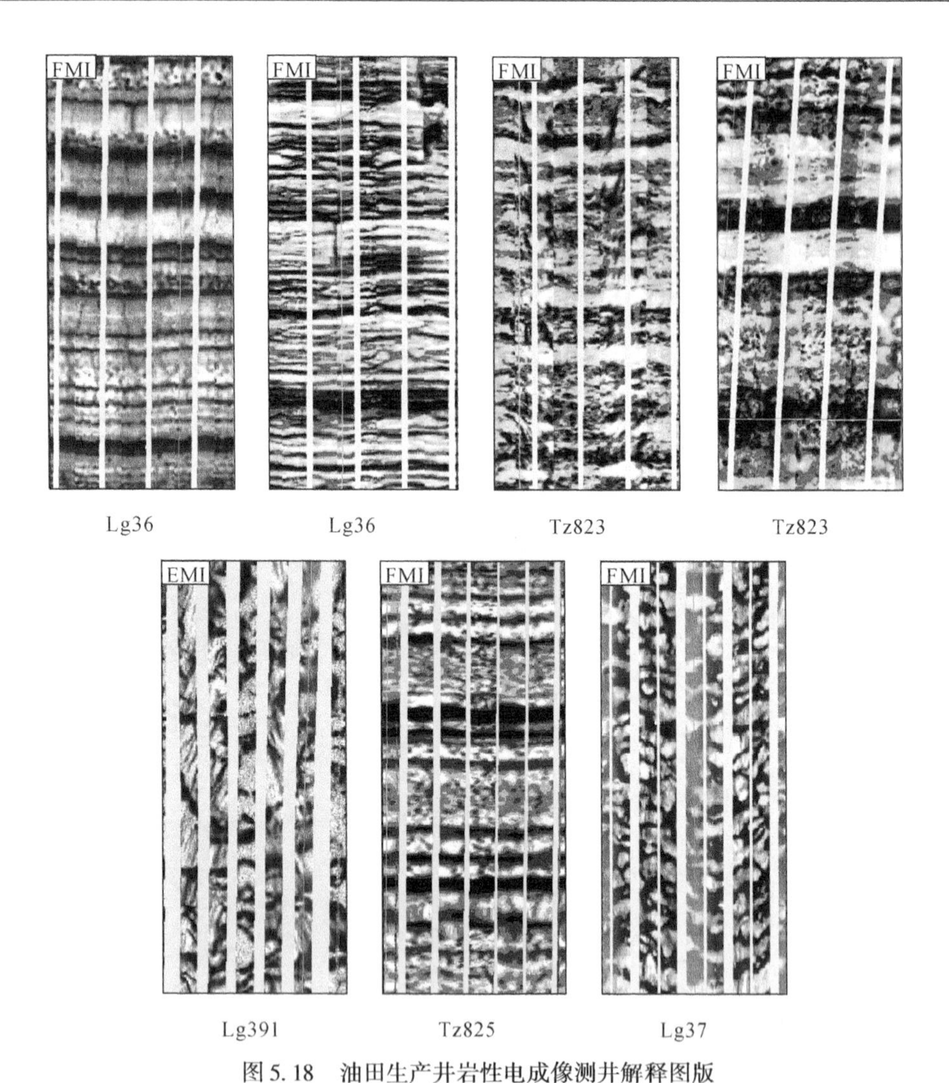

图 5.18　油田生产井岩性电成像测井解释图版
分别对应（生屑）泥晶灰岩、隐藻泥晶灰岩、砂屑灰岩、生屑灰岩、礁灰岩、生屑泥晶灰岩和瘤状灰岩，各岩性图版和 TK-1 井岩性图版具有很好的对应关系

第四节　成岩作用识别

碳酸盐岩地层的成岩作用包括了压实作用、压溶作用、溶解作用、交代作用和重结晶等。多数成岩作用可能无法通过电成像测井资料进行识别，从现有的研究看溶解作用、压溶作用和白云岩化作用具有对应的图像特征显示。在各单井奥陶系碳酸盐岩地层的局部深度段可见溶蚀孔洞，是溶解作用发生的最直观指示标

志；当图像中观察到顺层或不顺层分布的缝合线时，代表地层发生过压溶作用。同时，通过 TK-1 井岩心、薄片和动态图像的标定刻度发现，在同一类岩石中，白云岩化的地层和未发生白云岩化的地层具有明显不同的图像特征，可以判别埋深地层是否发生过白云岩化作用。

一、溶解作用

当地层水中碳酸钙的含量小于其溶解度时，邻近的碳酸盐地层就会发生溶解作用，从而产生一系列的溶蚀孔洞（以 2mm 直径为界）。考虑地层水多沿先存的层界面、裂缝或断裂流动，溶蚀孔洞便多分布在这些地区，是碳酸盐岩地层中油气资源重要的运移和储集空间（罗平等，2008）。电成像测井图像中溶蚀孔洞相对容易识别，在动态图像中主要表现为两种分布形态。一种是图像中可见随意分布的暗色斑块［图 5.19（a）］，暗斑的形态和尺寸大小不一，可以孤立出现，也可以沿天然裂缝发育；当存在大于井眼尺寸的溶洞时，图像会出现大段的低阻区域。另一种表现形式是图像中密集分布了暗色斑点［图 5.19（b）］，且和裂缝没有明显的相关性，指示地层中发育了大量的溶孔。需要特别注意的是，电成像测井图像溶蚀孔洞的识别通常需要岩心或常规测井的刻度作为先决条件，因为暗色斑块或斑点是较为常见的一种图像特征，但并非都指示了溶蚀孔洞，有些是黄铁矿或泥质等低阻物质，有些目前还难以给出合理的解释方案。

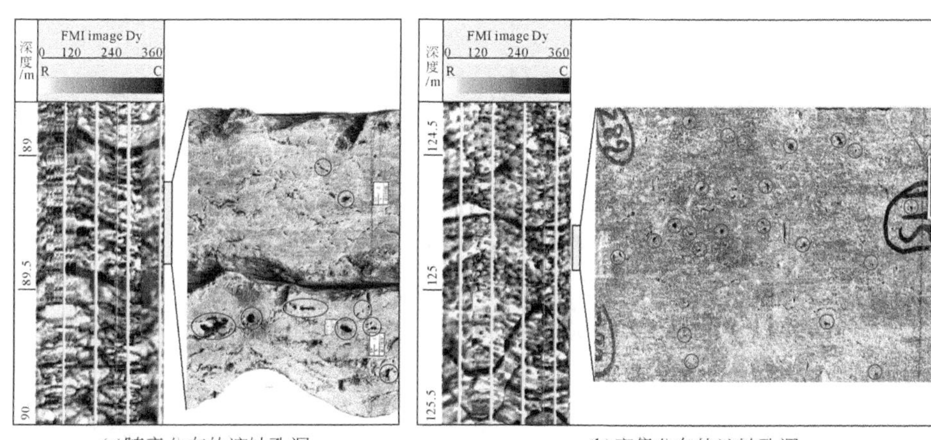

(a)随意分布的溶蚀孔洞　　(b)密集分布的溶蚀孔洞

图 5.19　溶蚀孔洞电成像测井图像被岩心等深度刻度

二、压溶作用

碳酸盐岩受到地层负载或构造应力作用时，在岩层界面、矿物颗粒和晶体的接触点会发生物质的溶解、运移和再沉淀，从而形成不同尺度的缝合线构造，因此缝合线是碳酸盐岩地层压溶作用的重要表现形式，其产状多平行于岩层面，暗示上覆地层的负载是其形成的主要原因。目前塔里木盆地电成像测井动态图像上观察到的缝合线也主要顺层分布，表现为沿层界面锯齿状延伸的低阻细线，且锯齿幅度变化不一（图5.11）。

三、白云岩化作用

白云岩化作用是白云石对方解石或文石的交代作用。电成像测井无法像岩心或显微薄片一样直接观察到这一现象。通过科探井和生产井中岩心与电成像测井图像的反复刻度发现，当灰岩地层发生强烈的白云岩化作用时，电成像测井动态图像中会密集分布蜂窝状的暗色斑点，暗斑的尺寸相近（图5.20），有别于上述第一类溶蚀孔洞的图像。理论分析表明白云岩化会产生明显的减体效应，使岩石变得多孔，因此推测上述图像特征可能是对地层白云岩化的间接响应，虽然电成像测井无法识别减孔效应产生的单个晶间空隙，但是高分辨率的电流对其密集发育具有综合的响应。另外，与上述第二类溶蚀孔洞相比，二者的图像具有相似性，但是白云岩化对应的图像其暗色斑点的密度往往更大。当对油气储层进行评价时，二者不容易区别时可以不加以区分，将对应的层段作为优质储层对待就行。

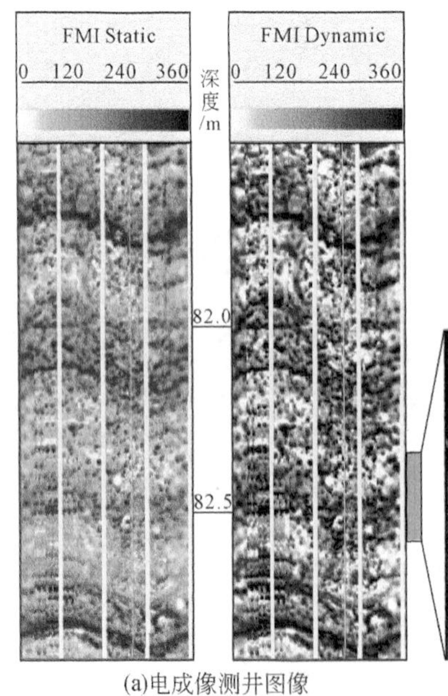

(a)电成像测井图像

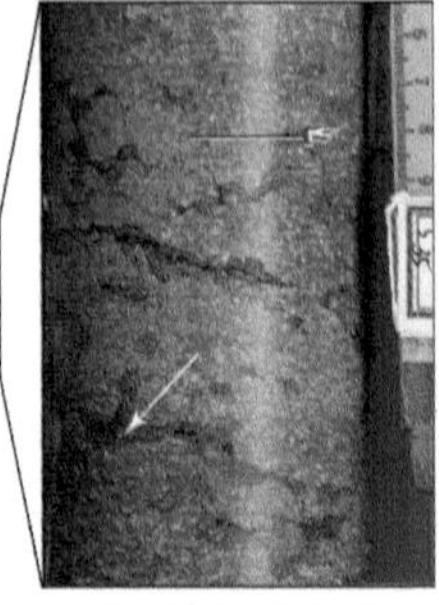
(b)刻度的岩心图像(82.3~82.65m)

(c)铸体薄片，82.43m

图5.20 白云岩化电成像测井图像被岩心和薄片等深度刻度

(b) 岩心未见密集分布的溶蚀孔洞，豹斑状白云岩化强烈，呈黄色斑团状（白色箭头）；(c) 白云石颗粒广泛分布，粒内溶孔发育，孔径小于电成像测井的仪器分辨率

第五节　岩溶构造解析

电成像测井在碳酸盐岩地层中除了能够像碎屑岩地层一样解析构造背斜形态和过井眼的断层外，更为重要的是能够表征地质历史时期古岩溶发育的一维（单井）、二维（连井对比）和三维（多方位多井对比）空间特征，对于风化壳型（潜山型）或内幕型油气储层、岩溶古地貌的恢复具有重要的意义。研究时首先通过电成像测井对单井岩溶要素进行识别，进行岩溶分带划分，以区域古岩溶变化规律为指导，进行多井的二维和三维空间配套，最终在空间范围内划分出古岩溶的区带。

油田生产实践表明塔里木盆地奥陶系发育了多种类型的岩溶地层，包括断裂相关的岩溶、顺层分布岩溶、层间岩溶和潜山风化壳岩溶。不同岩溶地层发育的主要控制因素和地质分布规律不同，因此在利用电成像测井进行岩溶地层识别和解析时需要先明确对应岩溶地层的成因和分布规律。以盆地塔中地区鹰山组为例，其顶部和上覆良里塔格组角度不整合接触，期间存在10Ma左右的暴露剥蚀，形成了一定厚度的风化壳（赵宗举等，2009）。该风化壳主要发育了古土壤层和垂直淋滤带，水平潜流带相对不发育，而顺层岩溶在潜山斜坡带较为发育。岩溶要素包括了古土壤层、溶孔、溶洞、扩溶缝、岩溶角砾和基岩等。结合GR、井径和声波等常规测井曲线，在井壁电成像测井中对上述岩溶要素进行了识别。其中，碳酸盐岩古土壤层是地层暴露在地表形成的，厚度在各钻井中变化不一，古土壤层中可见土壤化的团块、泥裂、钙质结核、植物根以及角砾化的岩石碎块（郭来源等，2014）；在塔中电成像测井图像中古土壤层的底界起伏不平，界面之上泥质含量较高，静态图像为低阻的图像背景［图5.21（a）］。溶孔是大气降水向下渗流淋滤并对碳酸盐岩地层溶解产生的，可沿层界面、裂缝或断裂等应力薄弱面分布，形成层状或缝状溶孔［图5.21（b）］，也可孤立出现，在电成像测井图像中表现为不同尺寸的暗色斑点。溶洞是地下水对地层长期溶解的结果，未充填其他物质时钻井会出现放空和泥浆漏失等现象，也可被外源或内源物质填充，如塔中常见的泥质充填洞穴［图5.21（c）］，图像表现为低阻的暗色背景，有时可见亮色斑块。扩溶缝是降水或地层水沿裂缝对缝壁附近的地层溶解形成的，一般沿裂缝呈串珠状分布，在电成像测井图像中显示为外形不规则的低阻正弦曲线［图5.21（d）］。岩溶角砾是碳酸盐岩地层溶解垮塌形成的，角砾之间的填隙物为溶解残留的泥质物或富含泥质的碳酸盐岩，由于其原地堆积，因此碳酸盐岩角砾的粒度和分选都较差，在电成像测井图像中为不规则叠置的亮斑特征［图5.21（e）］。基岩指的是未发生岩溶作用的碳酸盐岩地层，因此其保留了地层的原始面貌［图5.21（f）］。

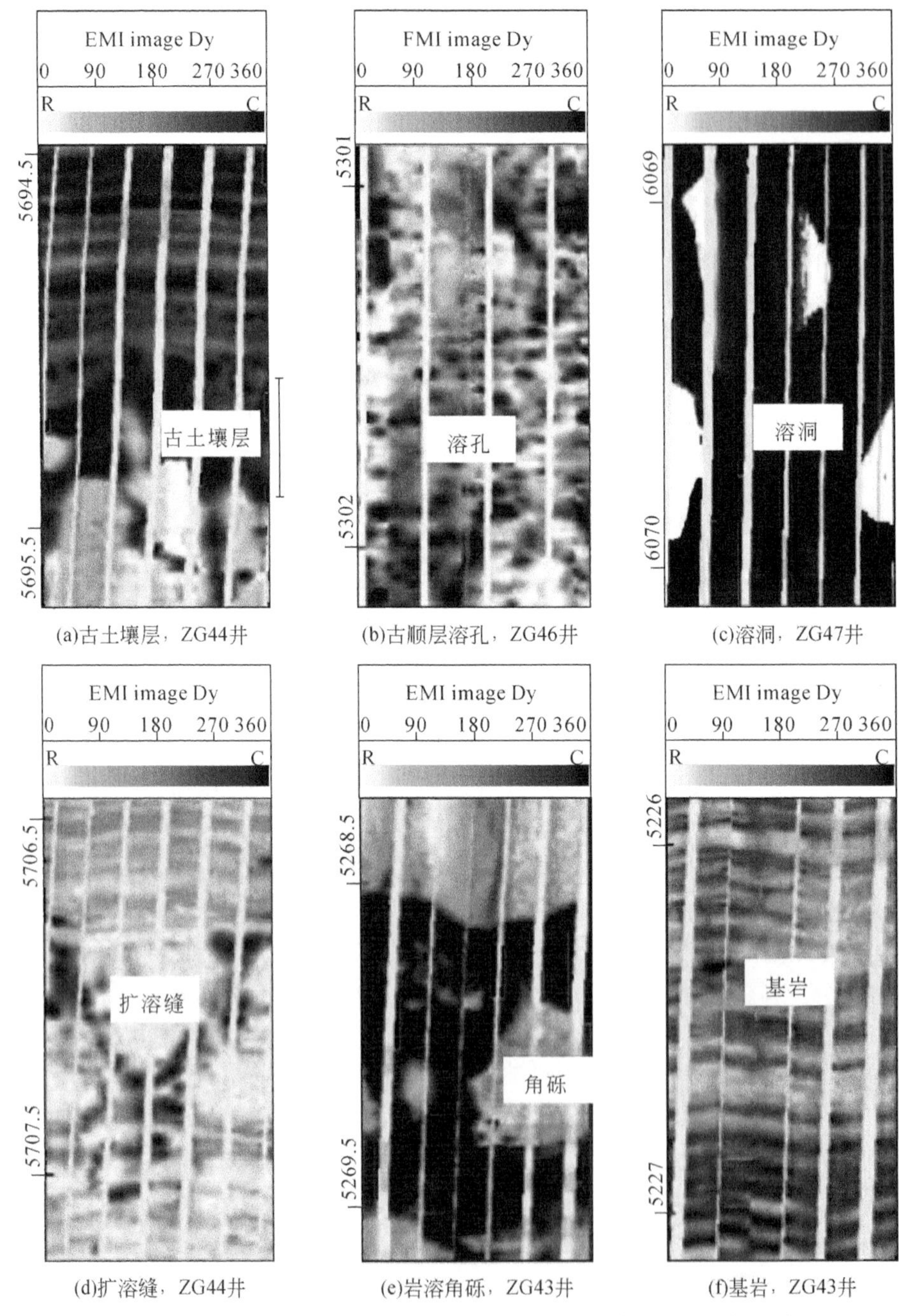

(a)古土壤层，ZG44井　(b)古顺层溶孔，ZG46井　(c)溶洞，ZG47井

(d)扩溶缝，ZG44井　(e)岩溶角砾，ZG43井　(f)基岩，ZG43井

图 5.21　塔中地区风化壳岩溶要素的电成像测井图像响应特征［改自杨柳等（2014）］

在各岩溶要素电成像测井图像特征明确的基础上，利用电成像测井图像对各单井的岩溶要素识别并进行岩溶分带的划分，在塔中地区主要识别出了古土壤层、垂直淋滤带和顺层岩溶带。古土壤层发育在潜山风化壳的最顶部，是风化壳的顶层堆积物，上下地层的岩性和岩相都发生了明显的变化。风化壳下的垂直淋滤带中大气降水和地表水沿着断裂、裂缝、溶孔等向下渗滤，对途经的碳酸盐岩地层进行溶解，从而形成溶蚀孔洞和扩溶缝。电成像测井图像的解释结果表明塔中地区水平潜流带可能不太发育，在垂直渗滤带的下部通常见不到明显的水平潜流带的图像特征，而是表现为基岩背景下的电成像测井图像（图 5. 22）。在潜山周缘的岩溶斜坡带，地表水主要以地表径流的形式流入岩溶洼地，因此垂直

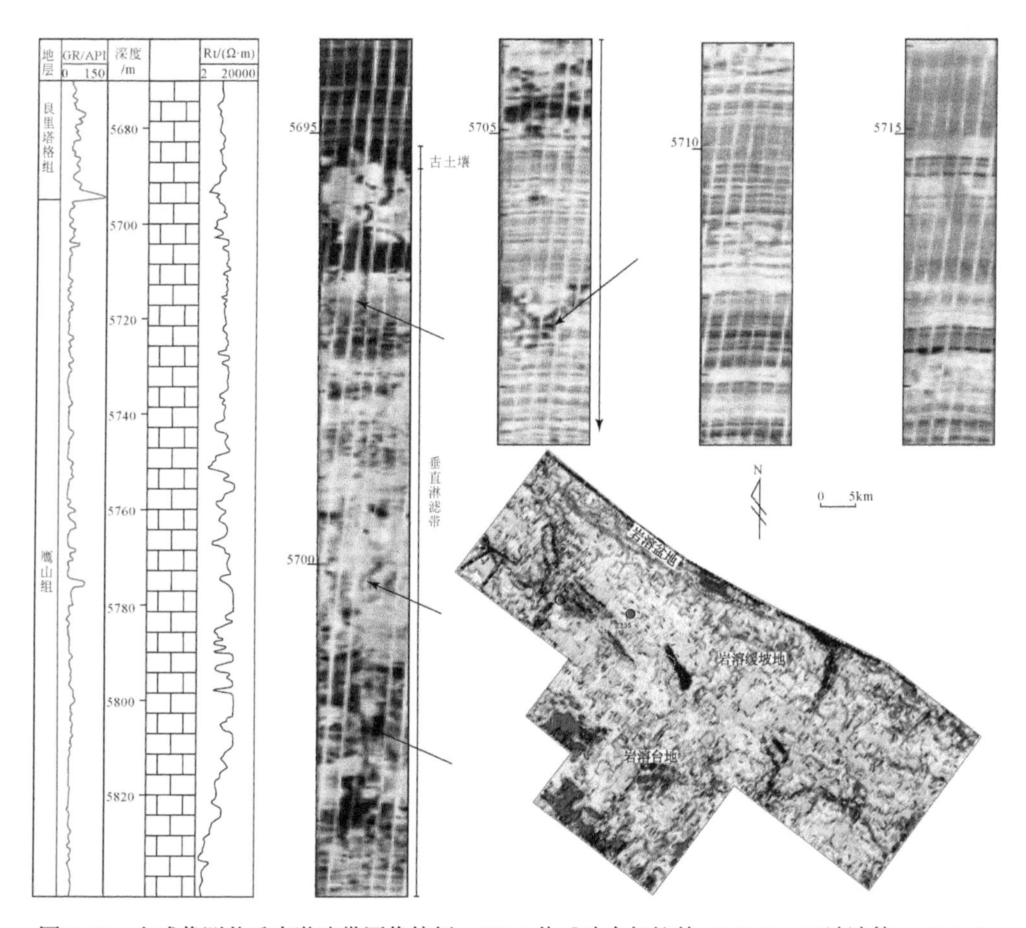

图 5. 22　电成像测井垂直淋滤带图像特征，ZG44 井［改自杨柳等（2014）；于靖波等（2016）］
井位底图为利用“残余厚度与印模残差组合法”确定的塔中地区鹰山组顶面的古地貌（邓兴梁等，2015），自南西向北东依次发育了岩溶台地、岩溶缓坡地和岩溶盆地

渗滤带不发育，然而受古地形的影响，潜山地区的降水顺层沿斜坡下渗，对这一区域的地层产生了强烈的溶解作用，形成了地下暗河，并发育了溶洞和岩溶角砾等(图5.23)。各单井电成像测井图像解释的结果暗示塔中地区在岩溶高地主要发育了垂直渗滤带，而在岩溶斜坡垂直渗滤带欠发育，溶蚀洞穴主要沿斜坡分布，从而形成了区内潜山岩溶和顺层岩溶共生的风化壳岩溶地质模式。这一成果对于指导该区风化壳岩溶油气储层的勘探具有重要的指导意义，拓宽了勘探领域。上述研究方法和思路也适用于其他沉积盆地碳酸盐岩岩溶风化壳的电成像测井识别。

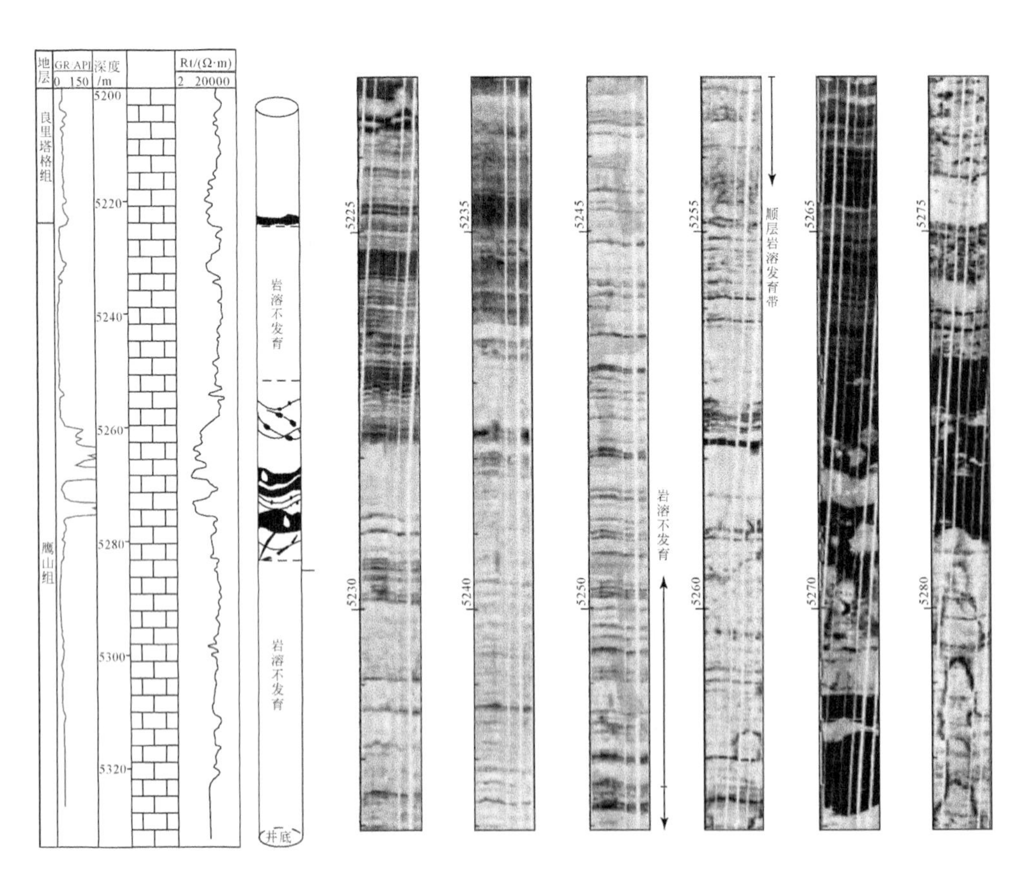

图5.23　顺层岩溶发育带，ZG43井［改自杨柳等（2014）；于靖波等（2016）］
井位见图5.22井位底图

第六节　天然裂缝表征

一、裂缝识别

岩心观察显示盆内碳酸盐岩地层发育的天然裂缝主要为构造缝和顺层发育的缝合线。充填裂缝所占的比例大于未充填缝，且以方解石充填缝为主，所占比例可达61.2%。由于该地区电成像测井数据主要是在水基泥浆中采集到的，因此构造裂缝在电成像测井图像中易于识别，多表现为低阻的正弦曲线特征，和井眼以一定的角度相交。通过奥陶系岩心和对应深度电成像测井图像交互刻度发现：①井壁电成像测井对碳酸盐岩地层的多数充填裂缝没有图像特征的响应，刻度率低，主要原因是充填缝的充填物为方解石，其和围岩电阻率基本一致使得高分辨率的电成像测井电流束无法刻画出裂缝轨迹；②几乎所有的未充填或半充填缝都可以在高质量的电成像测井图像中显示出来；③沿同一条未充填缝裂缝宽度变化可能较大，根据动态图像中裂缝的轮廓特征推测未充填缝在埋深条件下是地层水良好的运移通道；④同一深度段，井壁电成像测井反映的裂缝数量往往多于岩心计数的裂缝数量；⑤同样较难根据电成像测井中的裂缝图像特征轨迹判断裂缝的力学性质。

二、裂缝的构造解析

碳酸盐岩地层电成像测井裂缝的构造解析同样需要紧密结合选定研究区的构造演化过程、现今构造特征以及地下地层的空间展布等，根据不同成因类型裂缝的地质模型、电成像测井裂缝构造解释模型等就可以在一定程度上对井下地层中裂缝的成因和分布做出相对合理的判断。考虑充填缝在碳酸盐岩电成像测井图像上显示的数量也相对有限，因此图像裂缝构造解析主要是针对形成时间较短的裂缝。

在一间房组露头区，电成像测井图像拾取裂缝的组系多、倾向变化较大，但主要包括了两组构造裂缝（两个优势方位），分别为SEE倾和SWW倾（图5.24），第三组裂缝NE倾，但相对不发育；裂缝的走向为NNE—SSW向和NNW—SSE向。裂缝交切关系显示这些裂缝为同期形成的共轭剪裂缝。考虑TK-1井位于背斜的翼部且新生代区域应力场的方位没有发生较大的变动（黄玉平等，2013），认为这些裂缝为构造挤压作用下在背斜中形成的水平共轭剪切裂缝。

在塔中地区，塔中Ⅰ号坡折带是塔中Ⅰ号断裂带控制的、早奥陶世末期到晚奥陶世早期形成的断裂坡折带（邬光辉等，2005）。其控制的塔中Ⅰ号构造带是

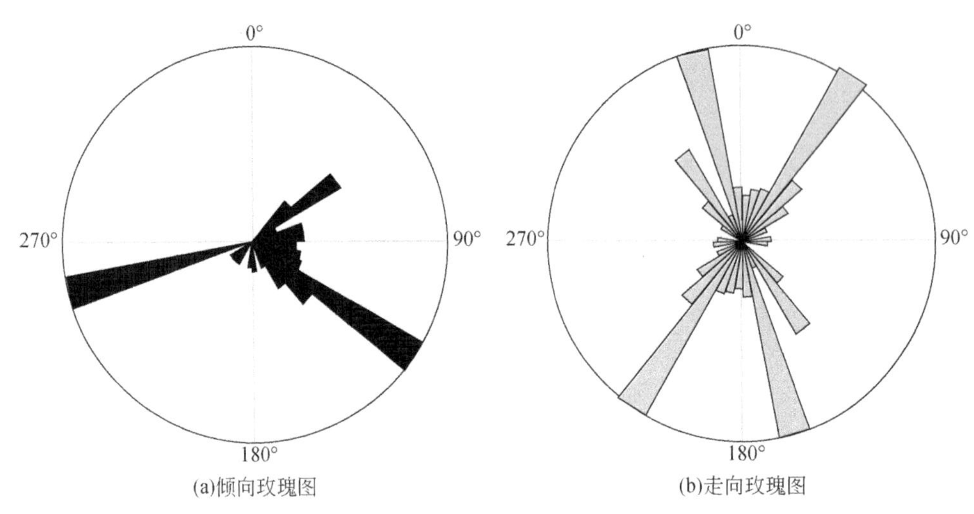

图 5.24　TK-1 井裂缝倾向及走向玫瑰图

基底断层转折褶皱向前传递过程中形成的一个低幅度的背斜构造带（刘长磊等，2018）。结合裂缝充填特征、裂缝充填物流体包裹体均一温度测试以及岩石声发射试验，过去的研究多认为奥陶系碳酸盐岩沉积之后区内主要发育了三期裂缝，形成时期分别为晚加里东期—早海西期、晚海西期和喜马拉雅期（邬光辉等，1999；秦启荣等，2002）。第一期和第二期构造裂缝都被方解石充填，裂缝宽度大于 0.1mm。这些充填缝的方位可以通过岩心和电成像测井刻度并对裂缝进行归类确定，岩心方位恢复显示这些充填缝多与Ⅰ号断裂带小角度相交，走向近 S—N 向或 NNW—SSE 向，裂开的充填缝多具有明显的擦痕，暗示早期挤压作用形成的平面共轭剪裂缝在后期构造应力挤压下发生了破裂。另外岩心也可见沿充填缝发育的溶孔。第三期裂缝主要为未充填缝，裂缝组系同样较多、倾向变化较大，但主要为 E 倾、SW 倾、SE 倾、NW 倾和 NE 倾；裂缝走向的优势方位为 NE—SW 向、NW—SE 向和 S—N 向（图 5.25）。这些裂缝是新生代 NE—SW 向构造挤压在背斜中形成的多组水平共轭剪裂缝。

三、裂缝参数计算

电成像测井识别的主要为晚期形成的未充填高导缝，因此本节计算的裂缝参数主要为该类裂缝的宽度、密度和孔隙度。由于缺乏岩心覆压测试数据，因此没有对电成像测井计算的裂缝宽度进行校正，也没有获得该地层裂缝渗透率的数据。地层中裂缝倾角在 45°～80°变化，以中高角度缝为主，低角度缝和水平缝少见。在成因力学方面，这些裂缝主要为剪裂缝。

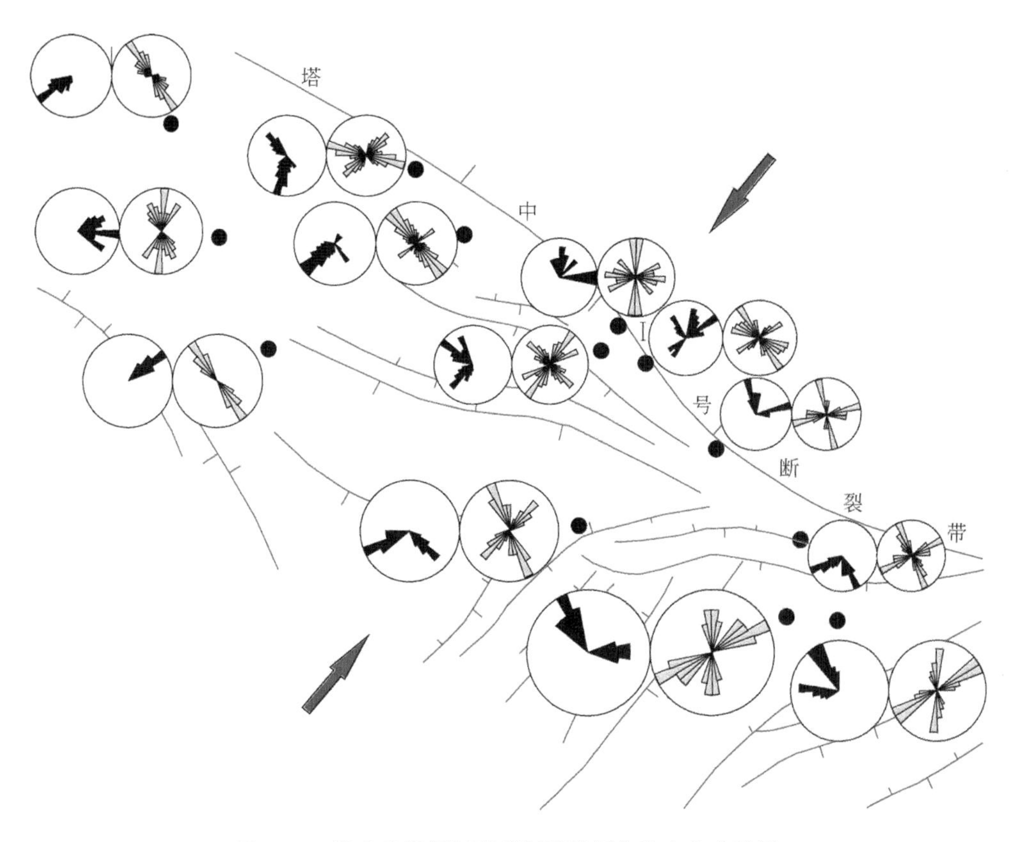

图5.25　塔中Ⅰ号低幅度背斜裂缝倾向和走向玫瑰图

（一）裂缝宽度

虽然沿裂缝迹线裂缝宽度变化较大，局部存在大于0.1mm宽的裂缝段，但是碳酸盐岩地层电成像测井计算的平均裂缝宽度（FVA）较小，主要在0.01～0.09mm变化，多小于0.04mm，裂缝的平均水动力宽度（FVAH）在0.03～0.18mm变化，多小于0.06mm（图5.26）。由于井壁电成像测井计算的裂缝宽度比实际裂缝宽度大，因此实际裂缝宽度更小，需要进一步通过覆压试验等方法对电成像测井裂缝宽度进行校正。

（二）裂缝密度

单井构造裂缝纵向发育程度具有不均一性，在同一口井的不同深度段，有的裂缝发育，有的甚至观察不到任何裂缝，裂缝的线密度存在不同程度的差

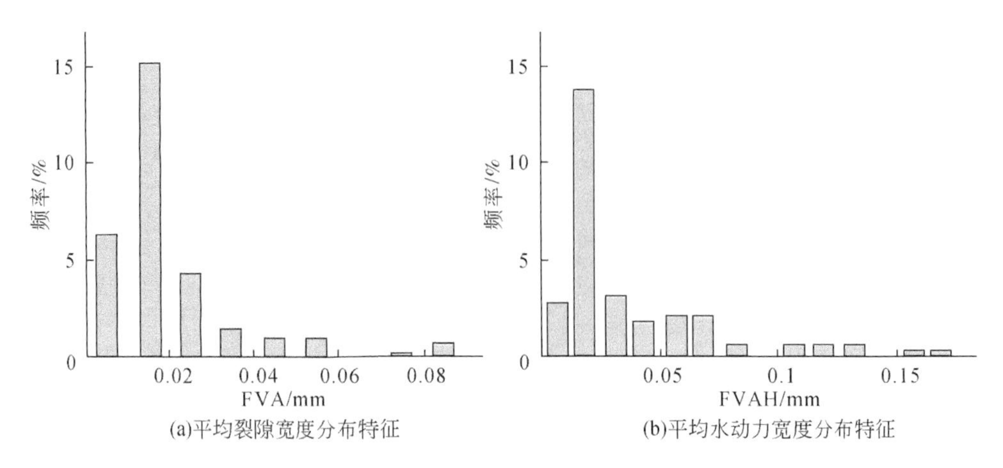

(a)平均裂隙宽度分布特征　(b)平均水动力宽度分布特征

图 5.26　塔中电成像测井裂缝宽度分布特征

异。在其他控制因素相同的情况下这种分布的不均一性主要和岩性及地层厚度有关。因此，在评价碳酸盐岩裂缝性地层的渗流性时同样需要对选取的深度段进行裂缝线密度的统计，而不是以全井段为单位进行裂缝密度的统计，同时需要将线密度校正到垂直裂缝面的方向（计算裂缝的法向线密度）。统计的裂缝线密度变化范围较大，从 9.15 条/m 到 1 条/m，在块状层中裂缝密度小，在砂屑灰岩和致密的泥晶灰岩中裂缝最为发育、密度大，在生屑灰岩和礁灰岩中裂缝密度较小。

（三）裂缝孔隙度

在井壁电成像测井裂缝孔隙度计算的基础上，分析塔中奥陶系裂缝孔隙度对于储层总孔隙度的重要性。计算结果显示区内碳酸盐岩地层的裂缝孔隙度分布在 0.001% ~0.035%，且多小于 0.01%（图 5.27）。由于塔中奥陶系的地层总孔隙度在 0.022% ~10.0%，平均孔隙度为 1.68%，因此裂缝孔隙度占总孔隙的比例极小。另外，考虑到裂缝孔隙度的计算还涉及测量范围的影响，在裂缝不发育的层段裂缝孔隙度为零，因此裂缝在储层中的实际孔隙度更小，同样可以忽略裂缝对地层总孔隙的贡献。

第七节　孔隙度表征

电成像测井孔隙度的计算方法和原理在孔隙度解释模型一节已经详细介绍。在 TK-1 井高质量的电成像测井图像中可以清晰地观察到原状地层、发育溶孔

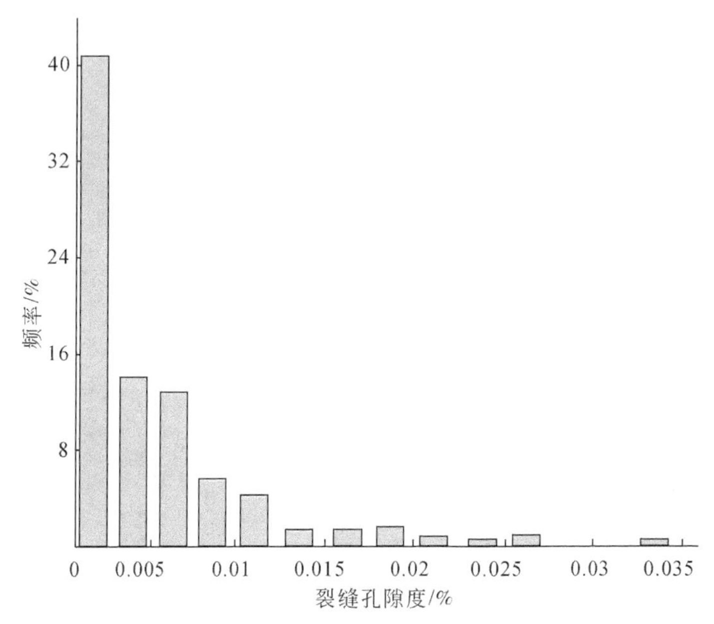

图 5.27　电成像测井裂缝孔隙度分布直方图

(<2mm) 的地层、发育溶洞 (≥2mm) 的地层和发育裂缝的地层；通过岩心刻度可以剔除含泥质条带的地层（如良里塔格组)，防止泥质条带对解释结果的影响［图 5.28 (a)］。同时在该井连续的岩心中按照小于 1m 的采样间隔连续测试了 149 组全直径孔渗数据，因此可以对比常规测井计算的孔隙度、全直径岩心计算的孔隙度和电成像测井计算的孔隙度在不同地层条件下的差异。

在没有次生溶孔和裂缝的原状地层，常规测井计算的孔隙度略有偏大，但是全直径岩心计算的孔隙度、常规测井（中子）计算的孔隙度和 FMI 电成像测井计算的平均孔隙度基本一致［图 5.28 (b)］，孔隙度谱呈单峰，仅有原生孔隙部分。在溶孔发育段，FMI 计算的数值略大，孔隙度谱呈双峰，右峰峰值略高，但是三类方法计算的孔隙度数值也基本一致［图 5.28 (c)］，其主要原因是该溶孔发育段，溶孔的孔径基本相当，且环井眼分布较为均匀，因此可以认为这些层段不存在溶解作用导致的地层非均质性。在溶洞发育的非均质段，全直径岩心计算的孔隙度和 FMI 计算的孔隙度匹配度较高，且显著大于常规测井计算的孔隙度［图 5.28 (d)］，孔隙度谱呈双峰，右峰显著高于左峰。在扩溶缝较发育的层段可以看出，岩心和电成像测井计算的孔隙度也大于常规测井计算的孔隙度［图 5.28 (e)］，孔隙度谱呈双峰，且右峰的峰值小，其原因是扩溶缝是沿裂缝发生了溶蚀作用，相当于地层中存在不均一分布的溶洞。未发

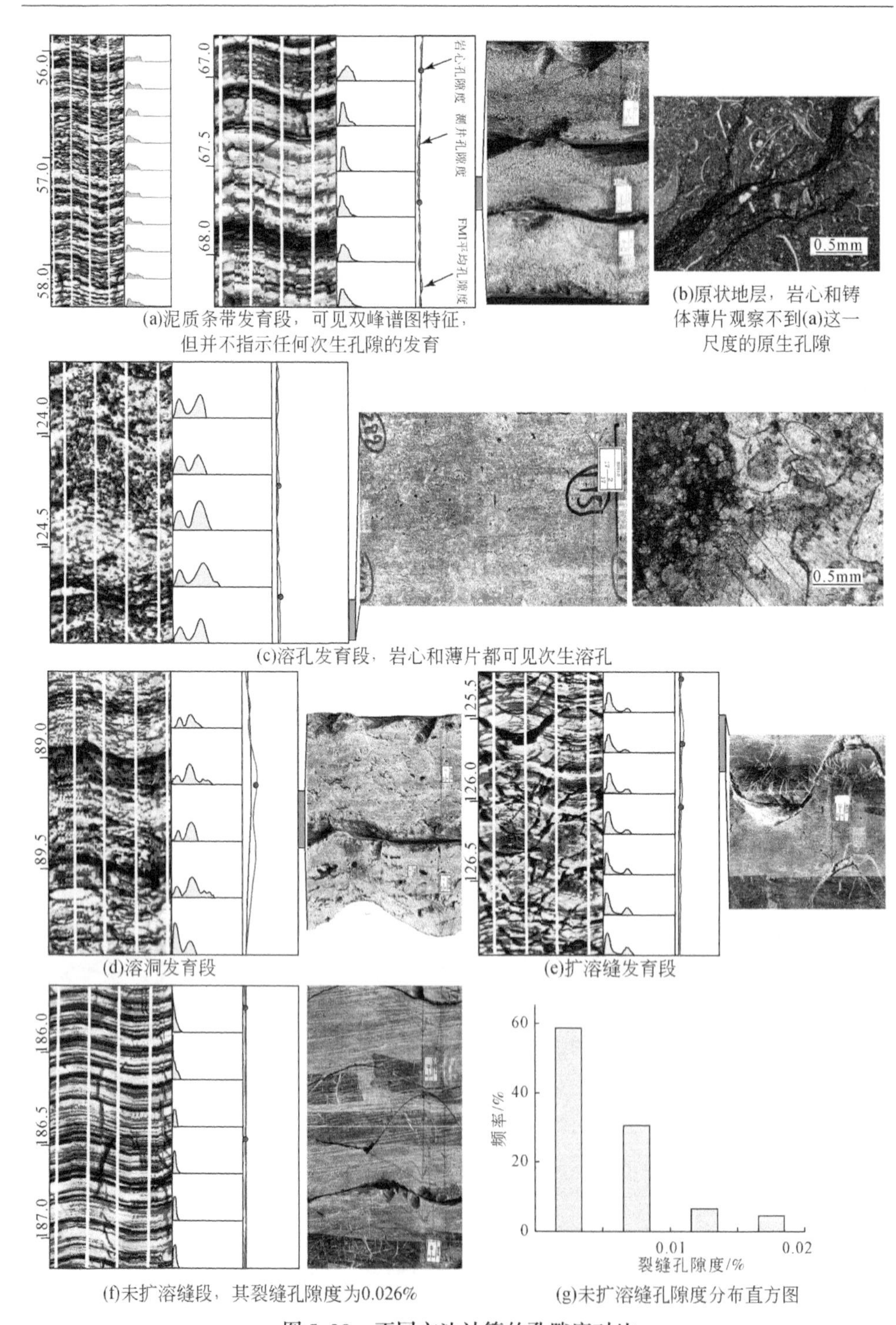

(a)泥质条带发育段，可见双峰谱图特征，但并不指示任何次生孔隙的发育

(b)原状地层，岩心和铸体薄片观察不到(a)这一尺度的原生孔隙

(c)溶孔发育段，岩心和薄片都可见次生溶孔

(d)溶洞发育段

(e)扩溶缝发育段

(f)未扩溶缝段，其裂缝孔隙度为0.026%

(g)未扩溶缝孔隙度分布直方图

图 5.28 不同方法计算的孔隙度对比

生溶蚀的裂缝段，岩心、常规测井和电成像测井计算的孔隙度值基本一致［图5.28（f）］，孔隙度谱呈单峰，暗示裂缝孔隙度在井下可能较小。通过电成像测井对该段地层的裂缝孔隙度进行计算，其值小于0.04%［图5.28（g）］，也暗示了碳酸盐岩地层中未扩溶的裂缝可能对地层总孔隙度的贡献相对有限。

TK-1井是全井段取心的露头科探井，在岩心系统刻度的前提下，电成像测井图像中的暗色条带或者暗色斑块及斑点的地质含义都较为清楚，可以准确区分溶蚀孔洞、泥质条带、扩溶缝和天然缝的发育段。油田生产井中取心通常较为匮乏，对于图像中广泛分布的不同形态的低阻图像特征的地质含义需要尽可能地借助各钻井有限的岩心，根据已有的沉积、成岩和构造等图像分析结果加以甄别，排除泥质条带、黄铁矿等高导物质对于孔隙度解释结果的影响。

第八节　现今地应力评价

利用电成像测井评价碳酸盐地层现今地应力的方法和流程与碎屑岩地层一致，也是依据应力井壁垮塌、应力直劈缝和应力诱导缝进行的。塔里木盆地奥陶系采用的主要是水基泥浆钻井液体系，因此无论是哪种井壁劈裂的应力指示，在电成像测井图像中都表现为低阻的图像特征。结合前人对该区现今水平主应力场的分析结果，认为盆地内部碳酸盐岩地层现今最大水平主应力方向在不同的次一级构造单元变化较大。塔北隆起最大水平主应力方位在NW—SE和NE—SW变化，巴楚隆起北段在NW—SE和S—N变化（图5.29）。塔中地区的现今最大水平主应力的方向主要在NE—SW和NEE—SWW变化，与塔中Ⅰ号断裂带的走向大角度相交；在东南部应力方向发生了局部偏转，转变为以NW—SE向为主，暗示该区发育具有压扭性质的应力场。单井不同深度段井壁垮塌等指示的地应力方位没有发生较大的变化。结合区域构造断裂及背斜的分布特征（黄玉平等，2013）、区域应力场模拟结果（范桃园等，2012）、区域GPS测量（王琪等，2002）、实测应力方位（图5.5），进一步认为塔里木盆地的现今构造应力场整体具有压扭性特征，呈“S”形分布，而压扭变形导致的应力方位的改变正好以塔中所在的地区为分界位置。同时，不同构造单元的应力分析还表明地应力的方位可能和构造单元的边界走向关系较为紧密，巴楚、塔北和塔中多数单井的应力方位和其所在构造单元的边界呈大角度相交。

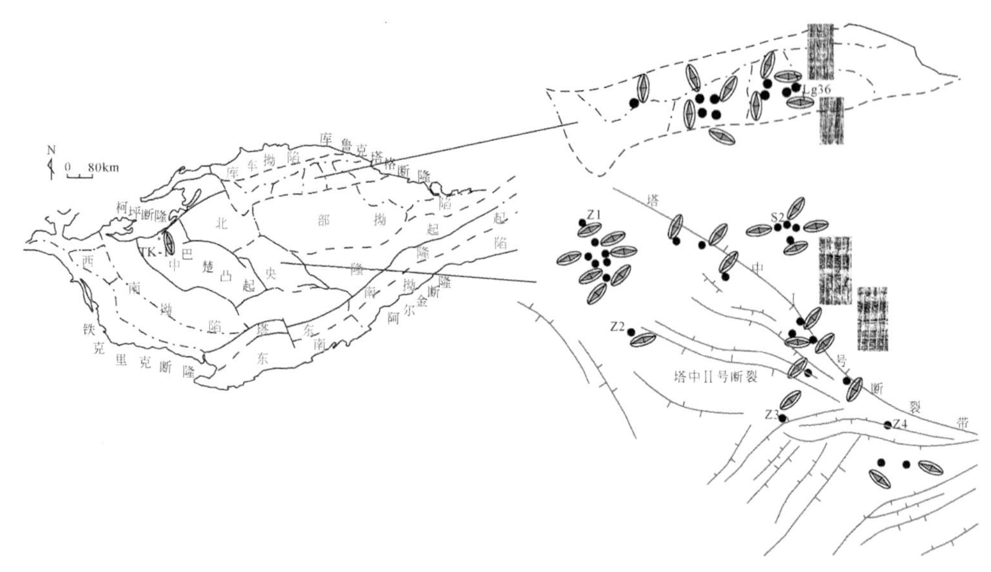

图 5.29　塔里木盆地碳酸盐岩地层电成像测井现今最大水平主应力方位

第六章 火山岩地层中的应用实例

在石油地质领域，火山岩油气藏的勘探历史已经有 120 多年。我国从 20 世纪 50 年代开始也陆续在松辽、准噶尔、三塘湖、四川、渤海湾、二连和塔里木等盆地的火山岩地层中发现了油气显示。其中在我国一些重点的火山岩油气藏中进行过井壁电成像测井资料的采集，包括了辽河拗陷的新生界和白垩系（营城组)、准噶尔盆地石炭系、三塘湖盆地石炭系和二叠系、渤海湾盆地古近系（沙河街组)、二连盆地中生界等。除了露头和钻井取心资料，常规测井是火山岩地层评价中常用的一类地球物理资料，但是不可否认，与沉积岩地层尤其是碎屑岩地层相比，其在火山岩地层的评价中受到了较大的限制。在岩性方面，火山岩岩性和矿物成分复杂，基于各类测井响应建立的解释模型多解性较大；在地层结构方面，常规测井更是无法获得火山岩发育的各种纹理等。另外，火山岩地层的物性变化也有其特殊性，即地层的孔隙度和渗透率具有不随埋深增加而降低的优点(冯志强等，2011；Wang et al.，2007)。因此结合 ESC 或 LithoScanner 等高分辨能谱测井获取的元素种类和含量，电成像测井数据可以较为有效地解决因岩心缺乏、常规测井火山岩岩性岩相识别难度大等问题。

火山岩地层研究的内容主要包括了地层的划分、岩性和结构构造的识别、元素和矿物组分鉴定、岩相划分、火山岩喷发序列（分期）分析、火山岩体空间分布形态和火山岩缝洞体识别等。电成像测井可以用于火山岩地层的划分、岩性岩相识别、火山喷发期次分析、火山岩体空间形态预测和缝洞识别（充填特征分析)。通过图像观察可以确定火山岩体的顶底界面，将其和围岩区别开；通过不同岩性岩相单元的识别和划分可以分析火山岩在单井垂向上的演化过程，可以分析火山岩浆的侵出特征，进一步通过火山机构不同位置的多井对比可以恢复其在地下的空间分布形态。

本章以我国东部松辽盆地徐家围子断陷下白垩统营城组火山岩及火山碎屑岩地层为例，详细阐述了微电阻率扫描成像测井在火山岩地层中的应用，为其他地区火山岩地层电成像资料的系统应用提供参考实例。同样，图像的解释也需要首先对目标层的区域地质概况有清晰的认识，了解区域构造特征及其地层的构造演化过程、地层的划分方案和岩性岩相特征，因此首先概述营城组的区域地质特征，为后续的图像解释提供宏观的地质框架。

第一节 地质背景

一、地理位置

徐家围子断陷位于我国东北松辽盆地的中北部，东北断隆区明水斜坡的南侧，古中央隆起带的东侧。断陷东西长约 55km，南北宽约 90km，面积约 4300km^2，整体走向为 NNW—SSE（陈崇阳，2016）。截至目前在该断陷的火山岩地层中已经有探井和评价井 100 多口，发现了我国东部的大型火山岩气田——庆深气田（冯志强，2006；冯志强等，2011）。

二、构造特征

受基底断裂的影响，松辽盆地自北向南包括了 7 个一级构造单元（图 6.1），其中徐家围子断陷位于盆内东南断陷区，是一个西断东超的箕状断陷。该断陷的深层构造整体呈“两凹夹一隆”的构造格局（图 6.1），“两凹”分别为徐西凹陷和徐东凹陷，“一隆”为两个凹陷中间的安达—升平隆起带。

区内的构造演化主要经历了早期断陷和晚期拗陷两个阶段（贾晨，2013；谢昭涵，2013），而在不同演化阶段还存在间断性的构造反转（谢昭涵，2013）。火石岭组到营城组沉积时期为徐家围子断陷期。早白垩世火石岭期，受西太平洋俯冲作用的影响，地幔上涌，使得区内火山作用十分强烈，且以裂隙式喷发为主。沙河子组沉积时期，盆地持续伸展裂陷，形成了包括徐家围子在内的多个断陷（高瑞琪和蔡希源，1997）；沙河子组沉积末期区内发生了构造反转，该组顶面局部遭受剥蚀，与上覆营城组之间形成了角度不整合（殷进垠等，2002）。营城组沉积期断陷活动虽然减弱，但是区内还存在火山活动，从而发育了火山岩和火山碎屑岩；营城组沉积末期局部又发生构造反转，形成局部的角度不整合（方立敏等，2003）。进入登娄库组沉积期，盆地开始拗陷，形成了丰富的陆相沉积。

三、地层特征

徐家围子断陷的基岩为前中生代的变质岩和花岗岩，其上主要为中新生代的火山岩和碎屑岩地层，自下而上包括了白垩系的火石岭组、沙河子组、营城组、登娄库组、泉头组、青山口组、姚家组、嫩江组、四方台组和明水组，古近系的依安组，新近系的大安组和泰康组，以及更新统—全新统，各地层的主要岩性组合特征见图 6.2。目的层营城组与上覆登娄库组在区域上为局部不整合接触，与下伏沙河子组局部角度不整合接触，岩性主要为一套火山岩和火山碎屑岩，期间

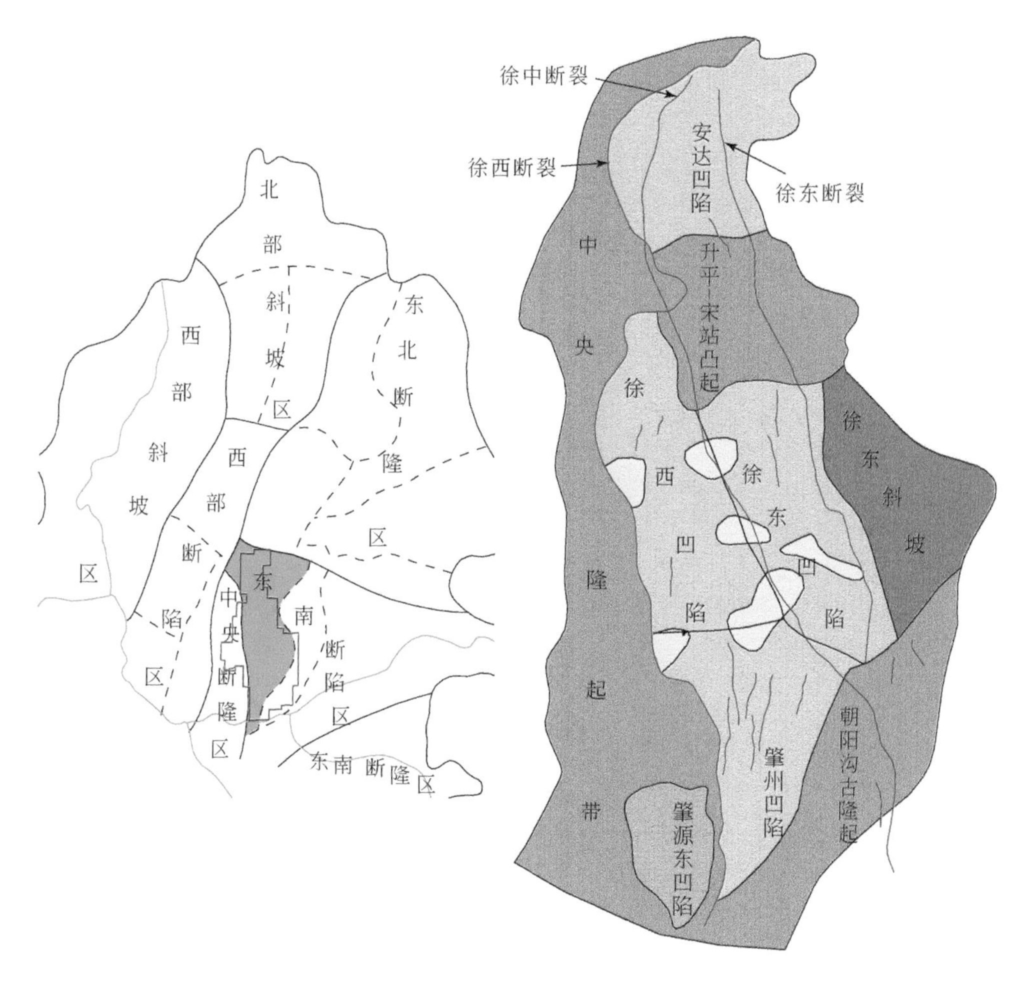

图6.1 松辽盆地及徐家围子断陷构造单元划分图［改自贾晨（2013）］

也发育了沉积岩和含煤地层。综合营城组的地层序列特征和盆地深层油气勘探实践，营城组又可以划分为五段（贾军涛等，2007），其中营城组下段主要是中基性火山岩及碎屑岩段，营一段为酸性火山岩及火山碎屑岩，营二段为碎屑岩夹凝灰岩含煤段，营三段为中基性、中酸性火山岩及火山碎屑岩，营四段为凝灰质砾岩夹泥岩。

四、岩性及岩相划分方案

（一）岩性

火山岩的岩石分类体系较多，可以用火山岩的矿物成分进行分类，也可以

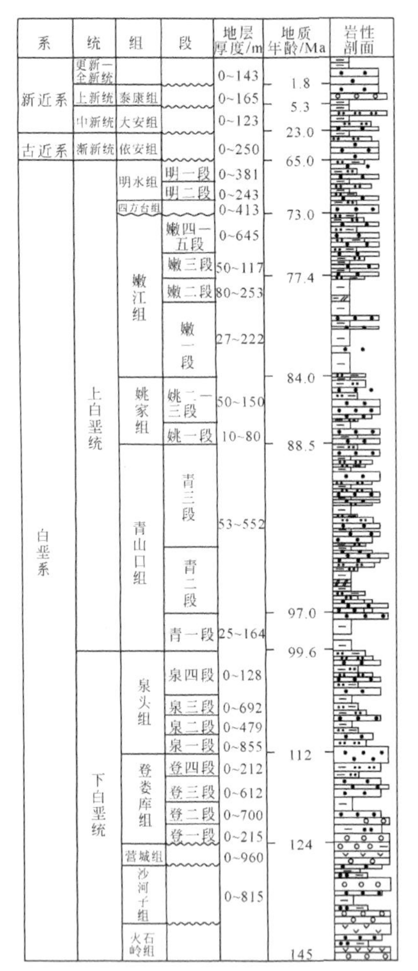

(a)松辽盆地地层综合柱状图

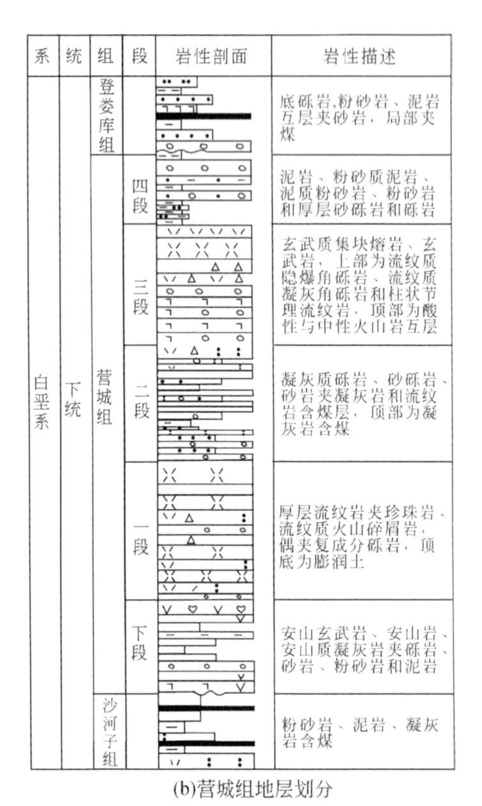

(b)营城组地层划分

图 6.2　松辽盆地地层综合柱状图［改自谢昭涵（2013），据大庆油田研究院］及营城组地层划分［改自贾军涛等（2007）］

通过岩石的化学成分分类。统一的岩石分类命名对于理解火山岩的成因、火山机构的组成等具有重要的意义，同时也是本次电成像测井火山岩地层岩性解释的基础。本次研究岩性划分参考了王璞珺等人对松辽盆地营城组的岩石划分方案（表 6.1），即首先根据火山岩的成因和岩石的组构将其划分为四类，包括火山熔岩类、火山碎屑熔岩类、火山碎屑岩类和沉火山碎屑岩类；其次针对每种岩类再按照岩石中 SiO_2 的相对含量细分为基性岩、中基性岩、中性岩、中酸性岩和酸性岩；最后按照岩石的矿物成分、特征性的结构构造以及火山碎屑的粒级等命名具体的岩石类型。

表6.1　松辽盆地深层火山岩岩性分类（王璞珺等，2007）

<table>
<tr><th colspan="2">结构</th><th>成分</th><th>基本岩石类型</th><th>特征矿物组合或碎屑组分</th></tr>
<tr><td rowspan="8">火山熔岩类（熔岩基质中分布的火山碎屑<10%，冷凝固结）</td><td rowspan="6">熔岩结构</td><td>基性（SiO_2 45%～52%）</td><td>玄武岩/气孔杏仁玄武岩</td><td>基性斜长石、辉石、橄榄石</td></tr>
<tr><td>中基性（SiO_2 52%～57%）</td><td>玄武安山岩/玄武粗安岩</td><td>中基性斜长石、辉石、角闪石</td></tr>
<tr><td rowspan="2">中性（SiO_2 52%～63%）</td><td>安山岩</td><td>中性斜长石、角闪石、黑云母、辉石</td></tr>
<tr><td>粗面岩/粗安岩</td><td>碱性长石、中性斜长石、角闪石、黑云母、辉石</td></tr>
<tr><td>中酸性（$SiO_2$63%～69%）</td><td>英安岩</td><td>中酸性斜长石、石英、碱性长石、黑云母、角闪石</td></tr>
<tr><td>酸性（SiO_2>69%）</td><td>流纹岩/碱长流纹岩</td><td>碱性长石、石英、酸性斜长石、黑云母、角闪石</td></tr>
<tr><td rowspan="2">玻璃质结构</td><td rowspan="2">一般为酸性，SiO_2>63%，基性、中性都有</td><td>球粒流纹岩/气孔流纹岩/石泡流纹岩</td><td>碱性长石、石英、酸性斜长石、黑云母、角闪石</td></tr>
<tr><td>珍珠岩/黑曜岩/松脂岩/浮岩
依据化学成分冠以流纹质/安山质/玄武质等</td><td>常见石英和长石斑晶（雏晶）；亦可见黑云母、角闪石、辉石、橄榄石等斑晶</td></tr>
<tr><td rowspan="8">火山碎屑熔岩类（熔岩基质中分布的火山碎屑>10%，冷凝固结）</td><td rowspan="4">熔结结构或碎屑熔岩结构</td><td>基性（SiO_2 45%～52%）</td><td>玄武质（熔结）凝灰/角砾/集块熔岩</td><td>基性斜长石、辉石、橄榄石</td></tr>
<tr><td>中性（SiO_2 52%～63%）</td><td>安山质（熔结）凝灰/角砾/集块熔岩</td><td>中性斜长石、角闪石、黑云母、辉石</td></tr>
<tr><td>中酸性（SiO_2 63%～69%）</td><td>英安质（熔结）凝灰/角砾/集块熔岩</td><td>中酸性斜长石、石英、碱性长石、黑云母、角闪石</td></tr>
<tr><td>酸性（SiO_2>69%）</td><td>流纹质（熔结）凝灰/角砾/集块熔岩</td><td>碱性长石、石英、酸性斜长石、黑云母、角闪石</td></tr>
<tr><td rowspan="4">隐爆角砾结构</td><td rowspan="4">基性—中性—酸性</td><td>玄武质隐爆角砾岩</td><td>基性斜长石、辉石、角闪石</td></tr>
<tr><td>安山质隐爆角砾岩</td><td>中性斜长石、角闪石、黑云母、辉石</td></tr>
<tr><td>粗安质隐爆角砾岩</td><td>碱性长石、中性斜长石、角闪石、黑云母、辉石</td></tr>
<tr><td>流纹质隐爆角砾岩</td><td>碱性长石、石英、酸性斜长石、黑云母、角闪石</td></tr>
</table>

续表

结构			成分	基本岩石类型	特征矿物组合或碎屑组分
火山碎屑岩类（火山碎屑>90%，压实固结）	火山碎屑结构		基性（SiO_2 45%~52%）	玄武质凝灰/角砾/集块岩	碎屑中：基性斜长石、辉石、橄榄石
			中基性（SiO_2 52%~57%）	玄武安山质角砾岩	碎屑中：中基性斜长石、辉石、角闪石
			中性（SiO_2 57%~63%）	安山质凝灰/角砾/集块岩	碎屑中：中性斜长石、角闪石、黑云母、辉石
			中酸性（SiO_2 63%~69%）	英安质凝灰/角砾岩	碎屑中：中酸性斜长石、石英、碱性长石、黑云母、角闪石
			酸性（$SiO_2>69\%$）	流纹质（晶屑玻屑）凝灰岩	碎屑中：碱性长石、石英、酸性斜长石、黑云母、角闪石
				流纹质（岩屑浆屑）角砾/集块岩	碎屑中：碱性长石、石英、酸性斜长石、黑云母、角闪石
			蚀变火山灰通常$SiO_2>63\%$	沸石岩，伊利石岩，蒙脱石岩/膨润土	沸石，伊利石，蒙脱石
沉火山碎屑岩类（火山碎屑90%~50%，压实固结）	沉火山碎屑结构	碎屑<2mm	火山碎屑为主	沉凝灰岩	火山灰（岩屑、晶屑、玻屑、火山尘），外碎屑（石英、长石）
		碎屑>2mm		沉火山角砾/集块岩	火山弹、火山角砾、火山集块，外来岩屑

按照上述岩性划分方案，营城组的岩石类型主要为中基性—酸性火山岩，其中火山熔岩类主要为流纹岩、英安岩和安山岩，其次为玄武安山岩和玄武岩；火山碎屑熔岩包括了凝灰熔岩、角砾熔岩和隐爆角砾岩等；火山碎屑岩类有凝灰岩、火山角砾岩、集块岩等；沉火山碎屑岩有沉凝灰岩、沉火山角砾岩等。营城组下段包括了玄武岩、玄武质火山碎屑岩夹流纹质火山碎屑岩；营一段火山岩以流纹岩、凝灰岩和火山角砾岩为主，其中火山碎屑岩的比例为30%~80%；营二段为营一段和营三段火山喷发之间的间歇期，以灰黑色凝灰质砂砾岩、砂泥岩为主，可见煤层分布；营三段火山岩以玄武岩、安山岩、流纹质和英安质熔岩为主，火山碎屑岩比例一般小于30%，很少有超过50%的；营四段岩性主要为火

山喷发之后沉积的砂砾岩。

（二）岩相

火山岩相是火山活动产物的产出环境及其岩相特征。按照火山喷发的基本方式、喷发机制、产物的搬运方式及堆积机理、分布位置等，松辽盆地的火山岩岩相可以划分为火山通道相、爆发相、喷溢相、侵出相和火山沉积岩相五种（王璞珺等，2003b）。侵出相、喷溢相和爆发相分别形成于火山旋回的晚期、中期和早期，火山通道相位于火山机构的下部。每一种火山岩相又可以进一步细分为三种次一级的亚相类型。其中，火山通道相可分为火山颈亚相、次火山岩亚相和隐爆角砾岩亚相，爆发相可分为空落亚相、热基浪亚相和热碎屑流亚相，喷溢相可分为下部亚相、中部亚相和上部亚相，侵出相可分为内带亚相、中带亚相和外带亚相，火山沉积岩相可分为含外碎屑火山碎屑沉积岩亚相、再搬运火山碎屑沉积岩亚相和凝灰岩夹煤沉积亚相。不同的火山岩岩相及其亚相类型在空间上有规律地组合，从而在火山口及其周缘的不同位置形成特定的相序组合关系（图 6.3）。各类岩相在徐家围子断陷都有发育，而区内各探井火山岩岩相的统计表明喷溢相和爆发相在垂向上交替出现是该区最为常见的岩相序列，表明火山喷发时熔岩的溢流和火山碎屑物的爆发交替发生着，对应熔岩与火山碎屑岩互层出现；喷溢相的占比较大，可达 50%，占岩相的主体，其次为爆发相，约为 30%，暗示火山作用以熔岩的溢流为主，兼有火山碎屑物的爆发及堆积。

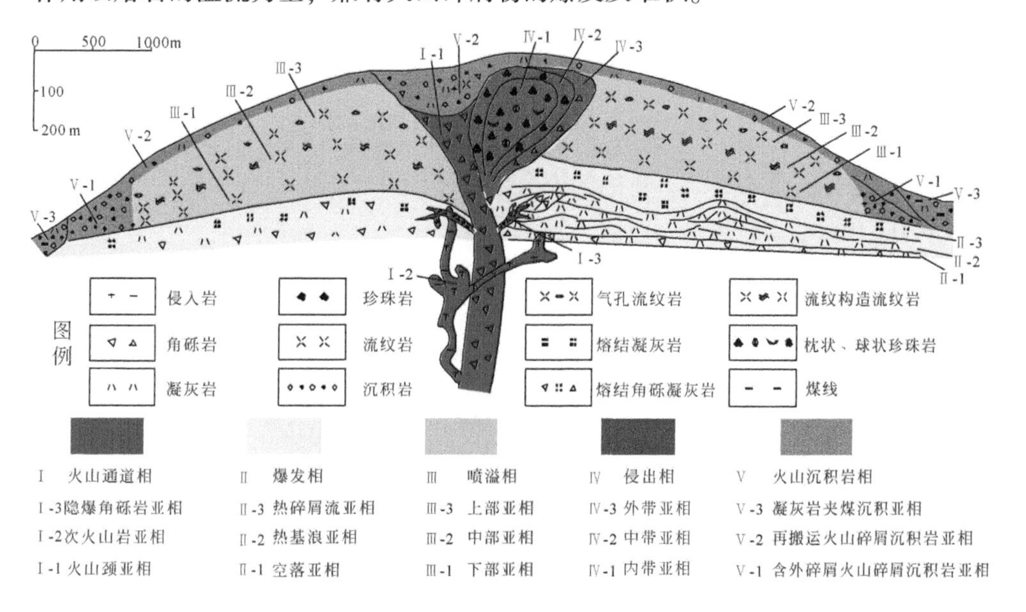

图 6.3　徐家围子断陷火山岩相模式图（蒙启安，2006）

五、火山机构及分布

火山机构是一定时间和空间范围内各类火山岩相的堆积物、构造及其火山通道的组合（陈建文等，2000），在时间上火山机构的堆积物可以是单期的，也可以是多期喷发产物的组合；在空间上可以是单个火山口或多个火山口的共同产物。松辽盆地油气勘探实践显示火山机构的研究对于油气资源的发现意义重大，因为其中心部位往往是该区天然气的主要聚集带。前期的研究表明松辽盆地营城组的火山喷发具有多中心、多期次的特征（黄玉龙等，2007）。为了更好地区分不同喷发时期形成的火山机构，本次研究的火山机构特指同一个火山通道不同时期喷出的各类火山物质在火山口及其附近堆积所构成的、在空间上具有一定几何形态和共生组合关系的各种火山作用的产物及其建造的总称，包括了火山通道及其周围的各种火山岩堆积。结合区内地震和钻井资料，营城组现今已经识别出来的火山机构类型有盾状火山、层状火山、火山碎屑锥和熔岩穹丘等四类（黄玉龙等，2007）。其中，盾状火山机构主要为喷溢型，或沿裂隙，或沿火山口发育，岩性和岩相相对单一；层状火山机构主要发生在中心式喷发的火山口，垂向上喷溢相和爆发相交互出现；火山碎屑锥是火山爆发形成的火山碎屑岩的堆积，包含的岩相类型主要有空落亚相和热碎屑流亚相；熔岩穹丘则主要由喷溢相和侵出相组成。区内营城组火山机构的分布主要受NNW向的徐西、宋西和榆西三条大断裂控制，因此火山的喷发方式主要是沿断裂的裂隙式喷发，也可见中心式喷发；平面上多沿断裂呈串珠状展布，通常越靠近基底断裂，火山岩厚度越大。每个喷发点还会发生喷发中心侧向迁移的现象，导致相邻火山口不同时期的喷出物在空间上交错叠置，表现为具有更大规模的复合火山机构。各类火山岩机构主要发育在营一段和营三段。其中营一段火山机构主要分布在徐家围子断陷的中南部［图6.4（a)］，营三段的火山机构主要分布在中北部［图6.4（b)］。

六、地应力场特征

受欧亚板块和太平洋板块的相互挤压，研究区区域主应力场方向由陆地向海洋呈顺时针旋转，而在东北地区现今最大水平主应力的方位主要在NEE和EW之间变化（杨景春，1983；姚立珣等，1992）。具体到徐家围子地区，其现今最大水平主应力的方位也多在NEE和EW之间（孙加华等，2006；雷茂盛等，2007；屈洋，2019）。

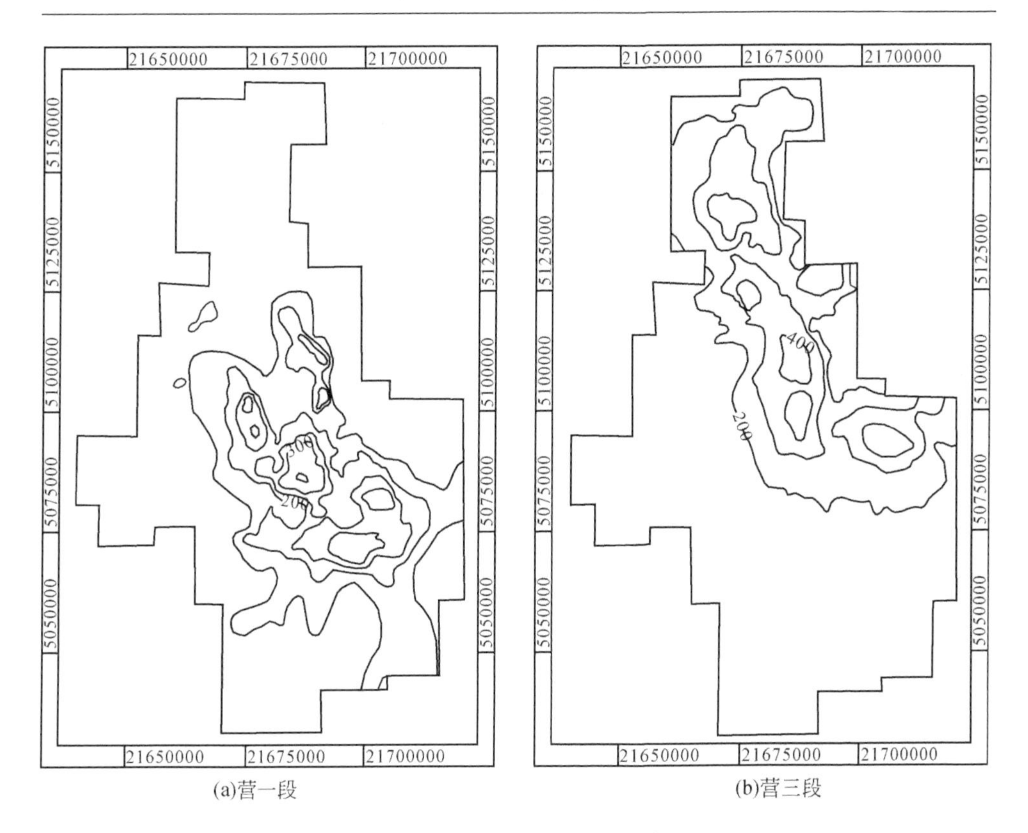

图6.4　营城组营一段和营三段火山岩分布范围［改自张学娟（2013）］

第二节　地层划分

井下火山岩地层取心有限，而取心位置位于重要地层分界面的概率较低。在火山岩地层的分界面会发生岩性岩相的突变或存在不整合面等，反映在常规测井曲线上在地层分界面处曲线的形态可能会起伏跳跃，在一定程度上可以用于划分火山岩地层。这些地层特征的变化也可以被电成像测井图像较为清晰地刻画出来。如前所述，徐家围子营城组按照岩性组合的差异可以划分为五段，考虑到营城组和下伏沙河子组及上覆登娄库组接触，因此在整个研究层段共存在六个主要的地层界面，分别是营城组内部各亚段界面及营城组和上下地层的分界。在进行地层界面的图像识别时需要首先利用钻井分层数据或常规测井响应确定大致的分界深度，再通过电成像测井图像对分界深度点进行细化。营城组界面之下为沙河子组碎屑岩沉积，之上为营城组不同层段的火山岩地层：在研究区南部主要与营一段、营下段接触，在北部主要与营三段火山岩接触。不同地层分界面都具有清晰的电成像测井图像特征显示（图6.5）。

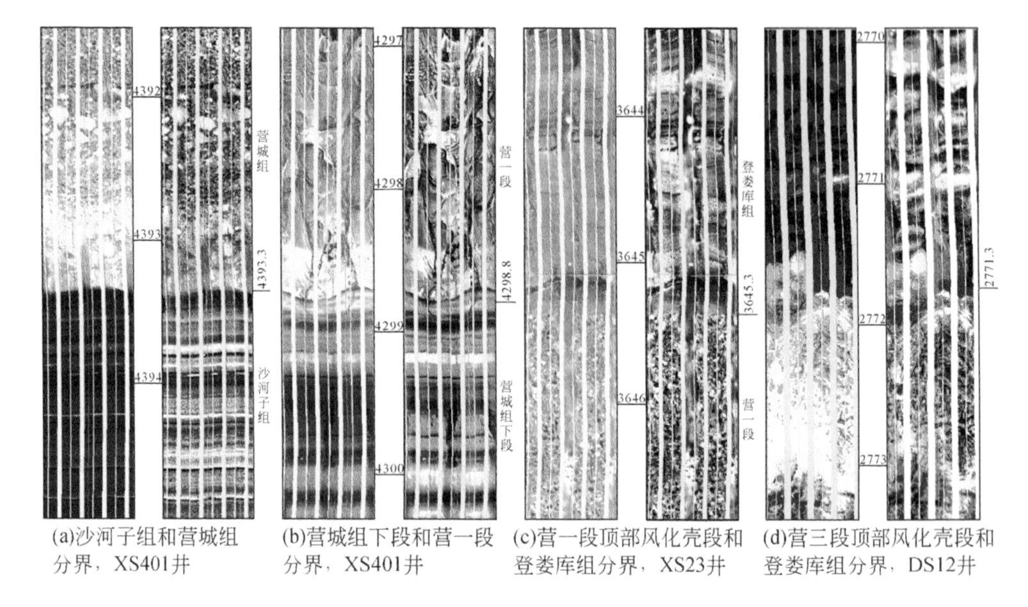

(a)沙河子组和营城组分界，XS401井　(b)营城组下段和营一段分界，XS401井　(c)营一段顶部风化壳段和登娄库组分界，XS23井　(d)营三段顶部风化壳段和登娄库组分界，DS12井

图6.5　徐家围子主要地层界面电成像测井图像特征

（a）电成像测井该段下部为中低阻的图像背景，动态图像为规则组合带状或线状模式，之上为安山岩的高阻块状模式或砾岩的亮斑组合模式；（b）电成像测井图像由下部的细带状模式突变为块状模式

第三节　岩性岩相解释

一、岩性识别

尽管常规测井资料可以用于火山岩岩性的解释（黄布宙和潘保芝，2001；张立伟等，2009；范超颖等，2010），但是常规测井对不同类型火山岩岩性岩相的多解性较强。不同类型的火山岩由于地质成因的差异，在矿物、结构构造等方面存在差异，电成像测井虽然无法像岩心和显微薄片一样直观地展示这些矿物和结构构造特征，但是这些差异会在宏观上被电成像高分辨率的微电流束所记录，表现在动态图像中为不同的图像特征和图像模式，这便是火山岩岩性解释的基础。营城组火山岩的主要岩石类型在岩性一节已经进行了详细的介绍，与陆相碎屑岩和海相碳酸盐岩不同的是火山岩岩性在垂向上的变化频率通常较低，在几米甚至十几米的深度范围内可能只表现为一种岩石类型，这是由火山喷发成岩的特性决定的。因此在井壁电成像测井中各类火山岩对应的图像一般较为典型，在一定长度的井段内一般可能只有一种图像特征（不考虑裂缝等对原始图像的干扰），且

不同岩性段之间的分界多清晰可辨。

（一）火山熔岩——流纹岩

火山熔岩是岩浆喷出地表后，在大气圈或水圈中冷却结晶形成的岩石类型，包括流纹岩、英安岩、安山岩、玄武岩等。流纹岩属于酸性喷出岩，镜下观察显示营城组流纹岩具有斑状结构，斑晶以石英和长石为主，长石为条纹长石、斜长石、透长石等，基质具球粒结构，可见菱铁矿等导电矿物充填于平行排列的流纹界面。岩心流纹构造发育，流纹稳定密集排列，有时可见顺流纹分布的气孔构造，气孔具有顺流纹呈拉长分布的特征。电成像测井静态图像中流纹岩段显示为中低阻背景，动态图像整体较为干净，发育了高密度叠置的亮色细条带，在一定长度的井段范围内都呈规则组合分布，其间以暗色细线分割（图6.6）；顺着条带延伸的方向可见不均匀分布的暗色斑点，部分斑点呈拉长状。亮色条带指示的倾角在不同井段变化不一，局部可达65°以上（如XS9井，4903.0m）。亮色细条带代表了熔岩流动形成的流纹，因为电成像测井图像具有方位性，所以可以通过流纹来指示熔岩流动的方向，流纹内部对应的各类地质现象无法在动态图像中反

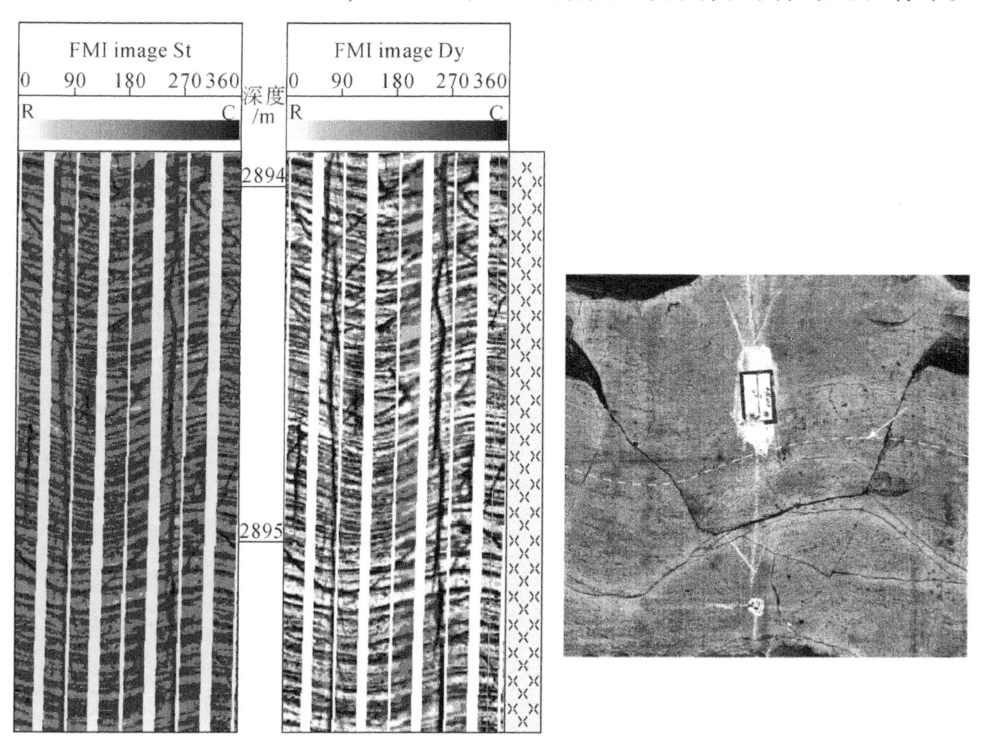

图6.6　营城组酸性流纹岩解释图版与岩心等深度刻度（ShS202井）

映出来，暗色细线代表了富含低阻矿物的条纹界面。流纹的带状图像特征在流纹岩中最为典型，但是并非仅指示了流纹岩的出现（图6.7），在进行岩性解释时需要综合图像的各种特征进行综合判断。

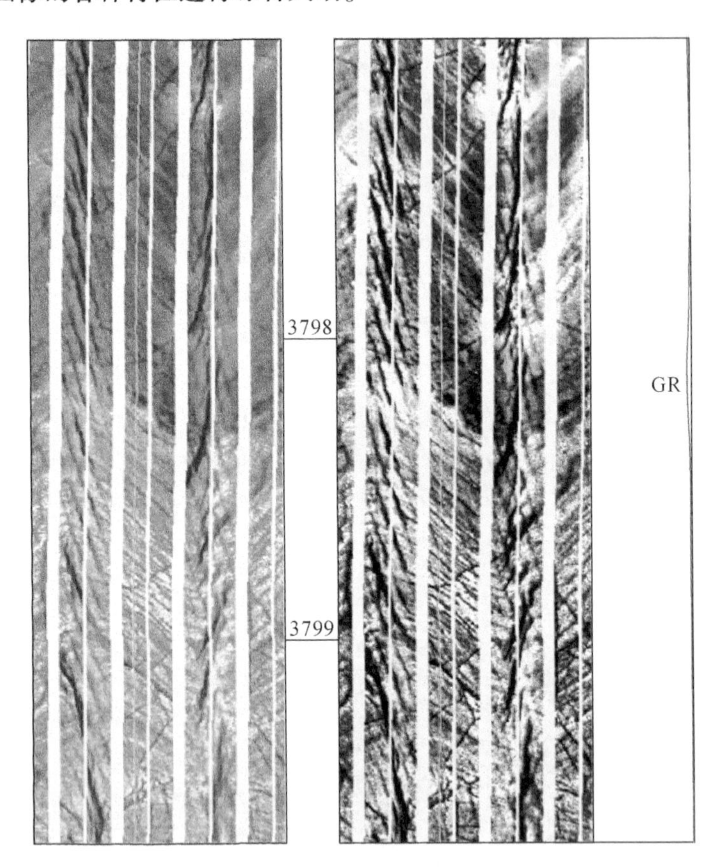

图6.7 流纹发育段

图中上下两段岩石的组分发生了变化，GR曲线没有明显变化，静态图像下段和上段分别表现为中电阻和低电阻特征，动态图像虽然都为密集的带状组合模式，但是下半段图像较为模糊，暗示地层为英安质，上半段整体干净平滑，为典型流纹岩发育段

（二）火山熔岩——英安岩

英安岩属于中酸性喷出岩，镜下呈斑状结构，斑晶主要为石英和长石，基质由斜长石微晶、钾长石和石英组成。营城组英安岩岩心未见明显的结构构造特征。静态图像为中高阻的图像背景，动态图像英安岩段表面模糊，多表现为块状模式［图6.8（a）］，当发育流纹构造时，显示为带状模式［图6.8（b）］。

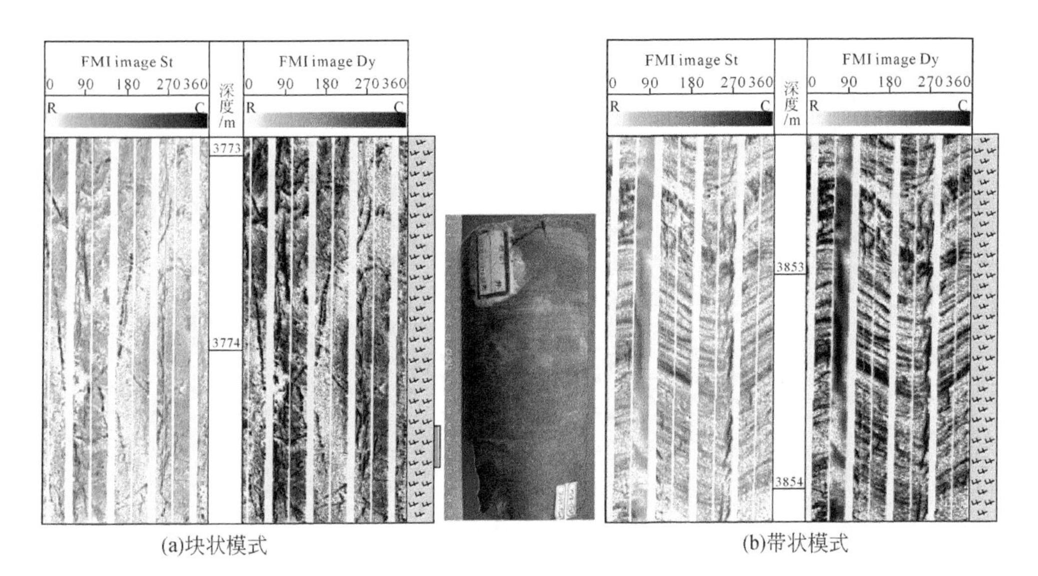

图6.8　营城组中酸性英安岩解释图版与岩心等深度刻度（XS9井）

（三）火山熔岩——安山岩

安山岩为中性喷出岩，镜下具有斑状结构，斑晶主要为长石和黑云母，基质具有交织结构或粗面结构。岩心可见斑晶溶孔，被硅质或方解石等高阻矿物充填。电成像测井静态图像为中高阻，动态图像偶见低阻暗色斑点，推测可能是未充填的斑晶溶孔，整体表现为块状模式，未见任何显著的层状或斑状特征（图6.9）。

（四）火山熔岩——玄武岩

玄武岩为基性喷出岩，显微镜下具有斑状结构，斑晶主要为长石、角闪石，基质具有交织结构。岩心上玄武岩可见明显的挥发组分逸散产生的气孔构造或后期被矿物质充填的杏仁构造，气孔多近圆形，也可见致密玄武岩发育。静态图像中玄武岩的图像背景变化较大，但以中低阻背景为主，动态图像中发育气孔杏仁构造的玄武岩和致密玄武岩都表现为块状模式（图6.10），但是前者图像中可见不同程度的近圆形暗色斑点分布，代表了气孔的发育。由于充填气孔的杏仁体主要为方解石等，其与围岩都表现为高阻电性特征，因此电成像测井动态图像通常无法刻画此类构造现象。安山岩和玄武岩在电成像测井图像上有时难以区分，在进行岩性解释时需要综合录井和岩心等资料。

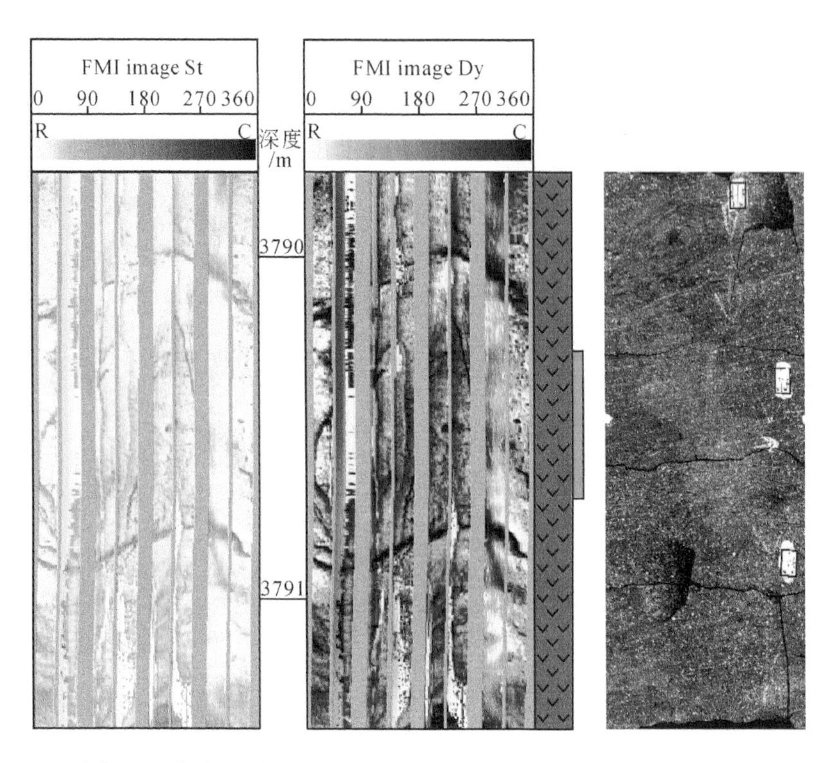

图 6.9　营城组中性安山岩解释图版与岩心等深度刻度（XS10 井）

图 6.10　营城组基性玄武岩解释图版与岩心等深度刻度（DS3 井）

（五）火山碎屑熔岩

火山碎屑熔岩是具有火山熔岩和火山碎屑岩过渡性质的岩石，其本质属于火山熔岩，是岩浆冷凝熔结形成的，但是其中还混有>10%的火山碎屑物质，因此在物质组成上相对不均一，同时与火山碎屑岩不同的是该类岩石具有熔结结构或碎屑熔结结构。火山碎屑熔岩类的熔岩结构，使得电成像测井图像上其可能与对应的火山熔岩十分相似（如流纹岩和流纹质凝灰熔岩），因此有时候利用图像特征较难准确地将二者区分开。而对于角砾熔岩和集块熔岩等，由于存在火山角砾结构和集块结构，在对应的火山碎屑熔岩图像中一般具有高阻亮斑状的火山碎屑，易于识别。

凝灰熔岩除具有不同种类熔岩的物质组分以外，还混杂了一定含量的火山灰。静态图像电阻率的变化范围较大，动态图像视熔岩成分不同而具有不同的图像特征，当为流纹质凝灰熔岩时，图像表现为高阻带状特征［图6.11（a）］，亮色条带在垂向的层状特征有时不如流纹岩显著，但不是界别两类岩石的标准；当凝灰熔岩为玄武质或安山质时［图6.11（b）］，推测电成像测井为块状模式，图

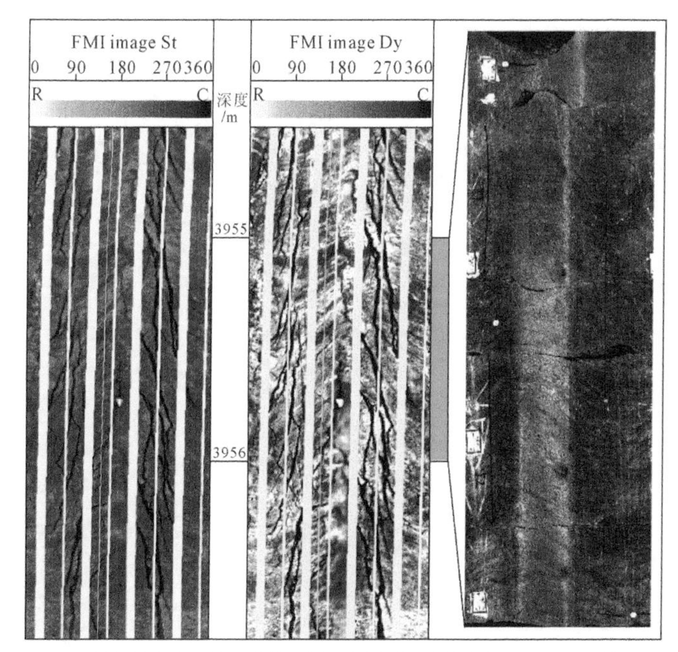

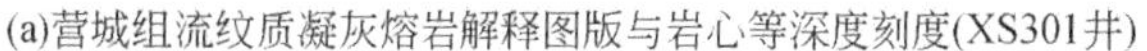
(a)营城组流纹质凝灰熔岩解释图版与岩心等深度刻度(XS301井)

(b)玄武安山质凝灰熔岩(DS13井)，未电成像测井

图6.11　凝灰熔岩解释图版

像相对不均一。角砾熔岩和集块熔岩中火山碎屑表现为碎块状，不同的是火山碎屑碎块的粒径。另外，火山角砾和火山集块的粒径都大于电成像测井的仪器分辨率，因此图像中的单个亮斑代表了单个火山碎屑碎块，亮斑的边缘多为棱角状（图6.12）。

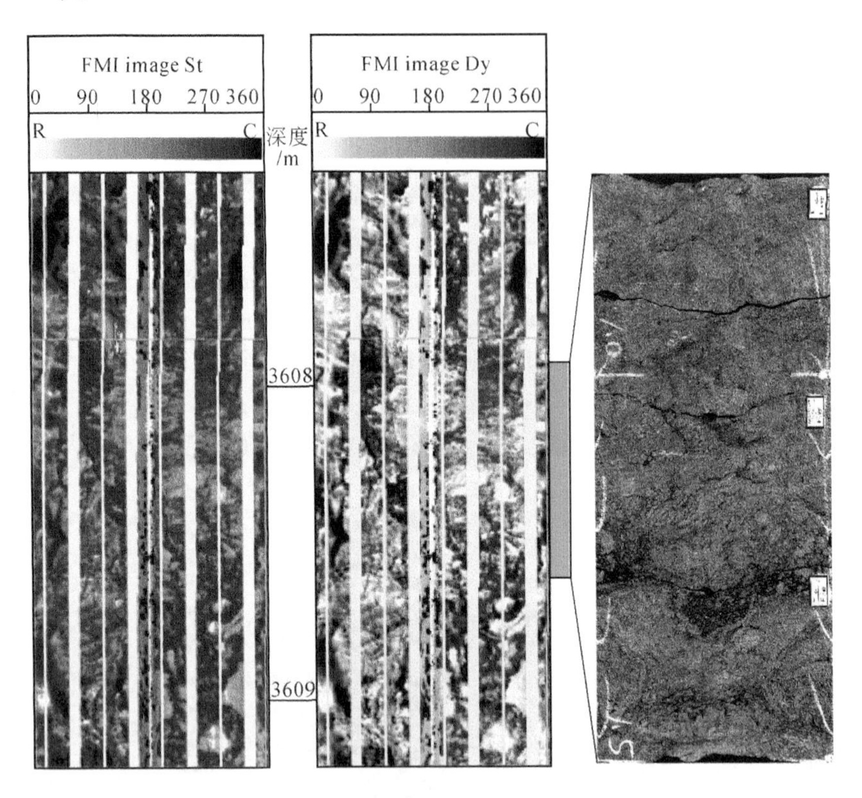

图6.12　营城组流纹质角砾熔岩解释图版与岩心等深度刻度（XS12井）

（六）火山碎屑熔岩——隐爆角砾岩

隐爆角砾岩是富含挥发组分的岩浆在地下入侵到岩石破碎带时，由于压力得以释放但又释放不彻底而发生爆发所形成的岩石类型；角砾间的胶结物质是与角砾成分和颜色相同或不同的岩汁或细碎屑物质。营城组可见流纹质、安山质隐爆角砾岩，静态图像为中低阻背景；动态图像最典型的特征是亮斑之间为岩汁胶结的图像特征（图6.13）。

（七）火山碎屑岩

火山碎屑岩是熔岩和沉积岩之间的过渡类型的岩石，兼有两种岩石的性质，

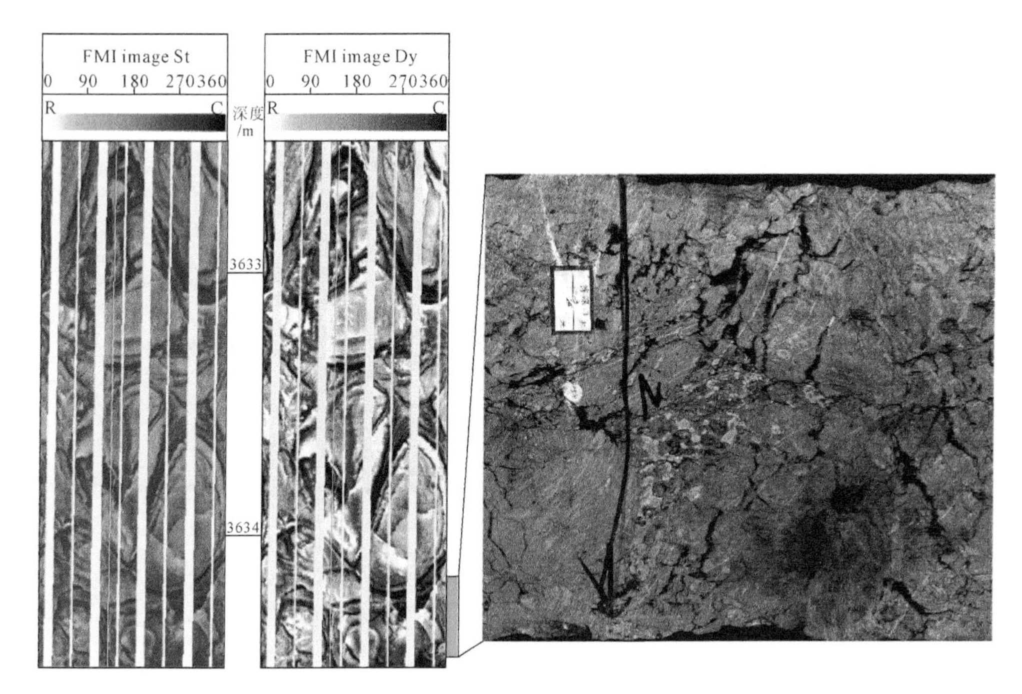

图 6.13　营城组流纹质隐爆角砾岩解释图版与岩心等深度刻度（XS17 井）

是火山喷发的各种碎屑物质短距离搬运沉积压实固结形成的，从物质成分看主要为火山碎屑，而从岩石的结构构造和成岩过程看又和正常碎屑沉积岩具有较多的相似之处。与火山碎屑熔岩不同的是火山碎屑岩中可发育一些层理构造，同时熔岩的基质主要为冷凝固结的岩浆而火山碎屑岩的基质主要为细粒级的火山碎屑物质，因此从基质组分方面前者可能相对更为均一。凝灰岩中火山碎屑物质含量 50% 以上的颗粒粒径小于 2mm，营城组凝灰岩由晶屑、岩屑和玻屑组成，晶屑成分包括石英和长石等，岩屑有安山岩和流纹岩等。岩心标定的结果显示凝灰岩一般为块状模式，其在静态图像中的电阻率变化范围较大。当火山灰发生短距离的搬运时，凝灰岩也会表现出微弱的高阻带状特征（图 6.14），但是更多地仍然呈块状模式。

火山角砾岩和火山集块岩的碎块成分基本一致，主要为流纹岩、安山岩、凝灰岩等。静态图像电阻率变化范围较大，动态图像最为典型的特征是随机分布了大小不一的高阻亮斑。亮斑的外形相对不规则，具有明显的棱角状特征(图 6.15)，代表了棱角状的火山碎块，个别亮斑内部可见蜂窝状的暗色斑点，代表了蚀变的溶孔。当图像中的亮斑尺寸多大于 64mm 时，为火山集块岩发育段；而当亮斑尺寸在 2 ~ 64mm 时，为火山角砾岩发育段。

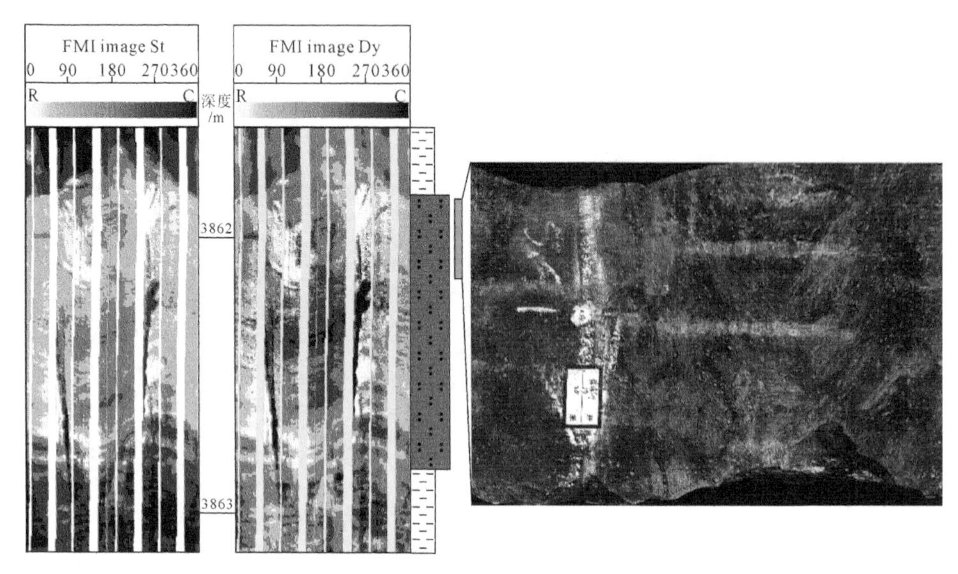

图 6.14　营城组（流纹质）凝灰岩解释图版与岩心等深度刻度（XS901 井）

略显成层特征，这种情况下凝灰岩和凝灰熔岩有时较难区分

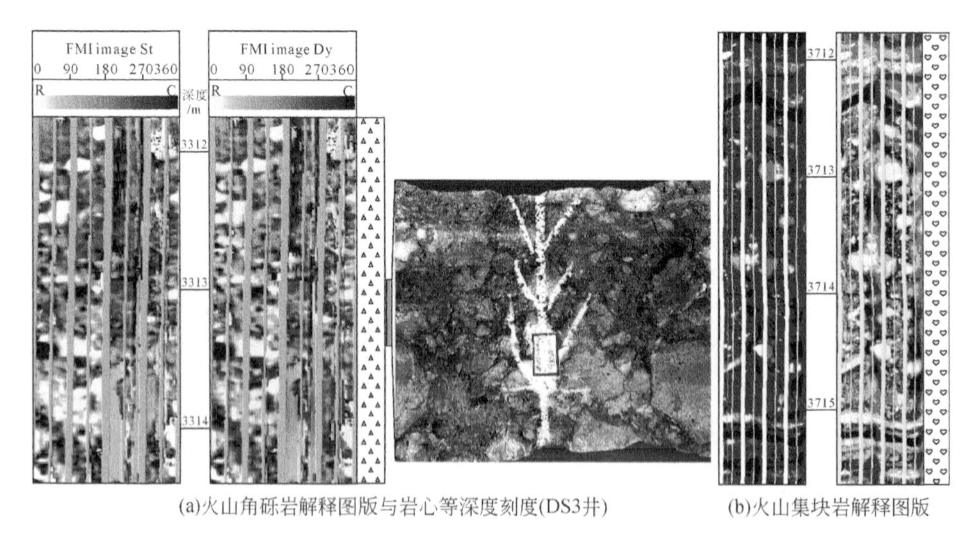

(a)火山角砾岩解释图版与岩心等深度刻度(DS3井)　　(b)火山集块岩解释图版

图 6.15　营城组火山角砾岩和火山集块岩解释图版

（八）沉火山碎屑岩

沉火山碎屑岩是火山碎屑岩和正常沉积岩之间的过渡类型。与火山碎屑岩不同的是，其物质成分既有火山碎屑物质又有一定量的正常沉积物，但前者含量大于后者，按照二者的比例还可以进一步划分为沉火山碎屑岩和火山碎屑沉积岩。

其形成的环境通常远离喷发中心。沉凝灰岩是粒径小于2mm的沉火山碎屑岩，火山碎屑包括了晶屑、岩屑和玻屑，晶屑主要为石英和长石，岩屑有安山岩、流纹岩和泥岩岩屑。岩石主要呈灰绿色，局部可见沉角砾岩薄层，水平层理和斜层理较为常见。静态图像为中低阻图像背景，动态图像为规则组合的亮色条带垂向叠置，被暗色细线或细条带分割（图6.16）。这类岩石的动力学成因和正常沉积岩一样，因此暗色条带代表了纹层沉积，而暗色细线更多的是纹层界面。

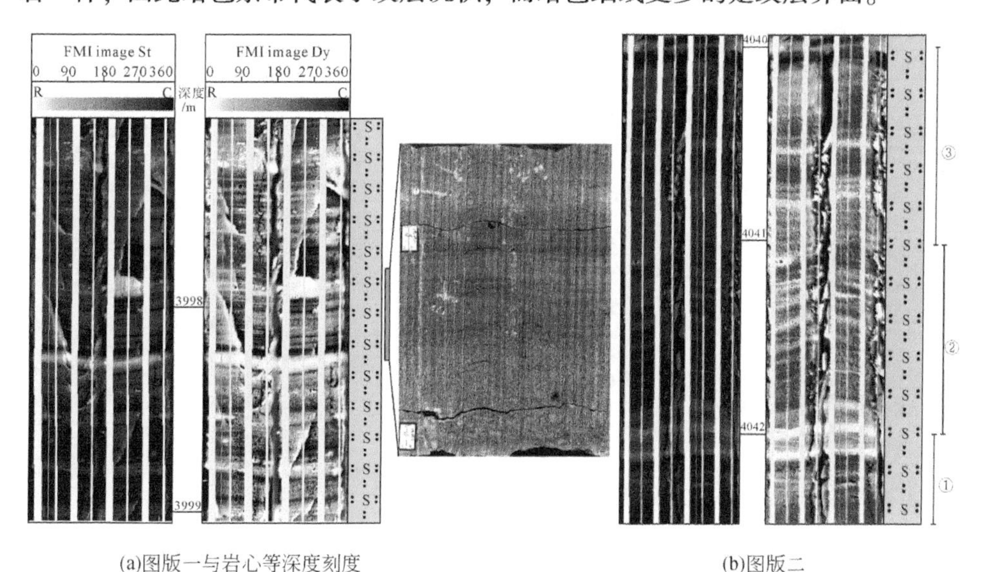

图6.16 营城组沉凝灰岩解释图版

（a）岩心等深度刻度（XS16井），岩心发育平行层理；（b）中可见斜层理，地层产状自下而上发生了三次变化，代表沉积营力的方向和强度发生了三次变化

另外，沉角砾岩和沉集块岩也是两类沉火山碎屑岩，二者在物质成分上差异不大，前者火山碎屑粒径在2～64mm，后者粒径大于64mm。岩石主要呈灰绿色、浅灰绿色，可见斑杂构造；角砾和集块的成分包括了流纹岩、凝灰岩和安山岩等，定向或不定向排列。其间主要充填了火山灰、不同组分的晶屑、各类喷出岩岩屑等。电成像测井静态图像为中高阻图像背景，动态图像为不规则组合的亮色斑块（图6.17）。沉角砾岩和沉集块岩的出现说明搬运介质的能量较沉凝灰岩增强，暗示了强降雨的出现、风力的增强或较强构造运动的出现等。

二、结构构造识别

（一）火山岩结构

火山岩的宏观结构可以被电成像测井动态图像清晰地反映出来，其识别精度

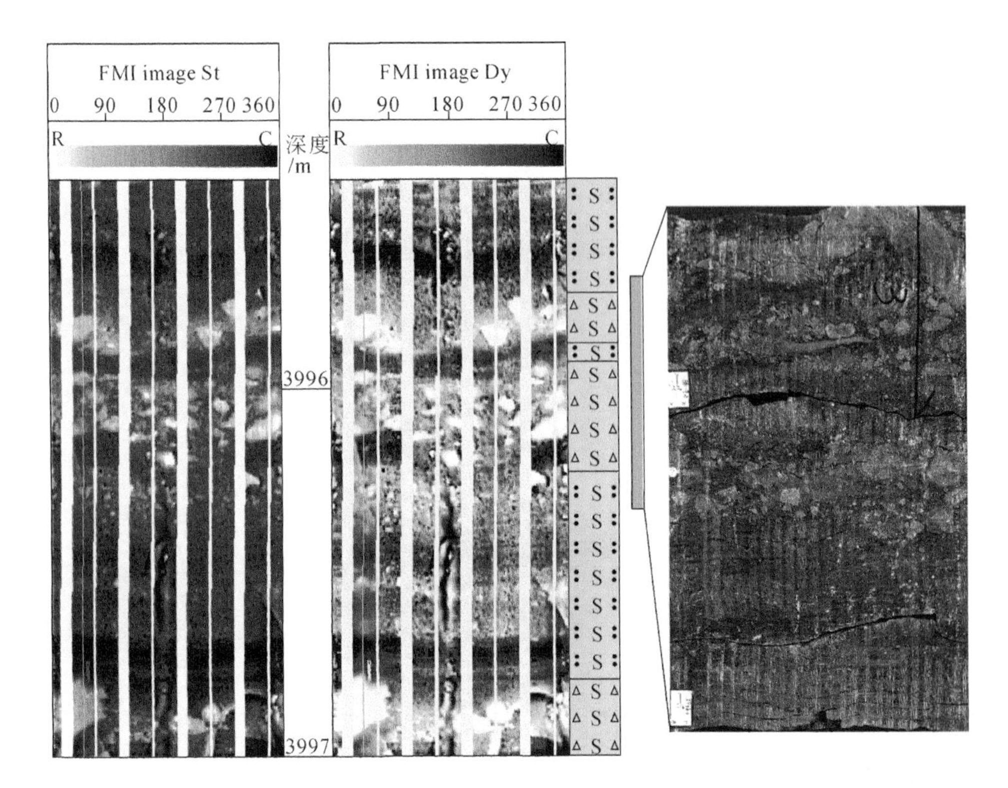

图 6.17　营城组沉角砾岩解释图版与岩心等深度刻度（XS16 井），可见斑杂构造

高于对火山岩岩性的识别。不同的结构类型其物质的空间堆积形式不同。营城组火山岩的结构主要包括了熔岩结构、熔结结构、隐爆角砾结构、火山碎屑结构（集块结构、角砾结构和凝灰结构）和沉火山碎屑结构。不同于露头、岩心和薄片等地质方法，并非所有的结构类型在电成像测井图像中都存在响应。熔岩结构是组成火山熔岩的矿物结晶程度、颗粒大小、自形程度和矿物之间的相互关系，按照不同的分类依据又存在多种划分方法，但是不管何种划分方案其都是基于矿物尺度的结构类型划分，动态图像无法刻画这类结构，在图像中为背景色调。

1. 熔结结构

熔结结构是晶屑、岩屑、玻屑、浆屑、火山灰、火山角砾或火山集块等组成的火山碎屑流沿斜坡运移堆积形成的，当其中存在塑变碎屑时，其在定向拉长和压扁变形的作用下表现出一定的定向性，是识别熔结结构的典型标志之一，常发育于火山碎屑熔岩井。井壁电成像测井图像中塑变碎屑表现为“顺层”排列的定向亮色斑块，通常可见亮色斑块呈梭形，从亮斑的中间向两侧宽度逐渐减小（图 6.18）。

图 6.18 熔结结构解释图版与岩心等深度刻度（XS603 井）
塑性蠕虫状浆屑顺层平行排列构成假流纹构造

2. 隐爆角砾结构

隐爆角砾结构出现在隐爆角砾岩中。隐爆作用产生的角砾碎块在地层中原地无序堆积。电成像测井图像表现为不同粒径的亮斑随机分布，部分亮斑具棱角状特征（图 6.13）。

3. 火山碎屑结构

火山碎屑结构主要出现在火山碎屑岩中。按照火山碎屑的粒度，火山碎屑结构可划分为集块结构（大于 64mm）、火山角砾结构（大于 2mm）和凝灰结构（小于 2mm）。据此在电成像测井图像中表现出不同的图像特征：集块和火山角砾结构在动态图像中为不规则组合亮斑模式，即亮色斑块在图像中随机分布，斑块的轮廓不规则，可见棱角状特征（图 6.15）；凝灰结构一般为块状模式，是火山灰在短时间快速沉降沉积的结果（图 6.14）。

另外，沉火山碎屑结构的粒度分类和火山碎屑结构一致，因此在电成像测井图像上二者较为相似，在实际研究时需要结合岩性进行综合判断。

（二）火山岩构造

营城组常见的火山岩构造包括了流纹构造、变形流纹构造、假流纹构造、气孔和杏仁构造、块状构造以及发育在火山碎屑岩和沉火山碎屑岩中的各类层理构造等。层理构造的图像解释可参阅陆相碎屑岩沉积构造的解释图版，在此不另加叙述。

1. 流纹构造

流纹构造是营城组较为普遍的一类火山岩构造，主要出现在流纹岩中，是该区酸性岩浆喷出地表并发生缓慢流动形成的，显示了熔岩的流动状态。流纹界面的出现使得可以在岩心上清晰地观察到密集、平行叠置的流纹条带。与之相应，电成像测井图像中表现为规则组合的亮色条带特征，条带的叠置密度高且侧向连续性极好，井眼范围内单条条带侧向厚度稳定延伸（图 6.19）。低阻细线代表的流纹界面在动态图像中密集出现，在发育流纹构造的英安岩或安山岩中很容易被误解释为天然构造裂缝，但是构造裂缝的分布间距通常显著大于流纹界面。流纹倾角在不同钻井中的变化较大，一般在 20°～65°。同一口钻井中不同深度段的流纹层倾向可能不同，表明不同时期熔岩流动的方向不一样。

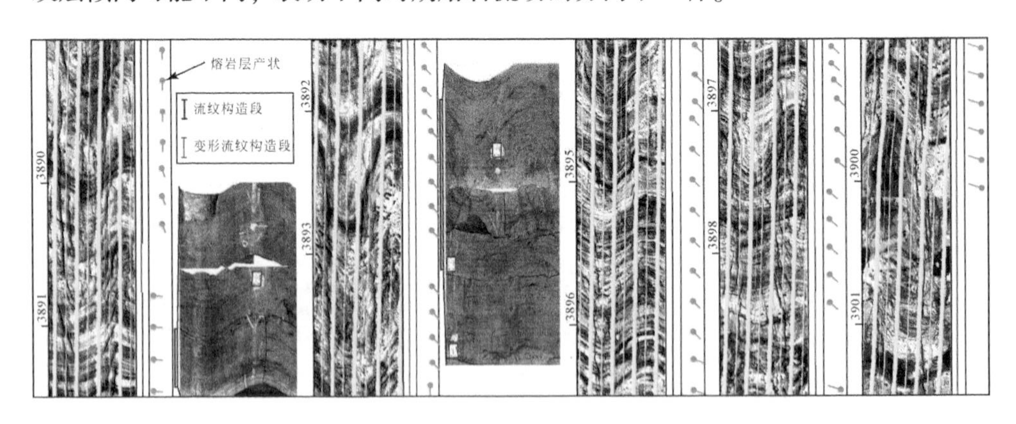

图 6.19　XS301 井 3889～3901.5m 流纹构造和变形流纹构造解释图版

流纹构造的流纹倾向和倾角自上而下发生了多次变化，流纹倾角逐渐变小，顺流纹界面溶孔较为发育

2. 变形流纹构造

变形流纹构造是一类特殊的流纹构造，也是营城组流纹岩中较为常见的构造类型。在电成像测井动态图像中，变形流纹构造的图像特征类似沉积变形构造中的包卷层理，流纹卷曲揉皱变形，与上下流纹构造的流纹不整一接触（图 6.19）。推测流纹的变形可能是因为熔岩在推进的过程中因为地形等原因流

动速度发生了变化，因此可以通过变形流纹构造的出现分析古坡度随时间的变化特征。

3. 假流纹构造

假流纹构造是压扁拉长的塑性火山碎屑顺熔岩流动方向定向排列的一类火山构造，主要出现在熔结凝灰岩中。当塑性火山碎屑的电阻率和基质的电阻率存在一定差异时，在电成像测井图像上为规则组合的亮斑模式（图 6.18）。

4. 气孔构造

气孔构造也是营城组火山岩中常见的构造类型，通常发育于玄武岩中。其成因是岩浆喷溢到地表时裹挟的挥发组分发生逸散后在熔岩中留下了空洞，因此气孔构造常出现在单期喷发的熔岩顶部。气孔的孔径分布没有特定的规律，可大可小，气孔的形态可以是圆形、椭圆形和其他不规则的形状。电成像测井图像中气孔构造发育的层段分布了不同尺寸的低阻暗斑，因此整体表现为不规则组合的暗斑模式（图 6.20）。

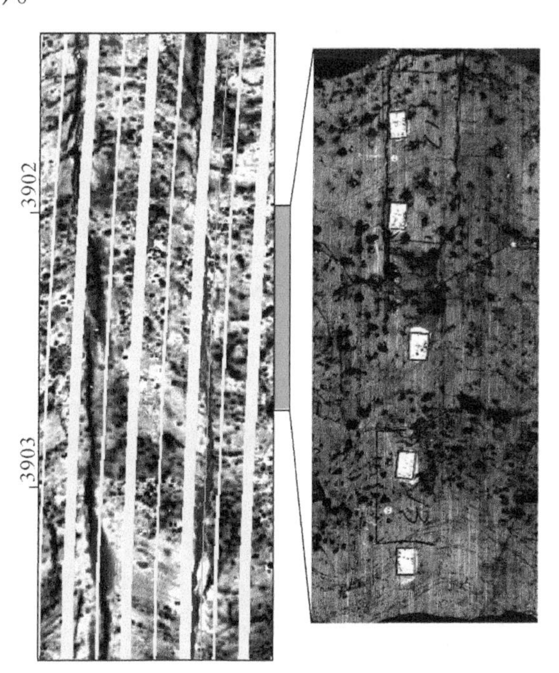

图 6.20　气孔构造解释图版与岩心等深度刻度（XS23 井）

5. 杏仁构造

杏仁构造在成因上和气孔构造具有相关性，即早期发育的气孔被晚期的矿物所充填。火山岩中的杏仁体多为高阻矿物（方解石、石英等），当其和围岩的电阻率差异较大时，可以在电成像测井图像中清晰地观察到杏仁体［图 6.21（a）］；当二者电阻率相近时，电成像测井无法将二者区分开，在电成像测井图像上看不到亮色斑点［图 6.21（b）］，与围岩一起显示为块状模式。当杏仁体后期再被溶蚀时，图像中还会有暗色斑点的显示。

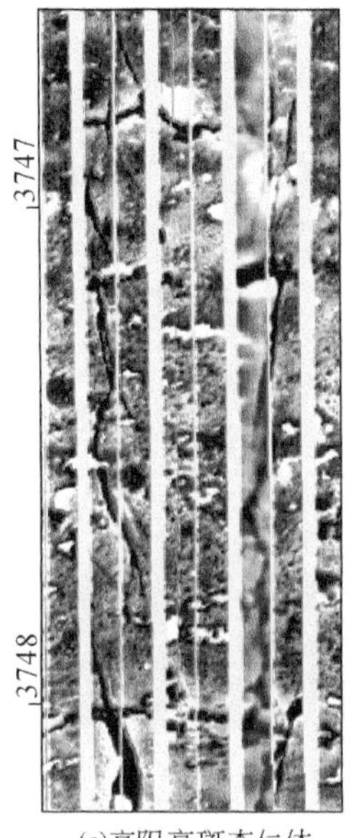

(a)高阻亮斑杏仁体顺层分布(XS17井)

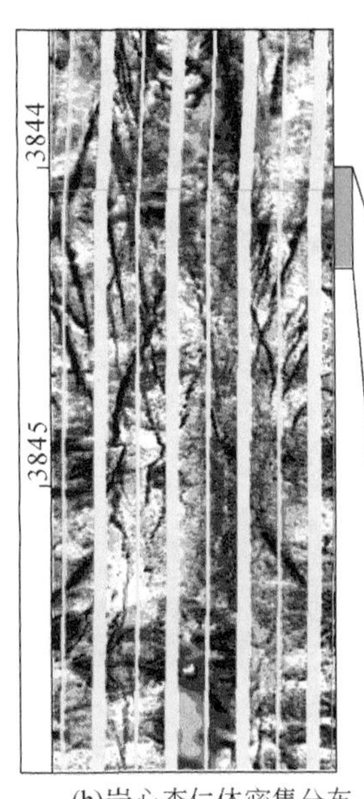

(b)岩心杏仁体密集分布，尺寸一般为1~2mm(小于电成像分辨率)，成像未见对应的图像特征(XS10井)

图 6.21　杏仁构造解释图版

6. 块状构造

块状构造（均一构造）岩石的结构和组分都均匀分布，没有任何层状特征或矿物的定向排列，也没有其他特殊的现象。块状构造在营城组英安岩、安山岩和玄武岩中较为常见，电成像测井图像上响应为块状模式，对应图像内部也没有明显的带状或其他图像特征，这是由于块状构造发育层段岩石的矿物成分和结构在空间分布均匀，电阻率没有大的差异。

7. 原生节理构造

与构造产生的节理不同，原生节理构造是岩浆喷出地表，在冷凝过程中由于体积发生收缩而形成的一种岩石裂缝构造，碎裂化的地层岩块之间整一接触。电成像测井中原生节理发育段图像显示出网状分布的低阻条纹［图 6.22（a）］，代表岩石中的原生节理。当热液流体充填这些节理缝时，也会出现高亮的条纹特征。

8. 堆砌构造

堆砌构造在火山角砾岩和集块岩中较为常见，这些火山碎屑物质从火山口爆发出来以后就近堆积，因此分选和磨圆都较差，碎块之间不整一接触。角砾和集块之间被小一级的火山碎屑或熔岩填充。堆砌构造对应的电成像测井图像内部不均一化程度较高，整体表现为不规则组合的亮斑状模式，亮斑之间不整一接触从而有别于原地裂隙化的地层［图 6.22（b）］。

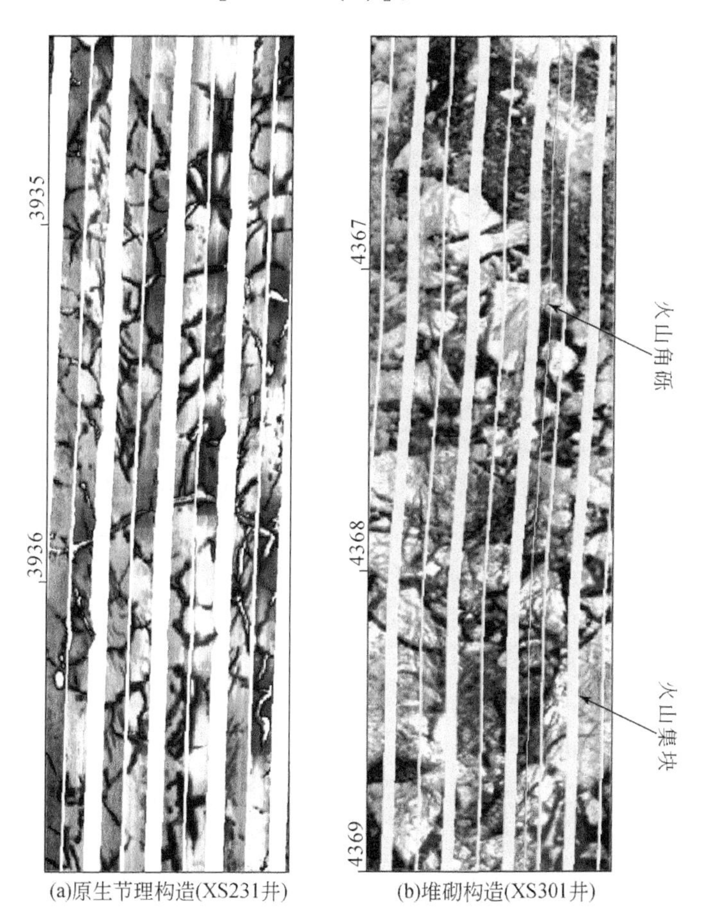

(a)原生节理构造(XS231井)　(b)堆砌构造(XS301井)

图 6.22　原生节理构造和堆砌构造解释图版

三、岩相及岩相序列划分

营城组火山岩岩相类型较多。如前所述，几乎各种类型的岩相和亚相类型在营城组都可以见到。岩性和结构构造的识别是确定岩相类型的基础，而岩相的精细识别又是火山喷发序列和火山机构解析的前提。因此本节参考区内火山岩岩相的地质分类依据，结合地震相，对各类岩相的电成像测井图像响应特征进行分析。在单井电成像测井火山岩岩相划分的基础，通过连井对比去分析各岩相单元在侧向上的变化特征。研究时需要尽可能综合地震等资料，首先确定钻井在火山机构中的分布位置，再利用电成像测井图像对钻井中的火山岩岩相进行识别，在一定程度上可以减小解释误差。

（一）火山沉积岩相

火山沉积岩相是和其他火山岩相在空间上共生的一类特殊的沉积岩相，主要是在火山活动的间歇期，在火山机构之间的低洼地区形成的。按照物质的搬运机制、物质来源、岩性、结构构造和岩相序列等又可以将该岩相划分为凝灰岩夹煤沉积、再搬运火山碎屑沉积岩和含外碎屑火山碎屑沉积岩三个亚相。不同亚相发育于不同的亚地理环境，但在物质成分等方面彼此之间又具有成因上的相关性，通过分析可以还原距离火山口一定距离的环境特征。

1. 凝灰岩夹煤沉积

该亚相岩性较细，主要为凝灰质泥岩、沉凝灰岩和煤层互层，岩石结构为陆源碎屑结构，常见的层理包括韵律层理和水平层理等，暗示其沉积环境的水动力不强。该亚相发育于距离火山穹窿较近的成煤沼泽或湖泊环境，富植物泥炭。常规测井 GR 值相对偏高，电成像测井静态图像以中低阻色调为主，动态图像表现为叠置的亮色条带在垂向上宽窄不一，但是同一条带在侧向上以低幅度的正弦曲线形态稳定延伸［图 6.23（a）］，代表了静水沉积物中稳定发育的泥岩水平层理，且在后期构造运动中地层发生了掀斜。

2. 再搬运火山碎屑沉积岩

该亚相位于火山穹窿之间的低洼地带附近，沉积物粒度比凝灰岩夹煤沉积亚相粗。其岩性以层状和块状的火山碎屑岩为主，火山碎屑物经过了流水或风等营力的搬运再改造，常见交错层理、韵律层理、平行层理和块状层理等。静态图像以亮色调为主，动态图像主要表现为较宽的亮色条带叠置，宽条带（或块状）图像中分布有不同尺寸的亮色斑块［图 6.23（b）］，亮斑的轮廓较圆，且长轴具有顺层定向排列的特征，有时也可见交错层理的图像特征。

3. 含外碎屑火山碎屑沉积岩

该亚相岩性主要为含外来碎屑的凝灰质砂砾岩，成分以火山碎屑为主，有其他陆源碎屑物质混入，岩层中发育大型的交错层理、韵律层理和块状构造等，单层通常较厚。这类亚相发育的位置离火山口更近，和凝灰岩夹煤沉积亚相、再搬运火山碎屑沉积岩亚相一起组成火山岩沉积岩相。电成像测井静态图像以亮色调为主，动态图像除可见层理特征以外，在块状层中可见棱角状特征的亮色或暗色斑块，斑块的尺寸较大［图 6.23（c）］，长轴可顺层展布，代表了短距离搬运的角砾或集块。

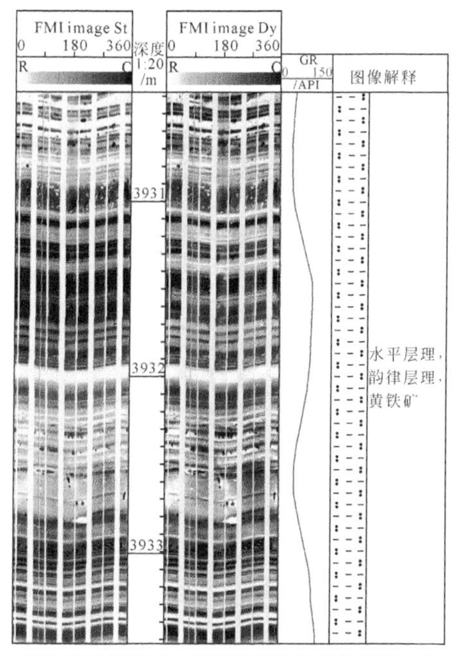

(a)凝灰岩夹煤沉积，可见顺层分布的黄铁矿暗斑

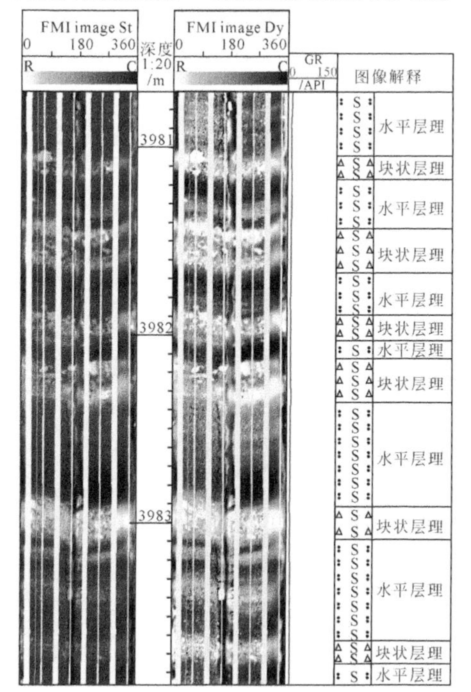

(b)再搬运火山碎屑沉积岩

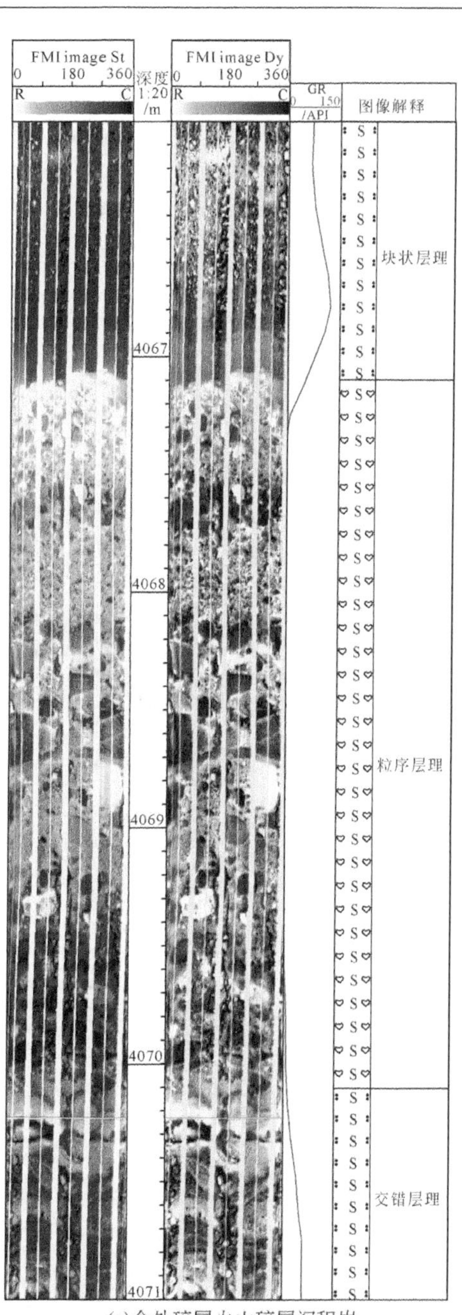

(c)含外碎屑火山碎屑沉积岩

图 6.23 火山沉积岩相序列（XS16），该井远离火山口

（二）侵出相

侵出相是岩浆沿火山通道顶部或火山口旁侧的裂隙挤出地表，并堆积、冷凝形成的一类火山岩相，因此主要分布在火山口附近，可与喷溢相呈过渡关系。按照分带特征可以进一步划分为内带、中带和外带三个亚相。内带亚相位于侵出相岩穹的核心，岩性为枕状和球状珍珠岩，具岩球和岩枕构造；原生环带状分布的原生裂缝较为发育。中带亚相位于侵出相岩穹的中部，高黏度熔浆受内力挤压流动，堆砌在火山口附近成岩穹，岩性为块状珍珠岩和细晶流纹岩，玻璃质结构和珍珠结构，岩体可呈块状、层状、透镜状和披覆状。外带亚相是侵出相岩穹的外部，岩性为具变形流纹构造的角砾熔岩，熔浆前缘冷凝、变形并铲刮和包裹新生和先期的岩块，熔结角砾和熔结凝灰结构，发育变形流纹构造。营城组单井地层中外带亚相可能最为发育，未见内带和中带亚相。电成像测井动态图像中表现为熔结结构和（变形）流纹构造的图像特征，其中可见代表角砾的不规则亮斑（图6.24）。

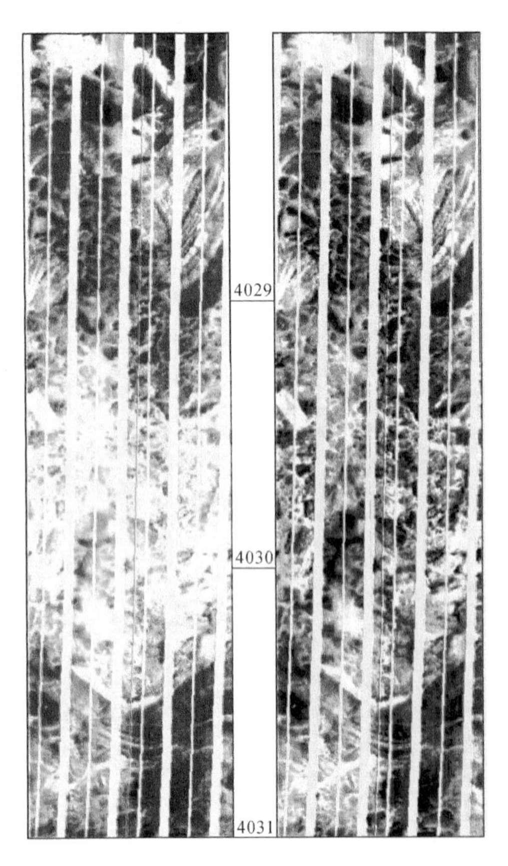

图6.24　侵出相外带亚相（XS27井）

（三）喷溢相

喷溢相的出现晚于爆发相，主要形成于一次火山喷发的中期，是熔浆在后续喷出物和自身重力共同作用下沿地表流动过程中冷凝固结形成的。按照分布位置的不同，喷溢相自下而上又可分为下部、中部和上部亚相。

以流纹岩发育段为例，下部亚相位于整个喷溢相的最下部，岩性为流纹岩、含同生角砾的流纹岩，具细晶结构、斑状结构和同生角砾结构，发育断续的变形流纹构造。中部亚相岩性为流纹岩，具细晶结构和斑状结构，常见流纹构造。上部亚相岩性主要为流纹岩，可见少量气孔顺流纹层分布，沿着熔浆的流动方向呈定向和拉长状，常可见球粒结构和细晶结构，以及不显著的气孔构造。

电成像测井图像的观察表明喷溢相可以只发育中下部亚相或表现为完整的相序单元。流纹岩段对应的图像中下部主要为具变形流纹构造和流纹构造的图像叠置，即亮色条带平行叠置或具有不规则的揉皱特征，未见或少见代表溶孔的暗斑（图6.25）。图像上部暗斑相对发育，对应于上部亚相气体挥发产生的一些气孔，图像为高阻带状模式。

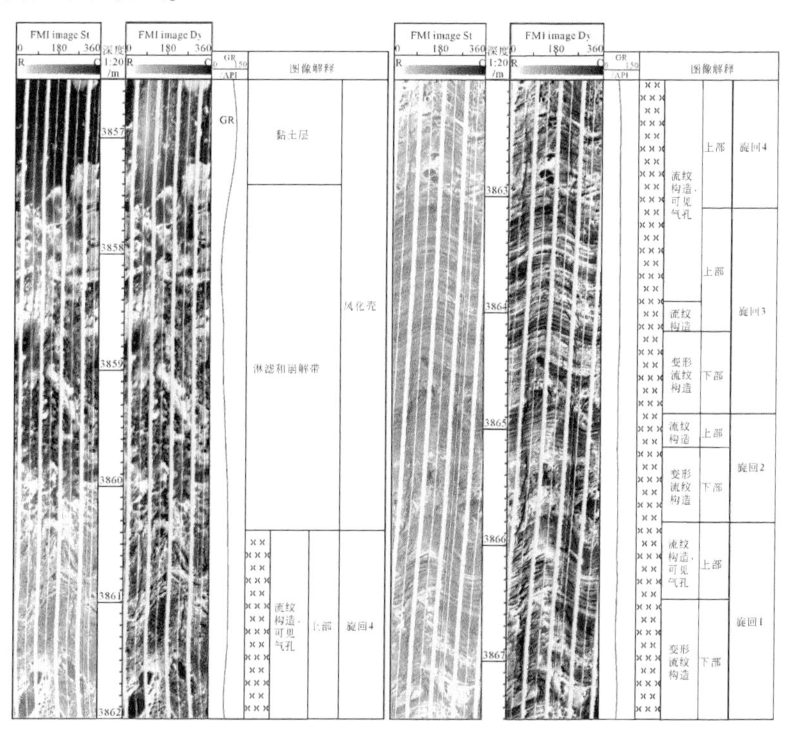

图6.25　流纹岩的喷溢相序列（XS903井）

旋回4推测岩浆物质成分发生了变化。该井顶部发育黏土层和淋滤崩解带共存的风化壳玄武岩段中下部图像为典型的块状构造，裂缝发育，上部发育具有气孔构造的暗斑图像（图 6.26）；中下部亚相的厚度通常大于上部亚相，但是在局部层段上部亚相的发育厚度也可较大。

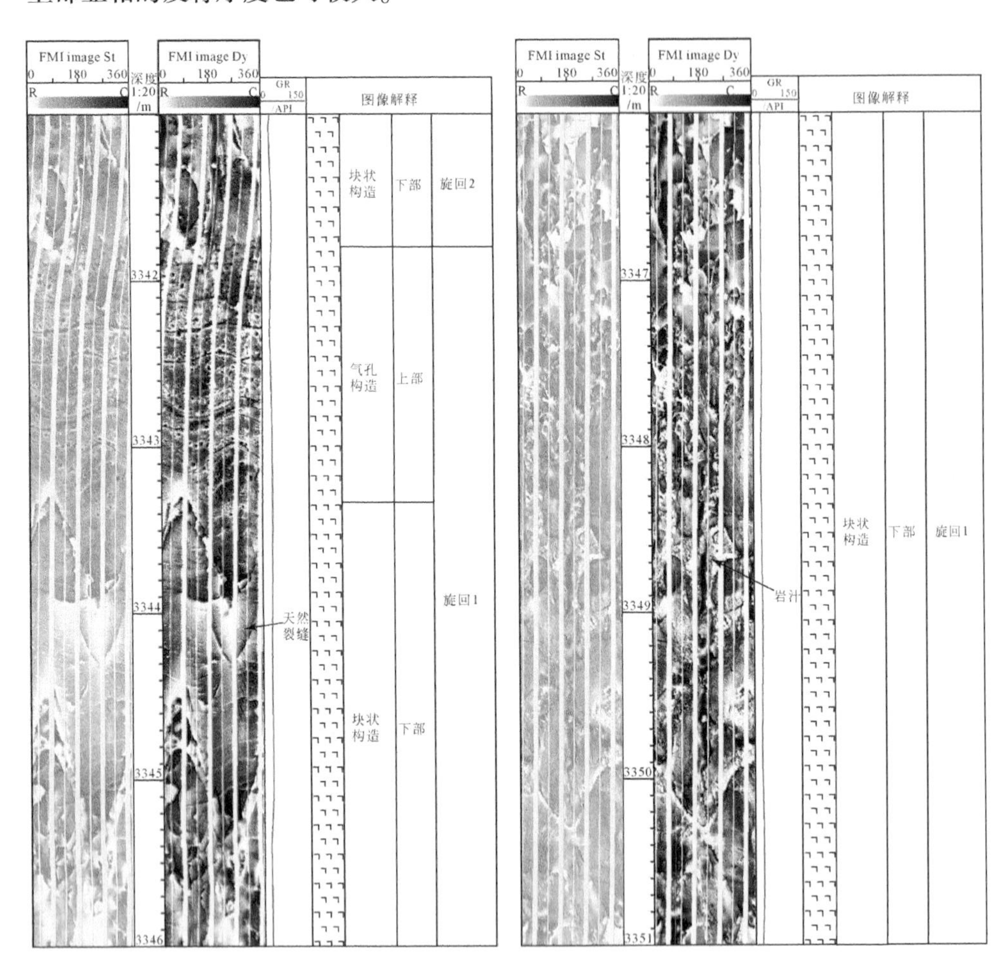

图 6.26　玄武岩的喷溢相完整序列（DS302 井）

至少存在两期喷发，单期上部亚相气孔构造段裂缝欠发育，中下部非气孔段沿破裂有岩汁侵入

（四）爆发相

爆发相是区内重要的火山岩相类型，一个完整的序列自下而上分别发育了空落亚相、热基浪亚相和热碎屑流亚相。单井中不同亚相有时欠发育。空落亚相形成于火山岩序列的下部，是气射作用的固态和塑性喷出物（在风的影响下）做自由落体运动形成的，岩性为含火山弹和浮岩块的集块岩、角砾岩和晶屑凝灰

岩，结构类型为集块结构、角砾结构或凝灰结构，向上变细变薄，可见粒序层理。电成像测井图像中空落亚相的典型特征是具有堆砌构造的图像特征，不同尺寸的亮色斑块垂向杂乱堆积，亮斑之间图像的颜色极不均匀，可见更小尺寸的亮斑（图6.27）；亮斑尺寸可向上整体变小，对应火山爆发作用减弱过程中发育的粒序层理特征。

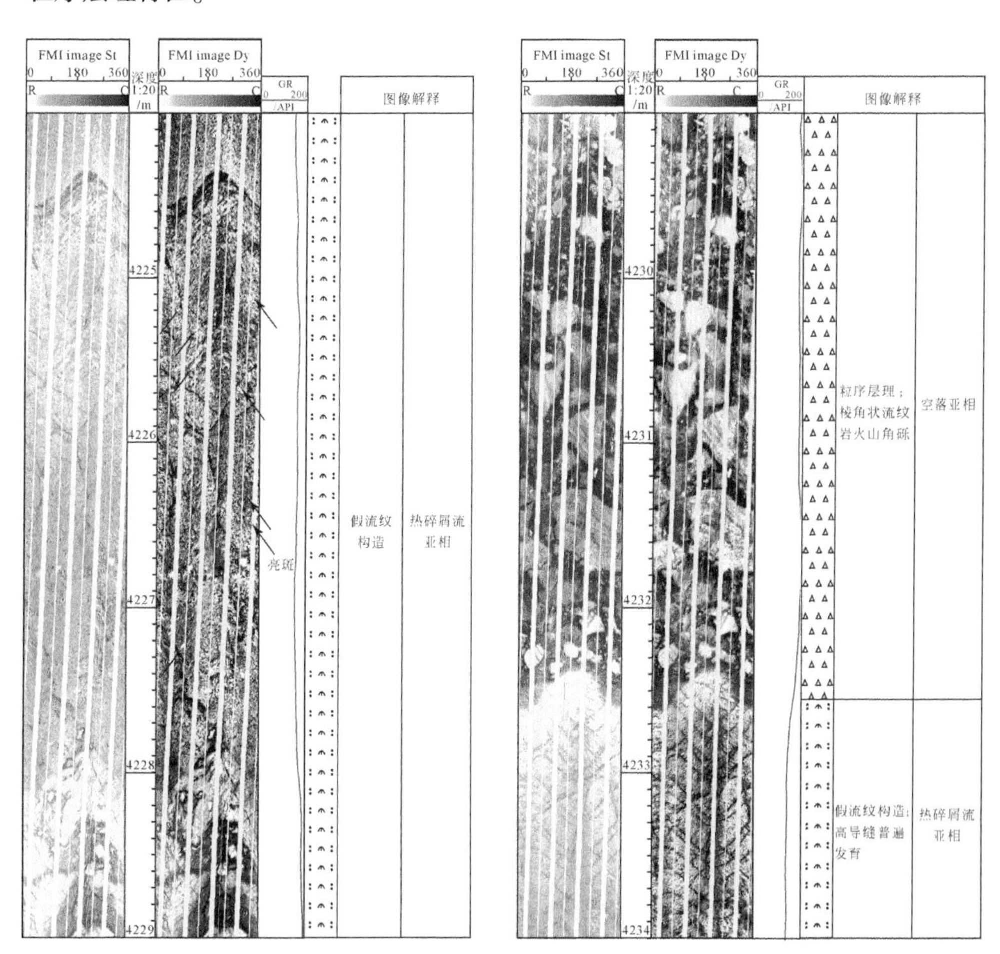

图6.27　火山爆发相（XS301井）

发育热碎屑流亚相—空落亚相—热碎屑流亚相，代表集块和角砾的棱角状亮斑杂乱堆积，亮斑内部可见流纹纹理，对应层段内部不显示任何营力搬运的特征

热基浪亚相是气射作用的气-固-液态多相浊流体系在重力作用下近地表呈悬移质搬运形成的，其典型特征是发育平行层理和交错层理等，分布上通常位于爆发相的中下部或与空落亚相互层，向上变细变薄，岩性为含不同火山碎屑的凝

灰岩，具火山碎屑结构。

热碎屑流亚相位于爆发相上部，是含挥发组分的灼热碎屑-浆屑混合物在后续喷发物推动和自身重力的共同作用下沿着地表流动形成的，岩性为含不同火山碎屑的熔结凝灰岩，以熔浆冷凝胶结成岩为主，块状、粒序支撑，在火山旋回早期多见。电成像测井图像中以熔结凝灰岩的图像特征出现判定该亚相类型（图6.27），其可以单独出现，也可和空落亚相、热基浪亚相组合共生。

（五）火山通道相

火山通道是岩浆从地下到地表的导（岩浆）流系统，火山通道相是岩浆在喷发晚期，由于内压的减小使其无法喷出地表时，在火山通道内和通道附近冷凝固结，加之回填火山口的火山岩类的组合。研究区 DS12、XS8、XS9 等井位于火山通道附近。按照发育位置的不同，该相又可以细分为火山颈、次火山岩和隐爆角砾岩亚相。

火山颈亚相主要是充填在火山通道中的熔浆冷凝形成的，同时还包括火山口顶部热沉陷塌陷的岩石被冷凝的岩浆熔结，其产状近直立，通常穿切其他岩层，岩石类型包括了各类熔岩和熔结角砾岩，结构类型多为熔岩结构和熔结结构，构造类型为环状或放射状节理构造、块状构造。电成像测井静态图像中火山颈亚相具有中高阻的图像背景，动态图像可见同心圆环状节理、熔岩环和高角度的流纹构造图像（图6.28）。在对近火山口的各单井进行图像解释时发现火山颈亚相主要分布在营一段和营三段的中下部，与爆发相或喷溢相互层。

次火山岩亚相是熔浆在火山旋回的同期或晚期侵入火山通道围岩进而结晶形成的，与其他岩相和围岩呈交切状。岩性为玢岩和斑岩等次火山岩，具斑状结构和不等粒全晶质结构，常见冷凝边、流面、流线、柱状和板状节理、捕虏体等。该类亚相常发育于火山机构下部几百至上千米的位置。营城组钻井中次火山岩亚相少见，多和火山颈亚相共生（图6.28）。

隐爆角砾岩亚相形成于岩浆旋回的同期和后期，以后期为主，是富含挥发分的岩浆入侵破裂岩石带时产生地下爆发作用形成的，多位于火山口附近或次火山岩体顶部或穿入围岩。岩性为隐爆角砾岩，是岩汁冷凝结晶石化将原地角砾固结形成的，具隐爆角砾结构。该亚相的代表性特征是岩石由“原地角砾岩”组成，即不规则裂缝将岩石切割成“角砾状”，裂缝中充填有岩汁或细角砾岩浆。电成像测井动态图像中原岩亮斑的特征一致，亮斑之间的图像具熔结结构特征，代表了充填的塑性岩汁（图6.29）。

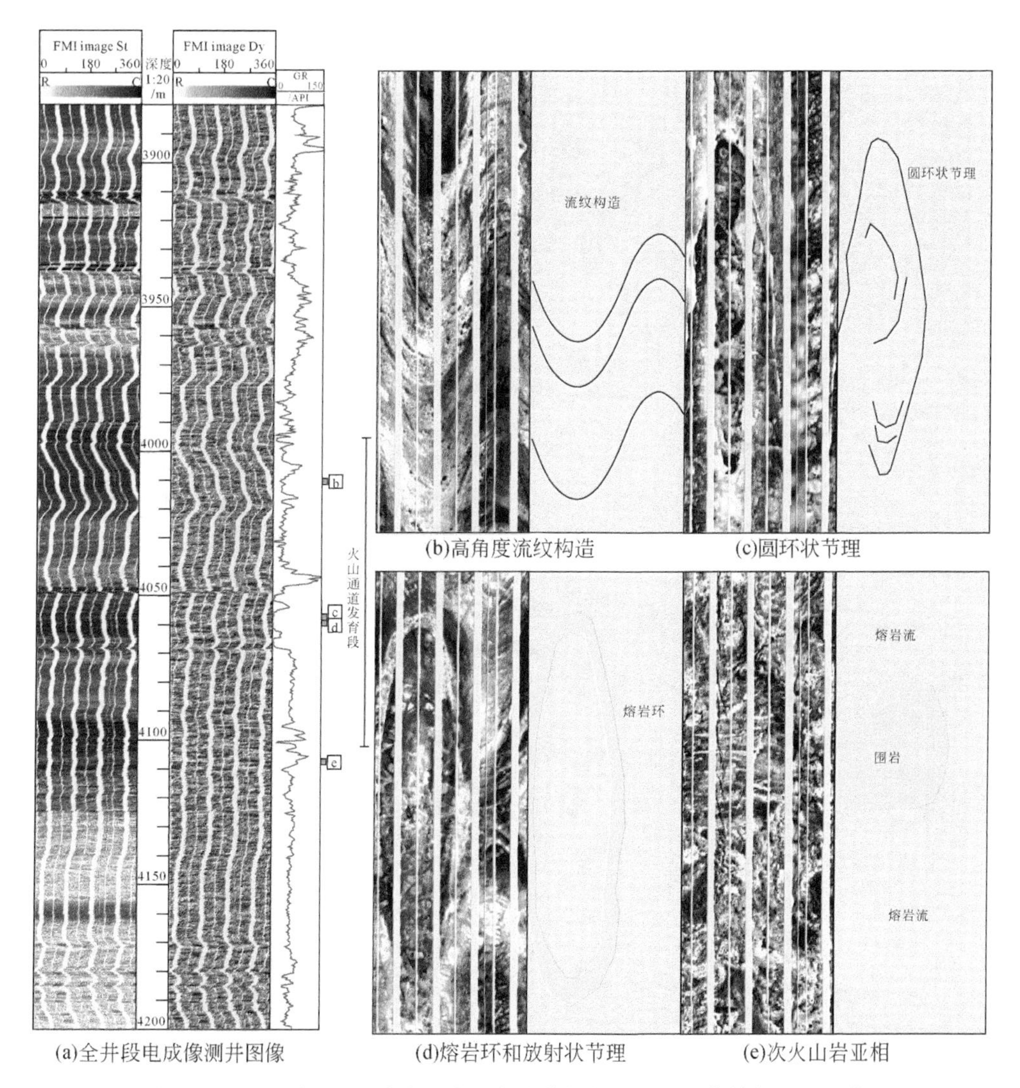

(b)高角度流纹构造　(c)圆环状节理

(a)全井段电成像测井图像　(d)熔岩环和放射状节理　(e)次火山岩亚相

图 6.28　火山颈亚相和次火山岩亚相中特征性构造的图像特征（XS9 井）
岩浆侵入围岩，在围岩和岩浆之间发育低阻环带，推测可能为烘烤边，也可能为图像假象

区内电成像测井图像的解释结果显示，火山岩岩相以喷溢相为主，其次为爆发相、火山沉积相和火山通道相，表明营城组的火山作用以熔岩溢流为主，兼有火山碎屑物的爆发和堆积，其中营一段主要为中酸性流纹岩类，营三段主要为基性玄武岩类，与区内地质认识的结果基本一致。在单井剖面中，各类熔岩与火山碎屑岩互层出现，主要为爆发相和喷溢相交替的序列，说明在营城组火山喷发期，熔岩的溢流与火山碎屑物的爆发随时间交替进行，因而形成的各火山机构在地震剖面上多显示层状特征。

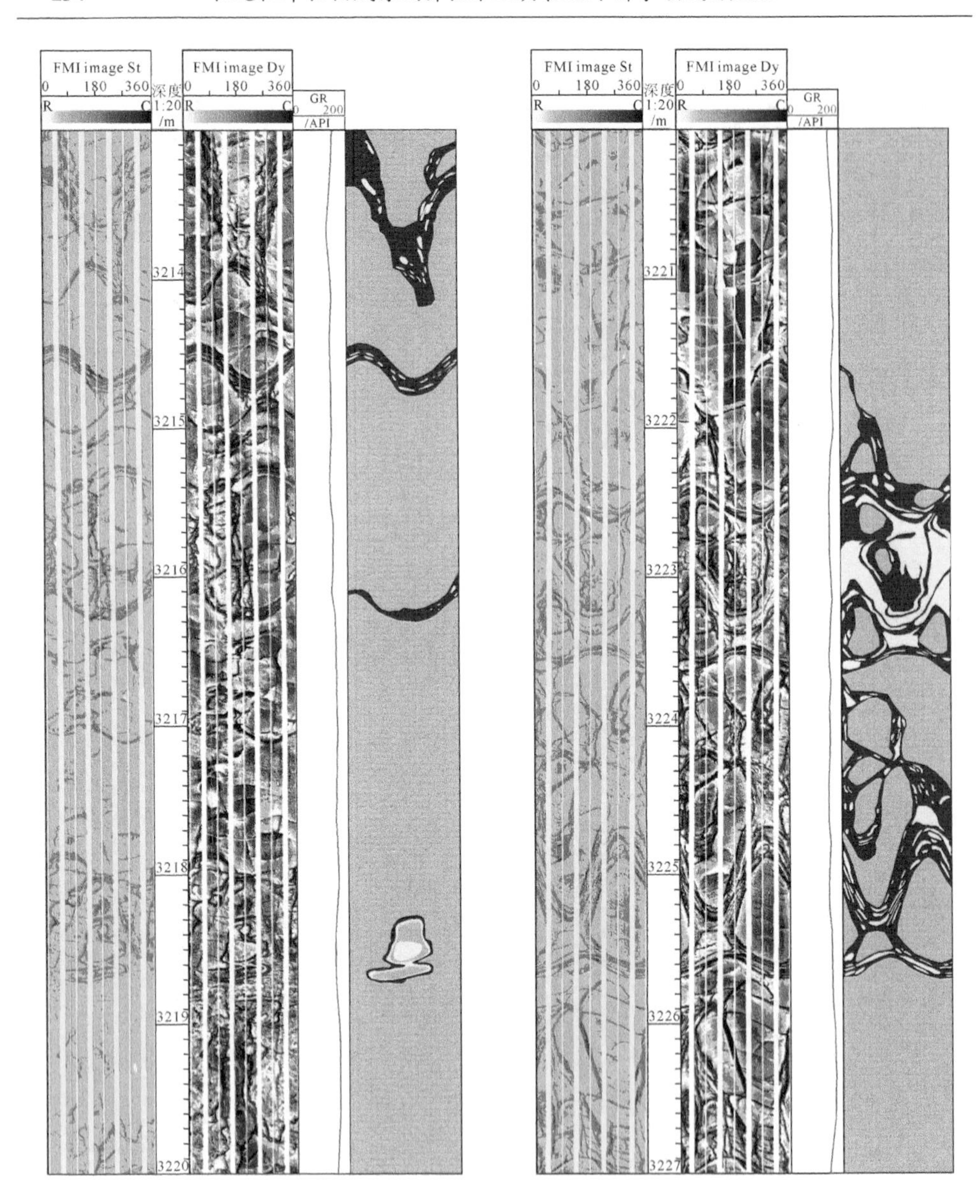

图 6.29　隐爆角砾岩岩相序列（DS4 井）

第四节　火山机构解析

火山机构的解析包括确定火山机构在空间的形态规模和分布范围、火山机构中心的圈定、火山机构的岩性岩相组合特征等。营城组地层厚度、构造顶面图和地震相等资料的综合研究表明该区埋藏火山机构的最小坡度为3°~8°，最大坡度为12°~25°，底部直径为2~14km，分布面积为4~50km²，火山岩厚度为100~600m。相比之下，营三段火山机构的规模稍大，坡度较缓，平面上形态多为盾形、扁圆形；营一段火山机构的规模稍小，坡度较大，对称性较好，多为近圆形、椭圆形。火山机构的类型主要有盾状火山、单锥复合火山、叠锥复合火山（顶部可有火山碎屑锥）、多锥复合火山和熔岩穹丘等（表6.2）。

表6.2　徐家围子断陷埋藏火山机构形态特征参数（王璞珺等，2007）

编号	长轴/km	短轴/km	顶部坡度/(°)	总体坡度/(°)	厚度/m	火山机构类型	主要岩石类型
SS1	10.6	4.5	4.5~14.0	3.6~6.6	350	复合火山	流纹岩，安山岩，凝灰岩
SS3	12.6	4.2	9.0~13.0	3.6~10.8	400	盾状火山	安山岩，凝灰岩
SS4	6.6	4.4	9.8~14.0	6.1~9.0	350	盾状火山	流纹岩
SS5	2.1	2.0	15~24.5	15.0~24.5	330	熔岩穹丘	流纹岩
SS6	7.5	3.8	8.1~11.3	3.1~6.0	200	盾状火山	流纹岩，英安岩
SS7	7.6	2.2	1.5~5.2	1.5~5.2	100	盾状火山	流纹岩，凝灰岩
XS8	9.1	6.6	11.2~19.1	3.6~7.2	350	复合火山	凝灰岩，流纹岩，集块熔岩
XS9	9.8	5.1	6.1~19.7	6.4~12.2	550	复合火山	凝灰岩，角砾岩，流纹岩
XS12	6.1	4.7	5.9~11.9	7.5~9.7	400	复合火山	凝灰岩，流纹岩
XS13	8.5	4.3	8.4~14.9	6.7~13.1	500	复合火山	凝灰岩，流纹岩
XS14	7.3	3.9	7.4~14.0	4.7~8.8	300	复合火山	凝灰岩，流纹岩，英安岩
XS20	14.0	6.0	6.4~12.6	4.8~10.2	450	复合火山	凝灰岩，流纹岩，英安岩

电成像测井火山机构的解析是通过图像提取火山岩地层的岩性岩相、薄火山岩层、熔岩地层的产状和古坡度坡向等信息，分析火山口的位置以及火山机构在空间的展布形态。研究中首先根据图像确定各单井的主要火山岩相类型；其次结合地震相和地质相，通过环绕火山口以及垂直火山口方向的连井对比，分析火山岩相在侧向上的变化特征。另外，火山熔浆通常沿既定的火山斜坡流动，因此火山岩层总是围绕火山口倾斜外倾的，其产状也多呈外倾状态。辐射状的流向及岩层或岩石流面的倾向，指示了火山口或火山活动中心的大致位置。通过利用电成像测井图像统计流纹岩的流纹产状（倾向和倾角大小）和不同喷溢相中熔岩界面的产状，可以判断钻井在单个火山机构中的空间位置，进而在多井对比分析的基础上进一步确定火山口的位置和火山机构的大致形态，或对已有火山机构形态进行校正；一般在近火山口处岩层的倾角较大，远离火山口处倾角

逐渐变小。需要注意的是，（古）火山的立体形态虽然较为明晰，但是火山岩体的局部地形会随着熔岩流和火山碎屑的填充等发生变化，使得熔岩流的流向在一个较短的时间内发生变化，故而在一个井点上或在局部深度段所求得的熔岩流向并不一定能够代表单个火山机构形成期总体的流动方向，建立在全井段和多井分析基础上的大范围和大尺度观察和测量，可以有效减小熔岩流或碎屑流的流向误判。

另外，火山机构在其形成之后通常会遭受后期的侵蚀、构造抬升、断裂、掀斜或褶皱作用，使其原始的机构形态发生了改变，现今电成像测井图像中拾取的流纹或熔岩产状较难真实地反映其形成期的地形地貌以及火山岩体的最初形态规模，因此在研究时还需要考虑构造运动对火山机构恢复的影响。其基本研究思路和碎屑岩地层的构造倾角校正一致。研究时首先利用电成像测井图像确定火山口附近洼地或湖盆的泥岩层或沉凝灰岩的现今地层产状，这一产状即为构造运动对地层产生的“附加”产状，因为泥岩和沉凝灰岩都是在静水环境中沉积形成的，在未发生构造变形之前其层理面水平；其次在电成像测井图像中拾取流纹岩的流纹产状、熔岩界面产状或粗粒火山碎屑岩的层理产状等，这些产状是经过构造变动的产状；最后利用泥岩段或沉凝灰岩的地层产状去校正流纹层、熔岩界面和火山碎屑岩层理的产状，从而恢复古火山机构的原始形态。以徐家围子徐深 9 号构造为例详述如下。

一、岩性岩相解释

徐家围子徐深 9 号火山机构的火山岩地层为营一段。地震恢复的火山机构原貌显示 XS9、XS901、XS902、XS903 和 XS16 井位于该火山机构的不同部位（图 6.30），其中 XS9 井位于火山口附近，XS16 井远离火山口，XS901、XS902 和 XS903 井在二者之间，位于该火山机构的鞍部。XS9 井钻穿营一段火山岩，录井揭示上部岩性组合为大段的灰白色、灰色流纹岩夹灰白色流纹质火山角砾岩；中部为灰紫色流纹质英安岩、灰紫色英安质角砾熔岩、深紫色英安岩和安山岩、灰色—灰绿色流纹质角砾熔岩、灰白色流纹岩、灰绿色流纹质火山角砾岩呈不等厚互层；下部为灰色流纹岩夹灰白色流纹质角砾熔岩、灰绿色流纹质火山角砾岩；底部为灰色流纹质角砾熔岩、流纹质火山角砾岩夹深紫色粉砂质泥岩。电成像测井解释的岩石类型和录井基本一致，但是不同岩性在垂向上的分布区间和厚度不同，尤其是下半段两种方法确定的岩石类型差异较大；动态图像表现为典型的英安岩图像特征，且不存在指示角砾发育的亮色斑块。录井岩性剖面显示该井主要发育爆发相和喷溢相，而电成像测井岩相的识别结果暗示，该井为火山通道相（火山颈）—爆发相—喷溢相序列。

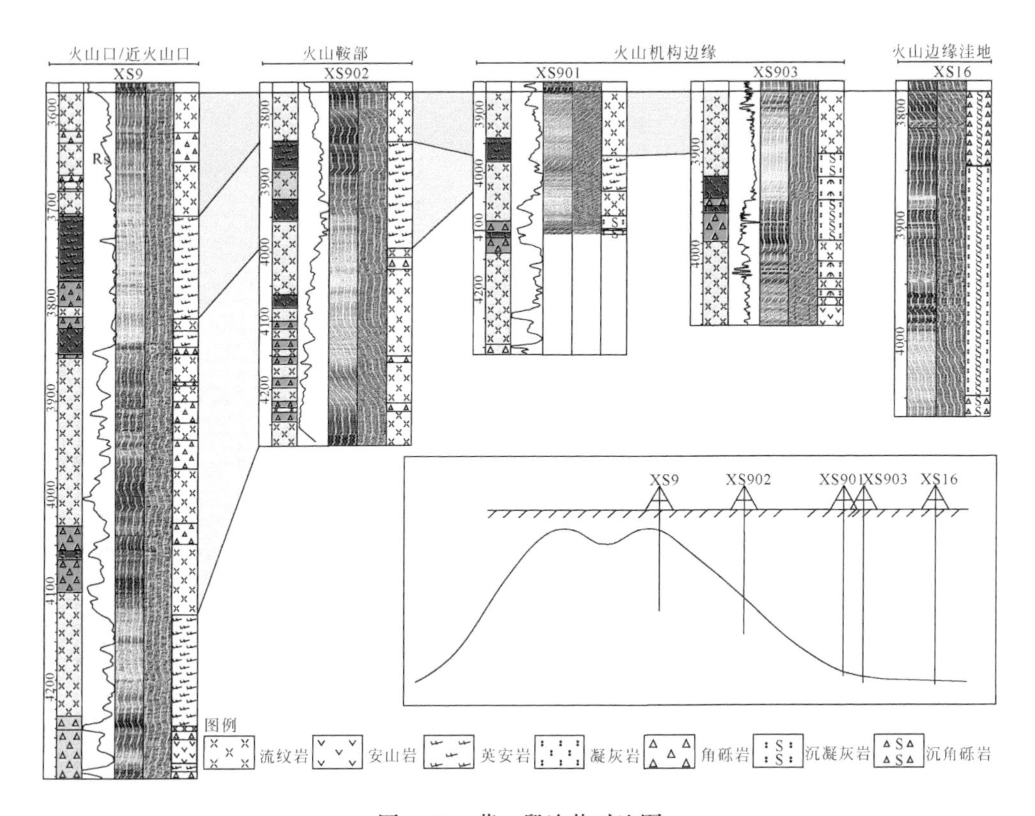

图 6.30　营一段连井对比图

其中 XS901、XS902 和 XS903 井营城组未钻穿。电成像测井可以识别 5mm 厚度的地层，图中电成像测井岩性解释结果可以进一步细化，进行精细的薄层对比

现有的徐深 9 号火山机构面貌显示 XS902 井相比较 XS901 井更靠近火山口。单井电成像测井岩性岩相的解释结果暗示 XS902 井位于更靠近火山口的位置：该井主要发育流纹岩、英安岩和角砾岩，而 XS901 井出现了多组沉凝灰岩地层；前者以喷溢相为主，后者为喷溢相和火山沉积岩相组合。

XS903 井与 XS901 井一样也发育火山沉积岩相，最典型的岩性特征是在部分井段出现了沉凝灰岩，对应的岩相类型为凝灰岩夹煤沉积，暗示这两口钻井已经位于 XS9 号火山机构的边缘、XS902 井和 XS16 井之间，火山熔岩和火山沉积岩交互作用。同时，XS903 井火山沉积岩层出现的频率高且单层厚度大，暗示该井比 XS901 井离火山口远。XS16 井所在的位置已经不属于 XS9 号火山机构的主体，录井岩性主要为杂色砾岩、沉凝灰岩、沉火山角砾岩，夹灰黑色泥岩，也可见几套碎屑熔岩，电成像测井岩性解释结果和录井一致，岩相类型主要为火山沉积岩相。

二、薄火山岩层识别

一些较薄的（通常小于1m）火山岩层对特定时期火山机构的演化具有重要的影响，最直观的表现是其上下火山岩地层的产状或岩石类型等发生了变化，因此其精确识别对于火山机构的解析意义重大。营城组各井图像的解释显示在单期喷溢相熔岩的内部，产状基本一致，而不同期熔岩流产状的变化除了以渐变形式出现外，更多地和地层不整合界面以及两期熔岩流之间较薄的碎屑熔岩和火山碎屑岩的填充有关（图6.31），且后者出现的情形更多。

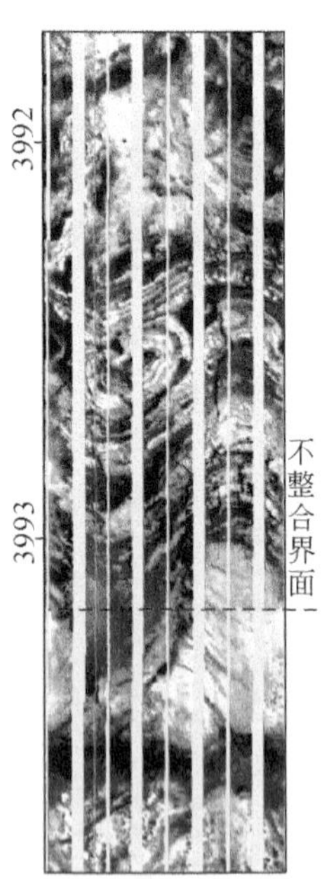

(a)流纹产状和其下的不整合界面产状一致，流纹有变形

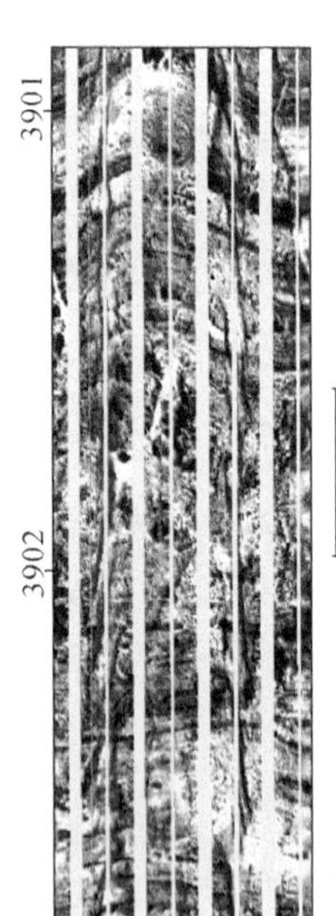

(b)中间发育了一套碎屑熔岩，其下熔岩界面平缓

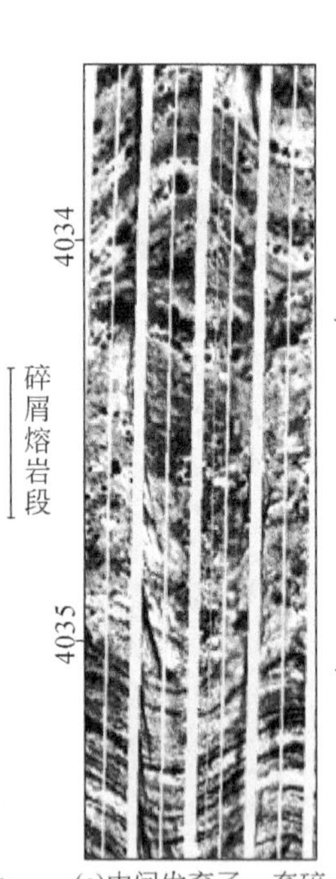

(c)中间发育了一套碎屑熔岩，上下流纹岩的流纹产状发生了明显的变化(XS903井)

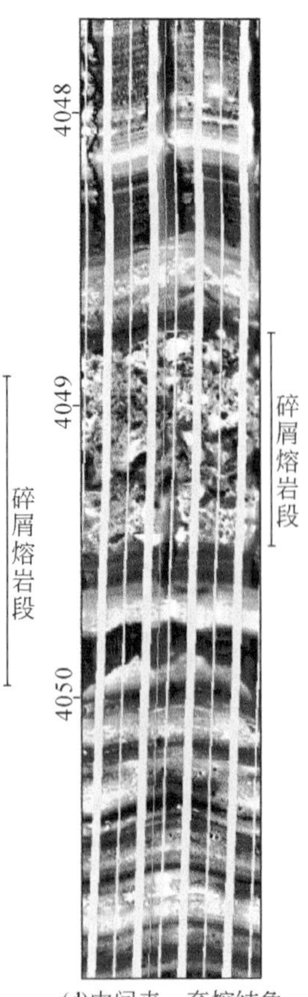

(d)中间夹一套熔结角砾岩，上下凝灰质砂泥岩地层产状发生了变化(XS16井)

图6.31　薄火山岩层

三、熔岩地层产状

流纹或熔岩界面产状在火山机构的鞍部变化相对稳定，在火山机构的边缘变化相对频繁；在营一段发育的早中期变化频繁，在营一段的晚期比较稳定。XS9、XS901、XS902和XS903井的流纹及熔岩界面的倾角统计表明岩浆流的流动方向仅在营一段发育期就发生了多期变动。

XS9井钻穿了营一段，流纹产状在不同深度段发生了变化，但整体为SWW—NEE向（图6.32）。其中，早期流纹层偏东，单层厚度多小于3m；中期流纹层西倾，两套流纹层厚度分别为30m和14m；晚期流纹层倾向在NNW—NNE变化，两套流纹层厚度分别为17m和15m。流纹层方位的总体分布特征显示该井位于火山机构偏北一侧，因此电成像测井和地震解释的结果相一致。

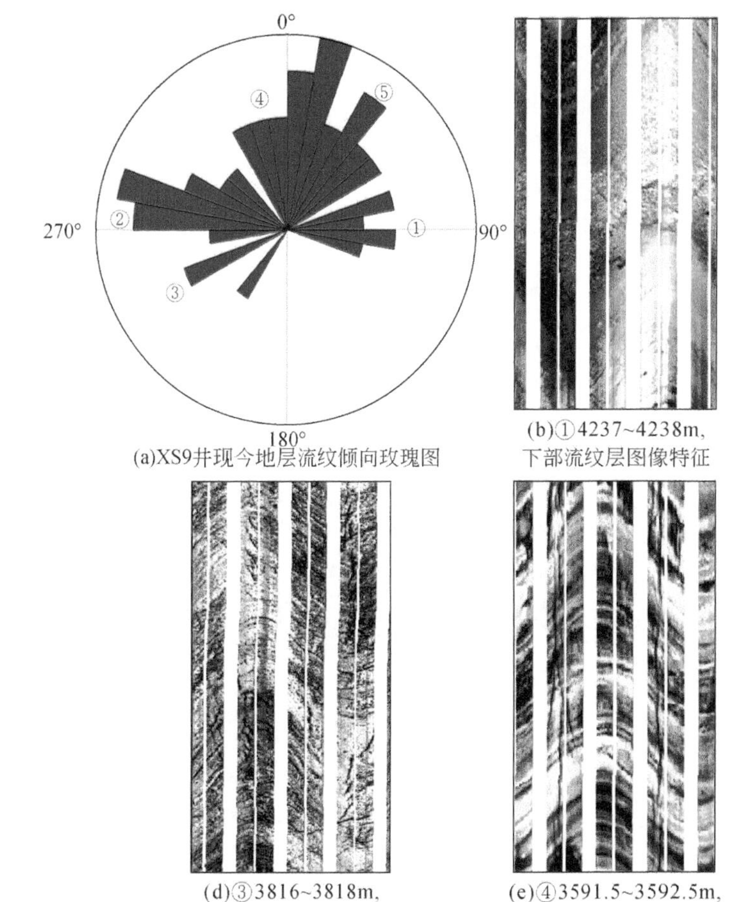

(a)XS9井现今地层流纹倾向玫瑰图

(b)①4237~4238m，下部流纹层图像特征

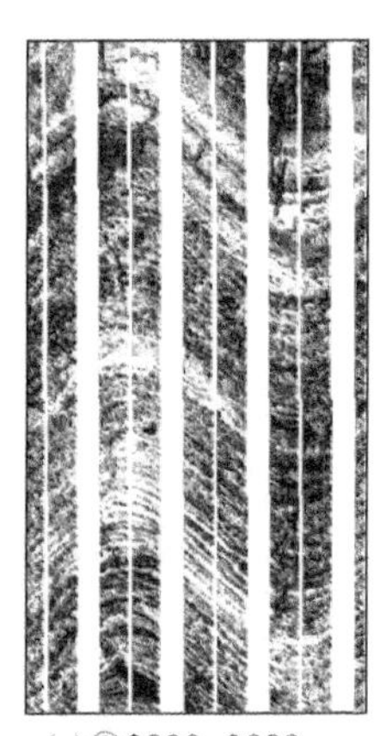

(c)②3888~3889m，中部流纹层图像特征

(d)③3816~3818m，中部流纹层图像特征

(e)④3591.5~3592.5m，上部流纹层图像特征

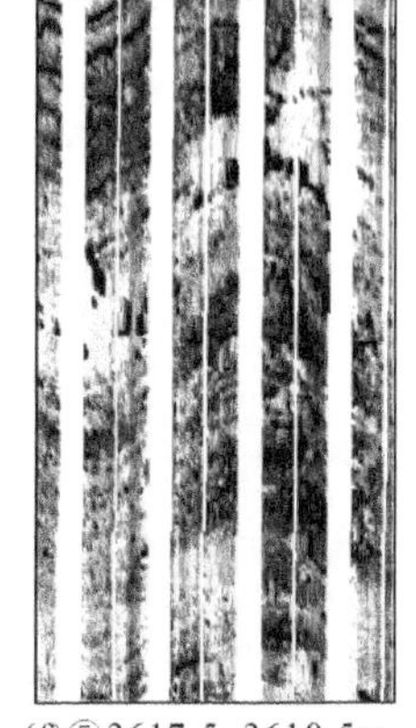

(f)⑤3617.5~3618.5m，上部流纹层图像特征

图6.32　XS9井熔岩层产状

XS901 井钻遇营一段中上部地层，该井流纹层的方位在不同深度段发生了较大的变化（图 6.33）。3946 ~ 4104.5m 流纹层倾向较为稳定，从下到上由 NE 过渡为 N 倾；从 3946 ~ 3936.8m 发育的变形流纹段开始，其上火山岩地层流纹层整体 S 倾（3862 ~ 3936.8m），其间还发育了多个变形流纹段。从流纹层的方位分布较难判断该井在火山机构中的位置，大套的流纹层或 N 倾或 S 倾。根据前面的分析认为 XS901 井位于火山机构的外边缘，在这些区域流纹层的方位容易发生较大的转变。

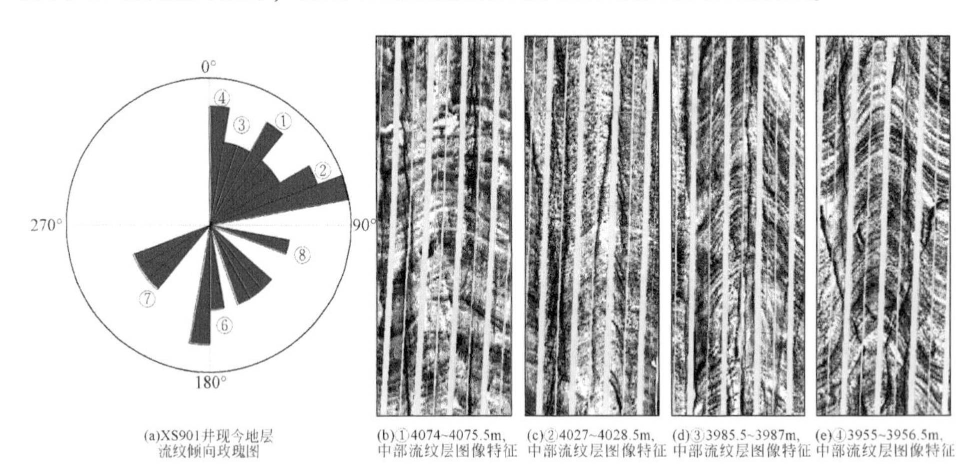

(a)XS901井现今地层流纹倾向玫瑰图　(b)①4074~4075.5m，中部流纹层图像特征　(c)②4027~4028.5m，中部流纹层图像特征　(d)③3985.5~3987m，中部流纹层图像特征　(e)④3955~3956.5m，中部流纹层图像特征

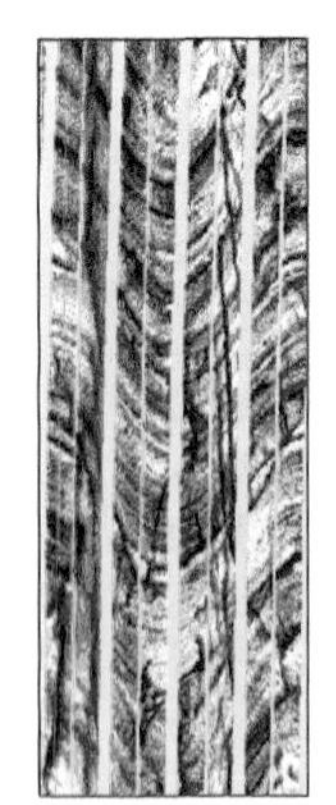

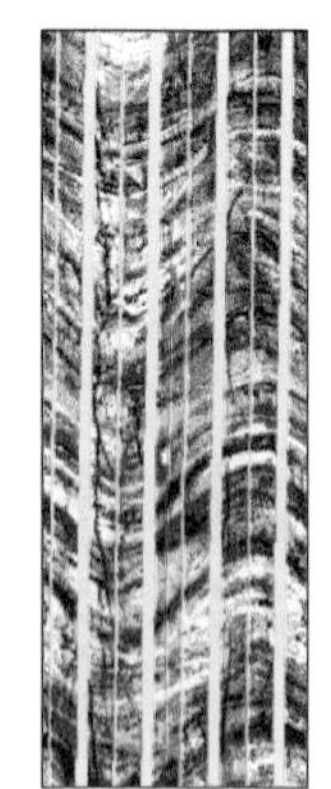
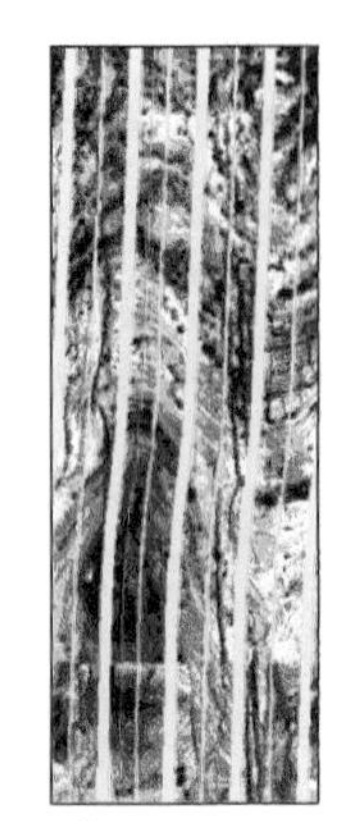

(f)⑤3943.5~3945m，变形流纹段图像特征　(g)⑥3929.4~3931m，上部流纹层图像特征　(h)⑦3903.5~3905.5m，上部流纹层图像特征　(i)⑧3895.3~3896.8m，上部流纹层图像特征　(j)⑨3898.8~3901m，上部地层中变形流纹段图像特征

图 6.33　XS901 井熔岩层产状

XS902 井钻遇营一段中上部地层，流纹层倾向变化较为稳定，没有发生大的变动，在整个火山岩段自下而上从 SE 逐渐转变为 SSW（图 6.34）。这一产状分布暗示该井位于火山机构偏南一侧，古熔岩流整体向南流动；构造图显示该井位于火山机构偏北一侧，因此需要利用产状信息对构造图进行校正。

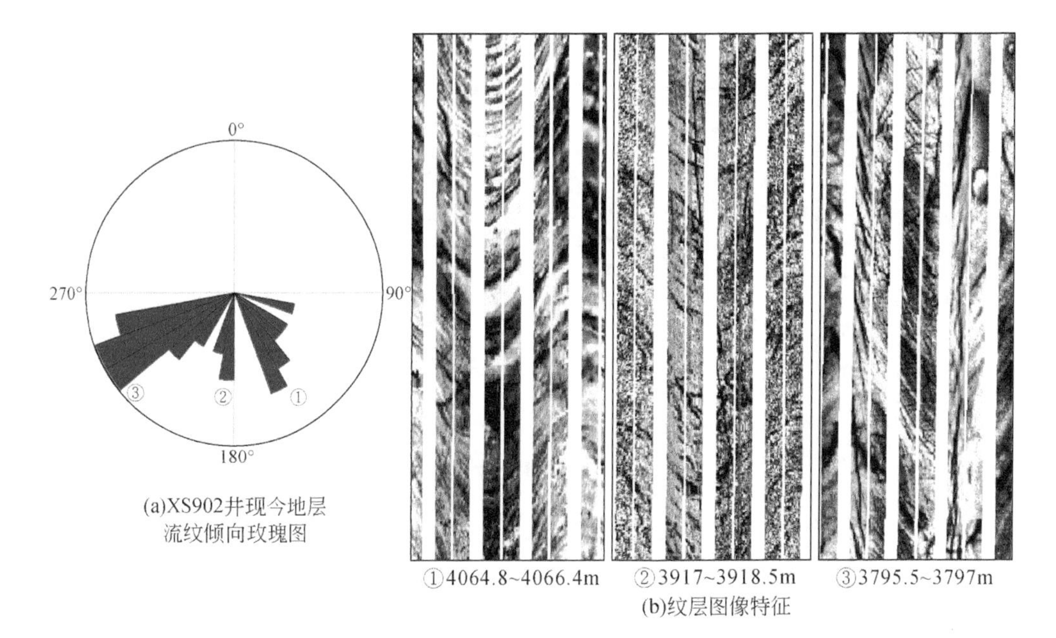

(a)XS902井现今地层流纹倾向玫瑰图

(b)纹层图像特征

图 6.34 XS902 井熔岩层产状

XS903 井钻遇营一段中上部地层，中部地层流纹方位变化较为频繁，且单期流纹层厚度较薄，多在 1～3m，最大的两套流纹层分别近 W 倾和 E 倾，厚度都在 8m 左右；其后，地层产状变得较为平缓（图 6.35）；上部地层流纹方位较为稳定，在 NW—N 变化，流纹层厚度 39m。从流纹产状的分布特征看，该井应位于火山机构的偏西北一侧，而三维地震顶面构造图显示该井位于 XS9 号火山机构的偏西南一侧（图 6.36），需要利用拾取的产状信息对顶面构造图进行校正。

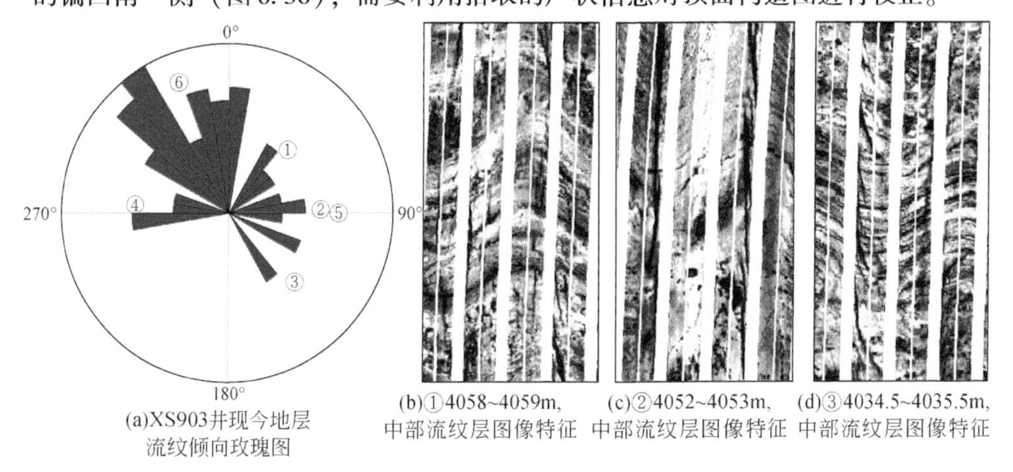

(a)XS903井现今地层流纹倾向玫瑰图

(b)①4058~4059m，中部流纹层图像特征

(c)②4052~4053m，中部流纹层图像特征

(d)③4034.5~4035.5m，中部流纹层图像特征

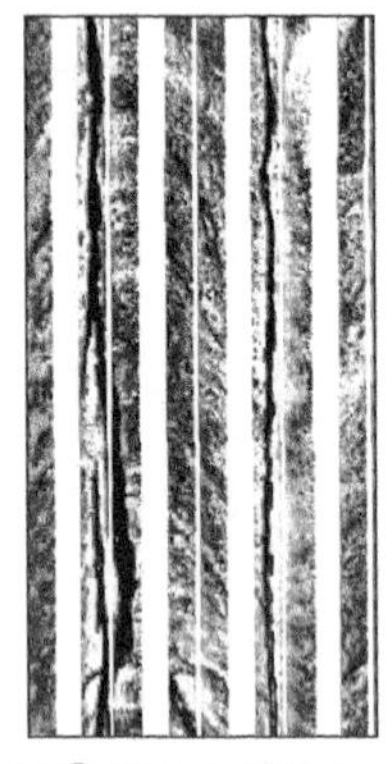

(e)④4002.5~4003.5m，中部流纹层图像特征

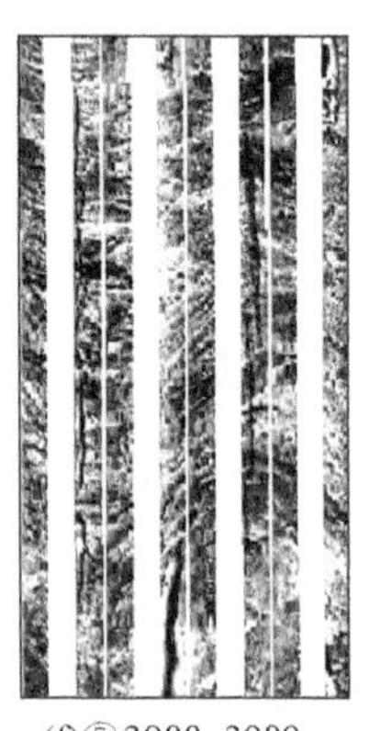

(f)⑤3988~3989m，中部流纹层图像特征

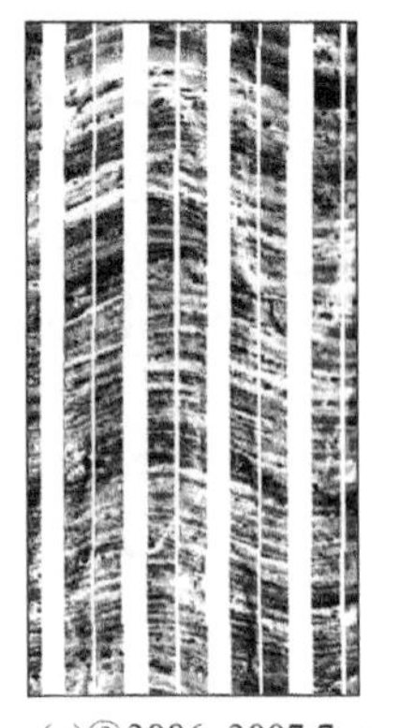

(g)⑥3886~3887.7m，上部流纹层图像特征

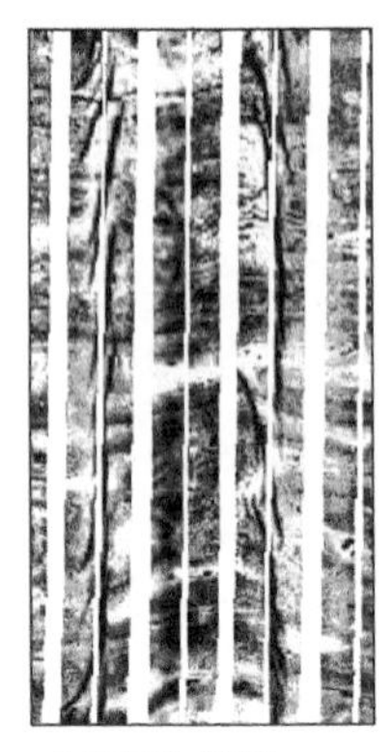

(h)3929~3930m，平缓地层段图像特征

图 6.35　XS903 井熔岩层产状

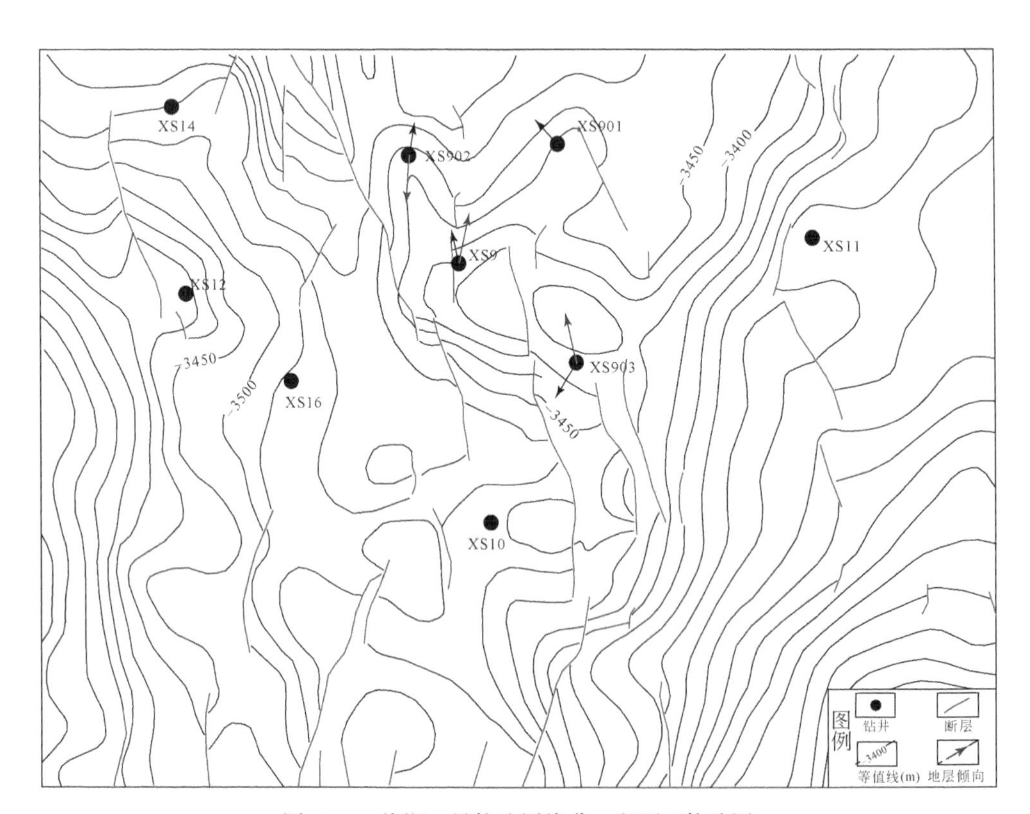

图 6.36　徐深 9 号构造周缘营一段顶面构造图

图中黑色箭头指示的地层倾向是根据构造等值线确定的，XS9、XS901、XS902 和 XS903 井地层倾向分别为 NNW、NW、NNE 和 SW。蓝色箭头为电成像测井校正后的地层倾向，其中 XS902 井和 XS903 井校正的产状和原始产状相差较大

通过拾取徐深9号构造各单井流纹层或熔岩界面的倾向可以在井点范围内了解该火山机构在地下空间的现今分布特征；以此类推可以对徐家围子所有的火山机构进行电成像测井图像的校正。该方法的不足之处也显而易见，无法准确确定区域范围内单个火山机构的分布形态，但是可以在多井对比的基础上外推，因此单个火山机构中井点约束越多，校正的结果就越准确。

四、古坡向恢复

营城组火山岩地层发育之后，岩石圈开始冷却收缩使得地壳发生了不均一沉降，整个研究区进入了拗陷阶段，但是区域范围内的下沉通常不会导致地层倾向发生大的变动。区内在拗陷期还存在多期构造反转，如营城组末期、嫩江组末期、明水组末期和古近系末期。这些反转的压扭作用会使地层发生强烈的褶皱和断裂变形，在徐家围子断陷周围地区形成了长春岭背斜、任民镇构造带、大庆长垣（谢昭涵，2013）。通过前面的研究已知XS16井营一段发育凝灰质泥岩和沉凝灰岩，这些静水沉积的岩层可以记录后期的构造变形。电成像测井图像的观察显示这些地层多存在轻微的掀斜，暗示盆地的拗陷或反转运动对营城组存在扰动，因此在恢复火山机构的古坡向时需要对熔岩地层的现今产状进行构造倾角校正。XS16井营一段（凝灰质）泥岩产状在整个井段较为一致，为7°∠154°（图6.37），因此采用均值法对地层进行构造倾角校正，具体的校正方法见碎屑岩的“古水流方位”部分。构造倾角校正的结果表明火山岩地层发育之后的构造运动对其影响较为有限，相比较各井流纹层和熔岩界面现今的地层产状，未发生构造扰动的火山岩地层产状与之没有明显的差异（图6.38）。

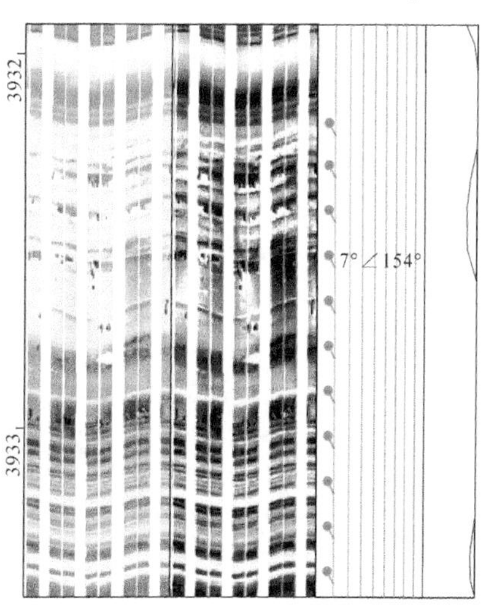

图6.37　掀斜的泥岩段地层，发育黄铁矿暗斑，高GR值

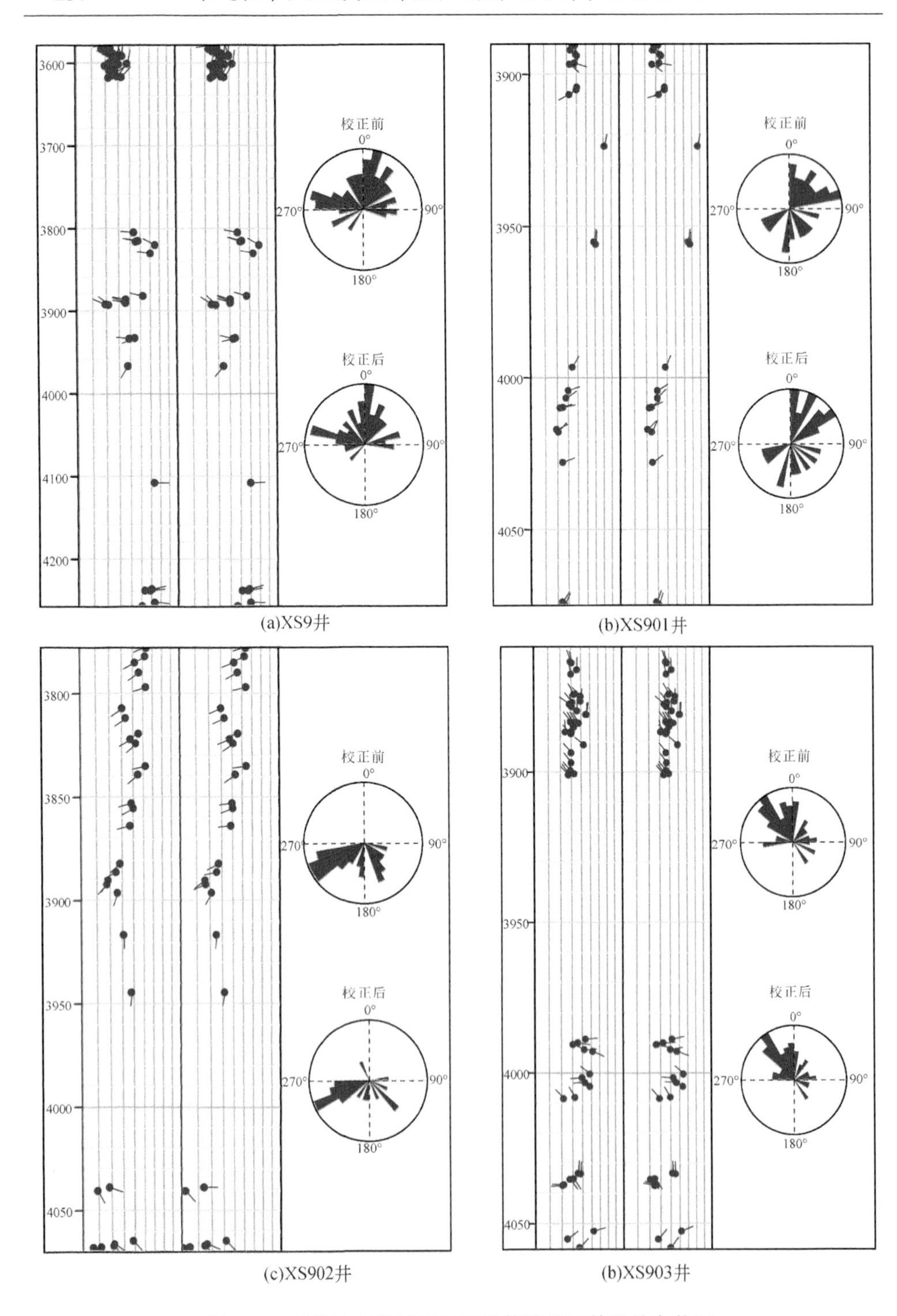

图 6.38　徐深 9 号构造四口钻井构造校正前后的产状图

第五节　火山岩风化壳解析

类似碳酸盐岩地层的古风化壳，火山岩地层也存在风化壳且具有垂向的分带结构。已有的研究表明我国主要含油气盆地的火山岩体顶部普遍存在不同程度的火山岩风化壳（王君等，2010；邹才能等，2011；张学娟，2013；侯连华等，2013），从风化壳顶部向下依次发育了土壤层、水解带、淋滤溶蚀带、崩解带和母岩。顶部的土壤层呈土状，GR 和声波曲线起伏变化较大；水解带岩石破碎，发育泥质物，以蚀变作用为主；淋滤溶蚀带溶蚀孔较为发育，风化淋滤作用和热蚀变作用较强；崩解带主要为火山岩碎块，崩解作用形成的裂缝发育；母岩处岩石的结构完整。

营城组火山岩风化壳的典型特征是风化淋滤时间较短，因此并非区内所有的观测点都可以观察到风化壳结构，表现在单井上为并非所有的井剖面都具有风化壳结构。张学娟（2013）利用岩心、薄片和常规测井响应资料对营城组火山岩风化壳的组构进行了详细地总结，认为在不同的构造部位具有不同的风化壳结构特征，即风化壳结构的完整性受控于古地形等因素：完整的火山风化壳结构，多发育在火山岩体周围的低洼地区；顶部黏土层缺失型，多在构造高部位；水解带缺失型，主要发育在火山岩体的缓坡带；而在火山岩体的陡坡带主要出现黏土层和水解带同时缺失的情况。

电成像测井可以在长井段内连续清晰地观察风化缝、风化角砾、溶孔、古土壤层等火山岩风化壳要素，因此在火山岩风化壳识别方面具有其他方法不可替代的作用。在具有理想火山岩风化壳结构的单井剖面中，顶部的土壤层为暗色低阻的图像背景；水解带静态图像为中低阻背景，动态图像结构极不均一，可见零星分布的亮色斑块；淋滤带由于发育较多的溶蚀孔洞而具有暗斑分布的图像特征；崩解带由于岩石破碎进而在动态图像中分布了亮色的火山角砾和集块，同时常见不规则分布的裂缝；母岩则为各种类型的火山熔岩的图像特征。通过区内 50 多口钻井的电成像测井图像观察发现多数钻井剖面的火山岩顶部并不发育风化壳，火山岩体和上覆的营二段、营四段或登娄库组岩性不整合接触，火山岩顶部可见明显的削截特征，也可见被流水等营力二次作用的残留风化角砾。电成像测井动态图像中界面之下表现为具有各类结构构造的火山岩图像特征，其上突变为稳定叠置的亮色条带图像，有时也可见一些定向排列的亮色斑块，代表了从母岩剥落的风化角砾，当局部存在风化壳时也少见完整的风化壳五层结构，而常见的类型包括了单一土壤层、单一崩解带、水解带和淋滤带复合型以及淋滤带和崩解带复合型。

一、单一土壤层

该类风化壳仅在火山岩地层的顶部发育了一套黏土层，黏土层的厚度通常小于1m，黏土层的GR值明显高于上下地层。电成像测井静态图像中黏土层为暗色低阻的图像背景，动态图像中结构略显不均一。黏土层之下突变为具有各类结构构造的火山岩图像特征，二者之间的接触界面起伏不平，其上表现为稳定叠置的亮色条带图像（图6.39）。

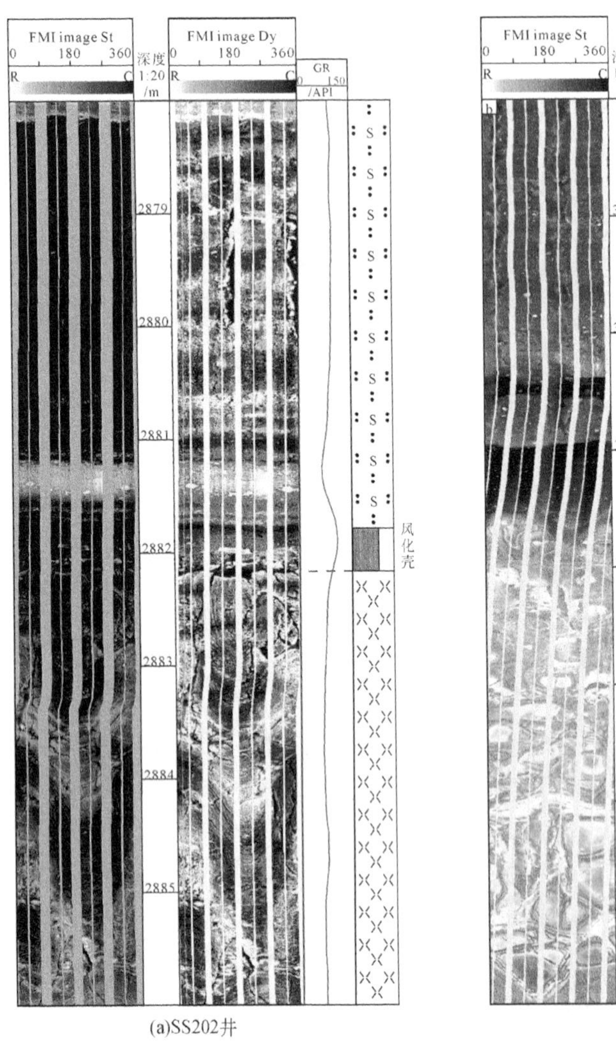

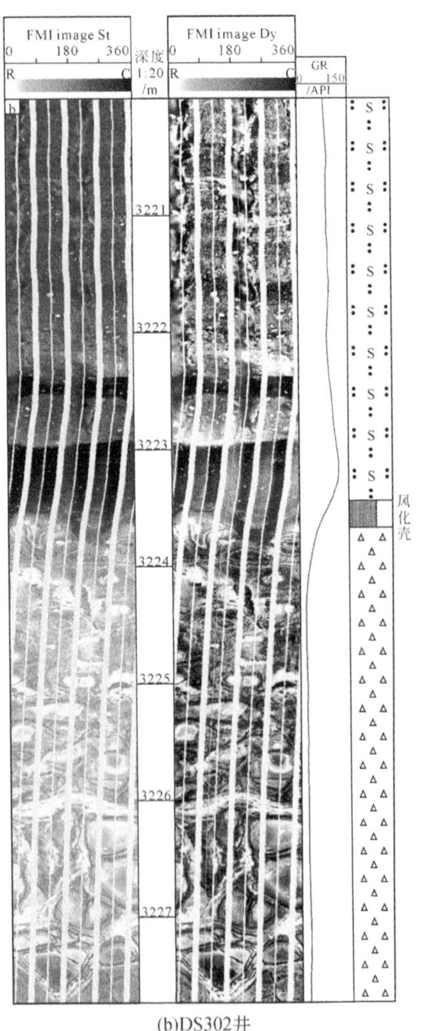

图6.39　营三段顶部黏土层风化壳

（a）上部为登娄库组，底部可见再作用的风化角砾，长轴定向排列，下部为发育变形流纹构造的流纹岩；（b）下部为隐爆角砾岩相，上部为含外碎屑火山碎屑沉积岩相

二、单一崩解带

该类风化壳仅在火山岩体的顶部发育了一层崩解带，分布了崩解作用产生的岩块；崩解带的厚度通常小于1m。动态图像中崩解带表现为不同尺寸的亮色斑块，斑块具有和下伏母岩相同的图像结构（图6.40）。

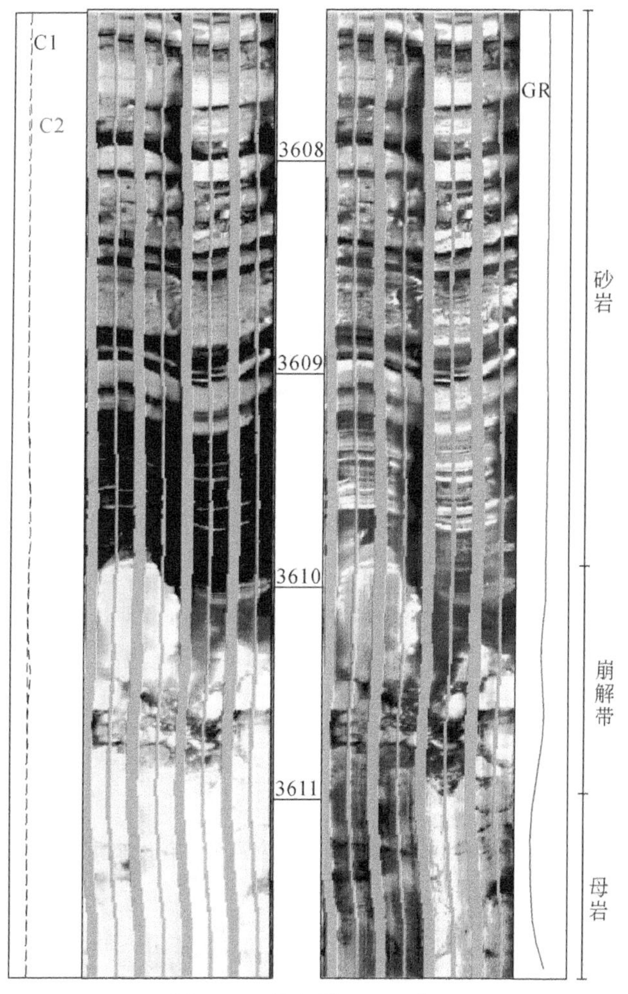

图6.40　崩解带（YS1井）

此处崩解带之上的暗色低阻图像和上部地层纹层特征相同，因此不是土壤层

三、水解带和淋滤带复合型

该类风化壳在火山岩体的顶部分别发育了水解带和淋滤带。上部的黏土层缺

失，崩解带通常也不发育。从水解带到淋滤带母岩的风化程度具有逐渐减弱的趋势，直至母岩结束。电成像测井静态图像整体具有向下颜色逐渐变亮的特征，暗示风化作用不断减弱，地层中泥质含量逐渐减小；水解带和淋滤带分别为低阻和中低阻的图像背景。动态图像中风化壳界面之上突变为（火山）碎屑沉积的图像特征，界面之下图像结构极不均一，最典型的特征是可见暗色斑点随机分布，代表了风化作用产生的溶蚀孔洞（图6.41）。水解带和淋滤带在动态图像中的特征较为相似，较难区分，但整体可作为重要的火山岩储层段。

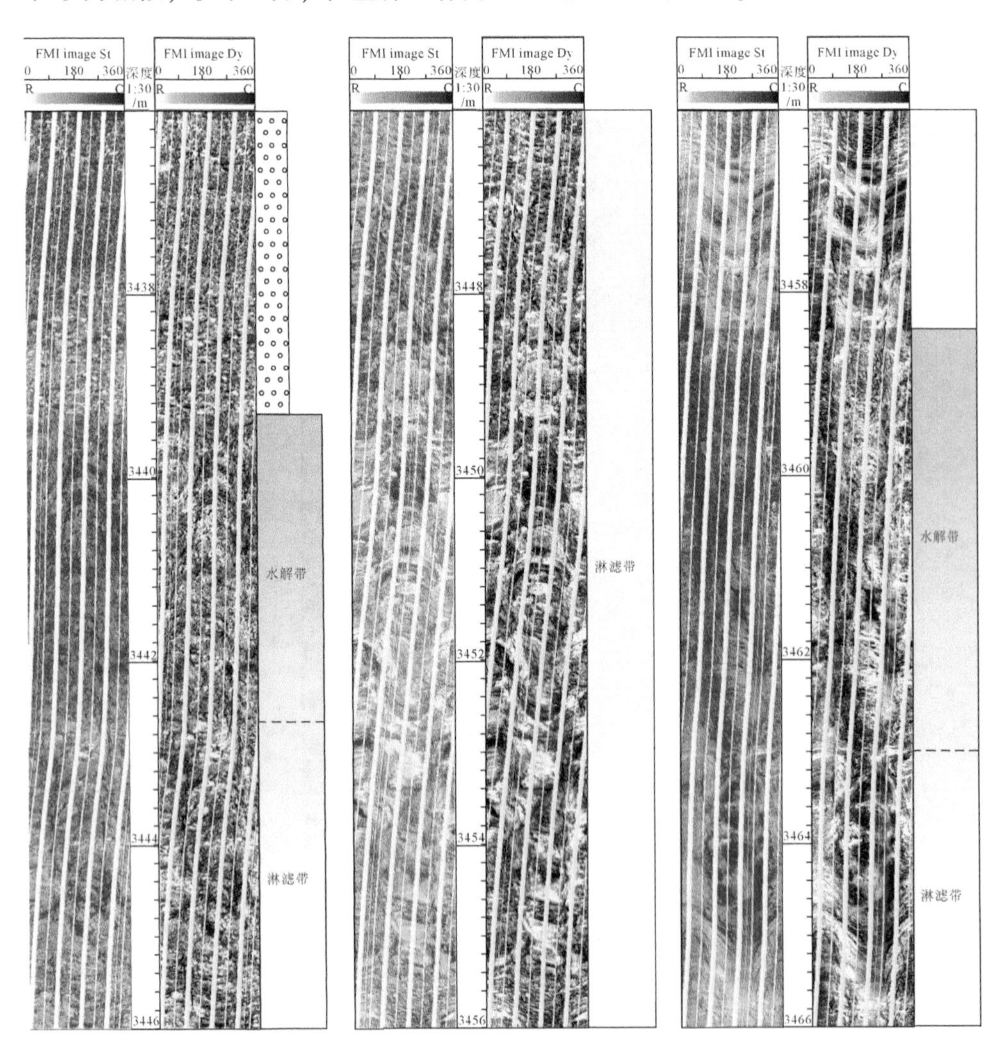

图6.41　营一段顶部水解带和淋滤带复合型风化壳（XS17井）

上部为营四段的巨厚砾岩层，下部为遭受风化的火山岩。结合图像特征的变化，从顶到底可以识别出两期风化

四、淋滤带和崩解带复合型

这类风化壳缺失顶部的黏土层和水解带，仅发育淋滤带和崩解带。电成像测井动态图像中淋滤带发育段典型的图像特征为具有不同尺寸的暗斑，图像结构不均一，其下崩解带对应的图像中分布了不同尺寸的角砾或集块亮斑，亮斑内部的图像特征和下伏的母岩一致（图 6.42）。

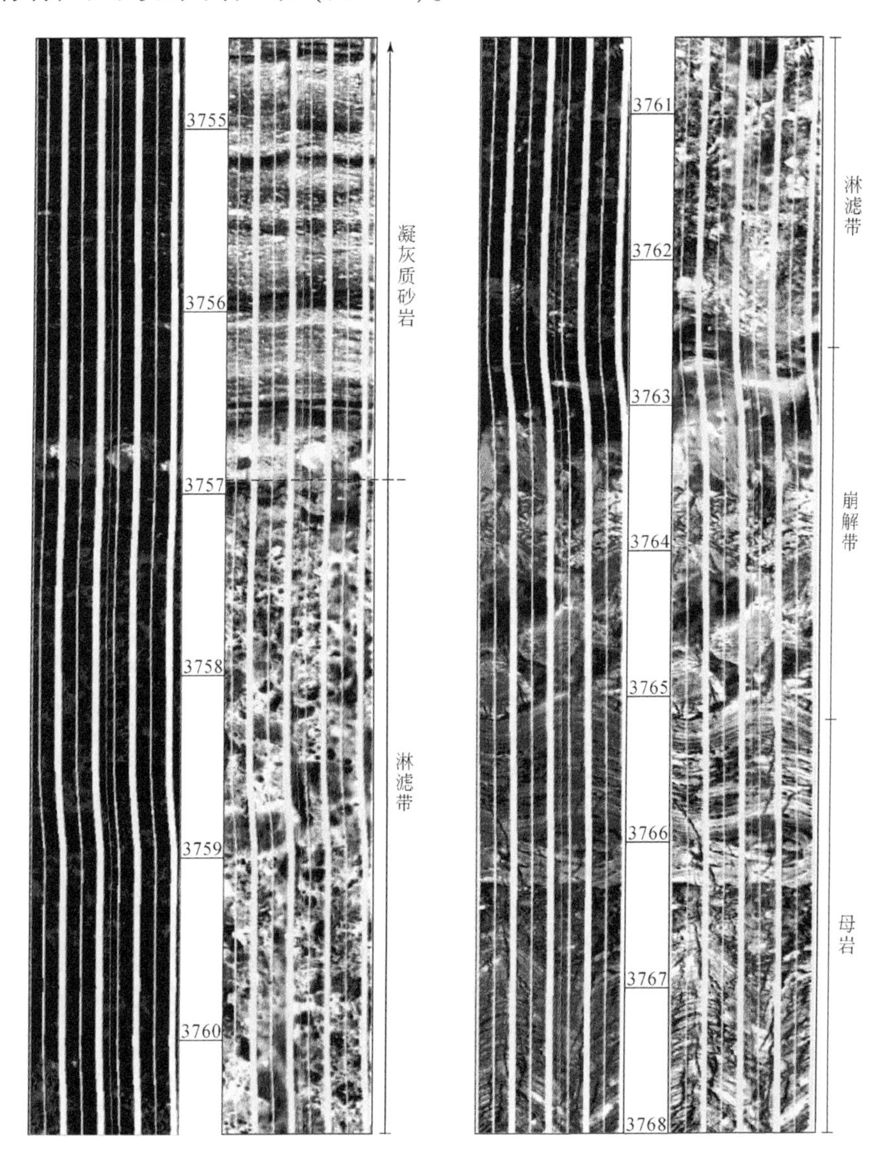

图 6.42　营一段顶部淋滤带和崩解带复合型，界线之上为营四段凝灰质砂岩（XS902 井）

虽然单一井点的图像解析仅代表了井点范围内的风化壳及其结构特征，对于风化壳的区域分布预测意义不大，只能起到检验的作用。多井的解释结果暗示徐家围子营一段和营三段火山岩体顶部风化壳欠发育。整体上，营一段顶部的火山岩风化壳厚度较大，而营三段几乎不发育风化壳，推测和其暴露的时间长短有关。

第六节　天然裂缝表征

火山岩电成像测井的天然裂缝表征同样包括了裂缝的识别、裂缝构造解析以及裂缝参数的定量计算等，其中裂缝的识别和参数的计算方法与沉积岩地层相同，而由于火山岩具有不同于沉积岩的裂缝成因类型，因此重点阐述该类地层中电成像测井不同类型裂缝的成因解析。通过营城组上百米岩心和对应深度电成像测井图像交互刻度发现：①与碎屑岩地层不同，井壁电成像测井不仅可以识别营城组火山岩地层中的未充填裂缝，还可以较好地显示充填裂缝，主要原因是裂缝充填物和火山岩围岩具有明显的电阻率差，满足高分辨率的电成像测井电流束对裂缝轨迹的刻画；②在井壁电成像测井图像质量保证的基础上，几乎所有的未充填缝都可以在电成像测井图像中显示，刻度符合率达 96.1%（共计 761 条裂缝）；③同一深度段，井壁电成像测井反映的裂缝数量多于岩心外表面的裂缝数量；④同样较难根据电成像测井中的裂缝图像特征的轨迹判断裂缝的力学性质。

在成因方面，营城组火山岩地层的裂缝可以划分为原生裂缝和次生裂缝（任德生，2003；吕冰洋，2017；巩磊等，2017）。原生裂缝指的是岩浆在喷发或冷凝成岩过程中，由于爆炸作用或冷凝结晶作用形成的一类裂缝，因此包括了炸裂缝和冷凝收缩缝。前者是岩浆喷发过程，上涌的岩浆对围岩产生的压力进而导致岩石发生气液爆炸作用形成的裂缝；后者是喷出地表的岩浆在冷却过程中，在热收缩作用过程中张应力作用下形成的裂缝类型。次生裂缝是岩浆固结成岩后在外力作用下产生的裂缝，主要包括了各种构造裂缝、扩溶缝和风化淋滤作用相关的裂缝。井点范围内原生裂缝的形态多不规则，而次生裂缝的分布多具有一定的方向性和规律性，尤其是构造裂缝。各类裂缝的具体成因分类见表 6.3。另外，火山岩地层电成像测井裂缝解释时需要尤其注意流纹界面和钻井诱导缝对解释的影响，流纹界面虽然与构造裂缝一样在图像中为成组出现的暗色细线，但是细线的组合特征（如间距等）显著有别于构造裂缝［图 6.43（a）］；钻井诱导缝虽然规模小，但以成组的微细雁列缝出现而有别于无序分布的收缩缝、炸裂缝或淋滤缝［图 6.43（b）］。

表 6.3　火山岩宏观裂缝地质成因分类表

裂缝类型			成因机理
原生裂缝	冷凝收缩缝		岩浆冷凝收缩产生的张性破裂
	炸裂缝	层间炸裂缝	熔岩上部冷凝的岩石受下部熔浆上涌力的影响炸裂开形成的裂缝
		隐爆角砾缝	隐爆作用形成的裂缝
次生裂缝	构造裂缝		与构造变形作用有关的各类裂缝
	扩溶缝		溶蚀作用对先存裂缝溶蚀改造
	风化淋滤缝		风化淋滤过程形成的各类裂缝

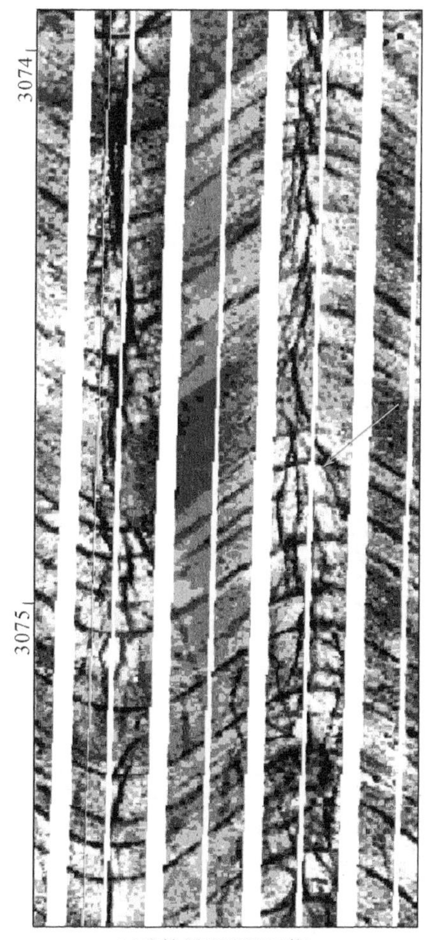

(a)流纹界面(SS202井)

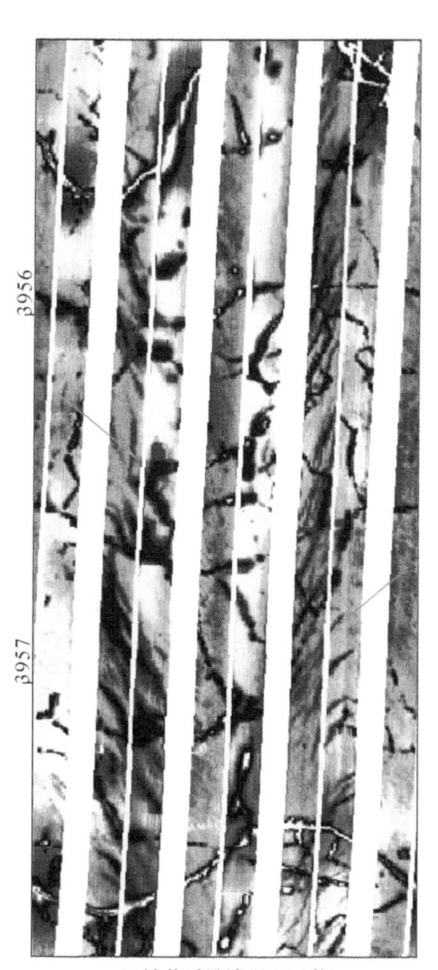

(b)钻井诱导缝(XS231井)

图 6.43　流纹界面和钻井诱导缝的图像差异

一、冷凝收缩缝

冷凝收缩缝的形态多不规则，主要以网状碎裂形式出现，裂缝规模小且在发育的岩层内部无序延伸。该类裂缝多出现在中酸性火山岩中，顶底以岩性或某些结构构造特征的变化为界。该类裂缝多被方解石或绿泥石填充，对流体的渗流不起作用。电成像测井图像中冷凝收缩缝对应的层段具有典型的“龟裂纹”特征（图6.44），网状暗色或亮色细线密集分布。

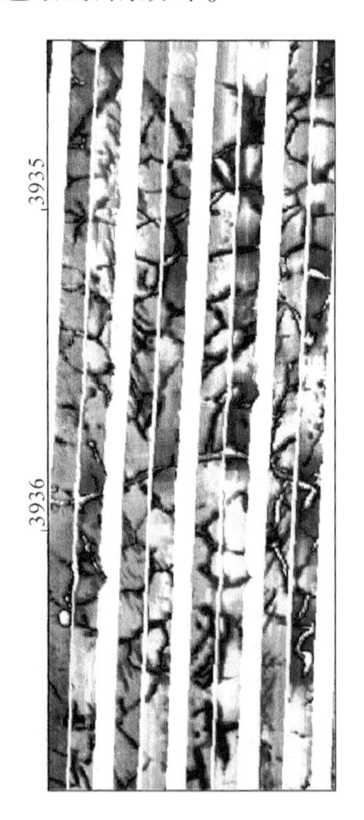

图6.44　冷凝收缩缝，被不同电性特征的物质充填（XS231井）

二、层间炸裂缝

该类裂缝是晚期活动的岩浆挤入早期固结的地层形成的地层破裂，因此层间炸裂缝被岩汁所充填，在井眼范围裂缝发育的规模一般较小。动态图像中与炸裂缝伴生的图像特征是在裂缝通道中具有高阻不均一特征的塑性岩浆，并错断了周围的地层（图6.45）。

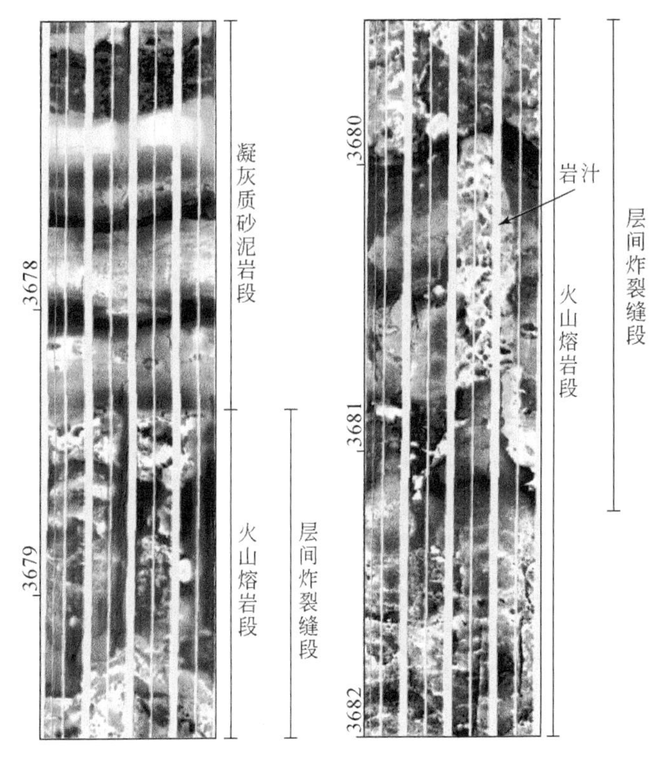

图 6.45　层间炸裂缝，晚期的岩汁挤入上覆固结的岩石（XS17 井）

三、隐爆角砾缝

该类裂缝是浅层侵入的岩浆发生隐爆作用形成的裂缝类型，与隐爆角砾岩共生，裂缝被流动的岩汁或包卷的细碎屑充填。动态图像中该类裂缝的填充物具有亮色条纹或斑块特征，代表了围绕角砾的岩汁或包卷的细碎屑（图 6.29）。

四、构造裂缝

构造裂缝是营城组最为重要的裂缝类型，在各种类型的火山岩地层中都有分布，裂缝以中高角度为主，也可见近直立缝。露头、岩心和电成像测井图像的观测表明这些构造裂缝以成组或平面共轭形式出现。按照裂缝的充填特征可以在电成像测井动态图像上将这些裂缝分为充填缝（包括半充填缝）和未充填缝，据此可以首先将上述构造缝划分为两个期次，即成岩充填之前和充填之后形成的。而各井拾取的构造裂缝产状显示区内不管是充填缝还是未充填缝，其走向变化都较大，但是存在几个优势方位，对应裂缝的倾向分别为近 N 倾、近 S 倾、NNE 倾和 NW 倾（图 6.46 和图 6.47）。不同组系裂缝的充填特征和裂缝分期配套显示近 N 倾和近 S 倾的裂缝可能为一对共轭裂缝，而 NNE 倾和 NW 倾的两组裂缝为另一对共轭裂缝。这种相同方位不同充填特征的共轭裂缝的发育暗示了研究区在营城组发育之后存在间断性发生的相似挤压构造运动，推测是不同时期构造反转作用下压应力形成的共轭剪裂缝。

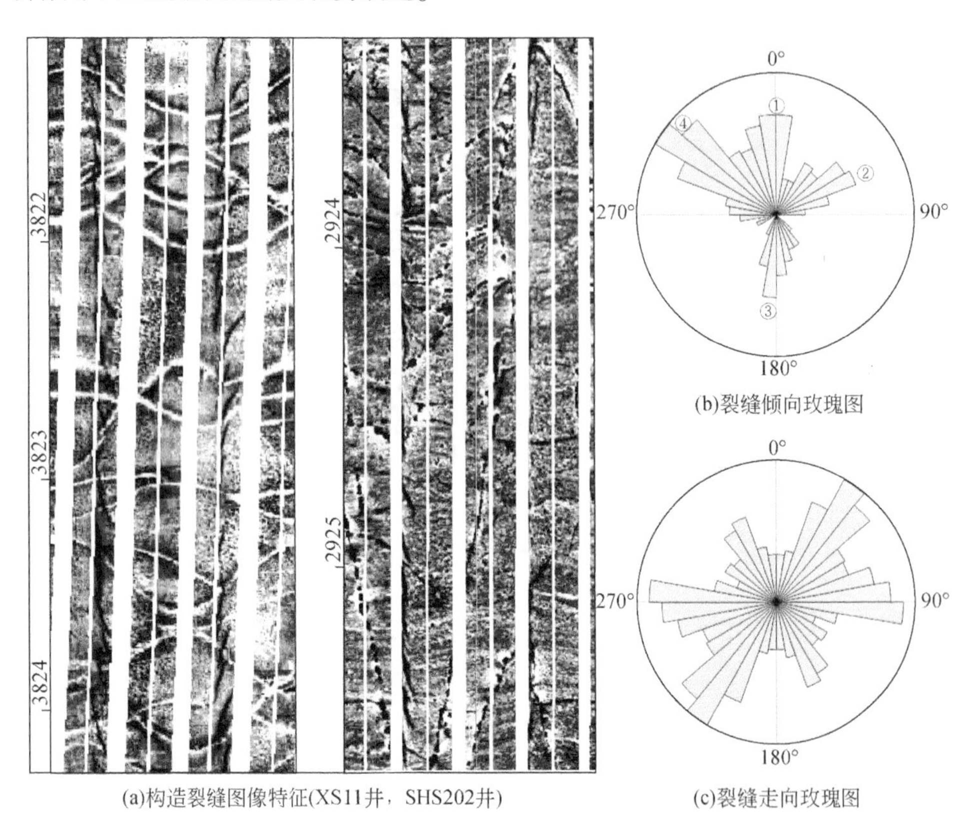

图 6.46　营城组充填构造裂缝图像特征及产状玫瑰图

电成像测井的计算结果表明营城组构造裂缝的平均水动力宽度（FVAH）多小于 0.15mm［图 6.48（a）］，裂缝孔隙度小于 0.045%，且集中在 0.01% 以下［图 6.48（b）］，暗示该火山岩地层中构造裂缝主要作为流体运移的通道，而对于地层总孔隙度的贡献较为有限。

本次研究虽然没有对营城组构造裂缝的井下空间分布进行详细的构造解析，但是构造裂缝空间分布规律的研究对于火山岩油气资源的开发同样具有重要的作用。火山岩油气藏母岩的渗透率极低，气孔和原生裂缝的连通性极差，因此只有发育了大量区域性分布的构造裂缝，才能将孤立的气孔连通起来，使得油气能够在其中储集和运移。

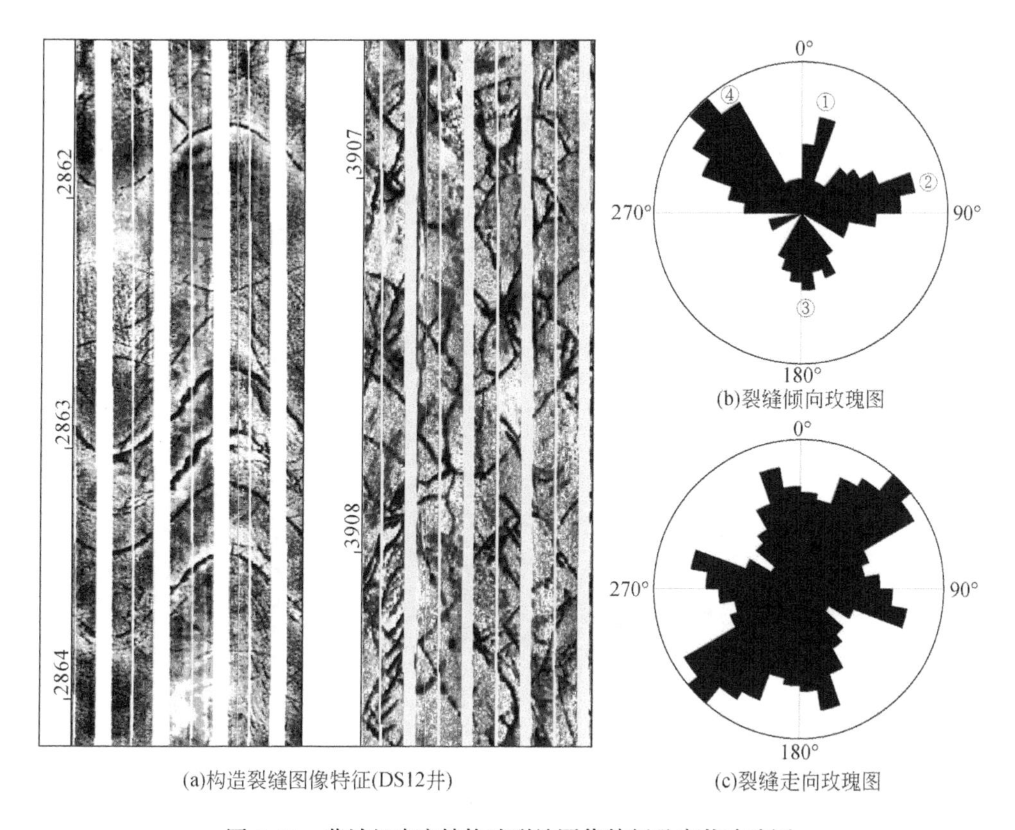

(a)构造裂缝图像特征(DS12井)　(b)裂缝倾向玫瑰图　(c)裂缝走向玫瑰图

图6.47　营城组未充填构造裂缝图像特征及产状玫瑰图

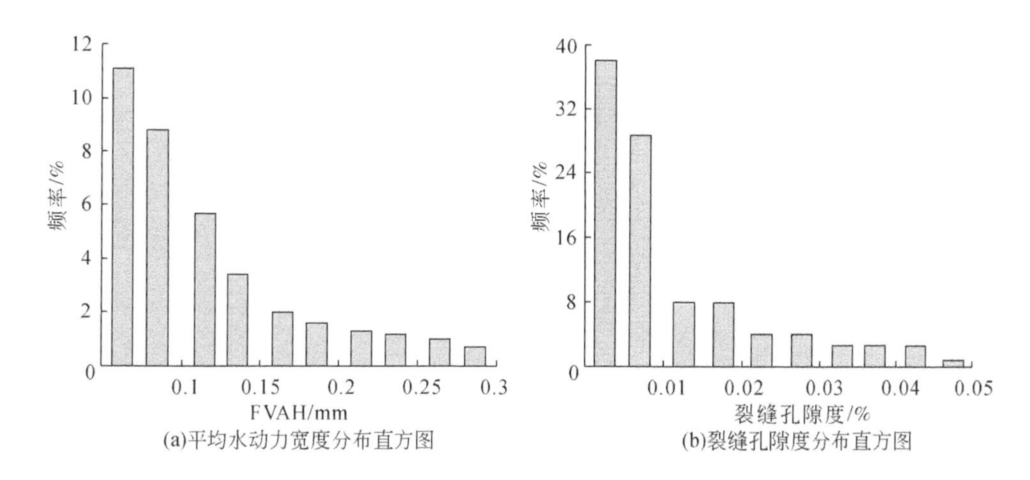

(a)平均水动力宽度分布直方图　(b)裂缝孔隙度分布直方图

图6.48　营城组裂缝平均水动力宽度和裂缝孔隙度分布直方图

五、扩溶缝

与碳酸盐岩地层的扩溶缝相似，这类裂缝指的是原生裂缝或构造裂缝被后期溶蚀改造后的裂缝。因此从本质上讲扩溶缝不具有特定的地质成因，而之所以将这类裂缝分开进行表述是因为其对于地层流体的渗流和地层孔隙度的增大具有建设性作用。电成像测井图像中扩溶缝具有高阻亮色的边缘特征，裂缝孔隙表现为沿裂缝轨迹分布的串珠状的暗色斑块（图 6.49）。

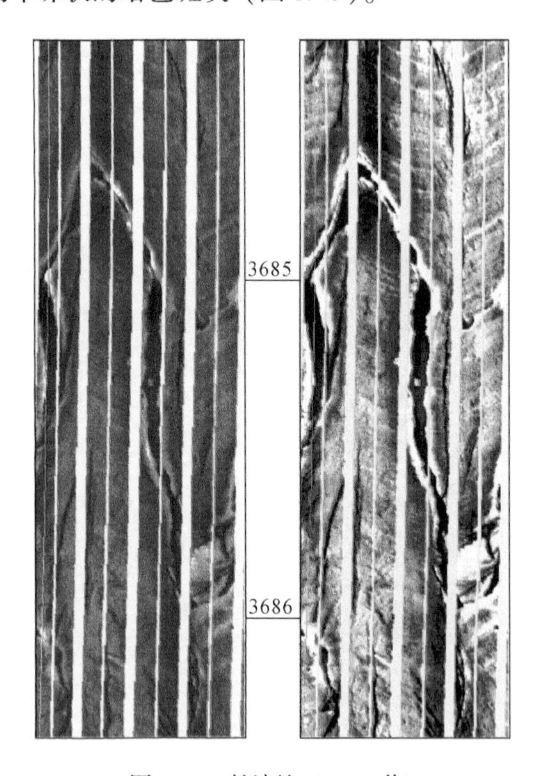

图 6.49　扩溶缝（XS12 井）

六、风化淋滤缝

与碳酸盐岩地层的风化淋滤缝相似，火山岩地层中的这类裂缝是火山间歇期或火山活动结束之后，风化淋滤作用在火山岩体顶面产生的裂缝，裂缝多被泥质等低阻物质充填，因此在电成像测井图像中显示为杂乱分布的暗色细线（图 6.50），与风化壳内部的溶蚀孔洞（暗斑）一起使图像结构极不均匀。

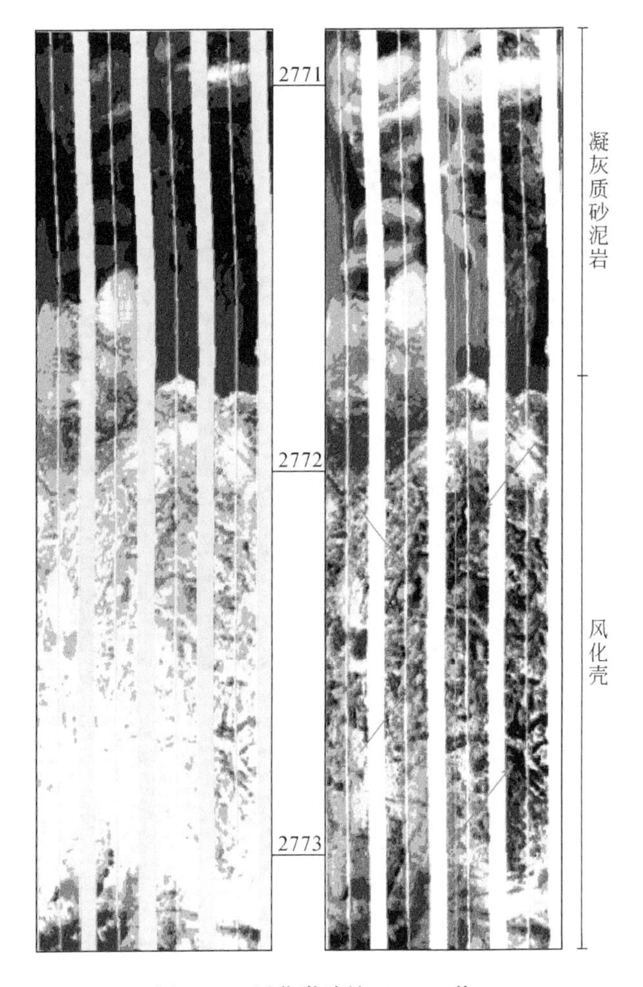

图6.50　风化淋滤缝（DS12井）

第七节　现今地应力评价

火山岩地层中电成像测井地应力的评价方法和其他岩性地层相同，具体的评价方法前已述及，在此不做赘述。图像观察显示营城组火山岩中应力导致的井壁垮塌、应力直劈缝及应力诱导缝十分发育，在各钻井中都可以观测到（图6.51）。区内现今最大水平主应力方位较为集中，方位角在80°～95°变化，优势方位为88°，因此近于EW向。

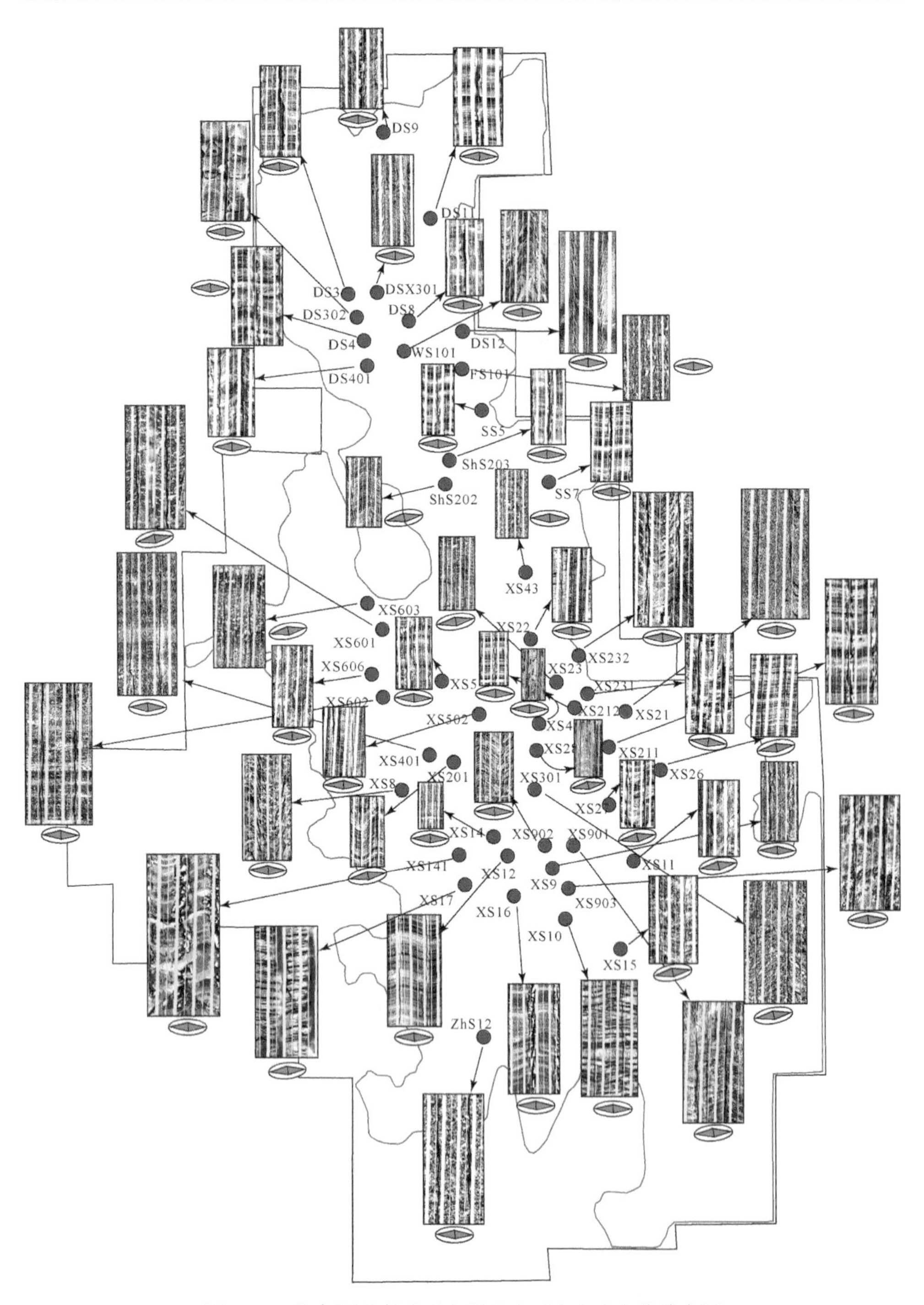

图 6.51　徐家围子断陷现今最大水平主应力方位分布图

营城组最大水平主应力的方位和区域应力场最大水平主应力的方位相一致，与徐西、徐中和徐东等区域断裂的走向或断陷边界的延伸方向垂直或近于垂直。同时，单井不同深度段现今最大水平主应力方位没有发生明显的变化。徐家围子这一应力场分布特征也使得地层中不同组系构造裂缝的渗透率具有极为明显的各向异性，即与最大水平主应力方位一致的、近 EW 向的构造裂缝渗透率最大（吕冰洋，2017），暗示营城组现今火山岩地层中流体的主渗流方位为近 EW 向。

第七章　大洋钻探中的应用实例

第一节　大洋科学钻探

大洋洋壳占据了地球表层约70%的区域，因此了解洋壳的结构和动态演变过程对于研究地球内部结构及其演化至关重要。地震波的传播速度揭示大洋洋壳具有分层结构，而了解这一结构的最直观方法则是在洋壳地层中进行钻井取心，即在大洋洋壳的岩层中开展类似在大陆岩层中的钻井活动。因此自1966年以来，在多国共同资助下国际大洋钻探先后经历了1968～1983年的深海钻探计划（DSDP）、1985～2003年的大洋钻探计划（ODP）、2003～2013年的综合大洋钻探计划（IODP）以及2013～2023年的国际大洋发现计划（IODP）四个阶段。现今在世界各大洋中共进行了近400个航次，3700多口钻井（图7.1），获得了

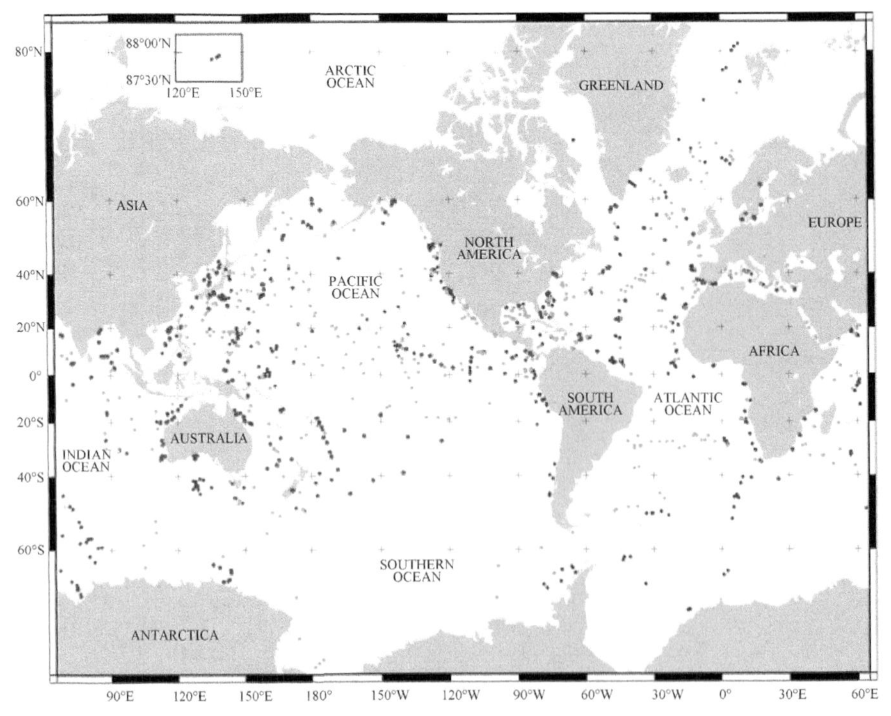

图7.1　大洋科学钻探井点分布图（据IODP官网）

433.1km 的岩心以及大量的分析测试、遥感、地震、常规测井和 FMS 电成像测井数据，上述数据可在 IODP 在线数据库进行查询和下载（http://www.iodp.org/）。

第二节 大洋钻探电成像测井

洋壳裂隙发育且角砾化和蚀变严重，因此大洋取心收获率通常较低，主要在0%~30%（Tominaga，2013），这些零散的岩心无法提供钻井剖面地层完整的结构或岩性等信息。井壁电成像测井具有类似岩心的图像特征，因此该技术在出现不久以后便在1989年ODP126航次的大洋钻探中被首次使用（Pezard and Lovell，1990），之后在大多数航次的地球物理测井中都是必测的项目之一。在大洋钻探中使用的电成像测井仪是斯伦贝谢公司特制的小孔径 FMS，仪器长度为7.68m，包含四个正交的极板，每个极板安装两排16个纽扣电极，共64个电极。小孔径FMS 的设计是为了使测量仪器串能够和4.125in 的大洋钻孔相匹配，而 FMI 电成像测井不适用于这些小孔径测量（Tominaga，2013）。大洋钻井的井况较差，同时考虑单趟测量的 FMS 图像对地层的覆盖率仅为25%，因此大洋钻探 FMS 图像的多解性往往更高，对于解释人员的解释经验要求也更高，处理的图像质量和OBMI 图像相似。当同一井段进行了多次重复测量时，测量极板在这一深度段可以通过不同的测量路径（方位），进而对这些多趟测量的电成像测井数据进行合并，可以有效提高仪器对井壁的覆盖率。

第三节 应用现状

国内外学者对 FMS 电成像测井在大洋钻探中的应用进行过较为系统的总结（Lovell et al.，1998；Pirmez and Brewer，1998；钟广法和游倩，2012），主要包括利用电成像测井资料对大洋钻孔的岩心进行深度和方位归位，对不同岩性地层进行识别和岩相划分，恢复大洋盆地中古水流的方位，开展洋壳的构造解析和现今洋壳地应力的评价等。电成像测井在陆壳地层中的应用方法、思路和多数解释模型同样适用于洋壳地层。

一、大洋钻井岩心归位

大洋钻探中岩心的排列方式是在工作平台中将开始取心的深度作为获取的岩心顶界深度，然后按照深度顺序向下依次记录每块岩心的深度（钟广法和游倩，2012）。如前所述，大洋钻井的取心收获率通常较低，使得获取的岩心长度和取心钻进深度多不一致（Lofts and Bristow，1998），这种操作常会导致记录的岩心深度与岩心在岩层中的实际深度存在差异。另外，旋转式的取心方法也丢失了岩心在洋壳中的方位信息，进而无法利用岩心沉积层的产状去推测流体的运动方向，无法通过玄武岩等熔岩的层界面去推测岩浆的流动方向，无法通过断层或裂缝方位去还原古构造应力场的方位等。而 FMS 处理的电成像测井图像具有连续的深度记录和方位意义，因此在洋壳岩心的归位中得到了广泛的应用，不同研究者利用层理、岩性界面和裂缝等可用的归位标志物将岩心、拍摄的岩心照片或展开的岩心扫描照片与电成像测井图像进行对比，完成岩心的归位处理。如 Major 等（1998）利用 FMS 图像对 ODP160 航次的 966F 钻孔和 ODP166 航次的 1003D 钻孔的中新统碳酸盐岩岩心进行了归位，显示地层的旋回性沉积在岩心和电成像测井图像中具有较好的匹配关系。类似的方法在其他航次的钻孔岩心归位中也得到了应用（MacLeod et al., 1994；Haggas et al., 2001；Tartarotti et al., 2006；Fontana et al., 2010）。

二、岩性岩相识别

大洋钻孔钻遇过火山碎屑浊积岩、碳酸盐岩、海底火山岩和远洋沉积等不同类型的洋壳岩石。对应地，不同研究者在这些岩性地层中开展过 FMS 图像的岩性解释和岩相划分。在不同钻孔地层进行图像的岩性解释时同样需要遵循“岩心刻度测井”的思想，先利用归位的岩心对图像进行准确刻度。以 ODP126 航次为代表，该航次的 792E 和 793B 两个钻孔钻遇了中上渐新统火山碎屑浊积岩（Pezard and Lovell, 1990；Hiscott and Stow, 1992），并获取了高质量的 FMS 测井数据；结合岩心描述，FMS 的图像解释表明地层包含了浊流沉积的粒序含砾砂岩、粒序砾岩以及砂质碎屑流成因的厚层块状砂岩、含砾砂岩和砾岩，且发育有砂纹交错层理，从而建立了两口钻孔完整的沉积剖面。针对浊积岩地层，在 ODP129 航次、ODP155 航次、ODP180 航次的相关钻孔也进行了 FMS 图像的岩相解释（Salimullah and Stow, 1992；Pirmez et al., 1997；Awadallah et al., 2001）。对于洋壳的碳酸盐岩沉积层，不同研究者结合岩心和常规测井资料，利用 FMS 图像建立了对应钻孔的碳酸盐岩沉积剖面，如 ODP143 航次 865A 和 866A 钻孔（Cooper et al., 1995）、ODP144 航次 871C 和 879A 钻孔（Ogg et al., 1995a, 1995b）、ODP166 航次 1003 和 1005 钻孔（Williams and Pirmez, 1999）。在 ODP128、ODP152、ODP193、ODP206、IODP324 等航次中分别钻遇了海底火山岩地层，以 ODP193 航次为例，在其中的 1188 和 1189 钻孔利用 FMS 图像解释出英安岩、火山碎屑英安岩和角砾状英安岩，并根据钻孔岩相的组合特征以及单层火山岩厚度的变化规律推断 1188 孔相较 1189 孔更靠近火山口（Bartetzko et al., 2003）。另外，在钻遇远洋沉积物的钻孔中，低的取心收获率限制了对应钻孔地层剖面的建立，Molinie 和 Ogg（1992）利用 FMS 图像恢复了 ODP129 航次 801B 孔皮加费塔海盆侏罗系—下白垩统的地层剖面，为该区地质演化过程提供了重要的地层信息。

三、古水流方位

深海盆地中古水流方位的确定同样具有重要的科学意义，可以用于恢复洋盆沉积区的古地理环境和古水流特征。目前利用 FMS 图像恢复洋壳沉积层古水流方位的研究相对有限。Hiscott 等（1992）通过 FMS 图像 ODP126 航次 792E 和 793B 两个钻孔的 Izu-Bonin 弧前盆地火山碎屑岩沉积进行了古水流方位恢复，其一是利用 FMS 图像对 792E 钻孔的岩心进行方位归位，继而通过岩心薄片中颗粒的定向排列推测浊流的流向；另外，根据这两口钻孔 FMS 图像识别的砂纹交错层理的产状去推测古水流的方位。两种方法确定的古水流方位分布特征在一定程度上都反映了钻孔所在地区重力流末端的古沉积环境（Hiscott et al.，1992）。同理，对于其他发育沉积岩或沉积物的洋壳钻孔地层也可以使用同样的方法推测古水流方位，而当沉积层遭受严重的构造变形时还需要对地层进行构造倾角校正。

四、地层旋回分析

常规测井曲线（如 GR、SP）可以用于高频旋回地层的分析。相较于常规测井，电成像测井的纵向分辨率更高，可以刻画小于 5mm 的薄层，因此可以用于更加精细的旋回地层对比和分析。这种旋回性发育的地层表现在电成像测井图像中为具有一定宽度的、深浅不一或结构差异的条带重复叠置；亮色条带通常代表了砂质沉积或碳酸盐岩层等，暗色条带通常代表了泥质沉积。在大洋钻孔地层中已经开展过一些利用 FMS 图像研究地层的旋回沉积，如 ODP127 航次 794B 和 797C 钻孔（Meredith and Tada，1992）、ODP166 航次 1003 和 1005 钻孔（Williams and Pirmez，1999）及 1006 钻孔（Pirmez and Brewer，1998；Kroon et al.，2000；Williams et al.，2002）、ODP 182 航次 1131A 钻孔（Puga-Bernabéu and Betzler，2008）。在日本海 ODP127 航次 794B 和 797C 钻孔中，通过岩心刻度，Meredith 和 Tada（1992）将 FMS 图像中亮暗交替变化的条带分别解释为瓷状岩层和燧石层，在厚度统计和谱分析的基础上发现地层中存在 1.1～1.3m 和 0.6m 两种旋回厚度，推测分别响应于 41ka 的斜率周期和 19～21ka 的岁差周期。

五、构造解析

洋壳岩石中同样可见裂缝、断裂、褶皱和不整合层界面等构造变形的产物，如充填海水或泥质的裂缝在图像中显示为低阻正弦曲线，充填方解石和石英的裂缝在图像中为高阻曲线特征。在利用 FMS 进行洋壳岩石构造变形分析时需要结合钻孔所在地区的构造演化过程进行具体的分析。以 ODP134 航次 829、832、833 钻孔为例，这些钻孔位于西南太平洋 New Hebrides 岛弧区 North Aoba 盆地，Chabernaud（1994）利用钻孔的 FMS 图像研究了 d'Entrecasteaux 洋脊和 New Hebrides 岛弧中部的碰撞效应，在图像中识别出了层界面、断层、褶皱、裂缝和剪切带等，并认为这些构造特征记录了这一碰撞导致的变形过程；在钻孔 829 的俯冲带增生杂岩体中，FMS 图像还用于帮助确定碰撞产生的叠瓦状逆冲席的位置和方位（Chabernaud，1994）。类似的研究也在 ODP126 航次 792E 和 793B 钻孔（Pezard et al.，1992）、ODP159 航次 959 和 960 钻孔开展过（Basile et al.，1998）。

六、洋壳现今地应力评价

基于 FMS 进行洋壳现今应力场研究的方法和陆壳中相同，即通过识别大洋钻孔地层中的应力椭圆井眼和应力诱导缝来判断现今最大、最小水平主应力的方位。在 ODP126 航次 Izu- Bonin 弧前盆地的 792E 和 793B 钻孔中，Pezard 等（1992）通过应力导致的井壁垮塌确定了两个钻孔所在位置的现今最大水平主应力方位分别为 NWW—SEE 和 NW—SE，结合另外两口钻孔的应力分析结果可以推测区域应力自北向南具有顺时针偏转的特征。相同的应力分析也见于 ODP134 航次 832 和 833 钻孔（Chabernaud，1994）、ODP159 航次 959D 钻孔（Ask，1998）等。需要注意的是大洋钻孔中 FMS 对井壁的覆盖率极低，因此容易漏失应力产生的井壁垮塌。

第四节　在中国南海大洋钻孔中的应用

到目前为止，大洋钻探在中国南海总共进行了 3 个航次，分别为 OPD184、IODP349、IODP367/368，各航次聚焦的研究点分别为东亚季风、海底扩张和大陆裂解。目前三个航次共完成了 18 个站位，其中在 12 个站位进行了电缆测井，并在 8 个钻孔中采集了 FMS 电成像测井数据。各钻孔在钻进过程中发生了不同程度的井眼变形和冲蚀等，使得井况较差，进而导致 FMS 仪器极板和井壁的贴合度较差、采集的 FMS 数据质量低。FMS 数据采集的过程中同时测量了 GR 值（曲线标识 NGR），在岩心上采集了岩心 GR 值，因此通过对比二者的 GR 值以及同一地质现象在岩心和电成像测井图像上的响应特征来完成各单块或单段岩心的深度及方位归位，具体方法见本书的第一章第三节“岩心与电成像测井标定刻度方法”部分。据此在岩心刻度电成像测井的基础上开展各钻孔的 FMS 图像解释。

一、ODP184 航次

该航次的时间是 1999 年 2 月到 4 月，航次主题是“东亚季风史在南海的记录及其全球气候意义”，共在南海南北完成了 6 个站位（1143、1144、1145、1146、1147、1148）的 17 口钻孔，其中 5 个站位在北部（东沙以南）、1 个站位在南部（南沙西侧），获取的岩心长度为 5463m。虽然该航次岩心的收获率较高，但是并非说明大洋钻孔的取心收获率都很高，因此为了让研究人员更好地利用 FMS 图像去辅助地质分析，对获取的 FMS 图像进行了详细的地质解释。ODP184 航次在 1143A、1144A、1146A 和 1148A 四个钻孔使用斯伦贝谢公司的仪器串采集了测井数据（表 7.1），分别包括三组合和 FMS 测量。

表 7.1　184 航次测井采集系列

钻孔		测井项		海底以下测井深度段/m	
名称	钻台以下深度/m	趟次	仪器串	底深	顶深
1143A	2782.0	1	三组合	400	86
1143A	2782.0	1	FMS/LSS	378	134
1144A	2047.0	1	三组合	443	86
1144A	2047.0	2	FMS/LSS	447	86
1144A	2047.0	2	GHMT	450	86
1146A	2106.0	1	三组合	606	87
1146A	2106.0	2	FMS/LSS	606	242
1146A	2106.0	2	GHMT	606	242
1148A	3306.0	1	三组合	711	111
1148A	3306.0	2	FMS/LSS	711	201
1148A	3306.0	3	GHMT	711	200

1143A 钻孔位于 Archipelago 群岛，钻台以下深度 2782.0m，在海底以下 137 ~ 337m 的区间进行了单趟 FMS 测井数据的采集。地层岩性主要是灰绿色泥岩，可见砂岩夹层。全井段对应了一个岩层单元，按照碳酸盐的含量又可以细分为两个次一级的单元。FMS 测量段静态图像从上到下逐渐变亮，表明地层电阻率逐渐增大，与地层中的泥质含量向下减小、碳酸盐含量向下增大的变化趋势相一致。动态图像整体表现为界面微起伏的亮暗组合带状模式，地层产状平缓；图中还可见多段滑塌层或浊积岩层的图像特征，前者地层陡倾且产状变化较大，后者显示为高阻宽带状或块状条带（图 7.2）。电成像测井图像中未见到地应力导致的井壁垮塌或应力诱导缝，一种可能是钻孔并不发育地应力导致的井壁破裂，另

一种可能是图像对井壁的覆盖率太低，垮塌等应力破裂发育的位置正好处于两块极板之间的空白间隙。同时天然构造裂缝在整个井段中也不发育。

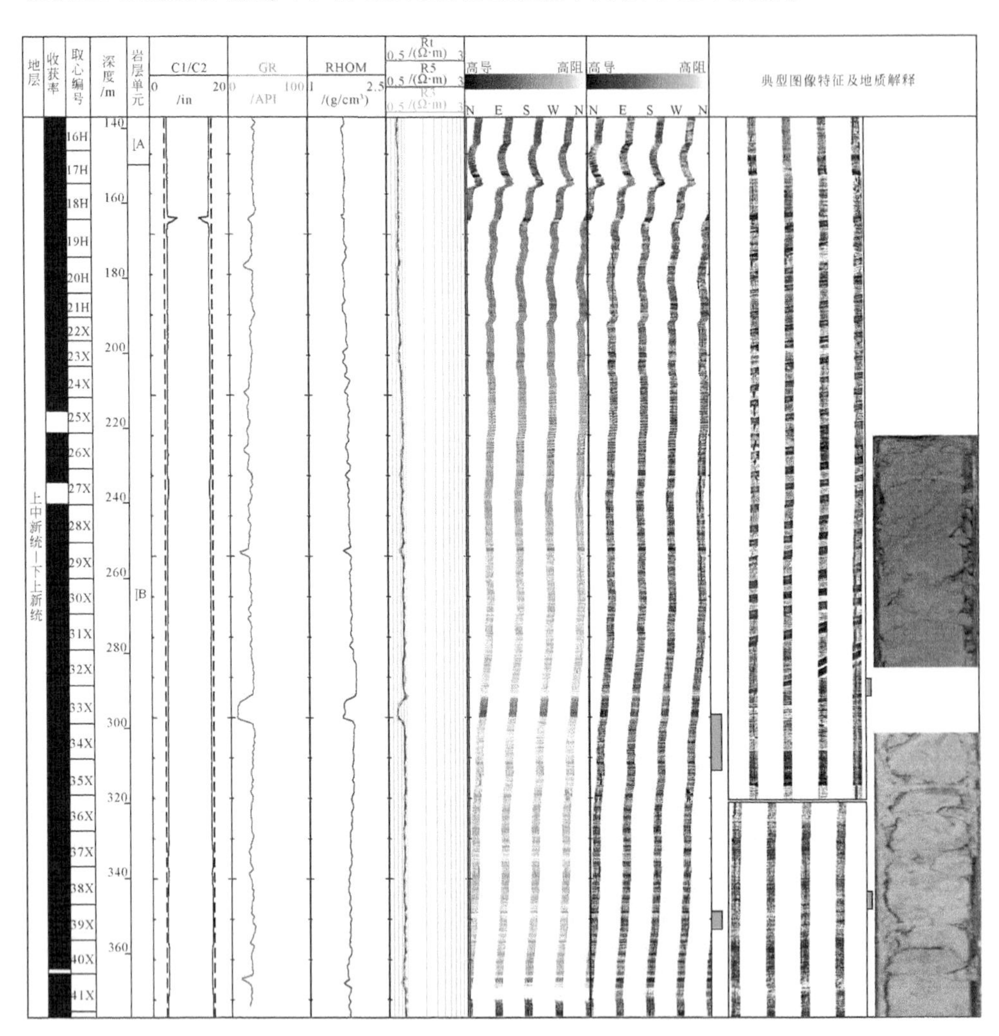

图 7.2　1143A 钻孔 FMS 测量段地层综合柱状图
详细的岩心描述见 ODP184 航次岩性描述

1144A 钻孔位于南海北部边缘，钻台以下深度 2047m，钻孔中进行了两次 FMS 测井数据的采集，第一趟在 129 ~ 448m，第二趟在 92 ~ 447m。370.5 ~ 372.4m 井眼冲蚀垮塌严重，FMS 图像质量低。地层岩性主要为泥岩，生物扰动发育，成层性一般，偶尔可见火山灰薄夹层。全井段对应一个岩层单元，按照硫化铁、黄铁矿等含量的变化又可以划分为三个次一级的单元。FMS 静态图像整体表现为中低阻，和地层中硫化铁和黄铁矿的相对富集有关，动态图像特征和1143A钻孔相似，表现为界面微起伏的亮暗组合带状模式（图7.3）；钻孔中未见明显的滑塌变形图像。

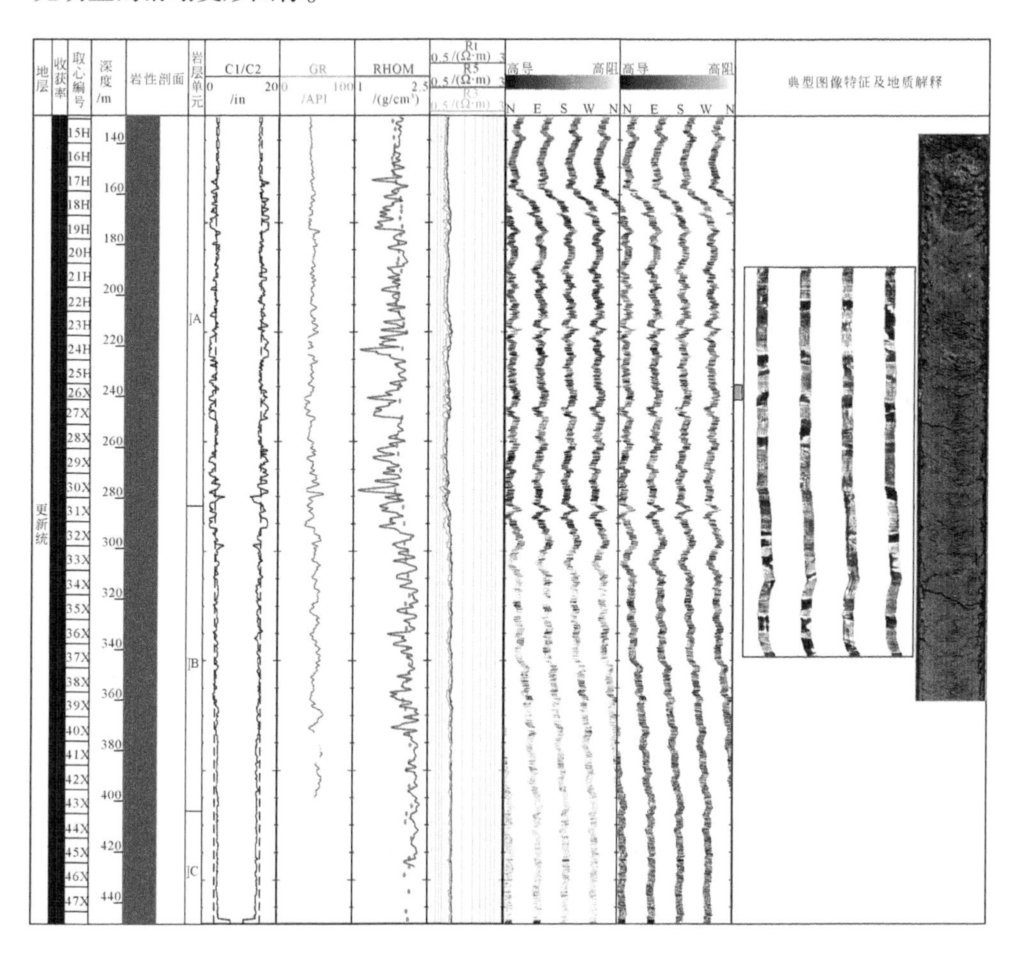

图7.3 1144A钻孔FMS测量段地层综合柱状图
岩性剖面来自岩心描述

1146A钻孔位于南海北部边缘，钻台以下深度2106.0m，钻孔中进行了两次FMS测井数据的采集，第一趟在273～605m，第二趟在263～605m。地层岩性主要为泥岩，局部富集黄铁矿。按照岩石矿物组分的差异等可将钻井地层划分为三个岩性段，FMS测量段包括了第Ⅱ和第Ⅲ岩层单元。静态图像呈中低阻背景，动态图像整体表现为不规则亮暗色条带叠置，黄铁矿发育段可见随机分布的暗斑（图7.4）。

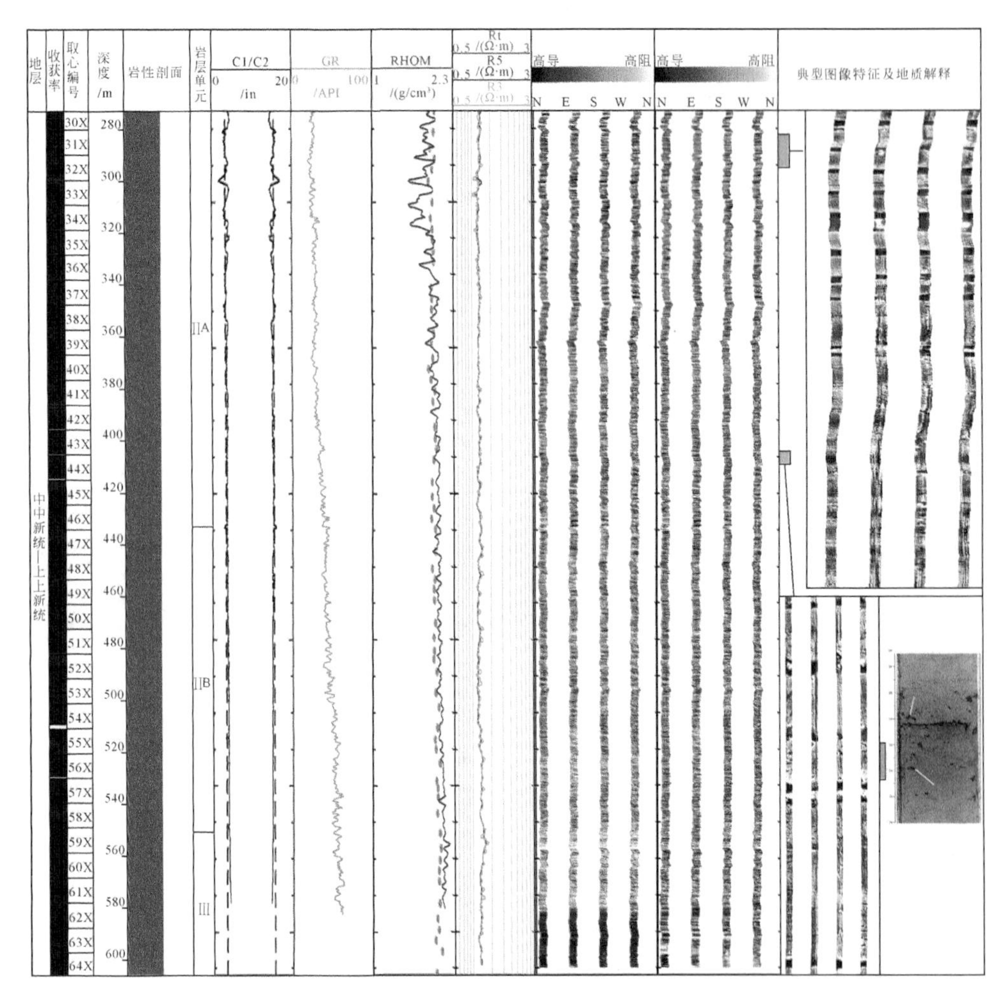

图 7.4　1146A 钻孔 FMS 测量段地层综合柱状图

岩心照片显示黄铁矿发育（1146A-44X-2）

1148A 钻孔也位于南海北部边缘，钻台以下深度 3306.0m，钻孔中进行了两次 FMS 测井数据的采集，第一趟在 225 ~ 705m，第二趟在 203 ~ 705m。地层岩性主要为泥岩，且不同深度段泥岩颜色存在差异，局部地层可见软沉积物变形。以地层颜色的变化为主要依据，整个钻井地层包括了 7 个岩层单元，其中 FMS 测量段包括了 6 个岩层单元。静态图像顶部为低阻图像背景，中部为高阻背景，向下图像颜色又逐渐变暗，和地层中碳酸盐含量的变化基本一致。不同岩层单元在 FMS 动态图像整体表现为界面微起伏的不规则组合亮暗条带叠置（图 7.5）。条带厚度在不同深度区间变化较大，指示周期性的沉积过程，推测可能和米兰科维奇天文旋回有关。

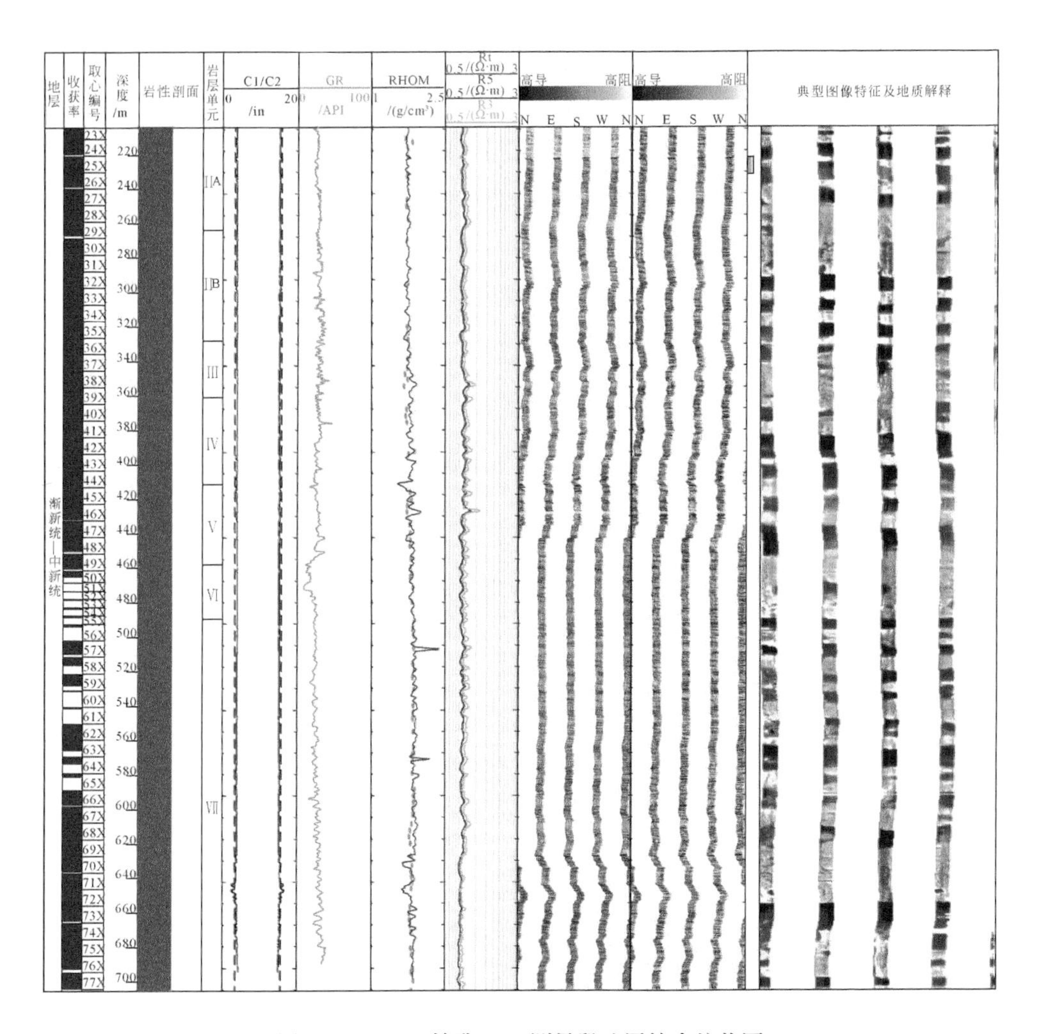

图 7.5 1148A 钻孔 FMS 测量段地层综合柱状图

从 ODP184 航次各钻孔分布的区域看，分别在南海北部边缘和 Archipelago 群岛，且只有 1143 站位的钻孔位于 Archipelago 群岛。上述四口钻井岩心和 FMS 图像揭示的地质特征显示 1143A 钻孔滑塌层较为发育，而其他钻孔滑塌层欠发育。地质现象和图像特征在各钻孔中具有相似性，主要为周期性叠置的地层序列。FMS 图像中未见明显的过井眼断裂、裂缝和地应力导致的井壁破裂等。

二、IODP349 航次

IODP349 航次的时间是 2014 年 1 月到 3 月，航次主题是“南海张裂过程及其对晚中生代以来东南亚构造、气候和深部地幔过程的启示”，在南海完成了 5 个站位（U1431、U1432、U1433、U1434、U1435）12 个钻孔，获得了 1524m 的沉积物/沉积岩岩心和 78m 的玄武岩岩心，在 U1431E 和 U1433B 钻孔中分别采集了（FMS）测井数据（表 7.2）。

表 7.2　IODP349 航次测井采集系列

钻孔		测井项		海底以下测井深度段/m	
名称	钻台以下深度/m	趟次	仪器串	底深	顶深
U1431E	4251.0	1	三组合	476	154
U1431E	4251.0	1	FMS	444	190
U1431E	4251.0	2	FMS	416	203
U1433B	5392.0	1	三组合	841	100
U1433B	5392.0	1	FMS	840	110
U1433B	5392.0	2	FMS	840	110

U1431E 钻孔位于南海东部次盆，取心收获率高。FMS 测量段的上部为划分的第Ⅱ岩层单元（190～267.82m），岩性主要为灰绿色泥岩，按照岩性组合又可以划分为 190～194.95m 和 194.95～267.82m 两个单元，前者地层中发育钙质浊积岩。第Ⅲ岩层单元（267.82～326.12m）以灰绿色泥岩为主，但可见多套钙质浊积岩。第Ⅳ岩层单元（326.12～412.42m）主要为灰绿色泥岩和粉砂质泥岩，可见粉砂岩和砂岩夹层。第Ⅴ岩层单元（412.42～444.00m）主要为灰绿色泥岩。静态图像整体表现为中高阻的图像特征，暗示地层中碳酸盐的含量较高，动态图像在各个岩层单元都表现为界面起伏的亮暗条带组合叠置（图 7.6），反映了周期性变化的沉积过程，亮色条带为粉砂岩和砂岩浊积岩层。

U1433B 钻孔位于西南次盆，FMS 测量段岩性组合特征与东部次盆差异较大，主要为泥岩，可见多套碳酸盐岩沉积。上部第Ⅰ岩层单元（110～244.15m）主要为灰绿色泥岩和粉砂质泥岩。第Ⅱ岩层单元（244.15～747.93m）主要为灰绿色泥岩，且频繁发育了碳酸盐岩浊积岩夹层；按照夹层的厚度又将该岩层单元分为 244.15～551.32m 和 551.32～747.93m 两个次一级单元，前者厚度通常小于 50cm，后者可厚达数米。第Ⅲ岩层单元（747.93～796.67m）为红棕色泥岩、粉砂质泥岩。第Ⅳ岩层单元（796.67～840.00m）为大洋玄武岩。

静态图像自上而下颜色亮度逐渐增加，对应地层碳酸盐岩含量逐渐增加；最

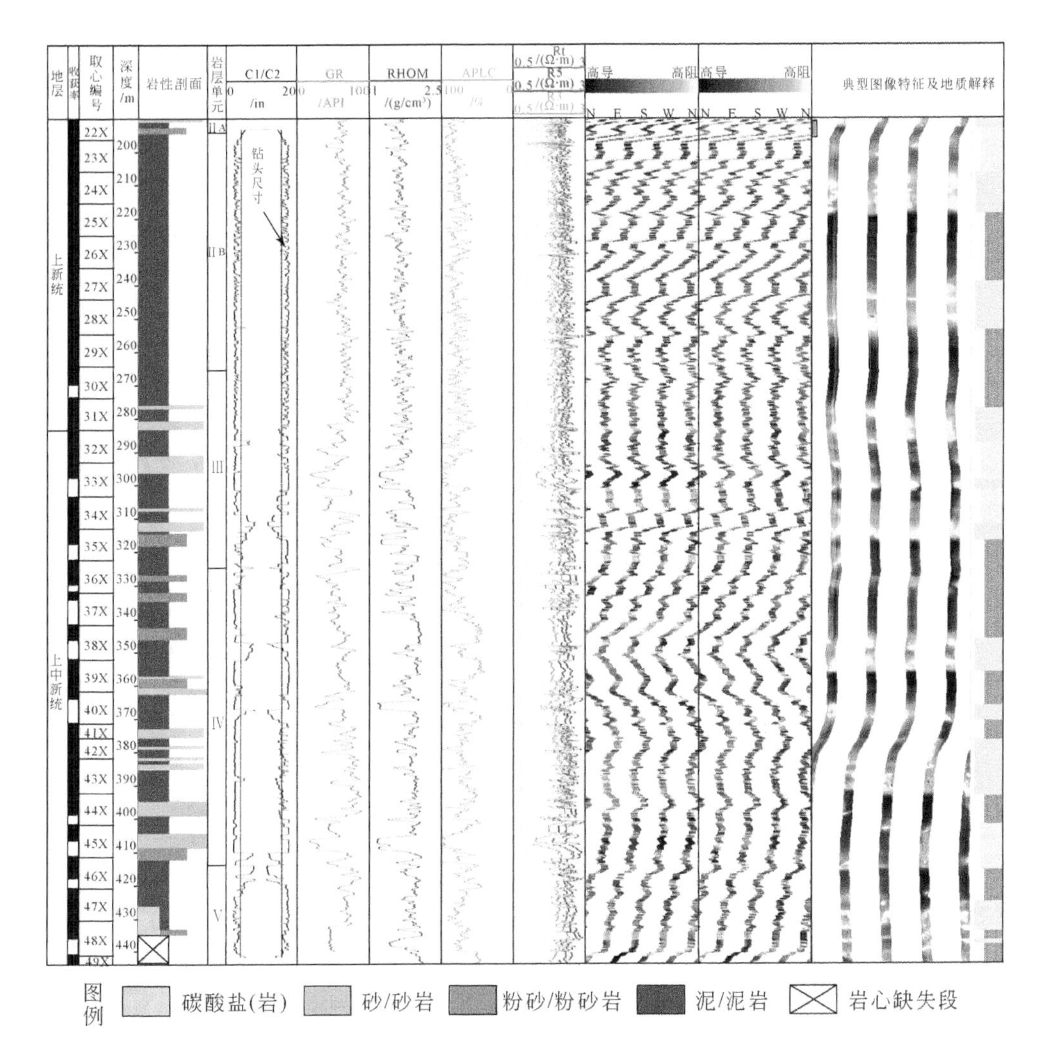

图7.6　U1431E钻孔FMS测量段地层综合柱状图

岩性剖面来自U1431D，由于钻井工程问题在U1431D孔617.00m深度点放弃该钻孔，另在U1431E孔575.00m开始取心。因此图中的岩性剖面仅作为参考

下部图像为高亮背景，对应了玄武岩洋壳（图7.7）。动态图像上部第Ⅰ岩层单元为界面起伏的亮暗组合条带叠置，条带厚度较薄。第Ⅱ岩层单元除了具有第Ⅰ岩层单元的图像特征外，还可见不同厚度的高阻条带但条带内部结构模糊，属于该岩层单元的碳酸盐岩浊积岩沉积。第Ⅲ岩层单元图像为断续细条带组合特征。第Ⅳ岩层单元图像表面整体干净平滑，高阻亮色团块垂向叠置，代表了玄武岩岩枕的图像特征。

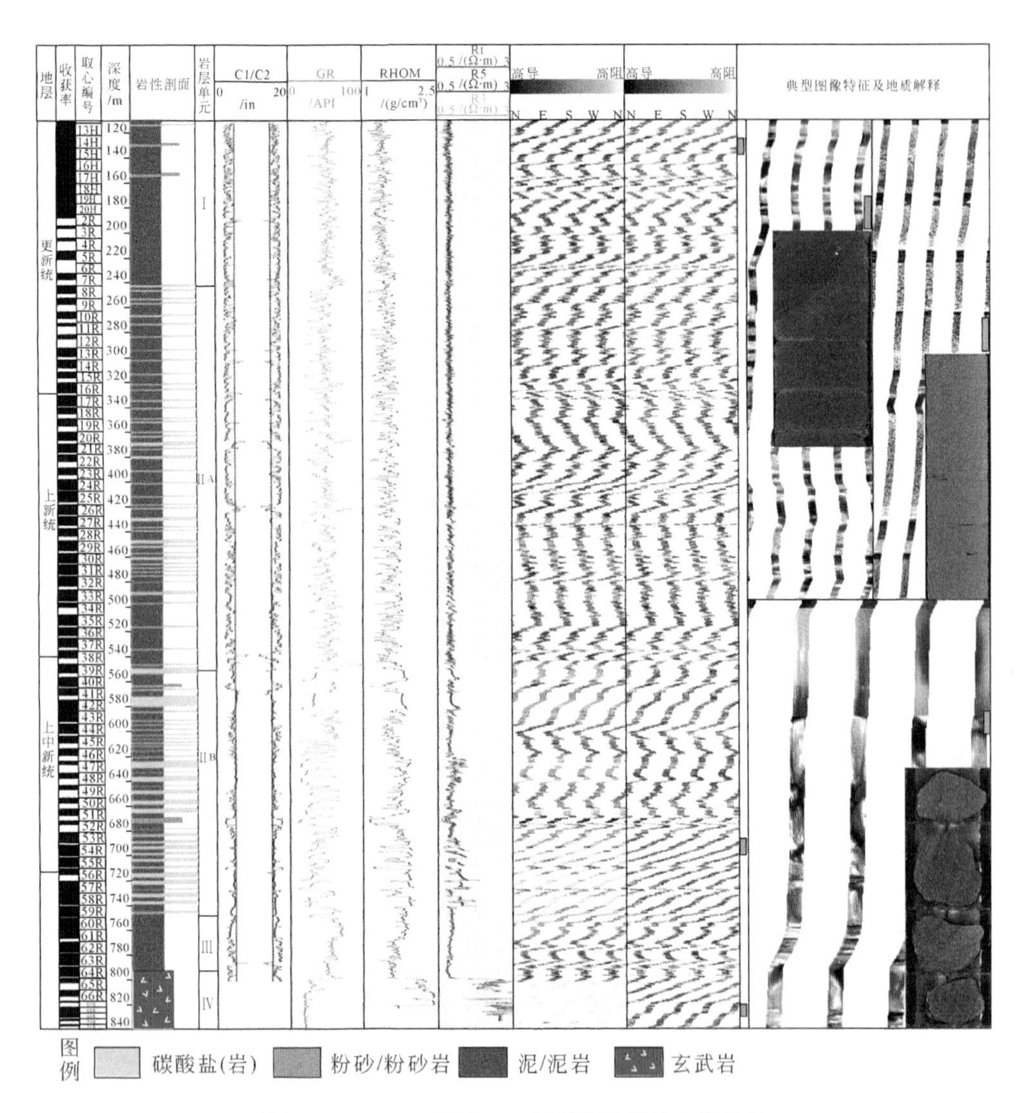

图 7.7　U1433B 钻孔 FMS 测量段地层综合柱状图

186.10m 以上的岩性剖面来自 U1433A 孔岩心描述

三、IODP367/368 双航次

IODP367 和 368 航次先后在 2017 年 2 月到 6 月完成，航次主题是“研究南海扩张之前的大陆裂解”，在南海断裂带边缘地区共完成了 7 个站位 17 口钻孔，总钻探深度 7669.3m，取心 2542.1m，因此取心收获率整体不高；在 IODP367 航次的 U1499B 和 U1500B 钻孔中进行了电成像测井数据的采集（表 7.3）。

表7.3　367/368航次测井采集系列

钻孔		测井项		测井深度段/m	
名称	水深/m	趟次	仪器串	底深	顶深
U1499B	3770.0	1	三组合	1007	662
U1499B	3770.0	1	FMS	1007	662
U1499B	3770.0	2	FMS	1007	664
U1500B	3812.8	1	三组合	1042	842
U1500B	3812.8	1	FMS	1042	842

U1499B钻孔取心收获率仅为35.3%，岩心描述显示不同深度段岩性及其组合特征差异明显。在FMS测量段的上部第Ⅶ岩层单元（618.30~761.70m）主要为灰绿色、灰色砂岩和泥岩，夹粉砂岩，该段取心收获率最低。中部第Ⅷ岩层单元（761.00~929.02m）主要为红棕色、红灰色的泥岩和富泥的白垩岩，进一步按照钙质含量和岩性组合可以将该岩层单元划分为两个亚单元：761.00~892.10m主要为红棕色泥岩，也可见粉砂岩和砂岩夹层，892.10~929.02m主要为红棕色、红灰色富泥的白垩岩。在研究层段的下部第Ⅸ岩层单元主要为一套砂砾岩沉积，又可分为三个次一级的岩性段：929.02~933.28m为棕色、灰绿色砂岩和角砾岩，933.28~933.35m为灰色角砾岩，933.35~1007m的灰色、深灰色砾岩和砂砾岩，可见粉砂岩夹层，存在多个滑塌变形段，对应岩心中地层产状急剧变陡，但是并不存在明显的地层揉皱现象。

FMS静态图像的中上部为中低阻图像背景，对应了砂泥岩地层，890m以下图像亮度明显增加：亮色背景的上半段地层碳酸盐含量高，下半段为厚层砂砾岩体（图7.8）。上部第Ⅶ岩层单元的FMS动态图像主要为界面略有起伏的亮暗组合带状叠置，亮暗条带厚度变化较大，单个亮色条带的图像结构存在两种，平滑干净或呈不均一的塑性特征，暗示了两种不同物质成分或生物含量的地层结构，后者灰质（或钙质）含量增加。中部第Ⅷ岩层单元上段的图像特征和第Ⅶ岩层单元相同，下段对应了厚层的白垩岩层图像特征，且地层倾角变大，倾向NEE。下部的第Ⅸ岩层单元图像色调明显变亮，图像为界面起伏的亮暗组合宽带状叠置，倾角较陡，地层倾向为近N倾或NNE倾，该段发育砂砾岩体，但是FMS较低的图像覆盖率使得图像的多解性较强，没有观察到非常典型的砂砾岩图像特征。

U1500B钻孔取心收获率仅为40.8%，岩心描述显示不同深度段岩性及其组合特征差异较小。FMS测量段的上部第Ⅲ岩层单元（842.00~892.40m）主要为层状泥岩，层状或块状的粉砂岩和砂岩，可见平行层理、交错层理和变形层理。

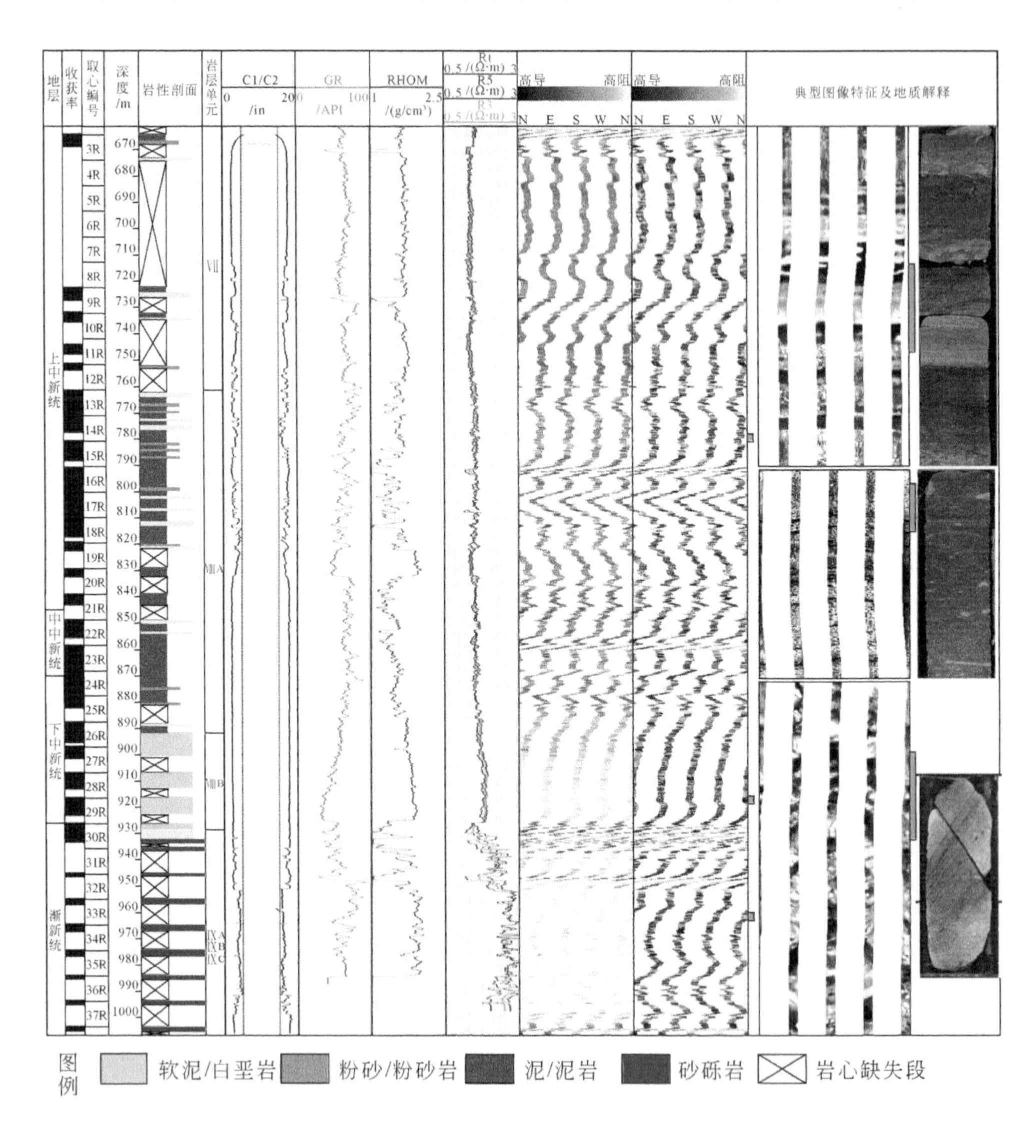

图 7.8　U1499B 钻孔 FMS 测量段地层综合柱状图

图中岩性剖面来自岩心描述

第Ⅳ岩层单元（892.40～1042.00m）取心收获率仅为 15%，岩性包括了灰色、灰绿色砂岩，其次为棕色、灰色泥岩和粉砂岩。

FMS 测量段静态图像整体为中低阻的图像背景（图 7.9）。第Ⅲ和Ⅳ岩层单元动态图像主要表现为界面起伏的亮暗组合带状叠置，亮暗条带厚度变化较大，单个亮色条带的图像结构略显不均一。岩心中的各类沉积构造在 FMS 动态图像中并未见到，主要和图像的覆盖率低有关，井眼质量差导致采集的测井数据品质低也可能是一个因素。通过图像中亮暗条带的划分可以统计这些粉砂岩和砂岩浊积岩层的厚度分布特征。另外，通过取心段岩心对电成像测井刻度，对未取心段的图像进行解释，认为岩心缺失的层段主要为粉砂岩或砂岩层，泥岩层次之。

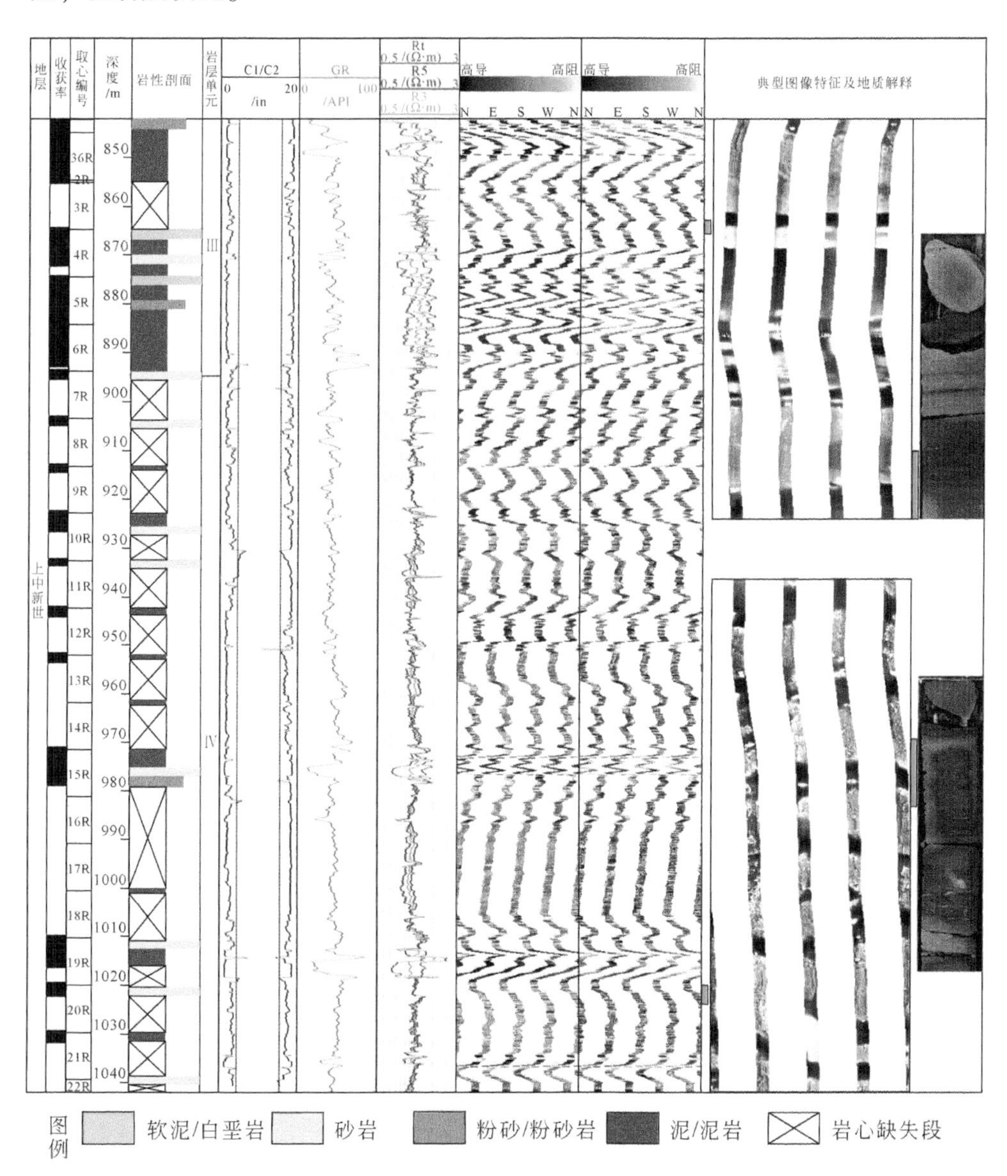

图 7.9 U1500B 钻孔 FMS 测量段地层综合柱状图

图中岩性剖面来自岩心描述

各钻孔处理的FMS图像也暗示大洋钻井的电成像测井数据品质低；陆壳油气钻井中获得的电成像测井图像可以清晰地观察到层理构造的细纹层特征，岩心观察显示南海各钻孔浊积岩砂体中也发育较为丰富的层理，但其动态图像中未见到明显的纹层特征。井壁覆盖率低也是制约FMS图像地质应用的一个关键因素。但是，在岩心标定的基础上仍然可以从动态图像中提取出其他方法较难获得的地质信息，如层面产状、薄层的识别以及岩性解释等，尤其是当取心收获率较低时，该方法可以有效应用于岩心缺失段的地层剖面重建。

第八章　总结与展望

井壁微电阻率扫描成像测井自 1986 年商业化应用以来，由于可以以类似岩心的图像直观地展现钻孔中地层的样貌、定位地质现象在三维地层空间的方位，因此随着油气资源勘探开发的不断深入，在碎屑岩、碳酸盐岩和火山岩等地层中得到了广泛的应用。在碎屑岩地层中可以进行岩性和沉积构造的识别，开展沉积微相识别、单井相分析及井眼构造解析，可以进行天然裂缝的识别、裂缝参数的定量计算和成因分析，可以确定现今水平主应力强度和方位。在碳酸盐岩地层中不仅可以进行岩性岩相的识别、井眼构造解析、天然裂缝表征和现今地应力评价，还可以识别部分成岩作用类型、识别古岩溶构造和计算地层的孔隙度。在火山岩地层中除了可以识别火山岩的岩性和结构构造、开展天然裂缝的表征和现今地应力的评价，还可以解析单个火山机构和火山岩风化壳的结构。另外，其能够克服洋壳取心收获率低的缺点，因此在大洋科学钻探中也是不可或缺的地球物理测井测量方法，可以进行大洋钻孔的岩性岩相识别、裂缝表征、现今地应力评价等。

这一技术的缺陷在于其本质上仍然属于电测井的范畴，对常规电测井数据有影响的地层因素，如岩石组分、孔隙度、孔隙流体性质等，同样会影响井壁电成像测井采集的电阻率数据变化，进而在静态图像中表现为色度的变化。因此静态图像中暗黑到亮白的颜色变化虽然可以用于岩性指示，但是并非确定性的指示标志，即暗黑色并不一定代表为泥岩发育段。动态图像是在滑动窗长内对采集的高分辨率电成像数据进行增强处理。已有的解释经验暗示地层孔隙度和流体性质可能对图像的色度变化影响甚微，而主要取决于岩石组分和地层的结构构造。另外，电成像测井解释的基础是在仪器分辨率允许的范围内地层中不同组分之间存在明显的电阻率差异。仪器的分辨率限制了该技术对地层中小于仪器分辨率的体状体（溶孔和颗粒）的识别。同时，电阻率相同或相近的地层组分在图像中表现为均一的图像背景，也无法被这一技术所识别。

理论分析及实际应用的结果表明该技术还具有如下发展趋势。

趋势一：在利用电成像测井图像进行地质、工程解释评价时首先需要对动静态图像显示的各种特征进行描述，需要建立一个相对统一、系统、科学且富含地质或工程意义的分类命名体系。过去的图像描述主要有两个方案，一种是采用“模式”对各类沉积、构造和工程现象进行命名（王贵文和郭荣坤，2000），另一种是采用“测井相”对上述现象进行分类命名（Zhong et al., 2009）。由于Serra在提出测井相概念的时候电成像测井技术尚未出现，因此最初测井相的定义中并未包含电成像测井图像的元素信息（亮暗条带、亮暗斑、条带厚度、条带内部的图像结构及边缘特征等），为了使测井相这一专业术语的使用更加系统和规范，将电成像测井的图像元素补充到测井相的概念体系中很有必要，能够更加方便解释人员的理解。为了凸显图像的地质含义，在碎屑岩中，可以采用层理类型加岩性的测井相命名方式，如当某一层段发育交错层理且岩性为粉砂岩时，对应的电成像测井相为交错层理砂岩相；在碳酸盐岩地层中可以采用岩性分类的测井相命名方式，如层状泥晶灰岩相或隐藻泥晶灰岩相等；在火成岩地层中可以采用结构构造加岩性的测井相命名方式，如流纹构造流纹岩相等。电成像测井图像还可以反映钻井施工导致的井壁垮塌以及数据质量导致的非地质假象等，而测井相的概念中并未涉及这些，因此对于工程技术和非地质的图像假象则可以采用图像模式的命名方式，如应力垮塌模式或旋转螺纹模式。总之，系统合理的图像分类命名可以让研究人员更加快速、准确地理解图像的特征及其所代表的最为重要的地质或工程含义。

趋势二：在解释评价方面，今后的研究中需要进一步建立地震—常规测井—电成像测井—岩心的多尺度分级评价工作流程，对电成像测井的解释结果进行分级约束，有助于获得更加系统合理的解释结果。具体地，首先利用二维或三维地震资料确定评价目标的宏观构造框架、地层框架，在井震标定的基础上，利用常规测井资料确定一维（井点）、二维（连井）和三维（井网）分米级的岩相序列；在常规测井分米级相序确定的基础上利用电成像测井“观察”各相序内部毫米级的地层结构特征，进一步利用岩心的沉积储层参数刻度电成像中的地层结构单元。也可以建立露头—岩心—电成像测井的标定刻度解释流程，即选取与地下电成像测井段具有相同地层的地表露头，在地表露头沉积储层参数描述的基础上，以岩心为桥梁（如果有的话）类比电成像测井图像揭示的地层信息。

趋势三：当钻井地层发育膏盐岩等易溶蒸发岩层段时，水基泥浆会对这些层段产生溶解，从而导致井眼发生变形或垮塌；当钻遇泥页岩地层时，水化作用会使井壁发生膨胀、掉块和剥落，使得井眼发生变形，因此目前针对许多含盐或泥页岩地层使用油基泥浆进行钻井，如我国西部塔里木盆地库车拗陷逆冲带古近系发育巨厚的蒸发岩层使得水基泥浆下的钻井事故频发，后期多改用油基泥浆进行钻井。这些复杂的地质条件使得传统的、以FMI为代表的水基泥浆电成像测井数据的采集受到了极大的限制；水基泥浆电成像测井仪的技术指标限制了这些仪器在油基泥浆下的数据采集，处理的图像失真。为了解决这一问题，斯伦贝谢在1997年将非导电泥浆井中的井壁电成像列为首选的地层评价研究和开发项目，开发油基泥浆中的微电阻率扫描成像测井技术。经过多年的发展现今商业化使用的油基泥浆电成像测井主要包括了斯伦贝谢的OBMI、FMI-HD和QuantaGeo以及阿特拉斯的EI。但是由于泥浆中柴油配比关系等原因，采集的数据及处理的图像质量多不尽如人意，会缺失很大一部分地层信息，因此针对特定的地层条件，研究油基泥浆含油比例与钻井施工要求和电成像测井数据质量之间的平衡关系显得尤为重要，或研究适合电成像测井数据采集的导电油基泥浆，在尽可能减少钻井事故的前提下，使得泥浆的导电性能够满足高质量电成像数据的采集。另外，现今水基泥浆下可以相对准确地计算天然裂缝的宽度和孔隙度等参数，而油基泥浆下目前还没有定量计算这些数值的有效方法，以OBMI为例，仪器可以对小于1.2in（仪器纵向分辨率）的岩层和裂缝产生响应，但不能精确测量这类地层的厚度或裂缝宽度。

趋势四：由于井壁电成像测井在复杂地层的油气勘探中起到了十分重要的作用，因此在陆相碎屑岩地层、碳酸盐岩地层和火山岩地层中都得到了较为广泛的应用。近年来海相、海陆相和陆相页岩油气资源的勘探方兴未艾，而这些细粒沉积物沉积主要受天文轨道参数周期性变化的控制（张建国，2017；金忠慧，2017），从而在泥页岩地层中周期性往复沉积了具有不同矿物组分的薄纹层。高分辨率的电成像测井图像可以识别小于5mm的地层，因此能够清晰地反映泥页岩中的这些薄纹层：受波动性变化的古气候等因素影响，注入深水区的陆源碎屑强度在不同时期发生着变化，改变了不同纹层的碎屑组分含量，而不同组分的导电性存在差异，进而在电成像测井图像中表现为不同色调的条带垂向叠置。如前所述考虑这些细粒物的沉积受天文旋回的控制，通过电成像测井图像对不同色调纹层的数量和厚度等进行统计，还可以进一步确定单个纹层发育时的平均沉积速率等，进一步分析天文旋回对泥页岩中薄纹层的控制作用。另外，泥页岩中作为主力油气产层的层段通常富集石英等脆性矿物，易于形成天然裂缝，这些地质特征都可以通过电成像测井图像获取；同时，对于直井高角度裂缝的钻遇率问题，在水平井中通过对电成像测井图像解释可以更加真实地反映页岩地层中的裂缝发育程度。

变质岩潜山也是一类重要的含油气储层，如我国酒西盆地、松辽盆地滨北地区、辽河盆地大民屯凹陷、渤海湾盆地渤中洼陷等在变质岩潜山中都有油气资源的发现。过去的研究主要利用电成像测井去表征这些古潜山中的天然裂缝，而在母岩地质背景明确的基础上，针对这些变质岩地层的电成像测井岩性岩相和结构构造的识别也是未来该领域的一个研究方向。

趋势五：笔者利用显微薄片资料，在岩心归位标定的基础上研究过碎屑岩和碳酸盐岩电成像测井图像的微观响应机理，即分析不同电成像测井相（模式）

对应的图像元素和图像特征的地质含义，解析为什么电成像测井具有不同样式的、丰富的图像结构。目前这些研究还没有解决所有图像特征的微观响应机理。而针对火山岩和变质岩地层，已有的多数研究仍然停留在岩心标定基础上的图像结构构造解释，对不同图像特征背后的微观响应机理尚缺乏研究，如在火山岩地层中前期的研究显示安山岩向英安岩过渡时动态图像变得逐渐模糊，这一变化可能是矿物组分或结构变化导致的。在未来的研究中，需要从宏观到微观，在岩心深度和方位归位的基础上，结合肉眼可辨的宏观尺度和显微薄片的微观尺度特征去揭示不同图像元素的地质响应机理。

趋势六：电成像测井也被称为“电取心”，即其成果图像可以像钻井岩心一样反映井壁地层中的岩性和各类结构构造等，避免了井段未取心、钻井取心收获率低以及岩心方位缺失等问题。在未来可以以深度为标尺，将同一深度点高质量图像提取的地层岩性、结构构造和缝洞体等进行有效组合，进一步构建全井段定向的虚拟地质岩心，并在多井对比的基础上构建地下地层的展布模型。近些年“数字井筒”的概念受到了测井学家的青睐，利用数字岩心的相关技术将电成像建立的二维虚拟岩心和三维数字岩心建立的地层孔隙结构等结合起来，通过模型粗化构建三维数字井筒是未来“数字井筒”的一个重要发展方向。

趋势七：在电成像测井裂缝数值模拟和物模方面，过去建立的模型都假定裂缝为水平裂缝，而实际情况是地层中的天然裂缝都具有一定的倾角。已有的研究虽然表明在较大岩石电阻率（>1000Ω · m）和较小裂缝宽度（<0.1mm）的情况下裂缝倾角对电成像测井响应的影响可以忽略，但是在碎屑岩地层中岩石电阻率通常较低，因此在后续的模拟中可以进一步建立不同倾角范围的倾斜裂缝的数学模型或物理模型，提高地层裂缝参数定量计算的精度。在物理模拟方面，过去的实验将裂缝假定为沿轨迹宽度不变的理想裂缝，且极板和裂缝垂直，而天然裂缝多不满足上述条件，即裂缝具有一定的倾角和弯曲度。事实上，电测量可以提供“粗糙”裂缝的宽度信息，即随着裂缝壁的弯曲度或粗糙度的增加，电测井的裂缝宽度越小（Brown，1989）。因此在电成像测井裂缝宽度的计算公式中可以考虑增加一个弯曲度因子。已有的模拟暗示当裂缝的实际宽度越小，电成像计算的宽度值相对实际宽度值的误差越大（实际宽度为 0.1mm 的裂缝误差可达 44%），而过去的研究中裂缝宽度都在 0.1mm 及以上（Ponziani et al.，2015），小于 0.1mm 的裂缝研究还没有涉及，而在地层条件下，裂缝的宽度多小于 0.1mm。

趋势八：从公开发表的文献来看电成像测井在现代大洋钻探中的应用率相对较低。自 1989 年至今，ODP 和 IODP 的各航次钻孔已经积累了大量的 FMS 成像测井数据，但是基于岩心刻度下的电成像测井在大洋钻孔地层中的评价相对有限，且都是不同地区单孔数据的处理解释，大多数航次测量的 FMS 数据并未得到有效利用。通过开展全球各大洋钻孔电成像测井数据的系统处理和解释能够更加全面系统地了解洋壳地层的等时和旋回分布，了解不同区域洋壳的岩性组合、岩相序列、构造变形和现今应力场的分布特征等，尤其是该方法可以弥补大洋钻井取心收获率整体较低的缺点。另外，现今洋壳钻孔使用的 FMS 仪器单趟测量数据对井壁的覆盖率太低，无法充分满足洋壳地层评价的需求，尤其是岩性岩相的分析和现今地应力评价等，需要进一步研发适用于大洋钻孔的、高覆盖的微电阻率扫描成像测井仪器。

趋势九：电成像测井类似岩心的成果图像可以精细识别周期性沉积的砂泥岩地层以及砾岩地层，并统计不同岩性地层的厚度分布。这些地层的沉积过程一方面受控于短时期季节性变化的气候，另一方面在更大尺度范围内可能受控于周期性变化的天文轨道参数，而过去的研究多采用 GR 等常规测井曲线或基于露头和录井岩性剖面统计的地层厚度进行旋回地层的分析，电成像测井可以识别小于 5mm 的沉积层，据此可以用于开展高频旋回地层记录和天文轨道周期之间响应关系的研究。近年来，斯伦贝谢公司开发了地层成层性分析技术，该技术可以根据图像中的线性特征自动拾取地层的倾角，并将直接观察到的地层视厚度转换为地层的真厚度，在使用时还可以定义不同地层厚度的截止值和最小厚度值，消除层界面等非地层因素对统计的影响，计算不同地层厚度及密度等参数。这一技术不仅减小了人工地层厚度统计的工作量，更重要的是统计结果可以用于地层结构和沉积旋回的分析。

趋势十：在油气田应用方面，目前电成像测井主要应用于勘探阶段的圈闭评价，其数据采集也多来自探井。同时，虽然利用该资料已经获取了一批油气储层的相关地层信息，但这些资料还未能有效应用于开发阶段的地层评价，如净砂地比的计算及地层结构构建、储层连通性评价、优化（水平井）井位设计以及储层分级建模等。考虑电成像测井较高的垂向分辨率以及富涵丰富的地质和工程信息，相比较常规测井该技术可以刻画更加精细的地层结构，在今后油气层开发过程中除了充分利用油气层中早期探井采集的成像测井数据外，针对一些重要的开发层位还可以适当采集电成像测井数据，建立储层评价的“铁柱子”。

参考文献

陈崇阳，2016．松辽盆地断陷期火山地层序列与构造-火山-盆地充填演化：盆缘剖面与徐家围子断陷对比研究．长春：吉林大学

陈戈，黄智斌，张惠良，等，2012．塔里木盆地库车坳陷白垩系巴什基奇克组物源精细分析．天然气地质学，23（6）：1025-1033

陈建文，王德发，张晓东，等，2000．松辽盆地徐家围子断陷营城组火山岩相和火山机构分析．地学前缘（中国地质大学，北京），7（4）：371-379

邓虎成，周文，周秋媚，等，2013．新场气田须二气藏天然裂缝有效性定量表征方法及应用．岩石学报，29（3）：1087-1097

邓兴梁，张庆玉，梁彬，等，2015．塔中Ⅱ区奥陶系鹰山组岩溶古地貌恢复方法研究．中国岩溶，34（2）：154-158

范超颖，陈玉平，张洋洋，2010．松辽盆地长岭断陷营城组火山岩测井响应特征与岩性识别．吉林大学学报（自然科学版），40（增刊）：87-91

范桃园，龙长兴，杨振宇，等，2012．中国大陆现今地应力场黏弹性球壳数值模拟综合研究．地球物理学报，55（4）：1249-1260

方立敏，李玉喜，殷进垠，2003．松辽盆地断陷末期反转构造特征与形成机制．石油地球物理勘探，38（2）：190-193

冯庆付，江青春，任梦怡，等，2019．碳酸盐岩岩溶储层多井评价方法及地质应用．天然气工业，39（9）：39-47

冯志强，2006．松辽盆地庆深大型气田的勘探前景．天然气工业，26（6）：1-5

冯志强，刘嘉麒，王璞珺，等，2011．油气勘探新领域：火山岩油气藏-松辽盆地大型火山岩气田发现的启示．地球物理学报，54（2）：269-279

高瑞琪，蔡希源，1997．松辽盆地油气田形成条件与分布规律．北京：石油工业出版社

耿会聚，王贵文，李军，2002．成像测井图像解释模式及典型解释图版研究．江汉石油学院学报，24（1）：26-29

巩磊，高帅，吴佳朋，等，2017．徐家围子断陷营城组火山岩裂缝与天然气成藏．大地构造与成矿学，41（2）：283-290

顾家裕，1996．塔里木盆地沉积层序特征及其演化．北京：石油工业出版社

顾家裕，方辉，贾进华，2001．塔里木盆地库车坳陷白垩系辫状三角洲砂体成岩作用和储层特征．沉积学报，19（4）：517-523

顾家裕，张兴阳，罗平，等，2005．塔里木盆地奥陶系太低边缘生物礁、滩发育特征．石油与天然气地质，26（3）：277-283

郭来源，解习农，陈慧，2014．碳酸盐岩中与古暴露面相关的成岩作用．地质科技情报，33（3）：

57-62
郭令智，施央申，卢华复，等，1992. 印、藏碰撞的两种远距离构造效应//李清波，戴金星，刘如琦，等. 现代地质学研究文集（上）. 南京：南京大学出版社：1-8
何登发，周新源，杨海军，等，2009. 库车坳陷的地质结构及其对大油气田的控制作用. 大地构造与成矿学，33（1）：19-32
侯贵廷，潘文庆，2013. 裂缝地质建模及力学机制. 北京：科学出版社
侯连华，罗霞，王京红，等，2013. 火山岩风化壳及油气地质意义–以新疆北部石炭系火山岩风化壳为例. 石油勘探与开发，40（3）：257-266
黄布宙，潘保芝，2001. 松辽盆地北部深层火成岩测井响应特征及岩性划分. 石油物探，40（3）：42-47
黄玉龙，王璞珺，冯志强，等，2007. 松辽盆地改造残留的古火山机构与现代火山机构的类比分析. 吉林大学学报（地球科学版），37（1）：65-72
黄玉平，姜正龙，李景瑞，等，2013. 塔里木盆地新构造运动时期构造应力方向. 油气地质与采收率，20（3）：5-9
贾晨，2013. 徐家围子断陷构造特征研究. 大庆：东北石油大学
贾进华，2000. 库车前陆盆地白垩纪巴什基奇克组沉积层序与储层研究. 地学前缘，7（3）：133-143
贾军涛，王璞珺，邵锐，等，2007. 松辽盆地东南缘营城组地层序列的划分与区域对比. 吉林大学学报（地球科学版），37（6）：1110-1123
江德昕，王永栋，魏江，2008. 新疆拜城早白垩世孢粉植物群及其环境意义. 古地理学报，10（1）：77-86
金忠慧，2017. 东营凹陷古近系沙四上亚段细粒岩沉积环境研究. 北京：中国地质大学（北京）
焦养泉，荣辉，王瑞，等，2011. 塔里木盆地西部一间房露头区奥陶系台缘储层沉积体系分析. 岩石学报，27（1）：285-296
柯式镇，2008. 井壁电成像测井全三维数值模拟与裂缝评价模型. 中国科学 D 辑：地球科学，38（增刊 I）：150-153
柯式镇，孙贵霞，2002. 井壁电成像测井资料定量评价裂缝的研究. 测井技术，26（2）：101-103
雷茂盛，王玉华，赵杰，2007. 根据 FMI 资料分析大庆油田徐家围子断陷构造应力场. 现代地质，21（1）：14-21
刘长磊，何登发，张永，2018. 塔中 I 号构造带构造几何学与运动学. 地质科学，53（1）：46-61
刘志宏，卢华复，李西建，等，2000. 库车再生前陆盆地的构造演化. 地质科学，35（4）：482-492
卢华复，贾东，蔡东升，等，1996. 塔里木和西天山古生代板块构造演化//童晓光，梁狄刚，贾承造，等. 塔里木盆地石油地质研究新进展. 北京：科学出版社：235-245
卢华复，贾东，陈楚铭，等，1999. 库车新生代构造性质和变形时间. 地学前缘，6（4）：215-221

吕冰洋，2017. 徐家围子断陷营城组火山岩储层裂缝分布特征及与油气成藏关系. 大庆：东北石油大学

罗平，张静，刘伟，等，2008. 中国海相碳酸盐岩油气储层基本特征. 地学前缘，15（1）：36-50

蒙启安，2006. 松辽盆地徐家围子地区晚中生代火山岩岩相及储层意义. 杭州：浙江大学

穆龙新，赵国良，田中元，等，2009. 储层裂缝预测研究. 北京：石油工业出版社

能源，谢会文，孙太荣，等，2013. 克拉苏构造带克深段构造特征及其石油地质意义. 石油地质，（2）：1-6

秦启荣，刘胜，苏培东，2002. 塔中Ⅰ号断裂带 O_{2+3} 灰岩储层裂缝特征. 石油与天然气地质，23（2）：183-185

屈洋，2019. 松辽盆地徐深气田D区块营城组火山岩构造裂缝与地应力特征. 天然气勘探与开发，42（1）：28-34

任德生，2003. 松辽盆地火山岩裂缝形成机理及预测研究–以徐家围子断陷芳深9井区为例. 长春：吉林大学

石平舟，2016. FMI电成像测井技术在中古43井区鹰山组岩性岩相研究中的应用. 成都：西南石油大学

斯麦霍夫，1985. 裂缝性油气储集层勘探的基本理论与方法. 陈定宝，刘明新，刘慈群，等，译. 北京：石油工业出版社

苏楠，2013. 基于节理组构的应变分析及其在碎屑岩褶皱中的应用. 浙江：浙江大学

苏新，郭宪璞，丁孝忠，2003. 塔里木北部库车前陆盆地晚白垩世和古新世的钙质超微化石组合. 现代地质，（4）：18-25

孙加华，肖洪伟，幺忠文，等，2006. 声电成像测井技术在储层裂缝识别中的应用. 大庆石油地质与开发，25（3）：100-102

汤良杰，1994. 塔里木盆地构造演化与构造样式. 地球科学–中国地质大学学报，19（6）：742-754

田作基，胡见义，宋建国，等，2002. 塔里木库车陆内前陆盆地及其勘探意义. 地质科学，37（增刊）：105-112

田作基，宋建国，1999. 塔里木库车新生代前陆盆地构造特征及行车演化. 石油学报，20（4）：7-13

汪新，贾承造，杨树锋，等，2002. 南天山库车冲断褶皱带构造变形时间–以库车河地区为例. 地质学报，76（1）：55-63

王大力，2001. 微电阻率成像测井在裂缝性储集层中的解释方法研究. 北京：中国石油大学（北京）

王贵文，郭荣坤，2000. 测井地质学. 北京：石油工业出版社

王君，朱如凯，郭宏莉，等，2010. 火山岩风化壳储层发育模式–以三塘湖盆地马朗凹陷石炭系火山岩为例. 岩石学报，（1）：217-226

王璞珺，2007. 松辽盆地营城组火山岩性岩相与储层研究. 长春：吉林大学

王璞珺，陈树民，刘万洙，等，2003a. 松辽盆地火山岩相与火山岩储层的关系. 石油与天然

气地质，24（1）：18-27
王璞珺，迟元林，刘万洙，等，2003b. 松辽盆地火山岩相：类型、特征和储层意义. 吉林大学学报（地球科学版），33（4）：449-456
王璞珺，郑常青，舒萍，等，2007. 松辽盆地深层火山岩岩性分类方案. 大庆石油地质与开发，26（4）：17-22
王琪，张培震，马宗晋，2002. 中国大陆现今构造变形 GPS 观测数据与速度场. 地学前缘，9（2）：415-429
王清晨，杨明慧，吕修祥，2004. 库车褶皱冲断带秋里塔格构造带东、西分段构造特征与油气聚集. 地质科学，39（4）：523-531
王振宇，刘超，张云峰，等，2016. 库车坳陷 K 区块冲断带深层白垩系致密砂岩裂缝发育规律、控制因素与属性建模研究. 岩石学报，32（3）：865-876
魏海云，2003. 国产 MCI 微电阻率成像测井仪的图像处理方法. 北京：中国石油勘探开发研究院
邬光辉，李建军，卢玉红，1999. 塔中 I 号断裂带奥陶系灰岩裂缝特征探讨. 石油学报，20（4）：19-23
邬光辉，李启明，张宝收，等，2005. 塔中 I 号断裂坡折带构造特征及勘探领域. 石油学报，26（1）：27-31
谢会文，李勇，漆家福，等，2012. 库车坳陷中部构造分层差异变形特征和构造演化. 现代地质，26（4）：682-690
谢昭涵，2013. 徐家围子断陷断裂构造演化特征及控藏作用. 大庆：东北石油大学
闫福礼，卢华复，贾东，等，2003. 塔里木盆地库车坳陷中、新生代沉降特征探讨. 南京大学学报，39（1）：31-39
杨景春，1983. 中国北部和东北部构造地貌发育和第四纪构造应力状态的关系. 地理学报，38（9）：218-228
杨柳，李忠，吕修祥，等，2014. 塔中地区鹰山组岩溶储层表征与古地貌识别–基于电成像测井的解析. 石油学报，35（2）：265-293
姚立珣，汪进，李亚荣，1992. 用震源机制解确定东北地区地壳应力场. 防灾减灾学报，（2）：27-32
殷进垠，刘和甫，迟海江，2002. 松辽盆地徐家围子断陷构造演化. 石油学报，23（2）：26-29
尤明庆，华安增，1998. 岩石试样单轴压缩的破坏形式与承载能力的降低. 岩石力学与工程学报，17（3）：292-296
尤征，杜旭东，侯会军，等，2000. 成像测井解释模式探讨. 测井技术，24（5）：393-398
于晶，2010. 松辽盆地北部徐家围子断陷火山岩储层地震预测研究. 北京：中国地质大学（北京）
于靖波，李忠，杨柳，等，2016. 塔中北斜坡鹰山组深埋岩溶型储层刻画及分布规律. 石油学报，37（3）：299-310
曾联波，2004. 库车前陆盆地喜马拉雅运动特征及其油气地质意义. 石油与天然气地质，25（2）：175-179

曾联波，2008. 低渗透砂岩储层裂缝的形成与分布. 北京：科学出版社
曾联波，2010. 低渗透油气储层裂缝研究方法. 北京：石油工业出版社
曾联波，谭明轩，张明利，2004. 塔里木盆地库车坳陷中新生代构造应力场及其油气运聚效应. 中国科学D辑. 地球科学，34（增刊）：98-106
曾秋生，1990. 中国地壳应力状态. 北京：地震出版社
张光亚，赵文智，王红军，等，2007. 塔里木盆地多旋回构造演化与复合含油气系统. 石油与天然气地质，28（5）：653-663
张昊天，2013. 新场气田须二气藏天然裂缝有效性评价. 成都：成都理工大学
张建国，2017. 济阳坳陷始新统沙三下亚段湖相细粒沉积岩成因机制研究. 北京：中国地质大学（北京）
张立伟，师永民，李江海，2009. 徐家围子断陷营一段火山岩旋回测井响应特征. 北京大学学报（自然科学版），45（3）：481-487
张丽娟，李勇，周成刚，等，2007. 塔里木盆地奥陶纪岩相古地理特征及礁滩分布. 石油与天然气地质，28（6）：731-737
张明利，谭明轩，汤良杰，等，2004. 塔里木盆地库车坳陷中新生代构造应力场分析. 地球学报，25（6）：615-619
张荣虎，杨海军，王俊鹏，等，2014. 库车坳陷超深层低孔致密砂岩储层形成机制与油气勘探意义. 石油学报，35（6）：1057-1069
张学娟，2013. 松辽盆地北部徐家围子断陷营城组火山岩天然气成藏规律研究. 大庆：东北石油大学
张仲培，林伟，王清晨，2003. 库车坳陷克拉苏–依奇克里克构造带的构造演化. 大地构造与成矿学，27（4）：327-336
张洲，周敏，2008. 河流沉积层理的水动力分析. 科技情报开发与经济，18（10）：136-137
赵宗举，潘文庆，张丽娟，等，2009. 塔里木盆地奥陶系层序地层格架. 大地构造与成矿学，33（1）：175-188
周新源，王招明，杨海军，等，2006. 中国海相油气田勘探实例之五——塔中奥陶系大型凝析气田的勘探和发现. 海相油气地质，11（1）：45-51
朱筱敏，2008. 沉积岩石学. 北京：石油工业出版社
朱玉新，郭庆银，邵新军，等，2000. 新疆塔里木盆地库车坳陷北缘白垩系储层沉积相研究. 古地理学报，2（4）：58-65
庄双勇，何小海，李佳佳，等，2006. 岩心外表面图像在线三维重建. 成都信息工程学院学报，21（6）：806-811
邹才能，侯连华，陶士振，等，2011. 新疆北部石炭系大型火山岩风华体结构与地层油气成藏机制. 中国科学（地球科学），41（11）：1613-1626
钟广法，游倩，2012. 高分辨率FMS成像测井资料在科学大洋钻探中的应用. 地球科学进展，27（3）：347-358
Aadnoy B S，Bell J S，1998. Classification of drill-induce fractures and their relationship to in-situ stress directions. The Log Analyst，39：27-42

Agrinier P, Agrinier B, 1994. A propos de la connaissance de la profondeur a laquelle vosechantillons sont collectes dans les forages. Cr Acad Sci II, 318 (12): 1615-1622

Akbar M, Chakravorty S, Russell S D, et al., 2000. Unconventional approach to resolving primary and secondary porosity in Gulf carbonates from conventional logs and borehole images, 2000 SPE Abu Dhabi International Petroleum Exhibition and Conference, SPE 87297

Akbar M, Petricola M, Watfa M, et al., 1995. Classic interpretation problems: evaluating carbonates. Schlumberger Oilfield Review: 38-57

Allerton S A, McNeill A W, Stokking L B, et al., 1995. Structures and magnetic fabrics from the lower sheeted dike complex of Hole 504 B reoriented using stable magnetic remanence. Proceedings of the Ocean Drilling Program Scientific Results, 137: 245-252

Ask M, 1998. In situ stress at the Cte d'Ivoire-Ghana marginal ridge from FMS logging in Hole 959D//Mascle J, Lohmann G P, Moullade M. Proceedings of the Ocean Drilling Program Scientific Results, 159: 209-223

Awadallah S A M, Hiscott R N, Bidgood M, et al., 2001. Turbidite facies and bedthickness characteristics inferred from microresistivity (FMS) images of lower to upper Pliocene rift-basin deposits, Woodlark Basin, offshore Papua New Guinea//Huchon P, Taylor B, Klaus A. Proceedings of the Ocean Drilling Program Scientific Results, 180: 1-30

Baer A J, Norris D K, 1968. Kink Bands and Brittle Deformation. Geological Survey of Canada: 79-95

Bartetzko A, Paulick H, Iturrino G, et al., 2003. Facies reconstruction of a hydrothermally altered dacite extrusive sequence: evidence from geophysical downhole logging data (ODP Leg 193). Geochemistry Geophysics Geosystems, 4 (10): 1-24

Bartetzko A, Pezard P, Goldberg D, et al., 2001. Volcanic stratigraphy of DSDP/ODP Hole 395A: an interpretation using well-logging data. Mar Geophys Res, 22 (2): 111-127

Barth A, Reinecker J, Heidbach O, 2008. Stress derivation from earthquake focal Mechanisms. World Stress Map Project Guidelines: Focal Mechanisms

Barton C, 1988. Development of in-situ stress measurement techniques for deep drillholes. Stanford: Stanford University

Basile C, Ginet J M, Pezard P, 1998. Post-tectonic subsidence of the Cted'Ivoire-Ghana marginal ridge: Insights from FMS data//Mascle J, Lohmann G P, Moullade M. Proceedings of the Ocean Drilling Program Scientific Results, 159: 81-91

Bazalgette L, Petit J P, 2007. Fold amplification and style transition involving fractured dip-domain boundaries: buckling experiments in brittle paraffin wax multilayers and comparison with natural examples//Lonergan L, Jolly R J H, Rawnsley K, et al. Fractured Reservoirs. London: Geological Society: 157-169

Bloemenkamp R, Zhang T, Comparon L, et al., 2014. Design and field testing of a new High-Definition Microresistivity Imaging Toll engineered for oil-based mud//The SPWLA 55th Annual Logging Symposium

Bourke L T, Prosser D J, 2010. An independent comparison of borehole imaging tools and their geological interpretability//The SPWLA 51st Annual Logging Symposium. Perth, Australia, June19-23

Boyeldieu C, Jeffreys P, 1988. Formation Microscanner-new developments//Paillet F L, Barton C, Luthi S, et al. Borehole Imaging. Society of Professional Well Log Analysts Reprint Volume: 175-190

Briggs R O, 1964. Development of a downhole television camera//Society of Professional Engineers. The 5th Annual Logging Symposium Transactions. Midland Texas, May 13-15

Brown S R, 1989. Transport of fluid and electrical current through a single fracture. Journal of Geophysical Research, 94: 9429-9438

Cannat M, Pariso J, 1991. Partial reorientation of the deformational structures at Site 735 using paleo-declination measurements//Von Herzen R P, Robinson P T. Proceedings of the Ocean Drilling Program Scientific Results, 118: 409-414

Chabernaud T J, 1994. High-resolution electrical imaging in the New Hebrides Island Arc: Structural analysis and stress studies//Greene H G, Collot J-Y, Stokking L B, et al. Proceedings of the Ocean Drilling Program Scientific Results, 134: 591-606

Cheung P, Pittman A, Hayman A, et al., 2001. Field test results of a new oil-based mud formation imager tool//The SPWLA 42nd Annual Logging Symposium

Cloos E, 1955. Experimental analysis of fracture patterns. Bulletin of the Geological Society of America, 66: 241-256

Cooper P, Arnaud H M, Flood P G, 1995. Formation Microscanner logging responses to lithology in Guyot carbonate platforms and their implications: Sites 865 and 866//Winterer E L, Sager W W, Firth J V, et al. Proceedings of the Ocean Drilling Program Scientific Results, 143: 329-372

Cooper S P, Goodwin L B, Lorenz J C, 2006. Fracture and fault patterns associated with basement-cored anticlines: the example of Teapot Dome, Wyoming. AAPG Bulletin, 90 (12): 1903-1920

Daubree A, 1879. Etudes synthetiques de gelogie experimentale. Paris: Dunod

Demanay A, Cambray H, Vandamme D, 1995. Lithostratigraphy of the volcanic sequences at Hole 917A, Leg 152, S. E. Greenland Margin. Journal of the Geological Society, 152 (6): 943-946

Dempsey J, Hickey J R, 1958. Use of a borehole camera for visual inspection of hydraulically-induced fractures. Producers Monthly, 22 (6): 18-21

Dewey J F, Shackleton R M, Chang C F, et al., 1988. The tectonic evolution of Tibetan plateau. Philosophical Transactions of the Royal Society of London, A327: 379-413

Donselaar M E, Schmidt J M, 2005. Integration of outcrop and borehole image logs for high-resolution facies interpretation: example from a fluvial fan in the Ebro Basin, Spain. Sedimentology, 52: 1021-1042

Eckert A, Connolly P, Liu X, 2014. Large-scale mechanical buckle fold development and the initiation of tensile fractures. Geochemistry Geophysics Geosystem, 15 (11): 4570-4587

Ekstrom M, Dahan C A, Chen M Y, et al., 1986. Formation imaging with microelectrical scanning arrays//The SPWLA 27th Annual Logging Symposium

Evans M, Best D, Holenka J, et al., 1995. Improved formation evaluation using azimuthal porosity data while drilling//The 1995 SPE Annual Technical Conference and Exhibition Proceedings, SPE-30546

Fakhimi A, Hemami B, 2015. Axial splitting of rocks under uniaxial compression. Intertional Journal of Rock Mechanics & Mining Sciences, 79: 124-134

Fernández-Ibáñez F, DeGraff J M, Ibrayev F, 2017. Integrating borehole image logs with core: a method to enhance subsurface fracture characterization. AAPG Bulletin, 102 (6): 1067-1090

Fontana E, Iturrino G J, Tartarotti P, 2010. Depth-shifting and orientation of core data using a core-log integration approach: a case study from ODP-IODP Hole 1256D. Tectonophysics, 494: 85-100

Frehner M, 2011. The neutral lines in buckle folds. Journal of Structural Geology, 33 (10): 1501-1508

Gangi A F, 1987. Variation of whole and fractured porous rock permeability with confining pressure. International Journal of Rock Mechanics and Mining Sciences and Geomechanics Abstracts, 15: 249-257

Ghosh K, Mitra S, 2009. Structural controls of fracture orientations, intensity, and connectivity, Teton anticline, Sawtooth range, Montana. AAPG Bulletin, 93 (8): 995-1014

Gilbert L A, Burke A, 2008. Depth-shifting cores incompletely recovered from the upper oceanic crust, IODP Hole 1256D. Geochem Geophys Geosyst, 9 (8): Q08O11

Glover P W J, Bormann P, 2007. The characterization of trough and planar cross-bedding from borehole image logs. Journal of Applied Geophysics, 62: 178-191

Haggas S L, Brewer T S, Harvey P K, et al., 2001. Relocating and orientating cores by the integration of electrical and optical images: a case study from Ocean Drilling Program Hole 735B. J Geol Soc Lond, 158 (4): 615-623

Heidbach O, Tingay M, Barth A, et al., 2008. World stress map database release 2008. [2021-06-07]. http: //dx. doi. org/10. 1594/GFZ. WSM. Rel2008

Hennings P H, Oison J E, Thompson L B, 2000. Combining outcrop data and three dimensional structural models to characterize fractured reservoirs: an example from Wyoming. AAPG Bulletin, 84 (6): 830-849

Hiscott R N, Colella A, Pezard P, et al., 1992. Sedimentology of deep-water volcaniclastics, Oligocene Izu-Bonin Forearc Basin, based on formation microscanner images//Taylor B, Fujioka K. Proceedings of the Ocean Drilling Program Scientific Results, 126: 75-96

Hubbert K M, Willis D G, 1957. Mechanics of hydraulic fracturing. Petroleum Transactions, AIME T. P. 4597, 210: 153-166

Jaeger J C, Cook N G W, Zimmerman R W, 1979. Fundamentals of rock mechanics. 4th. Oxford: Blackwell Publishing

Javier T, Andres M, Wilmer R, 2015. Fractured reservoirs in the eastern foothills, Colombia, and their relationship with fold kinematics. AAPG Bulletin, 99 (8): 1599-1633

Jia Q, Schmitt D R, 2014. Effects of formation anisotropy on borehole stress concentrations: Implications to drilling induced tensile fractures//The 48th US Rock Mechanics/Geomechanics Symposium. Minneapolis, Minnesota, June 1-4

Kroon D, Williams T, Pirmez C, et al., 2000. Coupled early pliocenemiddle miocene bio-cyclostratigraphy of site 1006 reveals orbitally induced cyclicity patterns of Great Bahama Bank carbonate production//Proceedings of the Ocean Drilling Program Scientific Results, 166: 155-166

Lai J, Wang G W, Fan Z Y, et al., 2017. Sedimentary characterization of a braided delta using well logs: the Upper Triassic Xujiahe Formation in Central Sichuan Basin, China. Journal of Petroleum Science and Engineering, 154: 172-193

Laronga R, Lozada G T, Perez F M, et al., 2011. A high-definition approach to formation imaging in wells drilled with nonconductive muds//The SPWLA 52nd Annual Logging Symposium

Laubach S E, Oilson J E, Gale J F W, 2004. Are open fractures necessarily aligned with maximum horizontal stress. Earth and Planetary Science Letters, 222: 191-195

Leeman E R, 1964. The measurement of stress in rock-Parts Ⅰ, Ⅱ and Ⅲ. J South Afr Inst Min Metall (SAIMM), 65 (45-114): 254-284

Lemiszki P J, Landes J D, Hatcher R D, 1994. Controls on hinge-parallel extension fracturing in single-layer tangential-longitudinal strain folds. Journal of Geophysical Research: Solid Earth (1978–2012), 99 (B11): 22027-22041

Leroy G, 1976. Cours de géologie de production. Français: Inst. Français du Pétrole

Lincoln J M, Enos P, Ogg J G, 1995. Stratigraphy and diagenesis of the carbonate platform at Site 873, Wodejebato Guyot//Haggerty J A, Premoli Silva L, Rack F, et al. Proceedings of the Ocean Drilling Program Scientific Results, 144, College Station, TX, 255269

Liu X L, Eckert A, Connolly P, 2016. Stress evolution during 3D single-layer visco-elastic buckle folding: Implication for the initiation of fractures. Tectonophysics, 679: 140-155

Lloyd P M, Dahan C, Hutin R, 1986. Formation imaging with micro-electrical scanning arrays—a new generation of stratigraphic high resolution dipmeter tool//The 10th European Formation Evaluation Symposium Transactions. Aberdeen Scotland, April 22-25

Lofts J C, Bourke L T, 1999. The recognition of artefacts from acoustic and resistivity borehole imaging devices//Lovell M A, Williamson G, Harvey P K. Borehole Imaging: Applications and Case Histories. London: The Geological Society of London Special Publication

Lofts J C, Bristow J F, 1998. Aspects of core-log integration: an approach using high resolution Images. Geological Society London, 136: 273-283

Lofts J, Evans M, Pavlovic M, et al., 2002. A new micro-resistivity imaging device for use in oil-based mud//The SPWLA 43rd Annual Logging Symposium

Lovell M A, Harvey P K, Brewer T S, et al., 1998. Applications of FMS images in the Ocean Drilling Program—an overview//Cramp A, MacLeod A, Lee C J, et al. Geological Exploration of Ocean Basins-Results from the Ocean Drilling Program. London: the Geological Society of London Special Publication, 131: 287-303

Luthi S, Souhaite P, 1990. Fracture aperture from electrical borehole scans. Geophysics, 74: 821-833

MacLeod C J, Célérier B, Harvey P K, 1995. Further techniques for core reorientation by core-log integration: application to structural studies of lower oceanic crust in Hess Deep, eastern Pacific. Sci Drill, 5: 77-86

MacLeod C J, Parson L M, Sager W W, 1994. Reorientation of cores using the Formation MicroScanner and Borehole Televiewer: application to structural and paleomagnetic studies with the Ocean Drilling Program//Proceedings of the Ocean Drilling Program Scientific Results, 135: 301-312

Major C O, Pirmez C, Goldberg D, 1998. High-resolution core-log integration techniques-examples from the Ocean Drilling Program//Harvey P K, Lovell M A. Core-log integration. London: the Geological Society of London Special Publication, 136: 285-295

Mardia K V, 1972. Statistics of directional data. London: Academic Press

Martin A J, 2000. Flaser and wavy bedding in ephemeral streams: a modern and an ancient example. Sedimentary Geology, 136: 1-5

Martin L S, Kainer G, Elliott J P, et al., 2008. Oil-based mud imaging tool generates high quality borehole images in challenging formation and borehole condition, including thin beds, low resistive formations, and shales//The SPWLA 49th Annual Logging Symposium

Meredith J A, Tada R, 1992. Evidence for Late Miocene cyclicity and broad-scale uniformity of sedimentation in the Yamato Basin, Sea of Japan, from Formation Microscanner data//Tamaki K, Suyehiro K, Allan J, et al. Proceedings of the Ocean DrillingProgram Scientific Results, 127 /128, Part 2: 1037-1046

Molinie A J, Ogg J G, 1992. Formation Microscanner imagery of Lower Cretaceous and Jurassic sediments from the western Pacific (Site 801) //Larson R L, Lancelot Y. Proceedings of the Ocean Drilling Program Scientific Results, 129: 671-691

Nelson R A, 2001. Geological analysis of naturally fractured reservoirs. Houston: Gulf Publishing Company

Newberry W M, Grace L M, Stief D D, 1996. Analysis of carbonate dual porosity systems from borehole electrical images//1996 SPE Permian Basin Oil & Gas Recovery Conference, SPE 35158

Nian T, Jiang Z X, Song H Y, 2018a. Borehole image electrofacies with a comparative carbonate petrography analysis: an outcrop well study associated with reservoir application in the Ordovician Tarim Basin. Interpretation, 6 (3): 723-737

Nian T, Jiang Z X, Wang G W, et al., 2018b. Characterization of braided river-delta facies in the Tarim Basin Lower Cretaceous: application of borehole image logs with com parative outcrops and cores. Marine and Petroleum Geology, 97: 1-23

Nian T, Wang G W, Xiao C W, et al., 2016. The in situ stress determination from borehole image logs in the Kuqa Depression. Journal of Natural Gas Science and Engineering, 34: 1077-1084

Nie X, Zou C C, Pan L, et al., 2013. Fracture analysis and determination of in-situ stress direction from resistivity and acoustic image logs and core data in the Wenchuan Earthquake Fault Scientific Drilling Borehole-2 (50–1370m). Tectonophysics, 593: 161-171

Nurmi R, Charara M, Waterhouse M, 1990. Heterogeneities in carbonate reservoirs: Detection and analysis using borehole electrical imagery//Hurst A, Lovell M A, Morton A C. Geological applications of wireline logs, Geological Society of London Special Publication, 48: 95-111

Ogg J, Camoin G F, Jansa L, et al., 1995a. Depositional history of the carbonate platform from downhole logs at Site 879 (Outer Rim) //Haggerty J A, Premoli Silva I, Rack F, et al. Proceedings of the Ocean Drilling Program Scientific Results, 144: 361-380

Ogg J, Camoin G F, Vanneau A A, 1995b. Limalok Guyot: Depositional history of the carbonate platform from downhole logs at site 871 (lagoon) //Haggerty J A, Premoli Silva I, Rack F, et al. Proceedings of the Ocean Drilling Program Scientific Results, 144: 233-253

Olariu C, Bhattacharya J P, 2006. Terminal distributary chanells and delta front architecture of river-dominated delta systems. J Sediment Res, 76: 212-233

Olson J E, Laubach S E, Lander R H, 2009. Natural fracture characterization in tight gas sandstones: Integrating mechanics and diagenesis. AAPG Bulletin, 93 (11): 1535-1549

Parks J M, 1974. Paleocurrent analysis of sedimentary crossbed data with graphic output using three integrated computer programs. Math Geol, 6 (4): 353-362

Parsons R W, 1966. Permeability of idealized fractured rock. Society of Petroleum Engineers Journal, 6 (2): 126-136

Paulsen T S, Jarrard R D, Wilson T J, 2002. A simple method for orienting drill core by correlating features in whole-core scans and oriented borehole-wall imagery. J Struct Geol, 24 (8): 1233-1238

Pezard P A, Lovell M A, Hiscott R N, 1992. Downhole electrical images in volcaniclastic sequences of the Izu-Bonin forearc basin, western Pacific//Taylor B, Fujioka K. Proceedings of the Ocean Drilling Program Scientific Results, 126: 603-624

Pezard P A, Lovell M, 1990. Downhole images-electrical scanning reveals the nature of subsurface oceanic crust. EOS, 71: 710

Pirmez C, Brewer T S, 1998. Borehole electrical images: recent advances in ODP. JOIDES Journal, 24 (1): 14-17

Pirmez C, Hiscott R N, Kronen J K Jr, 1997. Sandy turbidite successions at the base of channel-levee systems of the Amazon Fan revealed by FMS logs and cores: unraveling the facies architecture of large submarine fans//Flood R D, Piper D J W, Klaus A, et al. Proceedings of the Ocean Drilling Program Scientific Results, 155: 7-34

Plumb R A, Hickman S H, 1985. Stress-induced borehole elongation: a comparison between four-arm dipmeter and the borehole televiewer in the Auburn geothermal well. Journal of Geophysical Research, 90: 5513-5521

Ponziani M, Slob E, Luthi S, et al., 2015. Experimental validation of fracture aperture determination from borehole electric microresistivity measurements. Geophysics, 80 (3): 175-181

Price N J, 1981. Fault and joint development in brittle and semi-brittle rock. Oxford: Pergamon Press

Puga-Bernabéu A, Betzler C, 2008. Cyclicity in Pleistocene upper slope cool-water carbonates: Unravelling sedimentary dynamics in deep-water sediments, Great Australian Bight, ODP Leg 182, Site 1131A. Sedimentary Geology, 205: 40-52

Reiche P, 1938. An analysis of cross-lamination of the Coconino Sandstone. J Geol, 46 (7): 905-932

Rider M H, 1996. The Geological Interpretation of Wireline Logs. Dunbeath: Whittles Publishing

Rubin D M, 1987. Cross-bedding, bedforms and paleocurrents. Tulsa: Society of Economic Paleontologists and Mineralogists

Safinya K A, Lan P L, Villegas M, et al., 1991. Improved formation imaging with extended microelectrical arrays//SPE 66th Annual Technical Conference and Exhibition. Dallas, Texas, October 6-9

Salimullah A R M, Stow D A V, 1992. Application of FMS images in poorly recovered coring intervals-examples from ODP Leg 129//Hurst A, Griffiths C M, Worthington P F. Geological Applications of Wireline Logs II. London: The Geological Society of London Special Publication

Sayers C, 2007. Introduction to this special section: fractures. The Leading Edge, 26: 1102-1105

Scheidegger A E, 1962. Stresses in the Earth's crust as determined from hydraulic fracturing data. Geologie und Bauwesen, 27: 45-53

Schlumberger, 1998. GeoQuest PoroSpect User's Guide, Version 1.0

Schlumberger, 2016a. Full image computation User's Guide (Version 2.2)

Schlumberger, 2016b. Slab computation User's Guide (Version 2.2)

Schmitt D R, Currie C A, Zhang L, 2012. Crustal stress determination from boreholes and rock cores: fundamental principles. Tectonophysics 58: 1-26

Seller D, King G, Eubanks D, 1994. Field test results of a six arm microresistivity borehole imaging tool//SPWLA 35th Annual Logging Symposium. Tulsa, Oklohoma, June 19-22

Serra O, 1972. Diagraphies et Stratigraphie: Memoire. Bureau de recherches géologiques et minièrss, 77: 775-832

Serra O, Abbot H T, 1982. The contribution of logging data to sedimentology and stratigraphy. SPE Journal: 117-131

Serra O, Serra L, 2003. Well Logging and Geology. Paris: Editions Technip

Shen B T, 2008. Borehole breakouts and in situ stress//Potvin Y, Carter J, Dyskin A, et al. Proceedings of the First Southern Hemisphere International Rock Mechanics Symposium, Australian Centre for Geomechanics, Perth: 407-418

Stearns D W, 1964. Macrofracture patterns on Teton anticline, Northwest Montana. American Geophysical Union Transactions, 45: 107-108

Stearns D W, 1968a. Fracture as a mechanism of flow in naturally deformed layered rock. Conference on Research in Tectonics Proc. Canada Geology Survey Paper, 68 (52): 79-96

Stearns D W, 1968b. Certain aspects of fracture in naturally deformed rocks//Rieker R E. NSF National Science Foundation Advanced Science Seminar in Rock Mechanics: 97-118

Stearns D W, Friedman M, 1972. Reservoirs in fractured rock//King R E. Stratigraphic Oil and Gas Fields-Classification, Exploration Methods, and Case Histories: 82-106

Tao N, Wang G W, Xiao C W, et al., 2016. Determination of in-situ stress orientation and subsurface fracture analysis from image-core integration: an example from ultra-deep tight sandstone (BSJQK Formation) in the Kelasu Belt, Tarim Basin. Journal of Petroleum Science and Engineering, 147: 495-503

Tartarotti P, Crispini L, Einaudi F, et al., 2006. Data report: reoriented structures in the East Pacific Rise basaltic crust from ODP Hole 1256D, Leg 206: integration of core measurements and electrical-acoustic images//Teagle D A H W, Proc ODP, Sci Results, 206: 1-26

Tetzlaff D, Paauwe E, 1997. Combined formation imaging provides more than the sum of its parts. Western Atlas International, 1: 47-49

Tingay M, Reinecker J, Müller B, 2008. Borehole breakout and drilling-induced fracture analysis from image logs. World Stress Map Project Stress Analysis Guidelines: 1-8

Tominaga M, 2013. Imaging the cross section of oceanic lithosphere: the development and future of electrical microresistivity logging through scientific ocean drilling. Tectonophysics, 608: 84-96

Tominaga M, Teagle D A H, Alt J C, et al., 2009. Determination of the volcanostratigraphy of oceanic crust formed at superfast spreading ridge: electrofacies analyses of ODP/IODP Hole 1256D. Geochem. Geophys Geosyst, 10 (1): Q01003

Ukar E, Ozkul C, Eichhubl P, 2016. Fracture abundance and strain in folded Cardium Formation, Red Deer River anticline, Alberta Foothills, Canada. Marine and Petroleum Geology, 76: 210-230

Wang D L, Koningh H, Coy G, 2008. Facies identification and prediction based on rock textures from microresistivity images in highly heterogeneous carbonates: a case study from Oman//The SPWLA 49th Annual Logging Symposium

Wang P J, Hou Q J, Wang K Y, et al., 2007. Discovery and significance of high CH_4 primary fluid inclusions in reservoir volcanic rocks of the Songliao basin, NE China. Acta Geologica Sinica, 81 (1): 113-120

Wennberg O P, Azizzadeh M, Aqrawi A A M, et al., 2007. The Khaviz anticline: An outcrop analogue to giant fractured Asmari formation reservoirs in SW Iran//Lonergan L, Jolly R J H, Rawnsley K, et al. Fractured Reservoirs. London: Geological Society of London: 23-42

Williams T, Kroon D, Spezzaferri S, 2002. Middle and Upper Miocene cyclostratigraphy of downhole logs and short-to long-term astronomical cycles in carbonate production of the Great Bahama Bank. Marine Geology, 185: 75-93

Williams T, Pirmez C, 1999. FMS Images from carbonates of the Bahama Bank Slope, ODP Leg 166: Lithological identification and cyclo-stratigraphy//Lovell M A, Williamson G, Harvey P K. Borehole Imaging: Applications and Case Histories. London: The Geological Society of London Special Publication, 159: 227-238

Wu H, Pollard D D, 2002. Imaging 3-D fracture networks around boreholes. AAPG Bulletin, 86: 593-604

Xu C M, 2007. Interpreting shoreline sands using borehole images: a case study of the Cretaceous Ferron sands in Utah. AAPG Bulletin, 91: 1319-1338

Yin A, Nie S, Craig P, et al., 1998. Late Cenozoic tectonic evolution of the southern Chinese Tian shan. Tectonics, 17: 1-27

Zang A, Stephansson O, 2010. Stress Field of the Earth's Crust. Germany: Springer Netherlands

Zemanek J, Caldwell R L, Glenn E E, et al., 1969. The borehole televiewer-A new logging concept for fracture location and other types of borehole inspection. Journal of Petroleum Technology, 21 (6): 762-774

Zhang K J, Xia B, Liang X, 2002. Mesozoic-Paleogene sedimentary facies and paleogeography of Tibet, western China: tectonic implications. Geological Journal, 37: 217-246

Zhang K L, 2000. Cretaceous paleogeography of Tibet and adjacent areas (China): tectonic implications. Cretaceous Research, 21: 23-33

Zhong G F, Yang H J, Xiao C W, et al., 2009. Prediction for carbonate reservoir by high-resolution electric image log facies analysis: example from the Ordovician strata in Tz Area, Tarim Basin, Northwest China//AAPG Annual Convention and Exhibition, Denver, Colorado, 6.7-6.10, 2009

Zoback M D, Barton C A, Brudy M, et al., 2003. Determination of stress orientation and magnitude in deep wells. International Jour Rock Mech Min Sci, 40: 1049-1076

Zoback M D, Moos D L, Mastin L, et al., 1985. Wellbore breakouts and in situ stress. Journal of Geophysical Research, 90: 5523-5530

编 后 记

《博士后文库》是汇集自然科学领域博士后研究人员优秀学术成果的系列丛书。《博士后文库》致力于打造专属于博士后学术创新的旗舰品牌，营造博士后百花齐放的学术氛围，提升博士后优秀成果的学术和社会影响力。

《博士后文库》出版资助工作开展以来，得到了全国博士后管委会办公室、中国博士后科学基金会、中国科学院、科学出版社等有关单位领导的大力支持，众多热心博士后事业的专家学者给予积极的建议，工作人员做了大量艰苦细致的工作。在此，我们一并表示感谢！

《博士后文库》编委会